4G手机维修轻松学

CELLPHONE

■ 张兴伟 编著

人民邮电出版社
北京

图书在版编目（CIP）数据

4G手机维修轻松学 / 张兴伟编著. -- 北京 : 人民邮电出版社, 2015.12
ISBN 978-7-115-40188-5

Ⅰ. ①4… Ⅱ. ①张… Ⅲ. ①移动电话机—维修 Ⅳ. ①TN929.53

中国版本图书馆CIP数据核字(2015)第244885号

内容提要

作为 4G 手机维修快速入门的技术资料，本书分别介绍了手机维修技术的基础知识、手机内的各单元电路，以及手机故障的检修方法。全书共分 10 章，分别介绍了与手机电路及其故障检修相关的电子基础知识、手工操作基础、电路识图知识，以及手机的电路与检修方法，包括电源管理单元、音频系统、显示与按键系统、传感器电路、人机界面接口、故障检修方法等。本书选取了大量典型的手机实际电路，并以 iPhone 6、LG D820 手机电路为例，以较为轻松的语言对手机各电路原理与故障检修方法作了深入浅出的叙述，使读者更易于掌握手机的维修技能。

本书适用于从事电子产品维修的技术人员学习，也适用于中职、高职等院校相关专业的学生、对手机电路感兴趣的所有电子爱好者阅读参考。

◆ 编　　著　张兴伟
责任编辑　李　强
责任印制　彭志环
◆ 人民邮电出版社出版发行　　北京市丰台区成寿寺路 11 号
邮编　100164　　电子邮件　315@ptpress.com.cn
网址　http://www.ptpress.com.cn
北京昌平百善印刷厂印刷
◆ 开本：800×1000　1/16
印张：19.75　　2015 年 12 月第 1 版
字数：415 千字　　2015 年 12 月北京第 1 次印刷

定价：49.00 元

读者服务热线：(010)81055488　印装质量热线：(010)81055316
反盗版热线：(010)81055315
广告经营许可证：京崇工商广字第 0021 号

Preface

前 言

4G 手机商用已久，但关于 4G 手机电路的技术书籍还鲜于见到。为此，我们对 4G 手机电路做了一些收集整理，并作了些加工处理，同时选取了极具代表性的机型进行讲述，以期能为手机维修人员、电子爱好者及其他一些相关的技术人员提供一个必要的参考。

全书共分 10 章，分别介绍了与手机电路及其故障检修相关的电子基础知识、手工操作基础、电路识图知识，以及手机的电路与检修方法，包括电源管理单元、音频系统、显示与按键系统、传感器电路、人机界面接口、故障检修方法等。

本书的编写，从实用及快速技能培训的立场出发，注意知识点与技能方面的训练，对手机维修的基础知识、手机电路原理以及手机维修中的一些通用方法从崭新的视角进行讲述。它包括一般电子基础；手机的电路结构；各单元电路、接口电路的维修分析，以及通用的各种检测方法、分析方法等，帮助初学者和有一定经验的技术人员都能找到自己所需要的东西，能掌握一种思路、方法。

除署名作者外，参与本书资料整理与编写的人员还有钟云、林庆位、张积慧、钟晓、郭小军、张素蓉与钟钦。

现将这本书献给广大读者，以便互相学习交流。由于资料与水平的限制，书中错漏之处在所难免，恳请读者指正。

作者

Contents

目　录

CHAPTER

第1章

绪　论

■　在从事电气、电子技术工作前，适当的学习是必需的。有一句话说得很好：相对于因无知所付出的代价，教育学习的成本实在是微不足道。

■　本部分的一些内容本来准备放在前言或第 1 章之前，但许多人阅读技术类书籍时习惯忽略前言与绪论的内容，这里将它作为第 1 章，旨在引起读者（特别是初学者）的注意。

认真看看这部分吧，或许会对你有所启迪呢！

手机维修与现代生活息息相关，手机维修技术是一门非常广泛的学科。不论是在校学生还是社会人士，学习手机维修技术的非常多，还有许许多多的人正准备开始学习手机维修技术。手机维修作业的实践性非常强，对从业人员动手能力的要求也非常高。而从业人员的动手能力与其所掌握的电路知识紧密相关。如果学习手机维修技术仅仅是为了获得一些简单的维修技能，那很容易，选择基本经验型的维修类书籍，找机会多实践即可。但想真正深入学习手机维修技术而不仅仅是掌握一些简单的技能，就必须学习相关的电子技术理论。

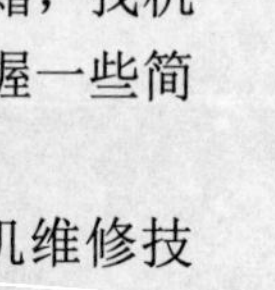

在开始之前，我想你应该问问自己：你为什么想学习手机维修技术？通过学习，你希望获得什么样的知识或技能？

你想知道更多吗？看书吧，朋友！

1.1 谁可以使用本书

本书内容深入浅出、图例丰富、生动形象，非常适合各类手机维修技术的初学者，包括自学者与相关专业的学生、对广大电子爱好者对也不无裨益。

您会发现这本书是易学的、有用的

使用本书并没有很高的门槛，无需你有任何的电子基础；这里讨论的大多数内容都不涉及数学运算。

通常，初中文化程度以上的读者即可轻松阅读并理解本书。当然，如果你对电子或计算机有一定了解的话是有帮助的，本书中的一些内容或多或少会用到相关知识。但一般情况下，大多数人都可以轻松阅读本书的大部分内容。

1.2 本书有什么特点

市面上关于手机维修技术的资料很多，但要么以机型为主，对初学者并不适用；要么是

一大堆文字繁多的理论，极易令初学者迷糊，毋庸讳言，这对于大多数人，特别是初学者、自学者来说，还是有相当大的难度。

本书是一本理论与实际并重的基础教材。但基础教材并不是低级教材，良好的基础才是深入实际之本。你可以通过本书快速掌握手机的基本维修技能。一开始就直奔高深的理论，想达到精通，是不切实际的，没有扎实的基础，只会使自己中途败下阵来。

本书着重介绍 4G 手机电路与故障检修基础，目的在于使读者比较快速地入门，初步掌握 4G 手机电路的基本原理和故障检修的基本技能。

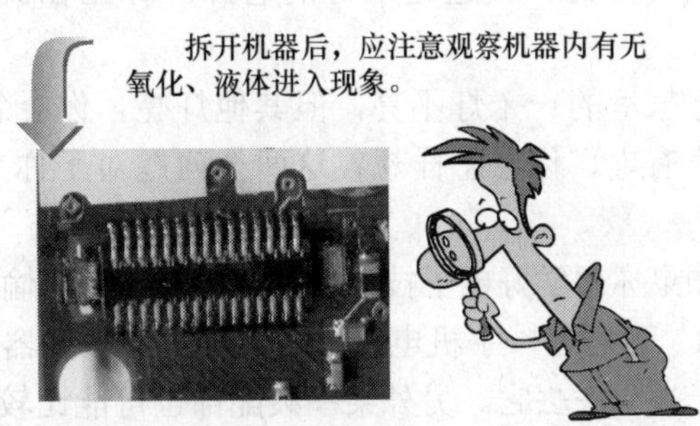

本书的一个重要特点就是面向实际，从实际出发对知识点予以描述。本书力求从“技术”与“技巧”层面来描述手机维修技术基础各方面的相关知识点。在介绍知识点时，结合实际电路、形象图例予以讲述，即使在讲述必要的电路原理时，也力求简明扼要、深入浅出、通俗易懂。

本书共 10 章，分别介绍了电子基础知识与有关手工操作的一些最基础的知识，以及手机电路系统中的各单元电路。不要小觑这些基础的东西，在实际工作中，你随时都可能会用到它们。对于初学者而言，本书内容是丰富而实际的，它能引导你在电子技术方面快速入门。

当然，你不要指望本书能解决你学习中遇到的所有问题。任何一本书都不可能。要学会查找、参阅相关技术资料。

当你读完本书后，你将发现的第一件事是本书只选了两个机型做深度解析。我们无法在书中列举很多机型。为什么？除书的容量限制外，令人遗憾的真相是：手机淘汰比我们想象的更快。而且，学习技术应能举一反三；你不能说学车时的车是捷达，换成自己的车就不会开了。

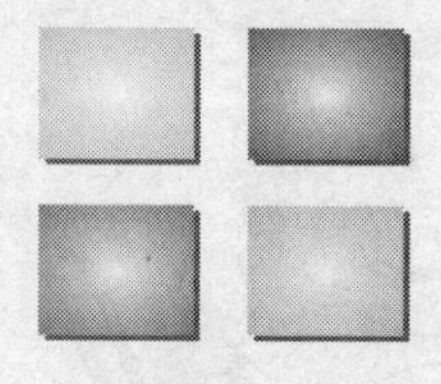

1.3 怎样才能成为优秀的维修人员

许多人在学一样技术前，总是会问自己：能行吗？毋庸置疑，除好的教材、好的老师外，自身的因素在很大程度上是决定性的。据编者多年实践经验来看，只要努力提升以下三个方面，任何人都可以成为一个手机维修技术员。

■ **兴趣、资质、实践**

人们常说，兴趣是最好的老师。你正在阅读本书，这说明你对手机维修是真的感兴趣。

你家里的一个灯不亮，但其他灯亮，你会怎样做？你家里的灯不亮，插座也没电，但邻居家有电，你会怎样想？这两个问题对于你来说不难吧，那么，你已具备最基本的资质特征。

如果你想学好电子技术，在电子技术方面愉快工作，你必须有以下性格特征：

■ **耐心**——手机电路上所使用的许多元器件很小，以致于一个元器件掉到地上即意味着你已永久失去它。另外某些装配部位可能比较脆弱。因此，高度紧张的人不适合从事手机维修工作。你需要井井有条并放松，你需要耐心，在从事实际工作时一次一个步骤。

■ **灵巧**——正如刚才所说，许多元器件非常小，虽然专业工具有一定的帮助，但你仍需要有一定的手眼协调和精细动作技能才能成功操作。在工作中小心、细心是没坏处的。

■ **恒心**——恒心意味着顽强持久，当学习变得艰难时不放弃。如果你需要休息，呼吸一下新鲜空气，当然没问题，可是工作还等着你呢。对于任何一个手机维修技术员来说，耐心和坚韧的结合是成功的关键。

■ **整理**——坦率地讲，如果你打算拆一部手机而没有螺丝和部件的整理计划，你将会感到很痛心，因为你无法复原设备。你注意到这些必需的性格特征如何结合在一起吗？这需要耐心和恒心，以制定一个系统的计划来指导你的实际工作。幸运的是，这里是指维持一个秩序井然的工作环境而不是复杂高深的导弹技术。

■ **信心与勇气**——最后，从事手机维修工作需要你有信心、有勇气。当有人信任你检修他的手机时，即他相信你的技术能力。不论你是否有信心与勇气，你必须行动，如果你有信心与勇气，其他的将随之而来。

所谓实践，就是要多动手。而动手却并不单指在工具、仪器、元器件、实际电路板等方面的具体操作，还包括动手画一画电路图，适当地阅读分析一些电路图、作一些电路计算等。

1.4　如何学习电子技术

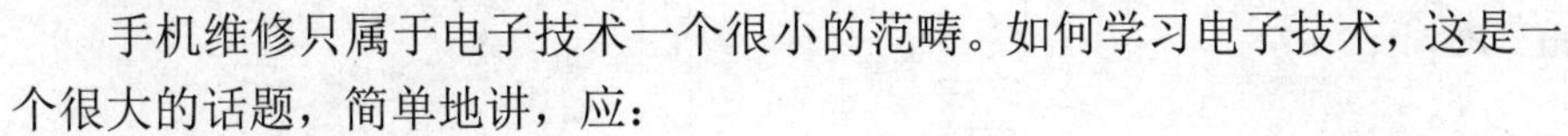

手机维修只属于电子技术一个很小的范畴。如何学习电子技术，这是一个很大的话题，简单地讲，应：

❶ 掌握基本的概念；

❷ 掌握基本电路；

❸ 掌握基本分析方法；

❹ 多动手实践。

应熟记那些基本的知识点。基本概念是不变的，但它的应用是灵活的，万变不离其宗。掌握基本电路，掌握基本电路的构成、正常工作的条件、电路的功用，等等。

复杂的电路都是在基本电路的基础上衍变而来的。基本电路的组成原则是不变的，但各种电路形式各不相同、千变万化。若记忆的仅仅是一个个孤立的电路，要真正学好技术是比较难的。

电路分析有不同的层面。多数情况下，用基本概念、基本定律、基本公式即可分析理解电路。例如，一个 RC 低通滤波器电路（环路滤波器）可简单地用电容通高频阻低频的特性（知识点）来分析理解。

实际上，电学是离不开数学的。本书当然会涉及一些数学公式与计算，但基本上都属于加减乘除的简单运算（这对于你应该不是问题）。当然，若是人工计算、笔头计算，肯定会感觉麻烦。但如果熟记一些基本公式，了解相关的公式，利用学生计算器或数学软件，计算也是很简单的。

不要将计算想的有多难，你所需要做的就是将数值代入相关的公式，敲几下按键或键盘，即可在计算器或数学软件中得到计算结果。你所需要注意的是输入参数的单位变换、输入准确。

虽如上面所述，但基于本书的目的，你几乎不用进行数学计算即可很好地完成本书的学习。

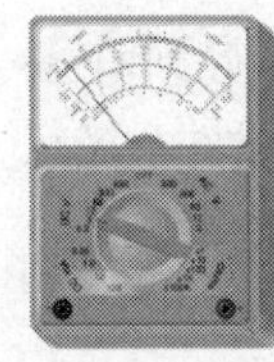

电具有一定的抽象性，它不能被触摸、看、听或闻到。在一定程度上，需要利用一些仪器，如万用表、示波器、频谱分析仪等来观察它。因此，电子技术工程人员熟练掌握使用必要的仪器设备是非常必要的。

对电子基础知识掌握到一定程度后，可利用仿真软件来辅助学习；利用仿真软件来设计、调试与分析电路，以加深对各知识点的理解；利用仿真软件内的各种虚拟仪器，可模拟操作进行各种测量，以进一步提高设计能力和实践能力。常用的仿真软件有 Multisim、PSpice。

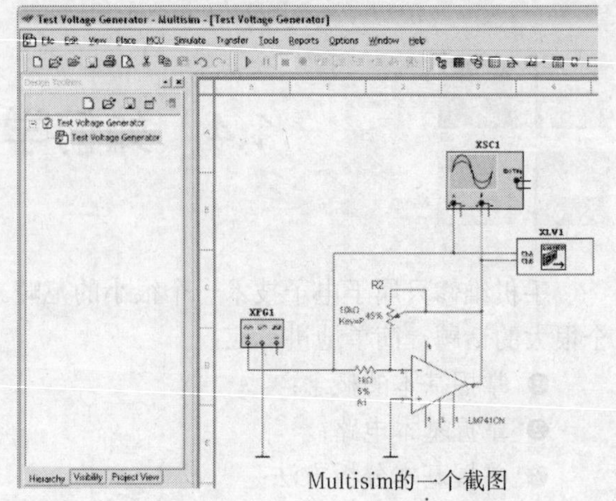

Multisim的一个截图

本书的读者，大都希望通过学习能掌握一定程度的拓展职业生涯的技能。而这里所说的技能就是利用相关领域的基础知识解决实际问题的能力。那么，如何发展并增强这样的技能呢？

最佳的方法当然是理论学习与实践相结合。然而，要想真正掌握这样的技能，就必须利用相当的时间来学习、阅读、理解。你会惊异地发现：你所求解的大部分问题都会利用到简单的基础知识。学习基础知识的过程，初看是非常乏味的，然而，这一过程非常必要。随着工作的深入、知识的增加，这一过程会变得越来越容易。随着时间推移，你会发现求解问题很快。花时间阅读、理解最终会为你节省大量的时间，同时避免失败。

在实践方面，可利用万用电路板搭建调试一些简单的电路，如三极管开关电路、简单的收音机电路等，借此熟悉基本仪表操作、测量了解电路参数、验证所学知识并提高动手能力。待到有一定的基础后，可购买一些晶体管收音机套件，用以组装、测量、调试。当然，若你购买几个旧的手机来练习，无疑是最好的。

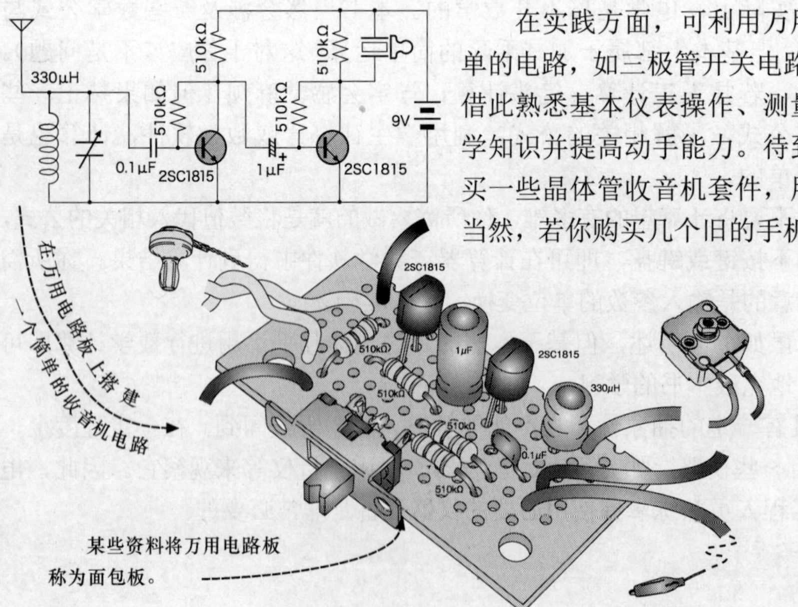

花一两百元即可网购到许多电子元器件，这点投资是值得的。

1.5　关于手机维修

手机是高科技产品，许多人想当然地认为手机维修一定很不容易。的确，手机维修是个技术活，需要一定的专业知识，特别是早期的手机电路集成度不高，在处理手机故障时，往往需要较强的电路分析能力。如今的手机虽然在功能上比以前的手机丰富许多，但由于集成度大大提高，在电路构成上反而更简单，对维修人员电路分析能力的要求有所降低。

如果你曾经拿你的 iPhone 去苹果天才吧保修，你肯定会发现，工作人员会更换一部手机给你，而不是安排技术人员为你更换电子部件。事实上，电路有故障的 iPhone 保修机大多是返回工厂维修的。简单地说，更换模块比维修容易（在第 3 章中会涉及这一点）。

事实上，绝大多数个体从业者反而是现场处理电路故障。所以，你得有信心，只要你用心努力，你也可以。

关于手机维修技术有两个很酷的事，如下所示：

- 某些时候需要特别的权限才能获得某些知识（或技术资料），一般人很难接触到；
- 人们很愿意花钱来分享你的一些特权知识。

所幸的是，这是一个互联网时代，这是一个商业社会，只要你用心，只要你付出，你总会有收获的。

你成为一名兼职或全职手机维修技术员的启动成本如下：

- 用于手机维修的工具
- 维修配件库存
- 时间与精力来积累你的技术

技术员的工具会在后面专门讲到，属于一次性投资，只需几次维修即可收回成本。配件库存是后续工作的一种投资。只要你仔细谨慎地选择配件（本书后面将教你），你将在较短的时间内用到它们。

第三个预付的成本是你积累技术所需要的时间与精力。后面的内容正好分解这些技能，告诉你如何高效地提升它们。

你必须了解的是，维修除了能使你赚钱外，一旦你犯错，可能需用你自己的钱来补救。例如，有一个自己从事手机维修的朋友，在维修后重装时不小心弄坏了顾客的 iPad 前玻璃面板，猜猜谁负责更换玻璃面板的费用？

■ 一个建议

在你拆他人的手机之前，你最好还是找几部旧的手机专门用于练习。在寻求这些手机时，你无须关注它们表面的东西，关键是功能正常。你家人或朋友淘汰不用的手机，或是花两三百元即可在网上淘到五六部旧的手机。这样，在学习过程中即使损坏它们也不会伤心。特别是对于那些自学手机维修的人来说，这点投资是非常必要的。

顺便说一句，砖头就是你听到的行话。砖头机不能再用了。好消息是，我发现它几乎（但不完全）不可能成为砖头机，除非你物理破坏主板。

1.6 采购维修工具

这里讨论你需要什么——身体上的、心理上的、材料方面的——为使你成为一名成功的 iDevice 技术员。现在你的头脑中可能有以下一些具体问题：

■ 我学习成为一个自己动手修 iDevice 的技术员要用多少钱？

■ 维修工具要多少钱？

多少钱？这对于初学者来说是一个敏感的问题。但就维修工具仪表而言，简单地说，1000 元以内即可解决：通常包括螺丝刀等小工具、万用表、烙铁与热风枪等。如果你善于采购，说不定还可以配置一台二手的示波器。

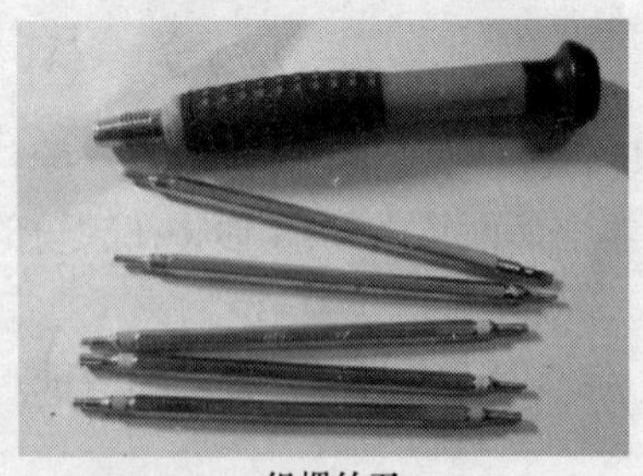

一组螺丝刀

螺丝刀

许多时候，你需要专门的螺丝刀来拆卸手机，例如用于拆卸 iPhone 的飞利浦#00（飞利浦螺丝即十字螺丝，#00 是一种型号）或 pentalobe 螺丝刀。

编者建议你购买一套用于手机维修的专用组合螺丝刀，而不是买几把专门的螺丝刀。

撬棒

撬棒是一个防静电工具，通常由塑料或木头制成。你用它来戳、撬，调整你的手机或其他小型电子元器件。你也可能找到金属撬棒，但编者不推荐它们，因为它们有静电传导性且容易刮花机壳。

塑料开启工具提供了一个不损伤部件、ESD 安全、一次完成的方法来拆开设备外壳和内部连接器。这些工具有各种不同的型号，而且网购很便宜。

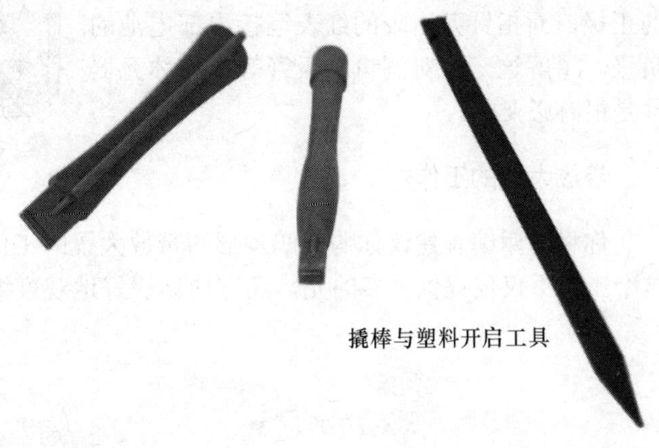
撬棒与塑料开启工具

塑料开启工具各式各样，你在购物网站上可以搜索到很多。值得注意的是，这些工具在使用中会磨损。因此，你的技术工具箱内应确保有一套后备开启工具。

焊接工具

对于手机维修人员来说，不可避免要焊接些什么，因此烙铁与热风枪是必须要购买的。

防静电烙铁

热风枪

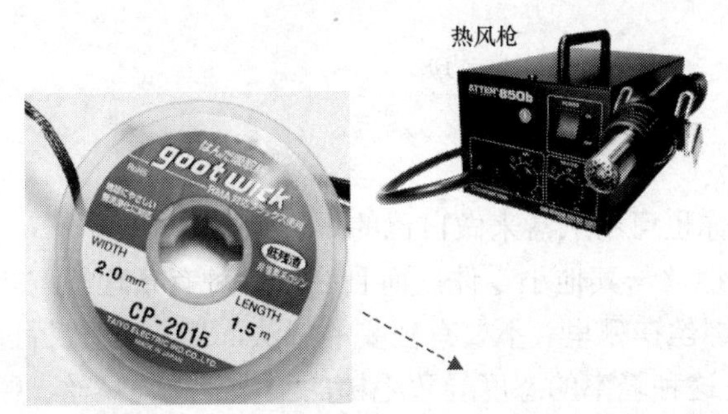

用于焊接技术练习的工具很多，首先是热风枪与烙铁。除此之外，还需要镊子、焊锡、助焊剂、吸锡线、小刀、锡膏、植锡板、酒精、刷子、棉签、超声波清洗器、吹气球等。

在清洁集成电路焊盘时，吸锡线是非常有用的。吸锡线是采用纯铜线经过特殊程序制成的吸锡编织线。

万用表

不论你准备投资一个什么样规模、级别的维修店，万用表都是必须的。

万用表分数字与模拟（指针式）两种。两种万用表各有优势，不过大多数手机维修书籍中涉及的都是数字万用表。

在这里你需要了解一点的是，万用表内安装了电池，但数字万用表的红表笔接内部电池的正极，而指针万用表的红表笔接内部电池的负极。了解这一点对测量二极管等半导体元器件是很有必要的。

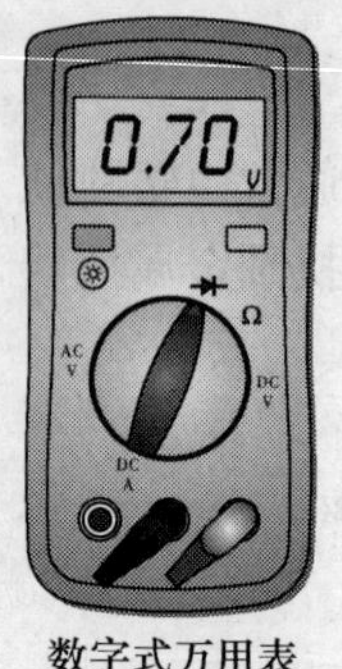

数字式万用表

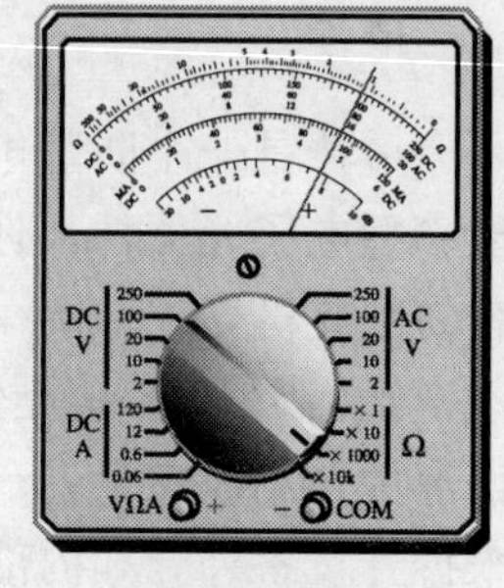

指针式万用表

带放大镜的工作灯

你将感谢编者建议你购买鹅颈形的带放大镜的工作灯（见下图）。当你处理手机故障时，这个工具不仅仅提供更多的光，还方便你极好地观察细小的元器件。

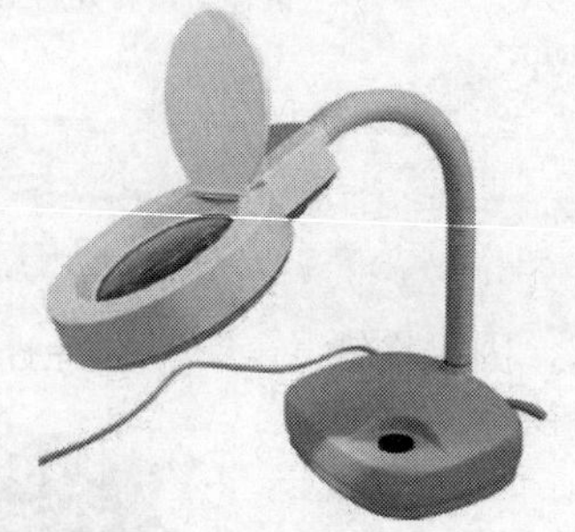
工作灯在左边

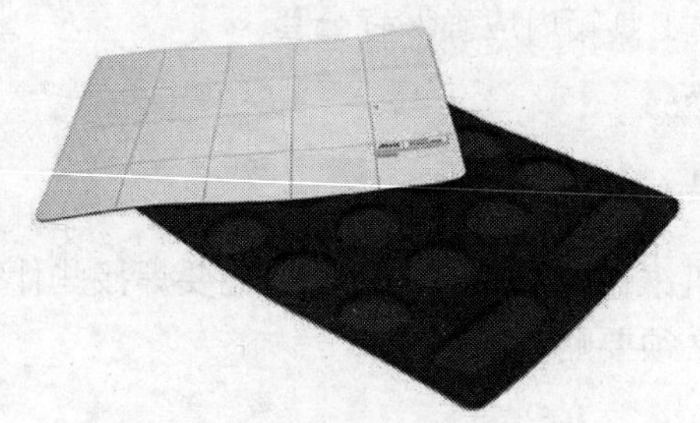
磁性储物垫

磁性储物垫或元器件箱

磁性储物垫或元器件箱不是最重要的，你也可用纸盒来做自己的螺丝盒。

最低限度是，你不仅需要一个地方存储螺丝与其他小零件，而且应以一种有条理的方式保管它们，以使你时刻清楚设备内的部件或螺丝在哪里。不要有狂妄的想法，“哼，我已拆过很多手机，我闭着眼睛也能做这个事”，正是这种轻率的态度导致毛糙的工作、遗失螺丝、顾客的不满意。

ESD安全设备

静电释放（ESD）也称静电，是所有电子设备非常现实的一个安全威胁。你知道只要10V的静电即可损坏集成电路吗？提示：你甚至感觉不到10V的电荷，因此你不知道你烧了你的设备，直到你完成维修或升级并试图开机。你需要遭受1500V电荷（注意，不是1500V的电压）的电击才能感受到电。

一些人不理会静电损伤的说法，因此不采取静电防护措施。请不要犯这个错误。夏天潮湿的环境问题不大；冬天，而且身穿化纤衣物的，应慎重考虑这个问题。相信你一定有在冬天脱衣服时发现电火花的经历。

通常的做法是使用防静电胶垫与腕带。防静电腕带内的金属接触你的皮肤，通过传导消除你身体上的静电。因为防静电腕带连接在工作垫上，工作垫收集来自你身体与电子元器件上的静电。最后，通过工作垫的接地释放静电。

实际上大多数维修人员都未采取防静电措施。这并不强求，防静电当然重要，但电子元器件也没有想象中那么脆弱。但是，在冬天工作之前，用湿润的毛巾擦擦手、掸一掸衣物总是好的。

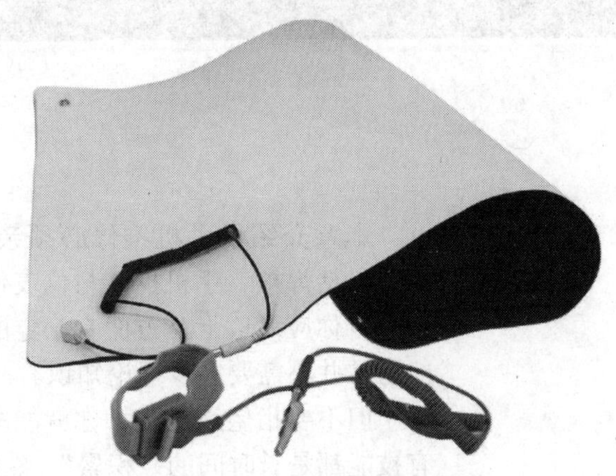

防静电工作垫和腕带

以上谈到的仅仅是物质方面，在知识教育方面的花费是没有标准的，几千乃至上万，这其实是取决于你自身的。如果你能够用心自学，说不定可以节省这笔开支呢。哈哈……别怀疑，或许你行的。

CHAPTER 第2章

4G 手机维修必须的手工

本章介绍了手机维修必须亲自动手操作的一些知识，包括焊接、手机拆装与仪表使用方面的内容。通过本章，你应对以上几方面有一定的了解，而这些操作技能通常并不需要多少理论知识。

但不要指望通过本章你就能成为一个技术达人，所有技能都是长时间的“积累”，熟能生巧，练吧，朋友！

2.1　焊接技术很重要

对于电子技术人员，特别是维修人员来说，掌握熟练焊接技巧是非常必要的。如果焊接技术不过关，在焊接时可能将印制电路板（PCB）上的元器件搞乱，或将电路板上的元器件搞掉，即使理论水平好，维修技术也会大打折扣。对焊接的基本要求是：不损坏电路板。

一些人推迟从事电子产品维修，因为他们怕使用烙铁。一个焊接的错误很可能是不可逆转的。所谓焊接，是指利用被称为焊料的第三种金属使两个金属表面永久熔合在一起。焊接需要炽热的温度与不颤抖的手，不熟练的人肯定会因不正确的焊接将电子设备变为砖块。

图 2.1

2.1.1　焊接工具

用于焊接技术练习的工具很多，首先是热风枪与烙铁。除此之外，还需要镊子、焊锡、助焊剂、吸锡线、小刀、锡膏、植锡板、酒精、刷子、棉签、超声波清洗器、吹气球等。

初学者首先可练习用烙铁、热风枪拆装电阻、电容、电感、二极管、三极管等常规元器件。在拆装电解电容时，注意掌握温度与焊接时间，避免温度过高导致电容爆裂。在能够较为熟练焊接电阻电容等常规元器件后，可练习拆装电路板上的塑料配件，如连接器。

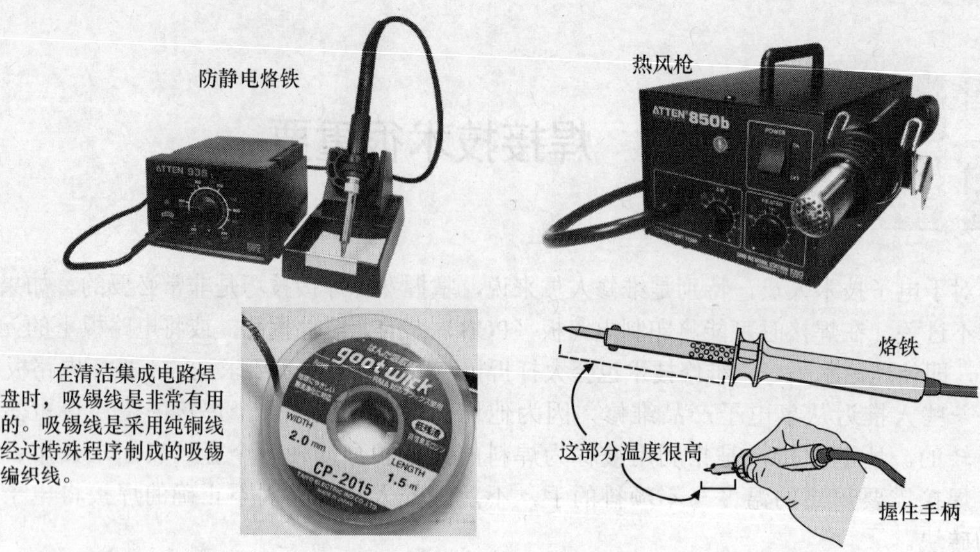

图 2.2

在练习时注意掌握温度与焊接时间，避免温度过高导致塑料配件熔化；注意热风枪风量，避免吹掉元器件。在掌握一定的焊接技巧后，可进行各种规格的 BGA 芯片拆装。这是焊接训练的重点，应安排长时间的练习。焊接技术训练所需要的电路板可在手机配件市场上购买，也可购买那些废旧的手机电路板、计算机电路板。

2.1.2 检查烙铁头温度

一般电子电路元器件焊接时，应选用 60W 以下的烙铁，温度控制在 350℃以下。烙铁通电后，如何检查烙铁的温度呢？

注意了，有新手看见老师傅将烙铁靠近面部来检查烙铁的温度，自己也跟着学，结果烫了自己的嘴。正确的做法是：将锡线放在烙铁头上（图 2.3），如果锡线很快熔化，则可以开始使用烙铁进行焊接作业；如果锡线熔化很慢，则需继续等待烙铁升温。

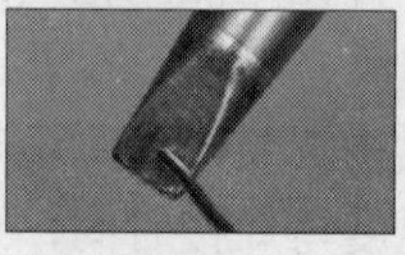

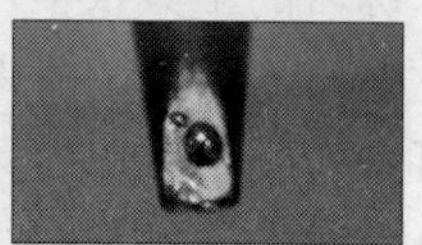

图 2.3

2.1.3 焊接有引脚元器件

很简单，如图 2.4 所示：❶使烙铁头紧贴元器件引脚；❷将锡线接触到元器件引脚；❸待到锡线熔化，元器件引脚被锡包裹，拿开锡线，然后沿元器件引脚提起烙铁。若先拿开烙铁，则可能导致焊点不良。

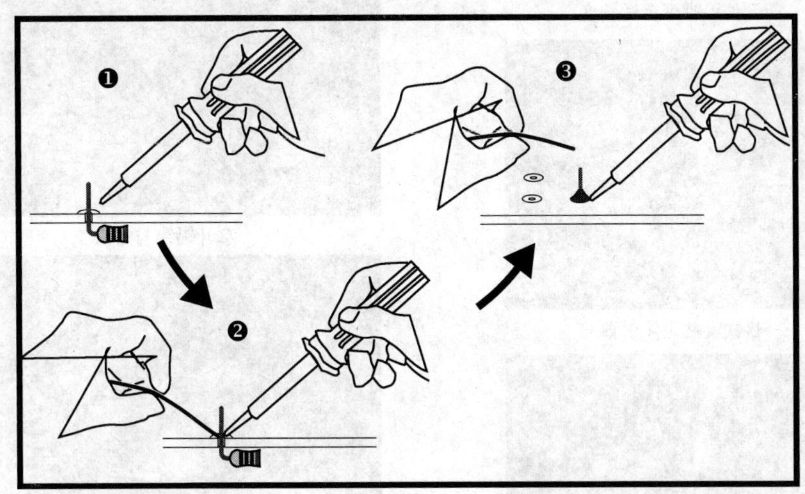

图 2.4

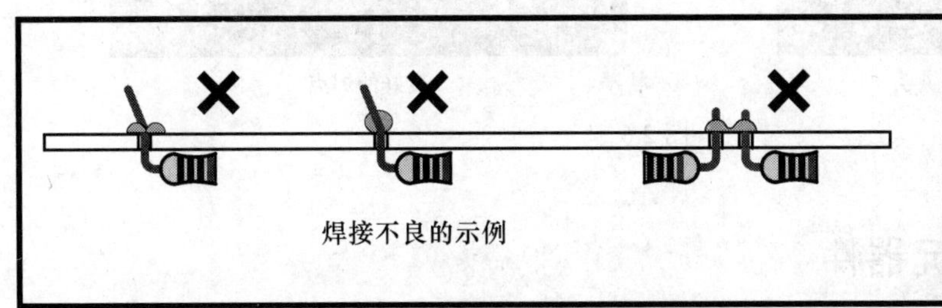

图 2.5

实际的焊接示意图如下所示：

注意：如果元器件引脚或电路板上的焊盘有氧化或锈蚀，一定要先处理，否则，会导致焊接不良（假焊，焊锡不能融合到焊盘与元器件引脚）。

剪元件引脚到合适长度

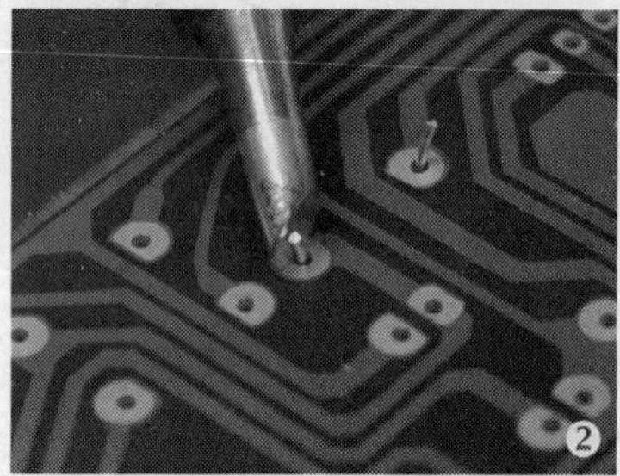

烙铁紧贴元件引脚

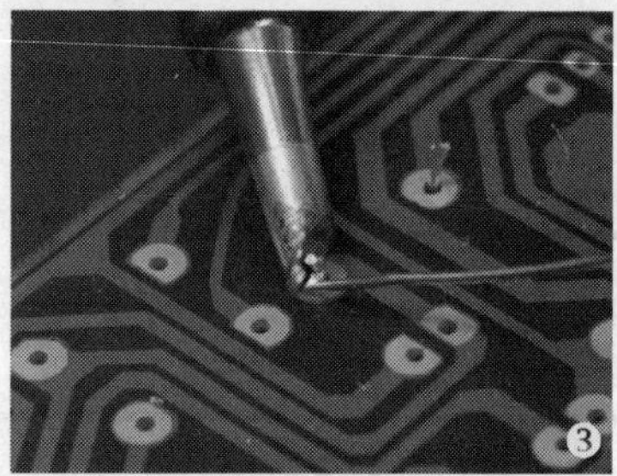

使锡线接触烙铁头

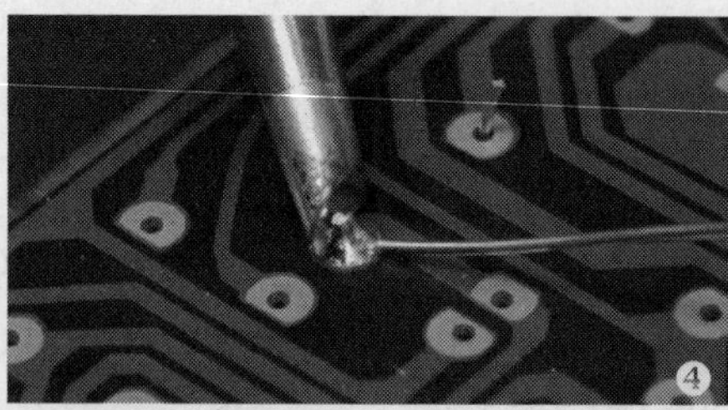

一直持续到锡线熔化、元件引脚被焊锡包裹

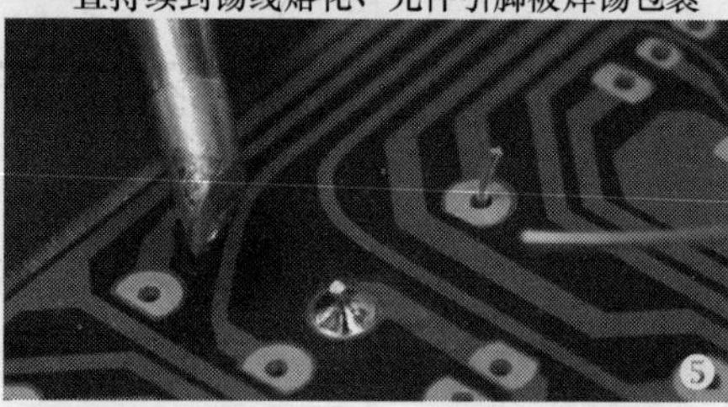

拿开锡线与烙铁

良好的焊点

图 2.6

2.1.4　焊接 SMD 元器件

在焊接 SMD 元器件时，若电路板焊盘上没有焊锡，应先清洁焊盘、给焊盘上锡，如图 2.7❶、❷所示。

清洁好焊盘后，用镊子夹住元器件，将元器件放置到焊盘上，用烙铁头接触到元器件焊接端，使元器件焊接端与焊盘结合，如图 2.7❸所示。根据实际情况给焊点加焊（图 2.7❹）。

总之，多练吧。好的焊接技术是练出来的。

如《卖油翁》所言：无他，但手熟耳。

图 2.7

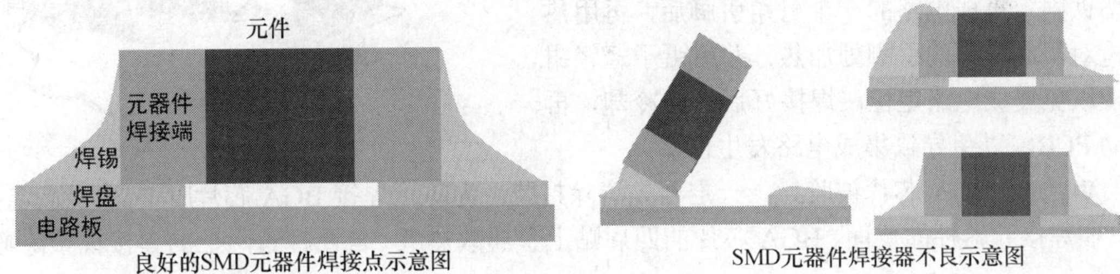

图 2.8

注意检查焊接是否有短路情况，若有，可用镊子配合烙铁头将短路点挑开，或利用吸锡线将焊接短路处多余的焊锡吸走，如图 2.9 右图所示。吸锡线的使用很简单：将吸锡线置于焊接短路处，用烙铁头压住吸锡线，感觉到锡熔化并看到锡进入吸锡线，视情况多操作几次，直到焊接短路处多余的焊锡被清理干净即可。

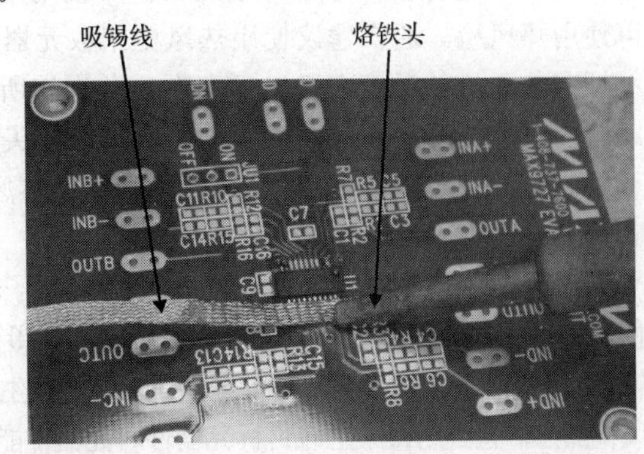

图 2.9

在进行焊接练习时，应注意以下几个方面：

❶ 若拆装手机电路板上备用电池旁的元器件，建议先将备用电池取下，以免电池爆裂。

❷ 拆装二极管、电容、集成电路等有方向的元器件时，一定要注意元器件的方位，以免在重装或更换新的元器件时出现焊接错误。

❸ 拆取或焊接 SMD 元器件时，建议使用热风枪。热风枪的风枪头应垂直，使风口垂直对准要拆装的元器件，注意风量，以免吹掉周围的元器件。

❹ 拆取元器件时，应等到元器件的管脚焊锡熔化后，用刀片将元器件轻轻敲起，或用镊子轻轻提起。切忌强行用力，以免损坏 PCB 上的铜箔。

图 2.10

❺ 更换扁平封装的集成电路时，先用吸锡线清除原来的焊锡。对齐集成电路的方位与脚位，用烙铁固定集成电路的一个对角引脚后，再用热风枪对集成电路的引脚处加热，并用镊子轻轻钳住，以免集成电路走位。焊接好后，先冷却，再移动 PCB，以免导致集成电路发生位移。

❻ 如果 BGA 芯片被胶封，一定要先清除封胶。为防止焊接 BGA 芯片时 PCB 受高温损坏，在焊接元器件的反面、BGA 芯片的四周贴上金属散热纸。自己搜索网上的焊接视频练吧！

2.1.5　用热风枪取元器件

初学者首先可练习用烙铁、热风枪拆装电阻、电容、电感、二极管、三极管等常规元器件。在拆装电解电容时，注意掌握温度与焊接时间，避免温度过高导致电容爆裂。

取电阻、电容、三极管等小元器件可使用烙铁或热风枪，取较多引脚的元器件或集成电路可使用热风枪。通常建议使用热风枪来取元器件。

调节热风枪的温度在 300℃左右，并根据所焊取的目标元器件设置好热风枪的风量。使热风枪的风枪头对准要焊取的元器件。热风枪头位于距目标元器件 2 厘米左右的上方。

如果是焊取芯片等多引脚元器件，则要使热风枪头在所焊取的芯片上方适当来回移动。

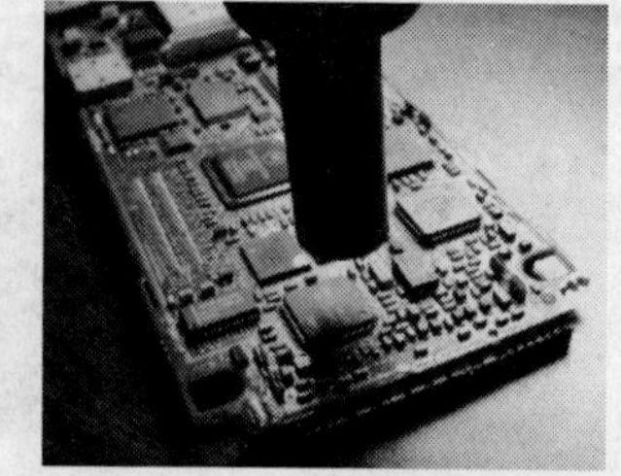

在使用热风枪吹目标元器件的过程中，用镊子轻轻拨动目标元器件，看目标元器件是否会发生位移。若能，用镊子夹住目标元器件轻轻向上提起，即可取下目标元器件；若没有发生位移，则继续用热风枪加热，直到用镊子触碰目标元器件时元器件能发生位移为止。

为防止焊接 BGA 芯片时 PCB 受高温损坏，可在焊接元器件的反面贴几片金属散热板（纸），在所需焊接芯片周围的一些插座上贴上金属散热纸，在目标 BGA 芯片四周涂抹适当的助焊膏。

电路板上的一些 BGA 芯片上可能有固定芯片的胶，只有先去除这些胶才可顺利地取下 BGA 芯片。如果只是在 BGA 芯片的四角点胶，可一边用热风枪吹这些胶点，一边用镊子轻轻地去挑这些胶点。在使用镊子时，应水平方向或向上用力，不要向下用力，小心划断铜线。

如果 BGA 芯片旁的胶是红色或白色的胶，可在维修工具市场上购买专门的去胶水，用棉球吸满去胶水，然后将棉球覆盖在 BGA 芯片的胶上，大约 20～30 分钟。之后一边用热风枪吹，一边用镊子轻轻地去挑这些胶。

如果 BGA 芯片被灌有黑胶则相对困难。一般可先用香蕉水或丙酮浸泡适当的时间（1～3 小时）。对一些机器，在浸泡前应先将存储器取下，否则，可能损坏存储器。

2.1.6　清洁元器件焊盘

如果是电阻、电容等小元器件的焊盘，可直接用热风枪将其吹平整。用烙铁清洁焊盘时，先将烙铁头放置于目标焊盘上，然后将焊锡也放置于焊盘上，使焊锡熔化，适当加锡。之后用烙铁将多余的焊锡挑除。

如果是芯片的焊盘，建议使用扁平的烙铁头。在芯片焊盘加适量的焊锡，使其成球状。然后用烙铁头使其熔化，拖动锡球在芯片焊盘上滚动，从而使芯片焊盘平整。

如果用以上方法不能平整焊盘，可使用吸锡线：将吸锡线放置于要清洁的焊盘上，再用烙铁头压住吸锡线，直到看到焊盘上的锡熔化，轻轻拖动吸锡线即可。清除扁平封装芯片引脚处多余的焊锡也可采用此方法。如果是重植 BGA 芯片，取下 BGA 芯片后，还需对 BGA 芯片的焊盘进行处理。首先可用刀形头的烙铁做一下简单的清理，然后利用吸锡线清理焊盘。在利用吸锡线清理焊盘时，用烙铁将吸锡线轻轻压在焊盘上，待到焊锡熔化时，轻轻拖动。

2.1.7　BGA 芯片焊接

■　给 BGA 芯片植锡

❶ 若是重植 BGA 芯片，先清洁平整 BGA 芯片的焊点。

❷ 给 BGA 芯片涂抹适量的助焊剂。

❸ 选择合适的 BGA 芯片植锡钢网。

❹ 将植锡钢网贴放在 BGA 芯片上，并使钢网的孔与 BGA 芯片的焊盘脚对齐。

❺ 取适量的锡浆，将其放置于植锡钢网上，并用刀片刮平，清除多余的锡浆。注意不要使 BGA 芯片与植锡钢网发生位移。

❻ 将热风枪的枪头取下，调节合适的风量，温度调节到 200℃左右。在距 BGA 芯片上方 2～3cm 处慢慢移动风枪，直到芯片所有的焊锡点变为球形。

❼移开热风枪，不要移动芯片与钢网，等冷却后再移开钢网。

❽检查 BGA 芯片的锡球是否完整。若是，即可直接用于焊接；若不是，给 BGA 芯片重植锡球，或补植锡球。

■ 焊接 BGA 芯片

❶ 首先清洁平整 BGA 芯片的焊盘。

❷ 若是重植 BGA 芯片，先清洁平整 BGA 芯片的焊点，然后再给 BGA 芯片植锡。

❸ 在电路板的 BGA 芯片焊盘上涂抹适量的助焊剂。

❹ 将 BGA 芯片放置于 BGA 芯片的焊盘上，注意 BGA 芯片的方向，细心调整好 BGA 芯片的位置。

❺ 将热风枪的枪头取下，调节合适的风量，温度调节到 280℃左右。在距 BGA 芯片上方 2～3cm 处慢慢移动风枪。用热风枪的时间与芯片的大小相关。适当的时间后，在 BGA 芯片边上轻轻触碰芯片，注意观察，若芯片有回位，即可移开热风枪。

❻ 焊接完 BGA 芯片后，从 BGA 芯片的 4 个边观察：芯片四周能看见的锡球应该清晰可见，不得有连锡或空焊的地方；芯片的 4 个边距电路板的距离要一致。目测后，用万用表检查芯片的电源端口对地电阻，看是否有短路存在。

❼ 确认焊接完成后，应对焊接操作所遗留的焊接剂等杂物进行清理：用棉球蘸适量的洗板水对芯片及其周围进行清洗。清洗后，用热风枪对清洗区域适当烘干。有铅焊锡的熔点较低（185℃左右），因此 BGA 芯片焊接比较容易。无铅焊锡的熔点较高，在 230～260℃，因此无铅芯片的焊接相对困难。

❽ 在焊接无铅芯片时，建议事先对目标 BGA 芯片区域进行大范围适当加热，然后再对目标 BGA 芯片加热焊取，或者使用专门的 BGA 焊接台来焊接。如果没有 BGA 焊接台，又对焊接无铅芯片无把握，可给芯片重新植上有铅锡球，然后再焊接。

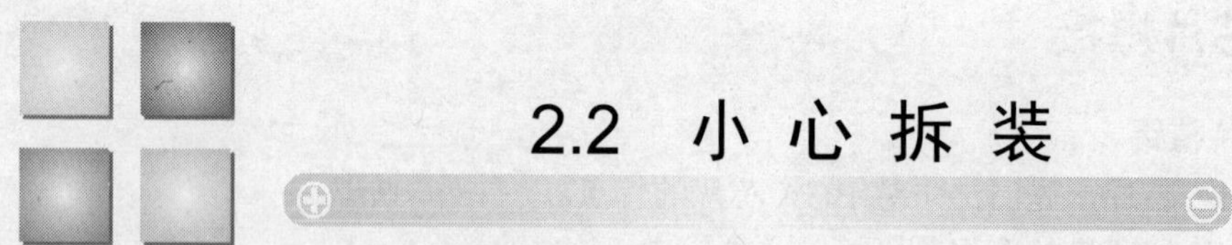

2.2 小心拆装

2.2.1 拆机注意事项

决定拆卸手机时不可掉以轻心。你很快就会发现，你还需要考虑技术层面之外的一些东西。

首先你得与前来维修机器的顾客沟通。虽然有些属于正确的废话，但往往你能获得顾客的好感，因此带来更多赚钱的机会。

■ 首先你得确认顾客送修的手机是否在保修期。如果送修的手机仍在保修期，取下一颗螺丝即意味着违反了相关厂商的保修政策。当然，如果你小心翼翼地遮盖拆卸的痕迹，理论上讲顾客还是可以获得厂商保修服务的，但是不建议你这样做。因为，万一在拆开机器后你不能处理，可能会导致你与顾客之间出现不愉快。

■ 其次，你得确认顾客是否要保留手机中的信息。如果维修处理时会导致手机信息丢失，应事先告知顾客，取得顾客同意后再处理（最好将顾客送修手机中的 SIM 卡、存储卡交由顾客自己保管）。另外，你得与顾客确认送修手机的外观情况。

■ 对不熟悉的机器，先查找相关的拆装资料，避免因拆卸而扩大故障。

■ 准备好放置机器拆卸件的盒子。最好能在拆卸手机的工作台上垫一块绒布或泡沫，防止机器外观出现划痕。

■ 如果是拆卸大屏幕的手机，注意保护液晶显示屏。

■ 动手拆机前，先观察机器，以便对机器的拆卸工作有一个简单的规划。

■ 先取下能取下的螺丝（注意隐藏在胶垫下的螺丝）。若螺丝取下后手机前后机壳未出现分离迹象，注意检查、分离机壳的卡口。

■ 在拆机过程中应避免强制性拔、扯、拉、撬等操作，注意机壳之间隐藏的各种开口、连线与电路连接。在拆卸手机翻盖电路、滑盖电路时，则需要小心处理翻盖、滑盖与电路主板之间的连接。

■ 在拆卸过程中，留意拆卸的顺序、螺丝钉的长短与安装的位置，以便能在装配时顺利复原。在拆卸过程中留意各绝缘胶片的位置，以保证装配时不出现错误，导致短路问题。

■ 手机型号繁多，不论拆装哪一类手机，基本的原则是不能损坏手机的外观、LCD、机壳的卡口及电路板。总之，在拆卸机器时要胆大、心细。在初次面对一个手机时，拆卸操作可能比较困难，或不知如何拆卸。在资讯发达的现今，利用因特网搜索“手机型号”+“拆机”或“手机型号”+“Disassembly”、“手机型号”+“repair manual”、“手机型号”+“Maintenance Manual”、“手机型号”+“service Manual”，通常会找到拆机的文字教程、厂家的硬件维护手册或拆机视频。

这里并不准备用一个手机来教你如何拆机。事实上，你不会从中学到多少经验。用你淘汰的手机或 50 元选购一个旧手机，足以使你掌握基本的拆机技巧。一个简单的原则是，先拆螺丝或取后盖，分离手机前后壳组件，然后据实际情况拆卸其他部件。

由于如今手机的显示屏尺寸都比较大，拆卸时需要特别小心。一些手机的前后机壳组件完全依靠卡口安装，在拆卸时需注意不要损坏机壳卡口。对于这样的手机，塑料撬片或塑料吸盘将是很好的帮手。

两种不同的塑料吸盘

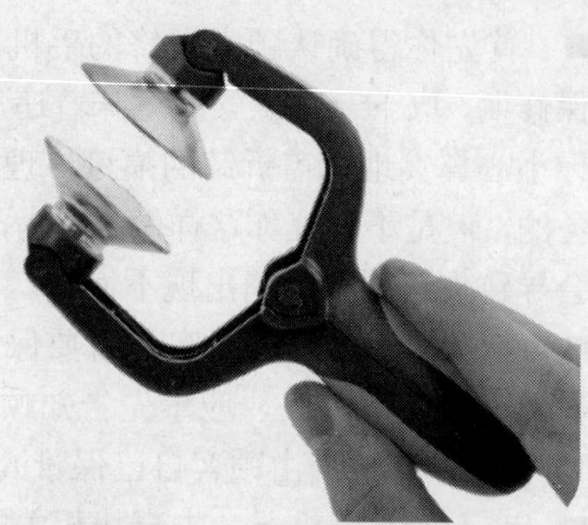

使塑料吸盘吸附在前壳组件（屏幕）上。

适当用力向上拉吸盘，并用撬棒配合。

❶

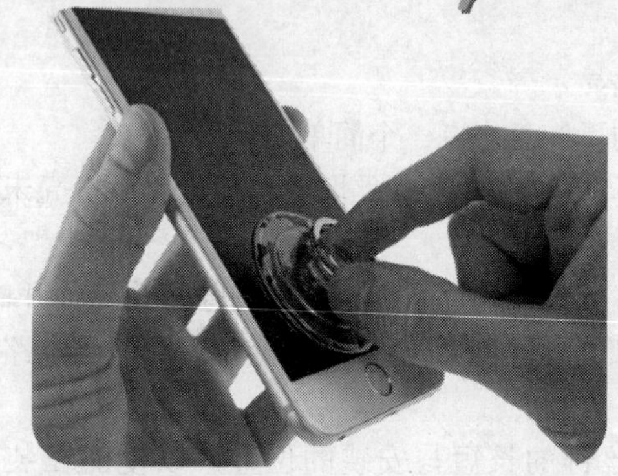

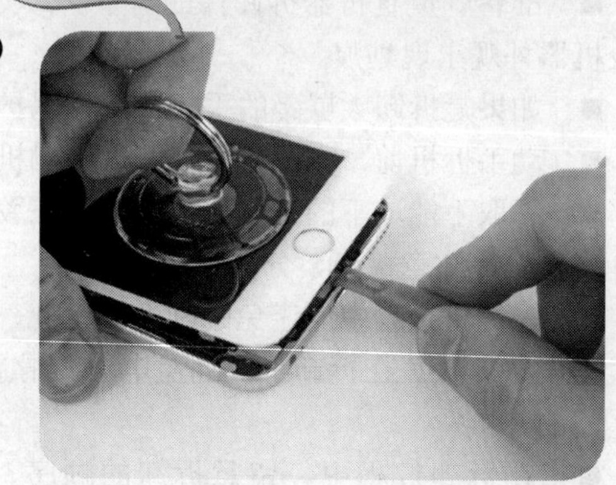

使塑料吸盘吸附在前后壳组件（屏幕）上。

适当用力握捏吸盘夹手柄。

❷

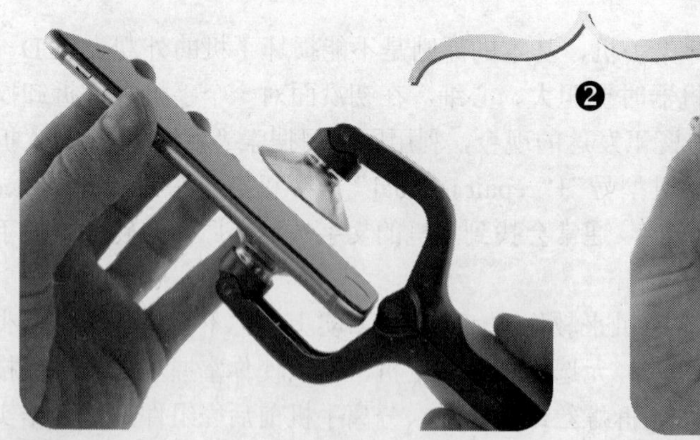

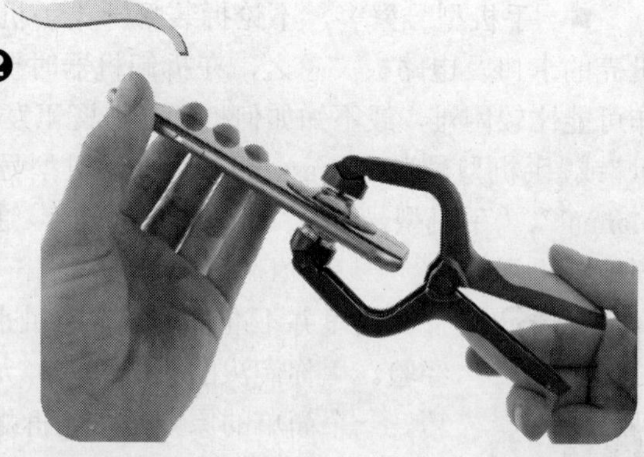

注意，将手机的前后壳组件拉开后，不要急于将它们彻底分离，小心前后壳组件之间的各种电气连接排线。如果你对将要拆卸的手机实在有顾虑，那就花点时间，先向万能的网络取取经吧……哈哈！

在拆卸时，注意机壳与电路板之间可能有电气连接。

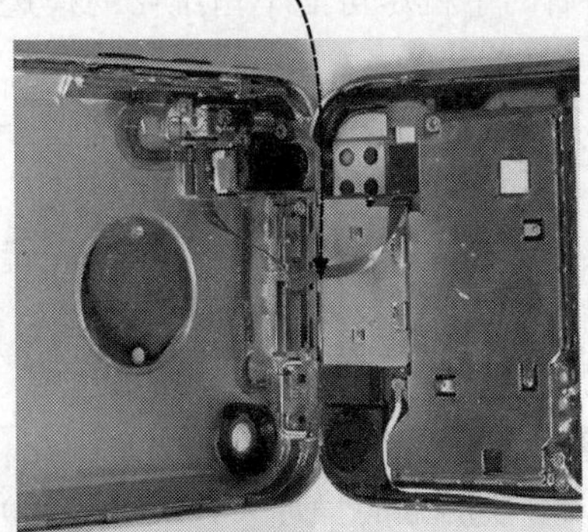

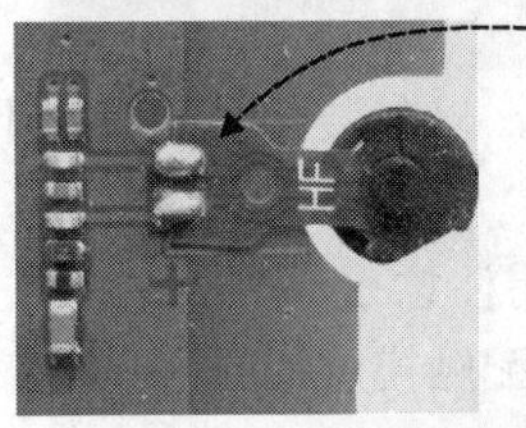

有些装配件直接焊接在电路板上，注意不要焊接错误!

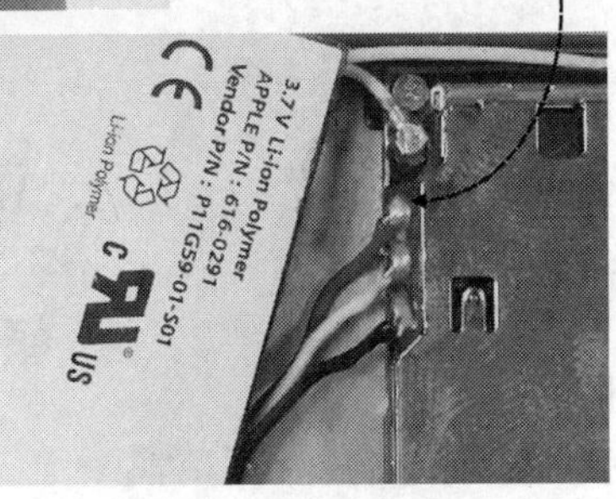

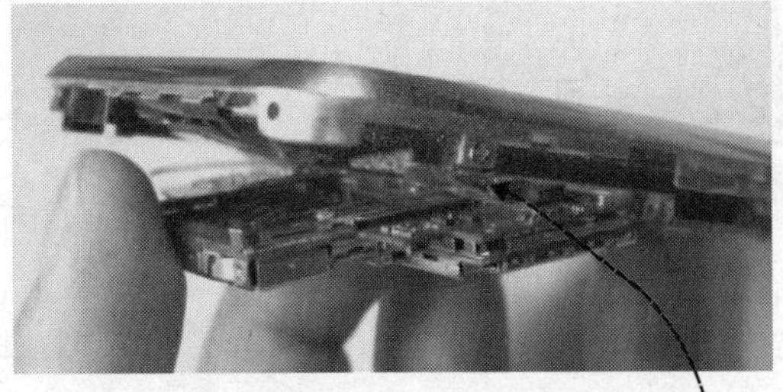

电路板下面可能有多个连接器连接，注意不要损坏连接器。

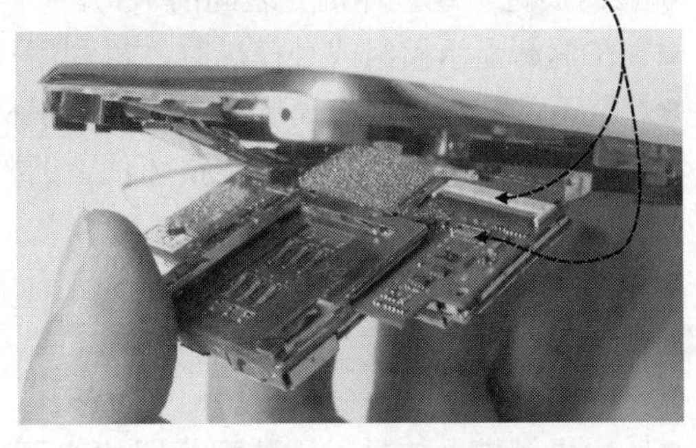

拆开机器后，应注意观察机器内有无氧化、液体进入现象。

分离电路之间的连接时，注意不要损坏电路连接器的卡口。

装配主电路板与子电路板之间的连接时，连接器排线一定要装配到位。

2.2.2 装配也讲技巧

电路故障检修完成后，需要将手机组装起来。组装后的手机尽可能不留维修的痕迹是一个基本原则。

如何才能让组装效果达到最佳？以下的一些方面值得注意：

■ 某些装配效果差是因为拆卸工作未做好。

■ 若机壳之间有卡口，不要用坚硬的物件撬，不要强行撬开机壳，以免在机壳缝隙处留下明显的痕迹，或损坏机壳之间的卡口。

■ 在拆卸显示模组或触摸屏时，可利用热风枪低温适当加热，避免强行撬拨。

■ 取下的液晶屏或触摸屏若还将装回手机，应放置在安全位置，避免损伤、刮花。

■ 拆除损坏件时，记得取下损坏件上的附件，例如触摸屏上的垫片（如果有的话），以免新配件安装后出现空位。

■ 保管好所有的配件，以免丢失。记住不同位置螺丝的长度，以免装配时因螺丝不适导致装配异常。

■ 装配时应小心、细心，切记强行按压。以下的一些方面值得注意：

■ 如果触摸屏或显示屏装配位置的双面胶纸凸凹不平，在装配触摸屏或显示屏前最好清除原来的双面胶，使用新的双面胶。

■ 装配触摸屏或显示屏前应先清除上面的灰尘、杂物。

■ 装配机内的部件时注意安装位置，切忌强行按压。

■ 注意机内电线的安装位置，避免被机壳夹断或短路。

■ 注意螺丝长度，以免损坏电路板或机壳。

■ 注意手机边侧按钮胶粒方向，避免按钮调节不顺。

■ 注意触摸屏面板上的垫片安装，以免面板上的功能键行程不足。

■ 若耳际插口或 USB 插口卡在机壳上，安装时注意安装到位，避免虚位。

2.3 指针式万用表

万用表（multimeter）又称为多用表、三用表等。万用表可分为指针多用表和数字多用

表两大类。万用表是电子、电气相关工作不可缺少的测量仪表。万用表多种多样，提供的测试项可能各不相同，但它们的基本功能都一样，以测试直流电压、直流电流、电阻、交流电压为主要目的。不同万用表的刻度盘也有差异，但都大致相似，具体可参阅相关万用表的说明书。

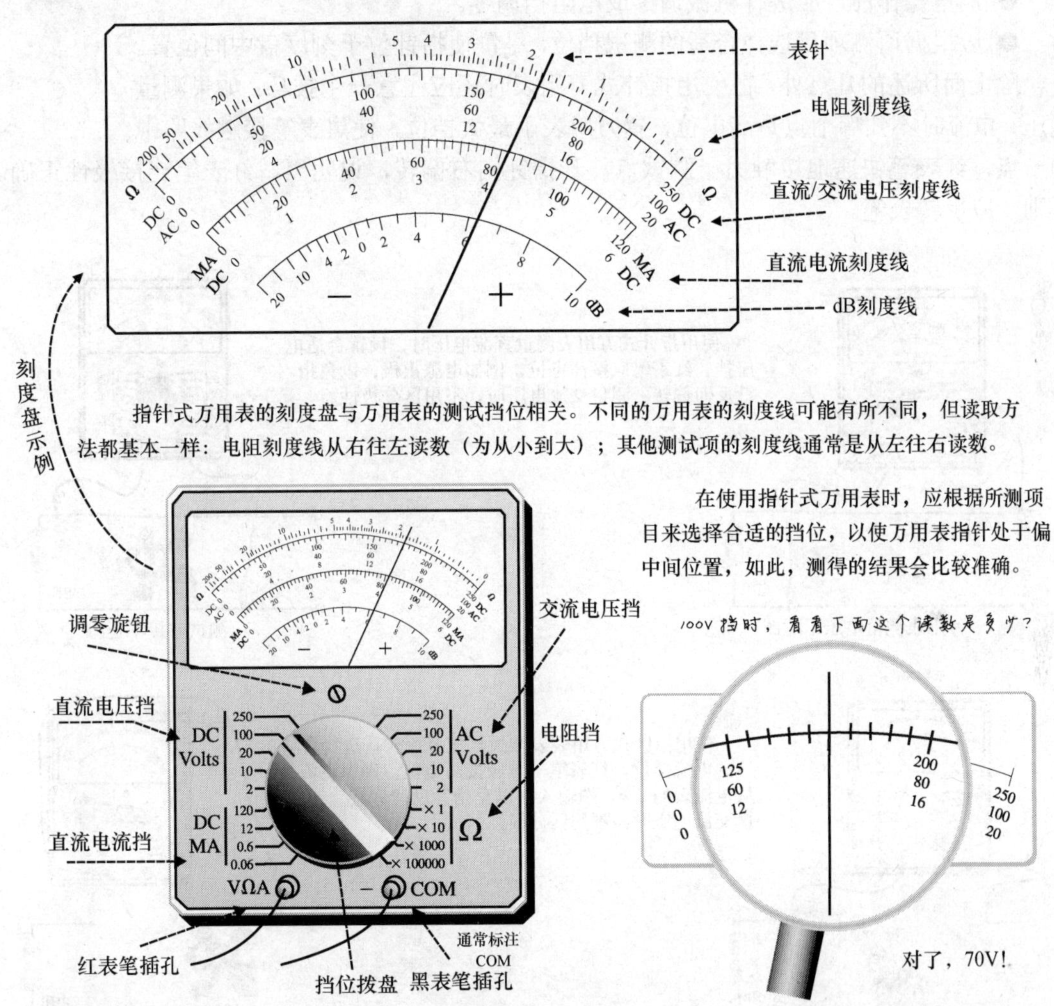

在使用指针万用表之前，应对万用表进行调零操作：

❶ 机械调零：将万用表平放，检查表针是否在左侧零位。若不是，通过调零旋钮使表针位于左侧零刻度位置。

❷ 电阻挡调零：短接黑、红两表笔，检查表针是否在右侧零位。若不是，通过调零旋钮使表针位于右侧零刻度位置。

在电阻挡，指针式万用表的红表笔连接的是表内电池的负极。在使用万用表时，应注意以下一些问题：

❶ 检查表笔、表笔线的绝缘层是否有破损。带电作业时，切忌触碰表笔的金属部分。

❷ 切忌不要在电流挡测电压。转换挡位前，应使表笔脱离电路。

❸ 测量操作前，应进行机械调零或电阻挡调零。

❹ 应根据所测项目选择合适的测试挡位，尽量使指针位于刻度盘中间位置。

除上面所述的几点外，在使用指针式万用表时还应注意一个技巧：如果测量电压、电流时不知哪个点是高电位，置万用表于最大挡位，使黑表笔接触线路中的一点，红表笔快速地接触另一测试点，若指针向右偏转，说明黑、红表笔连接极性正确。否则，应反转表笔。

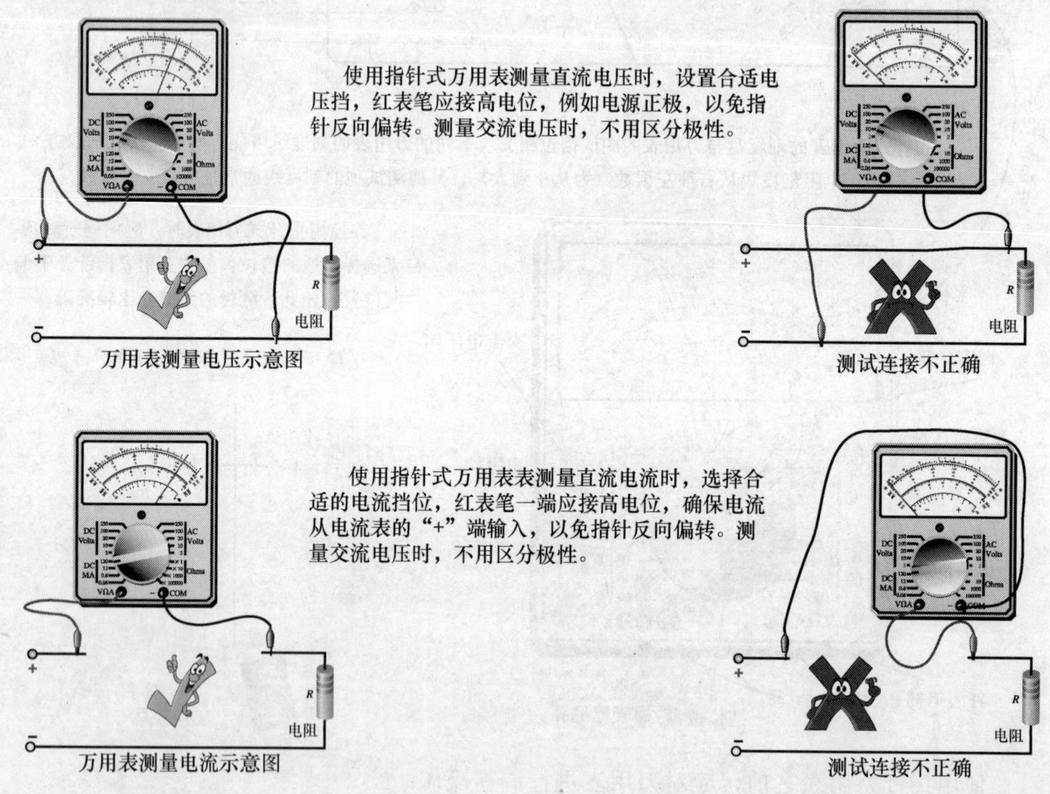

用万用表测量电阻时不用区分表笔连接极性，主要是选择合适的电阻挡位，使指针指示位置靠近中间位置时的结果最准确。测量电阻前，记得先进行电阻挡调零。若电阻挡不能调零，大多为万用表内电池电量不足，更换电池再调零。

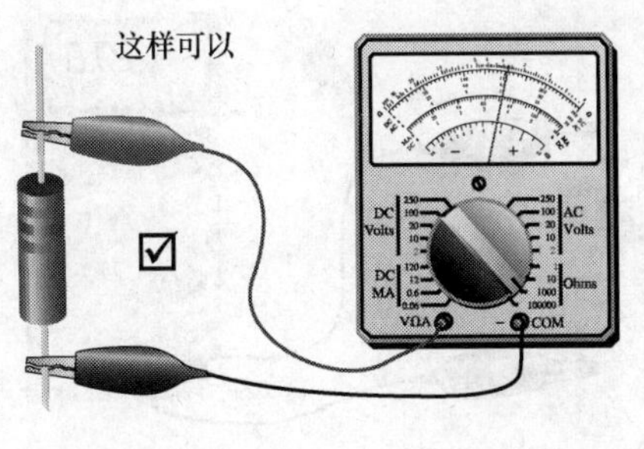

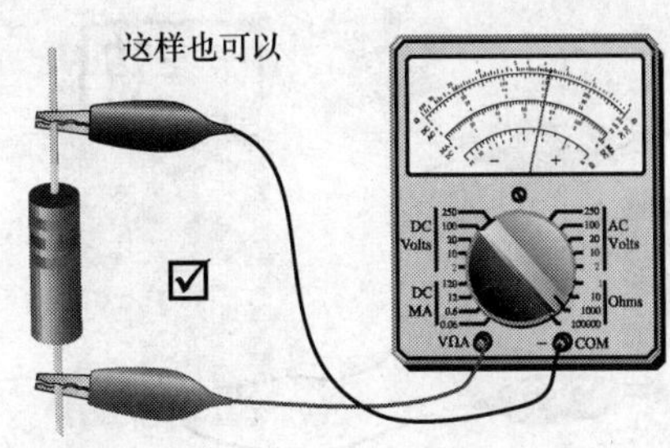

2.4　数字万用表

数字万用表具有读数方便、功能多等优点。数字万用表的型号很多，但其基本功能也是测量电压、电流、电阻。不论什么型号的数字万用表，大多会提供一个专门二极管（短路线）测试挡位。数字万用表的面板与指针式万用表的面板其实很相似。在挡位拨盘方面，除电压、电流与电阻挡外，通常还会有一个专门的关机挡位（OFF）、二极管（短路线）测试挡位。与指针式万用表相反，电阻挡时，数字万用表的红表笔接内部电池的正极，黑表笔接内部电池的负极。

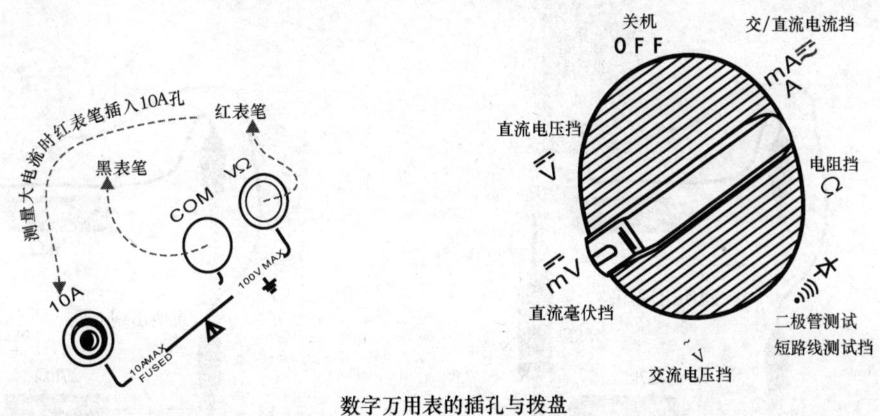

数字万用表的插孔与拨盘

■　**数字万用表测量电阻**

红、黑表笔不用区分极性，选择合适的量程挡位，表笔分别接触电阻的两端引线，即可得到测量结果。

■　**电阻测量**

数字万用表通常有一个专门的短路线测量挡位，在测量时，若两点之间的电阻很小，万用表会发出蜂鸣提示。

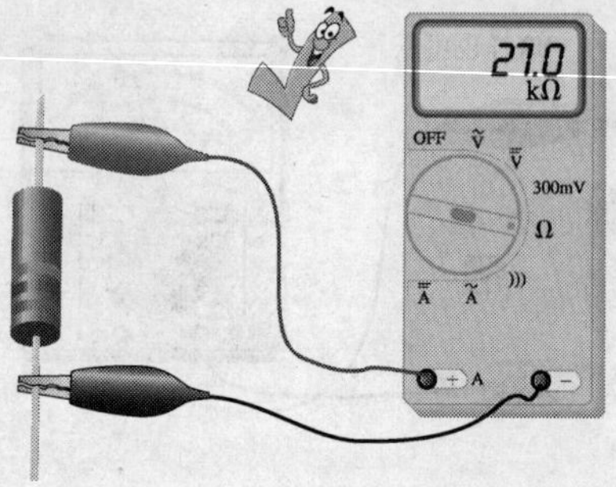

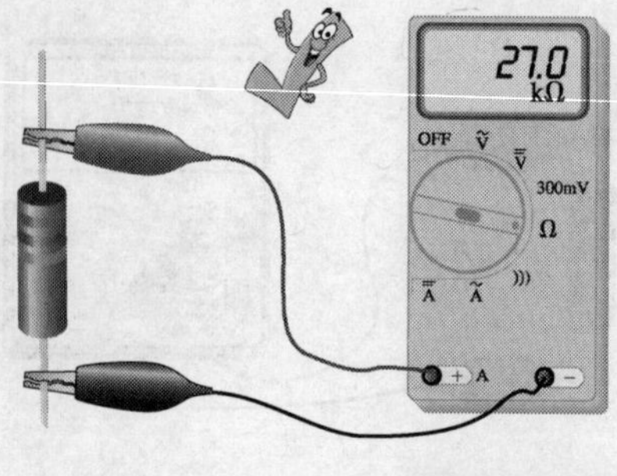

在电路中测量电阻时，为了测量准确，最好使其一端从电路上断开。

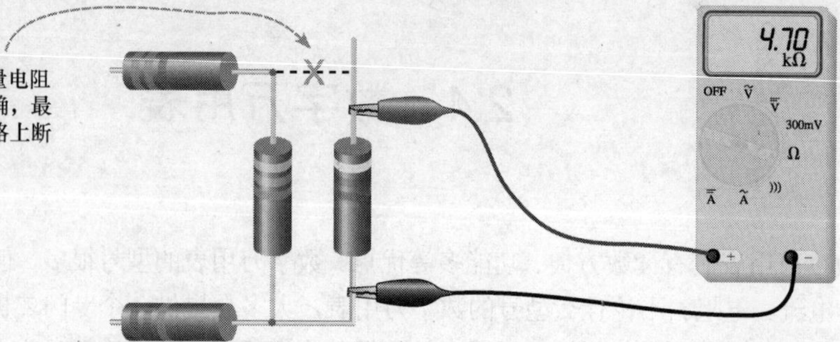

测量这样一个电路，电阻趋向于0，说明电路出现短路。

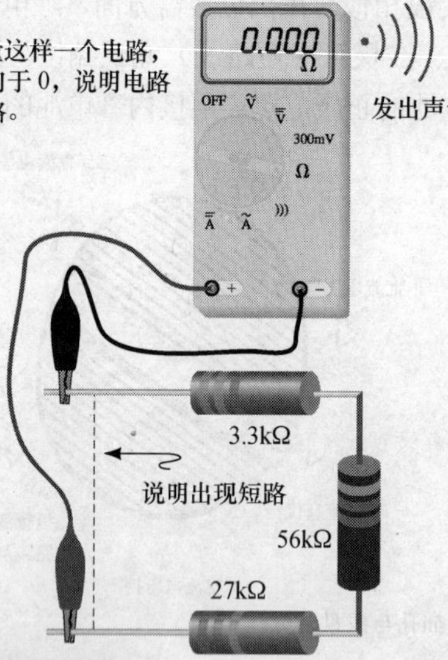

发出声音

说明出现短路

测量这样一个电路，左边显示“1”，说明电路出现开路或电阻损坏。

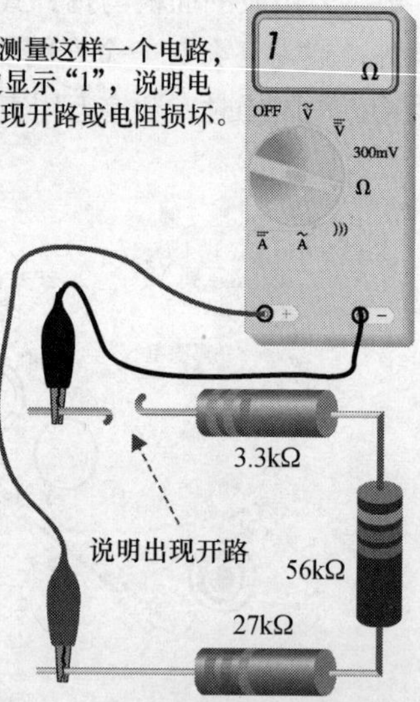

说明出现开路

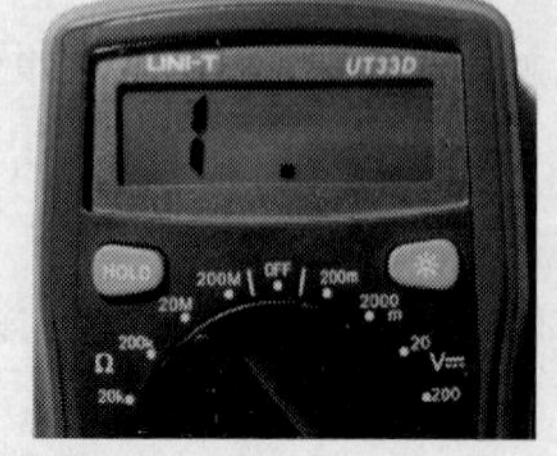

如果量程小于所测电阻，或导线开路，通常仅在显示屏的左边显示“1”。如果测量操作正确，测量结果显示在显示屏的右边。测量结果为所显示的数字与所选择的挡位相关的结果。例如示例中的结果应为1.22MΩ。

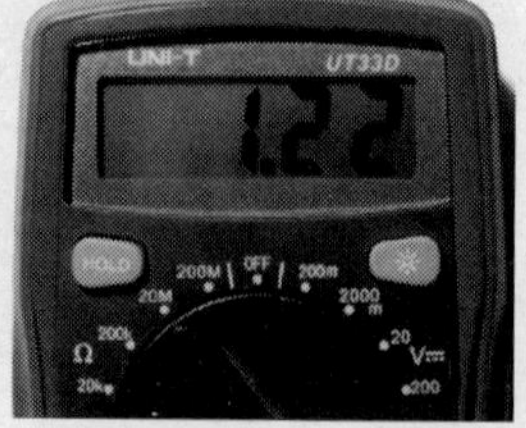

■　数字表测电压

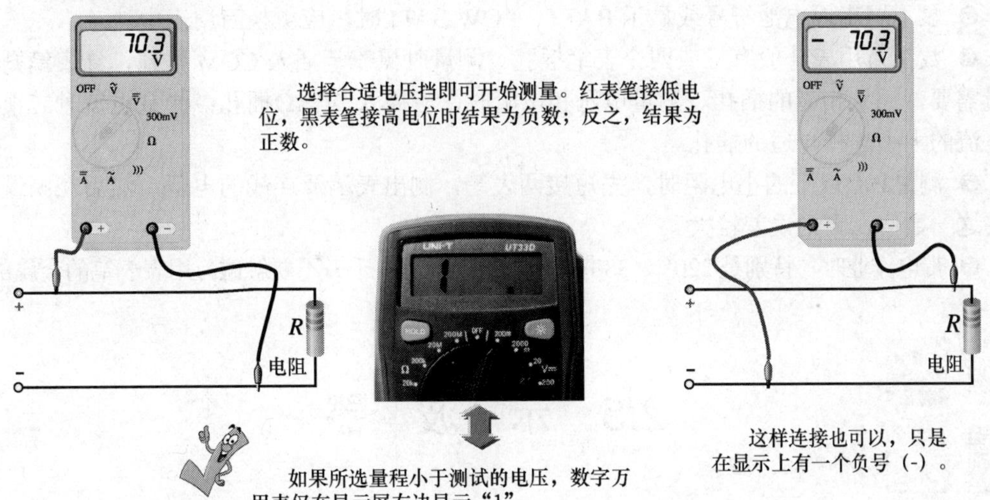

■　数字万用表测量电流

使用数字式万用表测量直流电流时，选择合适电流挡即可开始测量。红表笔接高电位，黑表笔接低电位时结果为正数；反之，结果为负数。

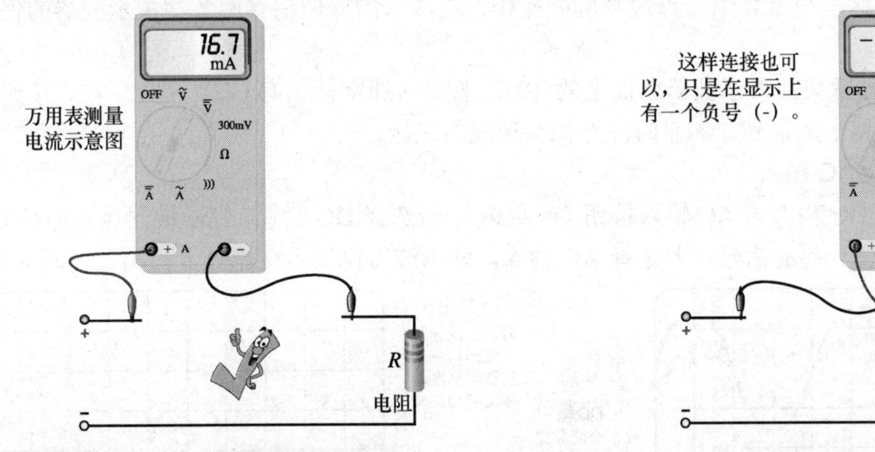

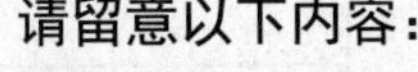

请留意以下内容：

使用数字万用表时，应注意如下一些事项：

❶ 注意检查表笔、表笔线的绝缘层是否有破损。

❷ 测量电流时，切忌过载。若不了解所要测试的电流，先选择最大挡位，然后根据实际情况减小挡位。在改变量程前，表笔应与被测点断开。

❸ 不要用电流挡、电阻挡去测量电压（特别是 220V、380V 的交流）。

❹ 测试笔插孔旁边的“⚠”符号，表示输入电压或电流不应超过指示值。

❺ 显示屏出现电池符号或显示 BATT、LOW BATJ 时，应更换万用表电池。

❻ 数字万用表一般有三或四个表笔插孔。测量时黑表笔插入 COM 插孔，红表笔则根据测量需要，插入相应的插孔。测量电压和电阻时，应插入 V、Ω插孔；测量电流时应根据被测电流的大小选择合适的插孔。

❼ 测量10Ω以下的小电阻时，先短接两表笔，测出表笔及连线的电阻，然后在测量值中减去这一数值，否则误差较大。

❽ 带电作业时（特别是 220V、380V 之类的交流电），千万不要触碰万用表表笔的金属部分。

2.5 示 波 器

简单地讲，示波器用来测量信号波形。在用示波器检测电路中的信号时，通常是看有没有信号？信号的幅度是否正常？信号的波形是否正常？示波器分模拟示波器、数字示波器两大类。数字示波器如今得到了广泛的应用。示波器的型号很多，不论如何变化，最基础的操作控制都一样。这里简单介绍一点最基础的操作，更深入的操作请参阅各相关示波器的使用手册。

■ 将示波器探头接入示波器面板上的 BNC 接口（通常标识有 CH1、CH2 等），接通电源，即可测量电路中的信号。测量时注意探头地线的连接。

■ DC 输入/AC 输入

示波器都有 DC 输入与 AC 输入按钮（或菜单），若选择 DC 输入，则示波器显示的是 DC 与 AC 分量叠加在一起的信号；若选择 AC 输入，则示波器仅显示交流分量。图 2.11 所示的

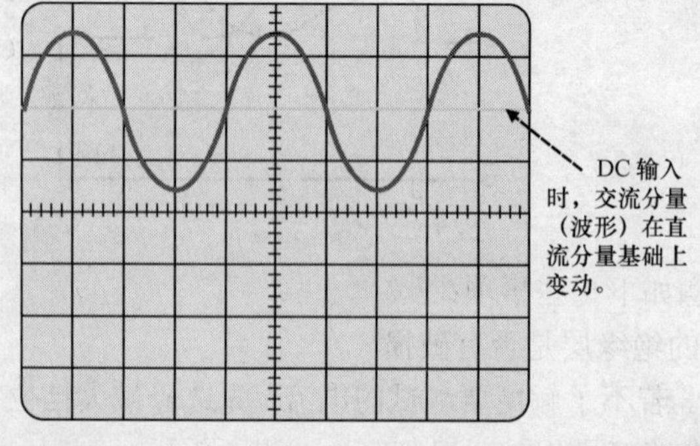

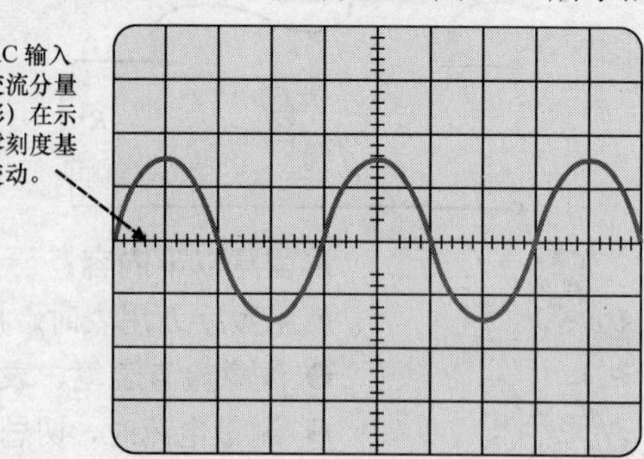

图 2.11

两幅波形图展示了直流输入、交流输入时示波器的不同显示情况。

■　幅度参数调节

示波器都有幅度调节旋钮（或菜单），通常标识为 VOLTS/DIV。模拟示波器的幅度调节旋钮通常有 5mV～5V 的 10 个挡位，加上探头上的衰减，可测高达几百伏特。数字示波器则通常通过菜单选择，可从 2mV～100V 中选择挡位。幅度调节旋钮所对准的刻度代表示波器显示屏垂直方向一格所表示的电压幅度，如图 2.12 所示。

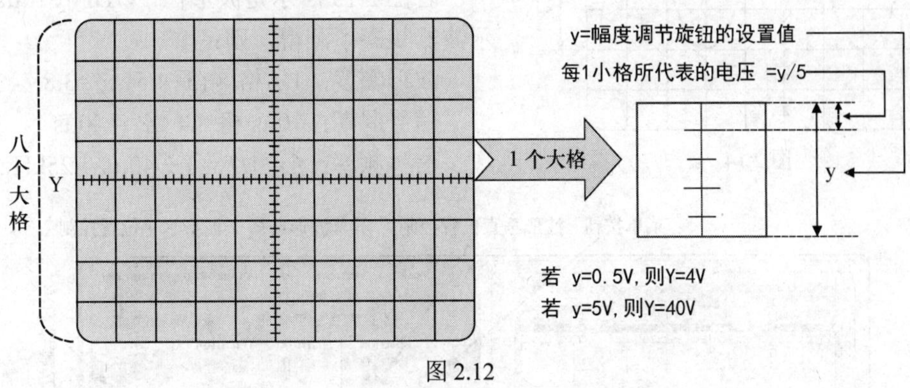

图 2.12

■　扫描控制

扫描控制也称秒/格水平位置控制，可选择波形描绘到屏幕上的速率，也被称为时基设置或扫描速度。扫描控制被标记为 sec/div，其刻度通常为 0.2μs～0.5s。旋钮或菜单的设置值对应的就是示波器显示屏水平方向一个大格所代表的时间，如图 2.13 所示。

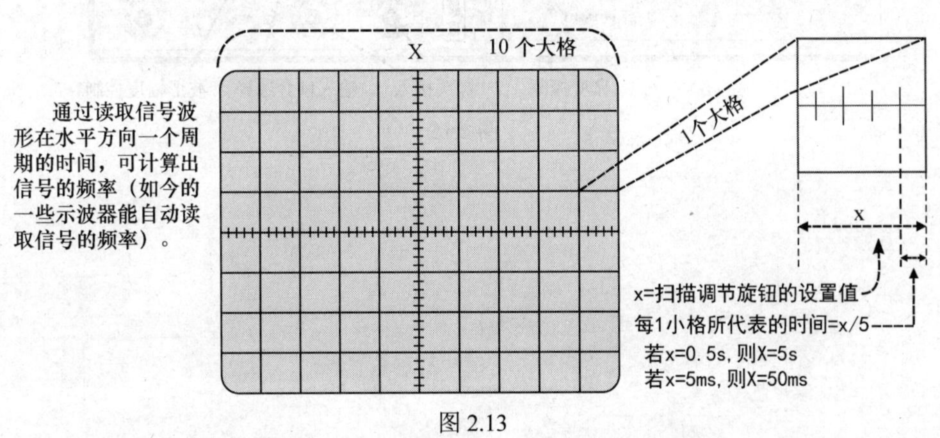

图 2.13

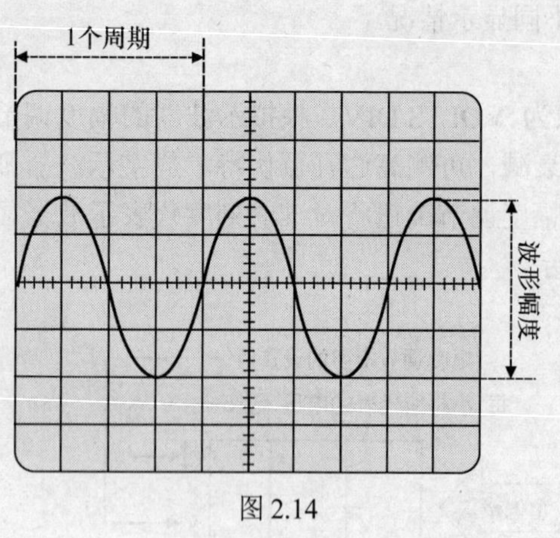

图 2.14

■ 波形参数读取示例

图 2.14 所示是波形在 0.5V/DIV、0.1ms/DIV 的示波器状态下测得，则：

波形幅度：0.5V/格 × (3+4/5) 格=1.9V

信号周期：0.1ms/格×4 格 = 0.4ms

信号频率：$f = 1/T = 1 \div 0.4\text{ms} = 2500\text{Hz}$

若图 2.15 所示是波形在 1V/DIV、10μs/DIV 的示波器状态下测得，则：

波形幅度：1V/格 × (3+4/5) 格=3.8V

信号周期：10μs/格×4 格 = 40μs

信号频率：$f = 1/T = 1 \div 40\mu\text{s} = 25\text{kHz}$

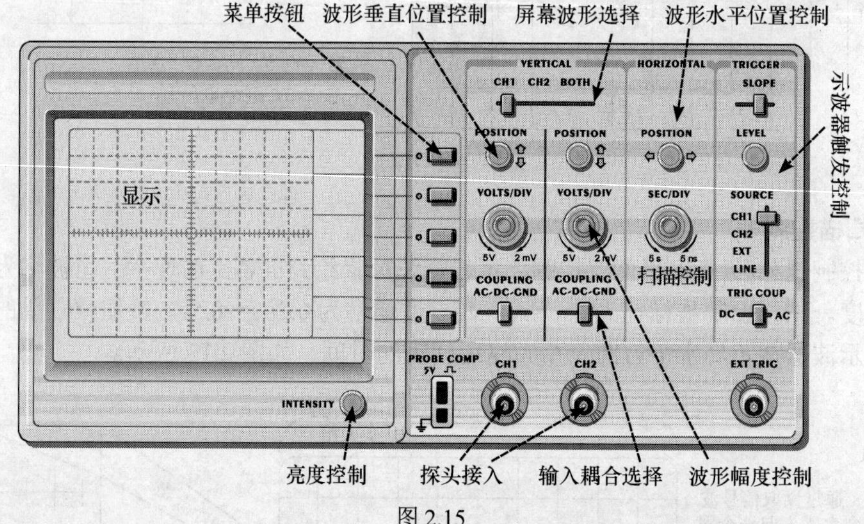

图 2.15

CHAPTER 第3章

30 分钟能学会的故障检修

对于如今的大屏幕智能手机而言，显示屏故障、触摸屏故障与软件层面的问题是最常见的，而大多数时候处理这些问题并不需要多少电子方面的理论知识支撑。希望通过本章你能快速了解一些4G手机的维修知识，也希望能进一步激发你的学习热情。

30分钟能学会什么东西？开玩笑吧？！

嗨，不用惊讶。这里要介绍的又不是什么高深的技术，无需任何专业知识。本章容量并不大，涉及的故障并不多，但却是如今手机最常见的故障，占比非常大。

3.1 更换触摸屏

3.1.1 触摸屏概述

触摸屏手机，你应该不会陌生，如今最常见的基本上都是触摸屏手机。

触摸屏？电容触摸屏？它们仅仅是用来描述我们所使用的可以触摸操作的手机面板上一个部件的术语。作为一个维修人员，了解它的构成与工作机理固然可喜，但不了解其原理对维修工作也没什么影响。因此这里不准备对触摸屏本身做深入探究。

简单地从物理角度看，触摸屏像一块镶了边框的玻璃，只不过这“玻璃”上还有一点控制电路。

一块触摸屏

绝大多数情况下，手机的触摸屏是通过双面胶带粘贴在手机的前面板支架上的（注意，不是粘贴在液晶显示屏上）。因此，如果你是专门从事手机维修，采购一卷窄的 3M 双面粘胶是很有用的。

这里要注意了，触摸屏与电路板之间还会有电气连接，绝大多数情况下是通过触摸屏上的柔性排线（柔性电路板排线，也称 FPC 排线）连接到主电路板。

■　电路板连接器

手机中除主电路板外，还可能有子电路板；子电路板与一些电气终端（如摄像头、送话器等）通常是通过各种接插件相连。这里图中所示的是一些常见的电路板连接器。在分离这些电路板连接器时，应注意不要损坏连接器的锁定片。

压下锁片锁定

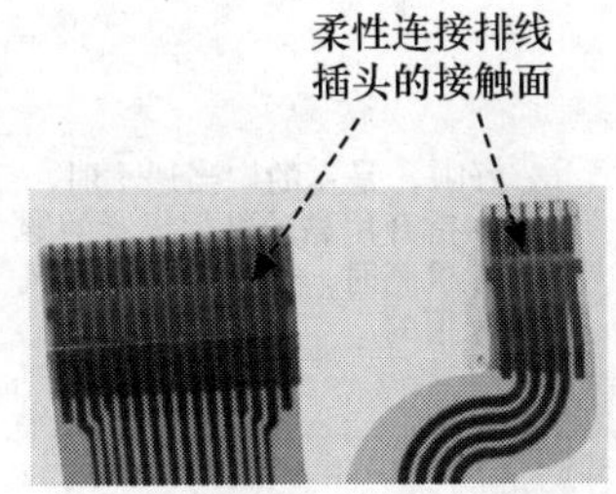

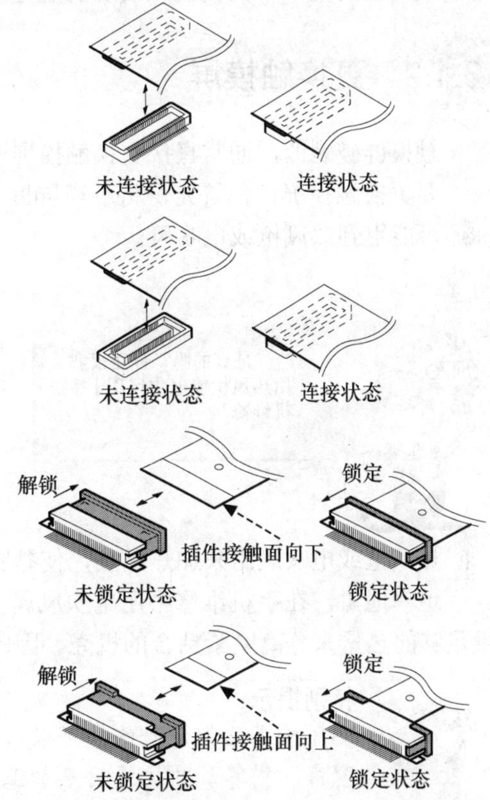

关于触摸屏故障

触摸屏所表现出来的故障不外乎是不能触摸操作、触摸操作不灵。导致触摸屏故障的可能原因有以下几方面。

■　触摸屏物理损坏（破裂）

■　软件层面

■　触摸屏电路故障

其中，第一项是最常见的，而第三项相对较少。从维修的角度看，触摸屏电路非常简单（至少现如今的手机触摸屏电路是如此），因此，你无需有这种担心：哎呀！我还没学电子基础知识呢，怎么就讲电路检修了呀？接下来就会讲到软件层面的知识、电路方面的知识，自己慢慢往后看吧！

不过，要提醒你记住的是：触摸屏与主电路板之间有电气连接（有电缆连接）！

在介绍故障处理前你还需清楚以下几点。

如果你想更换触摸屏，可能需要你取下待修手机的后盖、电池、SIM 卡、存储卡，或者还需要你适当的取下几颗螺丝。

最关键的是——在更换触摸屏的过程中，你需要小心、细心，动作轻便细致。

3.1.2 更换触摸屏

触摸屏破裂的，通常直接更换触摸屏即可。

要更换触摸屏，你首先得将触摸屏拆下来。要拆触摸屏，除前面提到的撬片或撬棒外，你还可能用到热风枪或电吹风。

热风枪或电吹风用来加热黏胶，使黏胶的黏性减弱，以便于触摸屏或机壳拆卸。

坦率地讲，在手机维修中用电吹风属于“碰运气”的行为，因为有些电吹风可能无法提供足够的热量来分离紧紧粘合的机壳。因此，你最好买一个真正的热风枪。

特别提示：

热风枪是非常危险的，可以熔化任何靠近枪口的东西，包括你的身体、你家的窗帘、猫等。热风枪用来加工热缩管之类的东西，它们同样可以熔化你不想熔化的东西。我已经警告过你了！哈哈！

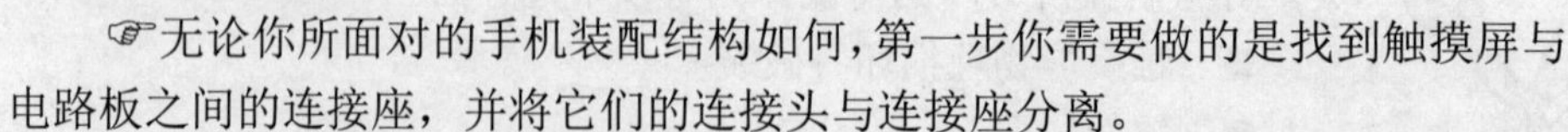

■ 拆卸触摸屏

☞无论你所面对的手机装配结构如何，第一步你需要做的是找到触摸屏与电路板之间的连接座，并将它们的连接头与连接座分离。

行动前，你首先得仔细观察（检查），看手机后盖是否可以方便地取下。

若手机后盖不方便取下（通常是不可随意更换电池的手机），就需用撬片配合，以取下手机后盖。少数手机可能需要取下外露的几颗螺丝后才能取下后盖。若手机后盖可以取下，则取下手机后盖、电池、SIM 卡与存储卡，取下可以看见的螺丝。

注意：

手机电路板可能安装在后壳模组件上，也可能安装在前面板组件上，无论是哪一种，在接下来的分离操作中都应小心，以免损坏前后机壳组件间的卡口，损伤电路连接排线。

接下来，你可能需要用撬片或撬棒来协助分离后壳与前面板组件，如下面的图所示（具体的参见拆机操作事项）。

友情提示：若你的拇指指甲够长、够韧，也是不错的拆卸辅助工具哦。

当然，你也可利用塑料吸盘：

将小吸盘吸附在手机的下部适当位置。一只手按住手机，提起小吸盘，使前面板组件与后壳之间出现一个小的开口，在开口处插入你的塑料开启工具并向上撬（见下图）。这应该不是太难做的事。继续沿着前壳四周撬，松开固定前面板组件到后壳的卡口。松开卡口后，将前面板组件从后壳上拉起。

如果手机电路主板安装在后壳模组上，在分离前后面板组件时你需要特别小心，前后面板之间一定有排线连接。小心用于电气连接的插头与插座。

如果手机电路主板安装在前面板模组上，恭喜你，接下来的操作会简单些，因为你无需将所有的电气连接插头取出来。

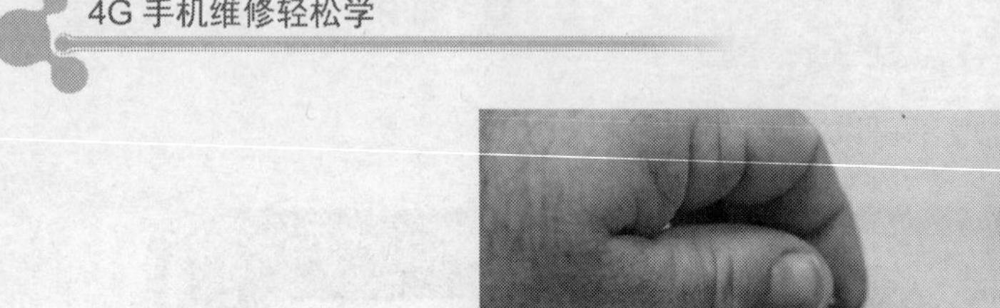

■ 记住：取插头，不要动电路板上的那些插座，保证撬起的仅是插头，而不是电路板上的插座本身。

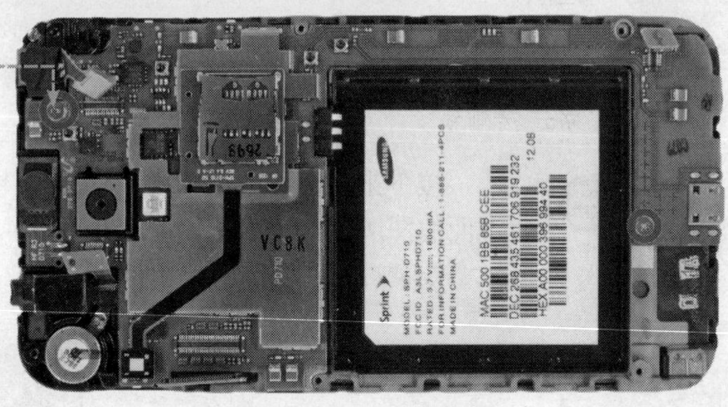

假如你将从事专业的手机维修，那么将面对众多型号的手机，这里是不可能一一展示的。你需要把握总的原则：更换触摸屏的第一步是要将目标手机的前后组件分开，使触摸屏的插头露出，并将触摸屏的插头与其插座分离。做到这一点通常是不会太难的。

如果你已经将前面板（显示面板）组件分离出来，那么可以开始后面的动作了：用电吹风或热风枪对着显示面板吹，使触摸屏与面板支架之间的黏胶黏性减弱。

这里还是要再次提醒，在使用热风枪时，温度不要调得过高，以免熔化什么东西。

给前面板适当加热后，用一个薄的塑料撬片从触摸屏与前面板之间的缝隙处楔入（当然，你也可以用你的拇指指甲）。

注意，楔入的位置最好在四个角落，因为触摸屏的排线可能在底部，也可能在顶部，有些也可能在侧面。右图中撬片楔入的位置其实是不合适的，除非你确定触摸屏排线的位置☺。

小心地向四周滑动撬片，使触摸屏与前面板之间出现较大的缝隙，然后用塑料撬棒撬起触摸屏。如果在操作时感觉还不是那么顺利，不妨再适当加热一下。

在向四周滑动撬片时，一定要注意，黏胶的阻挡感与触摸屏排线的阻挡感是有非常明显的区别的。触摸屏本身是坏的，其排线损坏倒无所谓，但小心不要损伤到触摸屏的插座。

待到触摸屏与前面板支架之间的缝隙足够大，即可提起触摸屏，如下图所示。如果电路主板在后壳组件上，可直接取下触摸屏；如果电路主板在前面板组件上，分离触摸屏与电路主板之间的连接器，即可取下触摸屏。

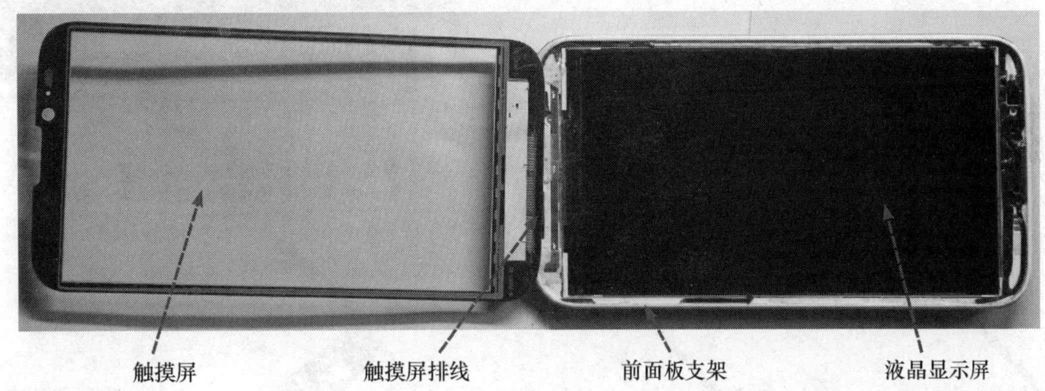

你最好能记得整个拆卸操作的过程（步骤），如此你在组装时会轻松些。将触摸屏取下后，应该先做两件必要的小事，你能想到吗？

■　清理前面板组件上残留的黏胶，否则，可能导致触摸屏安装不够平顺、密封。

■　注意清洁液晶显示屏，并保持液晶显示屏的清洁，否则，你将返工。

■　**装配触摸屏**

都拆下来了，安装还有什么难的呢？

相对而言，触摸屏的安装是比较简单的——按拆卸操作相反的顺序操作即可。难点在于你需要在众多的触摸屏产品中找到一个性价比合适、对应型号的触摸屏。坦率地讲，大多数时候你买到的都是仿制品，使用当然是没有问题，但其性能与原厂的比还是会有些差异的。假若你已经选购好待修机器的触摸屏，在接下来的操作过程中，你一定得小心、细心！

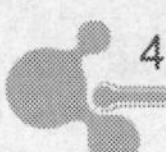

如有可能，建议你在拆装触摸屏或显示屏时戴上薄的手套，以免在触摸屏或显示屏上留下指纹。

❶安装新的触摸屏前，首先应清理触摸屏安装支架上残留的黏胶（右图示例），清洁显示屏，在触摸屏安装支架上重新铺设黏胶。

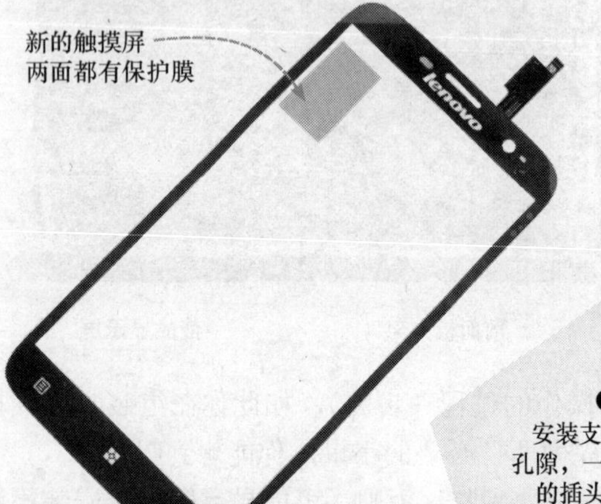

❷先不要急于去掉触摸屏两面的保护膜，以免触摸屏的底面沾上灰尘、指纹。

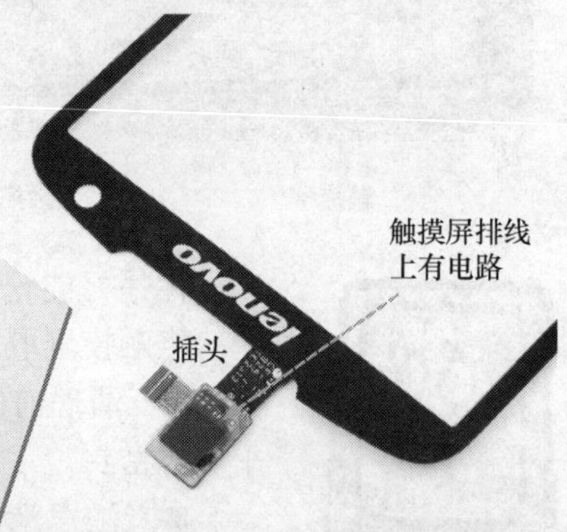

❸如果安装支架上有一个孔隙，一定要使触摸屏的插头穿过孔隙，以免导致触摸屏排线损坏。

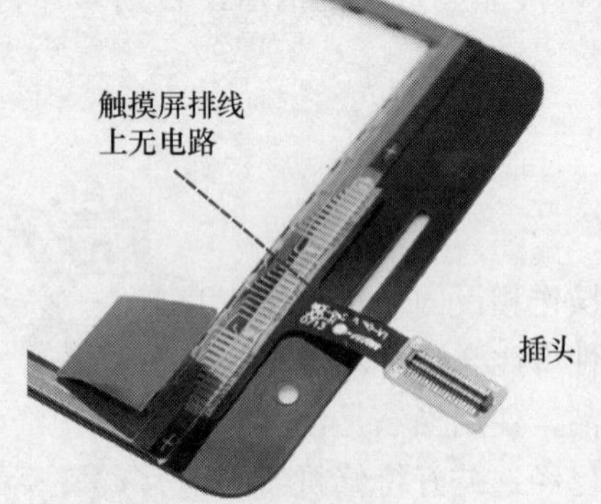

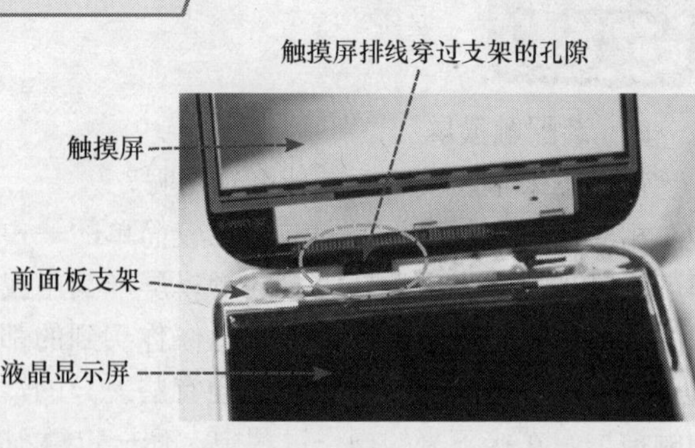

❹ 如果你已整理好触摸屏的连接排线（插头）、触摸屏安装支架上的黏胶，清洁好显示屏，即可去掉触摸屏底面的保护膜。记住这一点啊，以免返工。编者自己都有好几次，装好触摸屏开机试功能时才发现触摸屏底面的保护膜未去掉，你猜当时的心情会怎样？哈哈！

对了，触摸屏表面的保护膜留给顾客去撕。

❺ 去掉触摸屏底面的保护膜后，将触摸屏放置到前面板支架上，适当用力压实。通常来讲，你不会有机会将触摸屏装反的。

❻ 接下来，你应该视具体的情况完成后续的装配工作。一些机器在拆装触摸屏时无需将电路主板取下，而另一些机器则需将电路主板取下才能拆装触摸屏；但大多数情况下，都需要将机器的后盖取下。下图所示的是后一种情况的一个例子。

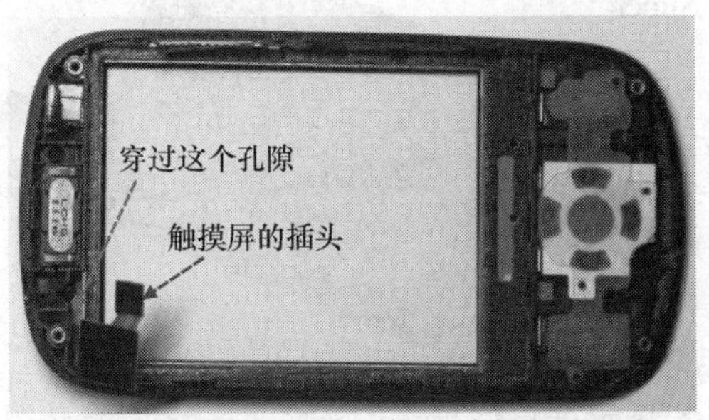

触摸屏已安装到前面板支架上

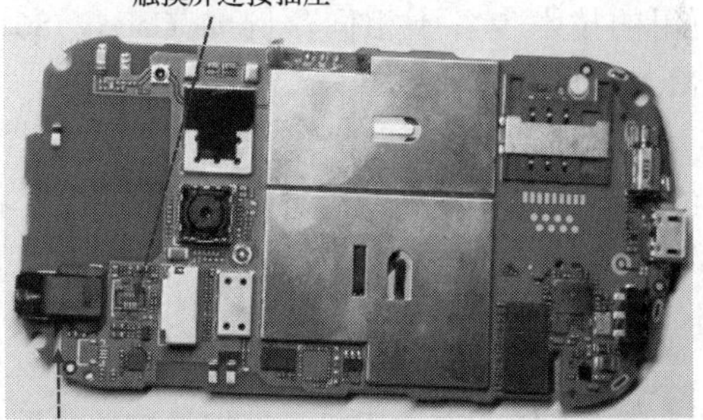

触摸屏排线需要卡在电路主板的这个缝隙中

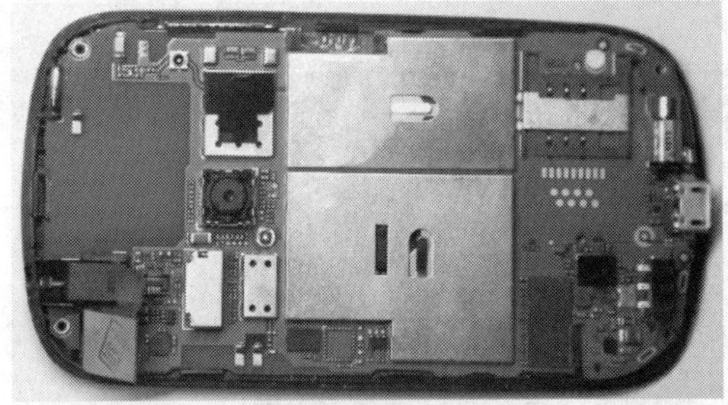
将电路主板安装到前面板支架上

将触摸屏插头连接到电路主板上的插座上

到这个时候，连接好该连接的插座，将手机的后盖装上（注意电源键与音量键的塑胶按钮），拧好螺丝，即可。

当然，你应该装上电池，检查触摸屏的功能是否正常。

切记，注意观察显示是否模糊，若模糊，多半是你忘记去掉触摸屏底面的保护膜了；注意检查显示屏是否有灰尘、发丝等，若有，你得返工了。

登录下面的网址，可查阅详尽的、图文并茂的 iPhone 手机拆装说明。

https://www.ifixit.com/Device/iPhone

3.2 更换显示屏

3.2.1 显示屏概述

如今手机的显示屏尺寸通常都很大，各手机显示屏所采用的技术也各不相同，例如 Galaxy S6 的 Super AMOLED，iPhone 6 的 IPS。

Super AMOLED？IPS？它们仅仅是用来描述我们所使用的手机显示屏的一个术语，作为一个维修人员，你不必纠结是否了解它们，了解与否并不影响到你的维修技术。

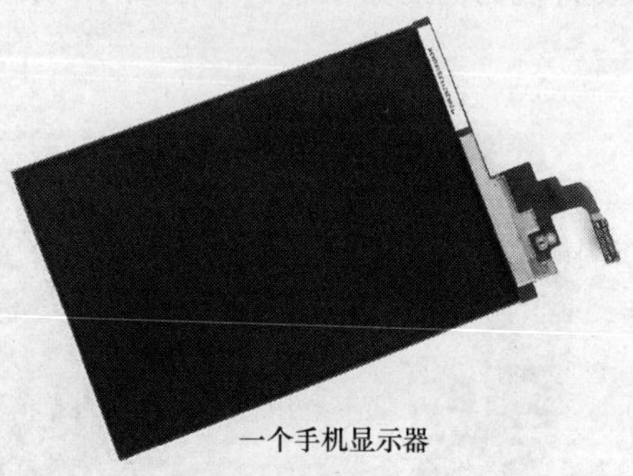

一个手机显示器

导致显示故障的原因大致有三类：摔坏、电路故障、软件故障，其中手机显示屏被摔坏的最常见。显示屏自然损坏的不多见，这里所介绍的内容仅针对已确定待修手机的显示屏是物理损坏的。

哪些情况下基本可以推断为手机显示屏为物理损坏（摔坏）呢？摔裂的显示屏自不必说，显示屏物理损坏的手机所表现出来的故障现象可能是无显示、仅显示彩色条、显示花屏、显

示缺划、显示黑屏、显示白屏、显示暗淡等。如果看到这些故障现象，再从顾客听到“手机摔后就不正常了”之类的描述，多数时候都可以确定是显示屏模块本身损坏了。

如今手机的显示接口电路高度集成，大多数显示屏模块上没有太多的电路，显示模块通常直接连接到基带处理器或应用处理器，因此检修相对容易。

摔过的手机如出现显示故障，如果手机能开机，且能接听电话，通常不会有太大的问题。若显示屏摔裂，直接更换显示屏；若显示屏没有裂痕，拆机时注意是否有小元器件跌落，检查显示屏排线与插座是否松动，若没有发现问题，通常会直接更换显示屏。

3.2.2　更换显示屏

这里涉及的仅仅是针对显示屏物理损坏后更换新的显示屏，关于显示屏电路方面的检修请参阅后面的相关内容。

手机显示屏的安装大致有两种情况。

一种是与触摸屏一起被安装在前面板支架上，大尺寸显示屏通常是这种情况。在更换这种安装结构的手机显示屏时，往往需要你先将触摸屏取下，然后才能（方便地）取下显示屏。

另一种是显示屏被固定在电路主板上，这一种主要见于小尺寸显示屏的手机。在更换这种安装结构的手机显示屏时，通常只需要将前面板组件取下，而无需将触摸屏取下。

下面看两个简单的拆卸例子：一个是显示屏被固定在电路主板上，另一个是显示屏被固定在前面板支架上。安装时当然是拆卸操作的反向执行即可。

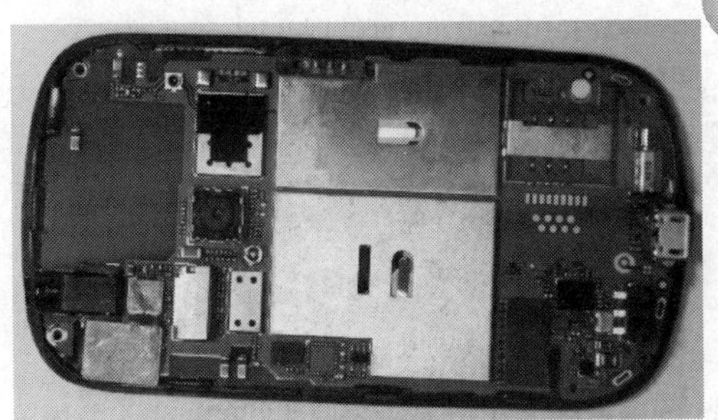

❶手机的后壳组件已被取下，电路主板安装在前面板组件上，由面板支架上的卡口固定。

❷将电路主板从前面板支架上取下，你看到的是前面板组件，包括受话器、触摸屏、功能键的按钮。

❸取下的电路主板组件，显示屏通过粘胶带固定在电路主板上。

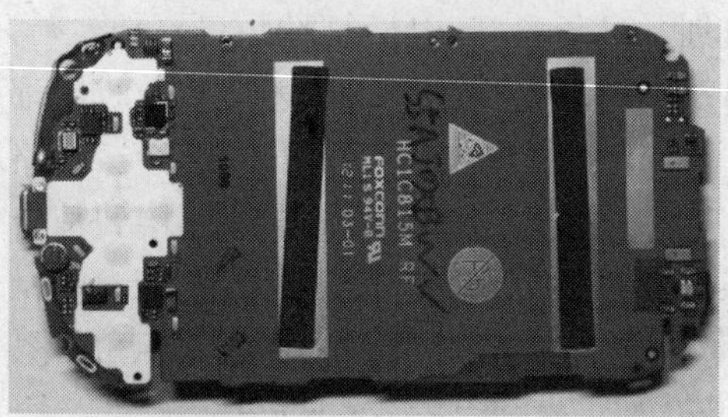

❹取下显示屏后的电路主板，可清晰地看到两条用于固定显示屏的粘胶带。

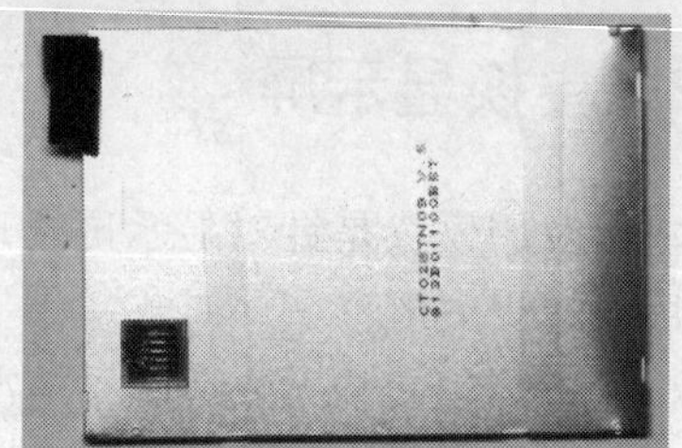

❺显示屏的正反两面

2

❶手机后壳组件已被取下，前面板组件中包括电路主板、触摸屏、显示屏、按键等。

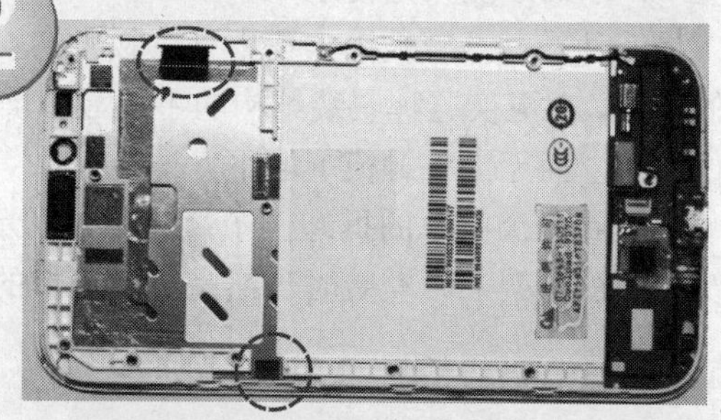

❷取下一块电路板，以便于拆卸显示屏。可用塑胶棒在红色圆圈的孔隙处向外顶显示屏，以使显示屏比较容易拆卸。

❸前面板组件的正面

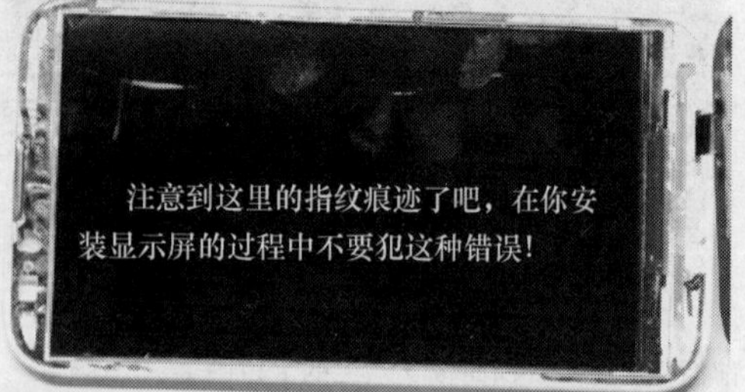

❹先取下触摸屏，然后才可以去显示屏

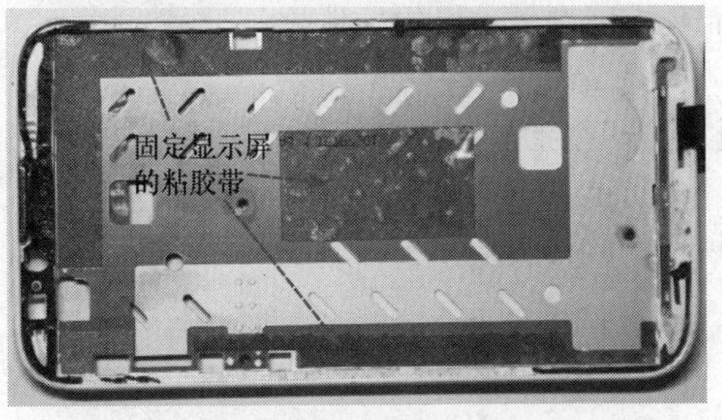

❺已取下显示屏后的前面板组件正面

警告：

你最好确认是显示屏损坏，然后再拆卸显示屏。对于大尺寸的显示屏，可能在你将其拆下后，显示屏已一定程度弯曲变形，不能再使用。

❻显示屏的正反两面

特别提醒：

为使你能较轻松地取下显示屏，在最后要取显示屏前，你应先用电吹风或热风枪对显示屏位置适当加热（操作过程中可能需要反复多次）。这时你可能会抱怨——固定显示屏的黏胶带黏性怎么那么强！^_^

3.3　花样百出的软件故障

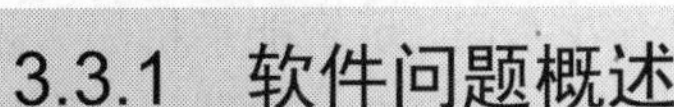

3.3.1　软件问题概述

如今人们使用的大多为智能手机，智能手机为人们提供了更多的用户体验，人们可以

在自己的智能手机中安装各式各样所需的应用程序（APP），但随之而来的是，智能手机会产生花样百出的软件故障，而且不同型号手机的软件故障现象可能各不相同。

如今手机的型号繁多，这里不准备专门讲述某个机型的软件故障处理，即使讲，也无实际意义，因为其具体操作步骤不太可能具有通用性。这里要介绍的是一点总的原则，告知你如何找到你所需的软件资料与相关的技术文档。

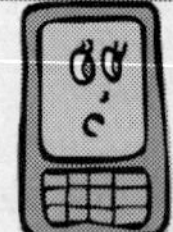

特别声明：

这里介绍的内容仅针对完全由系统软件或应用程序所导致的软件故障，与处理器、存储器等相关的硬件电路无关。

这里也不准备描述一些软件故障现象，因为它们太多，五花八门，不同机器之间没有太多通用性。

不过，最简单的软件故障处理操作却大致相同，当你怀疑手机的不正常现象是由软件层面导致的时，你可进行如下处理。

■ 重启手机（参见下一页的图）；

■ 卸载某个特定的应用程序（特别是操作该应用程序时容易出问题时，更应如此）。利用手机中的安全软件清理手机中的垃圾文件。

■ 检查手机的存储空间是否余量很小。若是，清理社交软件（如微信）目录下的缓存文件等，可直接删除那些名字很长的文件夹。删除那些不再需要的、已下载的文件（特别是一些视频、音频、图片文件）。

若以上操作不能解决问题，尝试将目标手机恢复出厂值，即将手机参数恢复到你第一次开机时的状态。这类似于人们常用的电脑一键系统恢复，对于那些被用户越狱（苹果手机）或ROOT（安卓手机）过的手机更需如此。

提醒注意：

一旦执行恢复出厂值（参见下一页的图），手机中所有用户信息（包括安装的应用程序、短信、通话记录、存储在手机中的联系人等）将全部被清除，因此，在执行操作之前，应向送修手机的顾客声明，若有可能，替用户备份相关信息。

正如前面所述，智能手机在软件方面的问题五花八门，玩智能手机的人很多，你未曾遇到的问题，说不定有人遇到过。在恢复出厂值之前求助一下万能的网络吧，搜索相应机器的故障现象，或许能找到解决方法呢^_^。

重启手机的操作无需多说

在手机的设置项中找恢复出厂设置

◆ 通常需要你输入一个密码才能开始出厂值恢复

3.3.2 更新手机固件

所谓固件（Firmware），是指写入手机内存储器的程序，简单地讲，就是“固化的软件”。更简单地说，Firmware 是固化在手机内部的程序代码，负责控制和协调硬件电路。

对于智能手机来说，固件包含了手机的操作系统，以及各种硬件控制代码。手机固件的升级可以提升手机的性能以及可靠性，固件的更新可以确保硬件保持在最新的状态以及确保其兼容性。

当智能手机出现某些问题时，可通过升级、恢复固件来解决，其操作性质类似于重装电脑的操作系统。

一款手机的开发周期通常都不长，严格地说，手机固件并不完全成熟，总是存在一些小问题（专业人士称其为 Bug），就像微软的 Windows 系统会经常提供补丁更新一样，手机厂商可能会不定期地为一些手机提供新的固件。当然，由于手机更新换代非常快，你不会见到某一特定型号手机的许多固件。

这里不准备介绍某个机器更新固件的具体操作，因为你在手机厂商的官网上下载相应手机的新固件时，通常可同时得到升级固件操作的说明文档。因此，当你需要更新送修手机的固件时，到手机官网上去下载相应的固件吧。你也可在网络上搜索相应机器升级固件的操作说明。

当然，如果你在升级固件方面已经有一定的经验了，你可下载那些爱好者制作的一些手机固件，他们通常也会同时提供详细的升级指导文件。

总的来说，在这里你了解一个概念，一个总的思路，具体的多求助网络吧，因为到本书出版的时候，说不定又有许多新型号手机出来了。

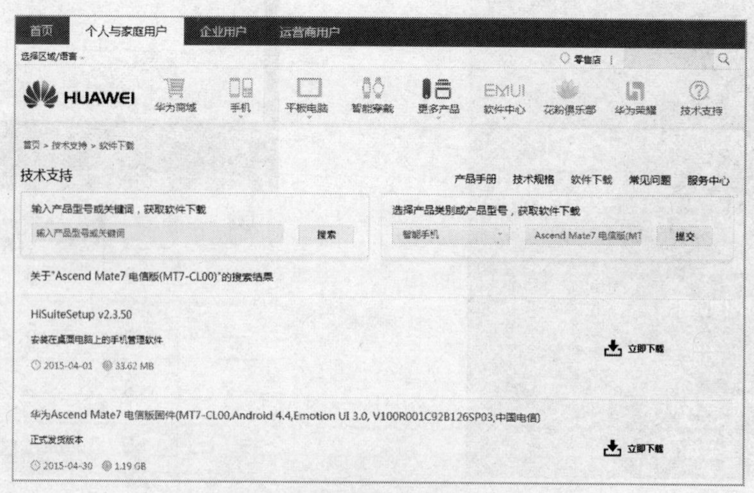

华为手机官网的手机固件下载页面示例

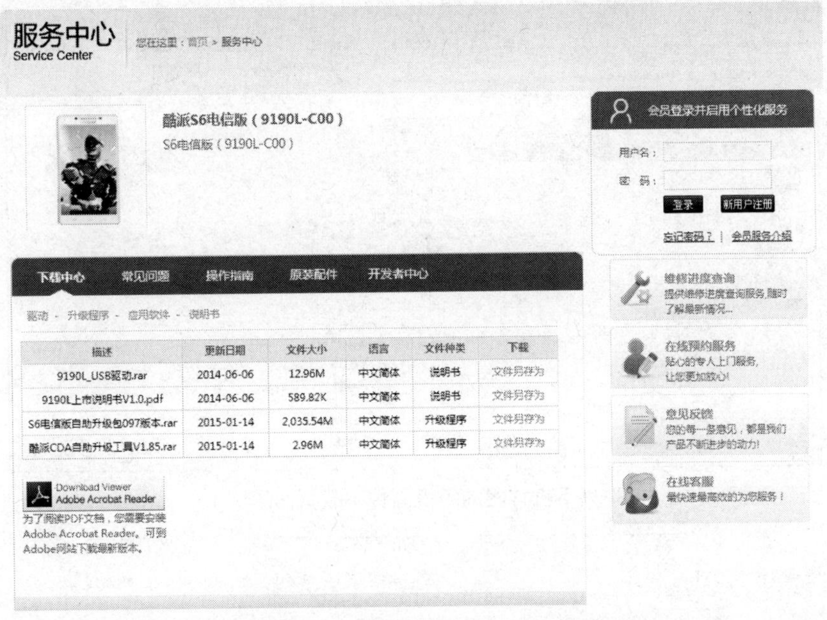

酷派手机官网的手机固件下载页面示例

联想手机官网的手机固件下载页面示例

中兴手机官网的手机固件下载页面示例 1

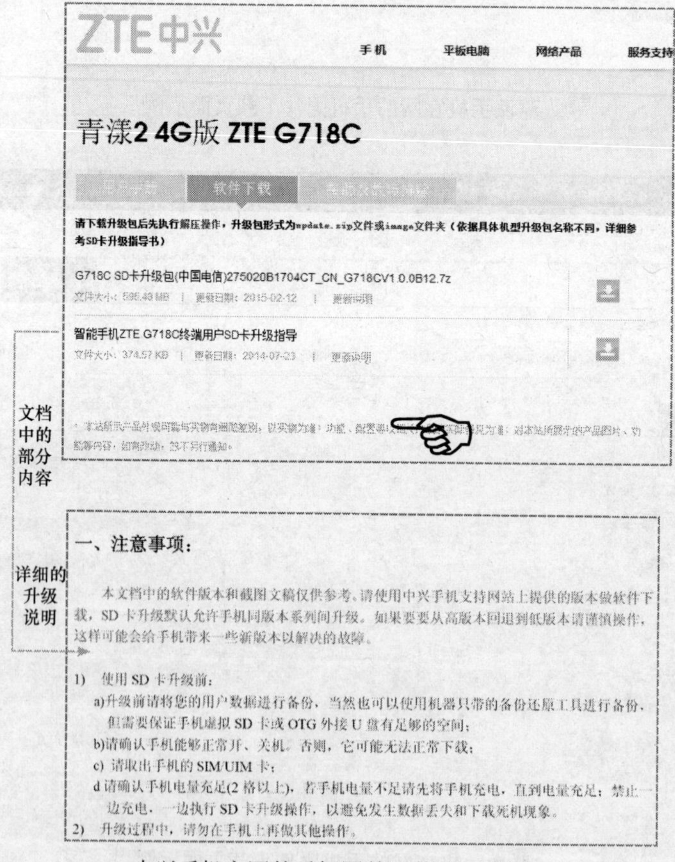

一、注意事项：

本文档中的软件版本和截图文稿仅供参考，请使用中兴手机支持网站上提供的版本做软件下载，SD 卡升级默认允许手机同版本系列间升级。如果要要从高版本回退到低版本请谨慎操作，这样可能会给手机带来一些新版本以解决的故障。

1) 使用 SD 卡升级前：

a)升级前请将您的用户数据进行备份，当然也可以使用机器只带的备份还原工具进行备份，但需要保证手机虚拟 SD 卡或 OTG 外接 U 盘有足够的空间；

b)请确认手机能够正常开、关机。否则，它可能无法正常下载；

c) 请取出手机的 SIM/UIM 卡；

d 请确认手机电量充足(2 格以上)，若手机电量不足请先将手机充电，直到电量充足；禁止一边充电，一边执行 SD 卡升级操作，以避免发生数据丢失和下载死机现象。

2) 升级过程中，请勿在手机上再做其他操作。

中兴手机官网的手机固件下载页面示例 2

3.3.3　彻底获取手机控制权

彻底获取手机控制权？什么意思？

嗨，其实就是智能手机玩家常说的 iPhone 手机的越狱、安卓手机的 ROOT。iPhone 手机越狱后，或安卓手机 ROOT 后，你基本上可不受限制的安装与卸载某些原系统中的一些应用。这里也不准备介绍如何操作，你在网上可下载到各种版本的手机助手，大多数情况下可以一键越狱、一键 ROOT。即使那些软件助手因更新问题暂时不能实现获取控制权，你在网上也可找到许多相关机器的操作说明。唯一要提醒你的是：越狱（ROOT）有风险，操作需谨慎。

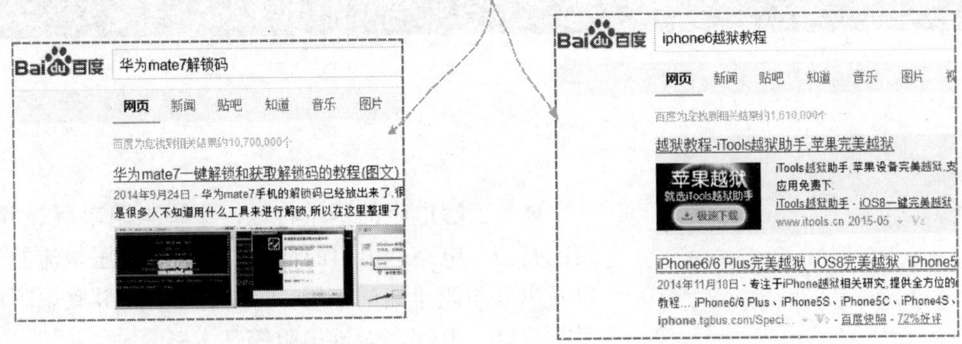

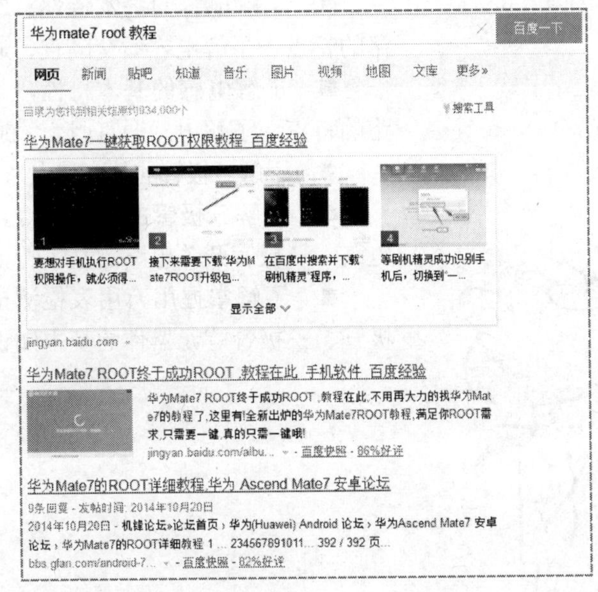

CHAPTER 4

4G 手机维修必备的电子基础

■　了解电阻的基本特性，掌握电阻串联、并联电路的特点，电路总电阻的计算、电路中电压电流的计算，以及串联电阻电路的应用，能识别分析串并联电阻电路。了解短路、开路、对地电阻等基本概念。

■　了解电容的基本特性，掌握电容串联、并联电路的特点，了解电容通交隔直、通高频阻低频的特性。

■　了解电感的基本特性，掌握电感串联、并联电路的特点，了解电感通直阻交、通低频阻高频的特性。

■　了解二极管的基本特点，了解二极管的伏安特性。

■　了解三极管的基本特点，了解掌握三极管放大电路、三极管开关电路的基本特征。

■　了解掌握用万用表检测电阻、电容、电感与二极管、三极管等元器件的基本知识。

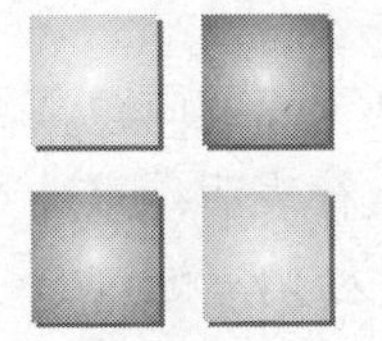

4.1　电阻基础知识

4.1.1　基本概念

■　**什么是电阻（resistance）？**

任何物质都有阻碍电流流动的特性，这种特性被称为电阻。不同的物质对电流的“阻力”大小不同。导体对电流的“阻力”小，如金、银、铜、铁；绝缘体对电流的“阻力”大，如木头和橡胶。

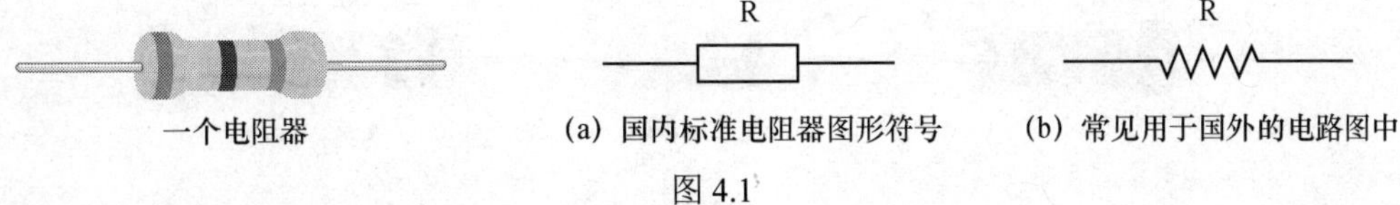

一个电阻器　(a) 国内标准电阻器图形符号　(b) 常见用于国外的电路图中

图 4.1

在电路图中，电阻通常用图 4.1（a）、（b）的图形符号来标识。为了便于识别与区分，除图形符号外，还会用字母 R+数字来标注每一个独立的电阻器个体，如 R203、R104 等。R 是电阻的姓，R 后面的数字是电阻的名。

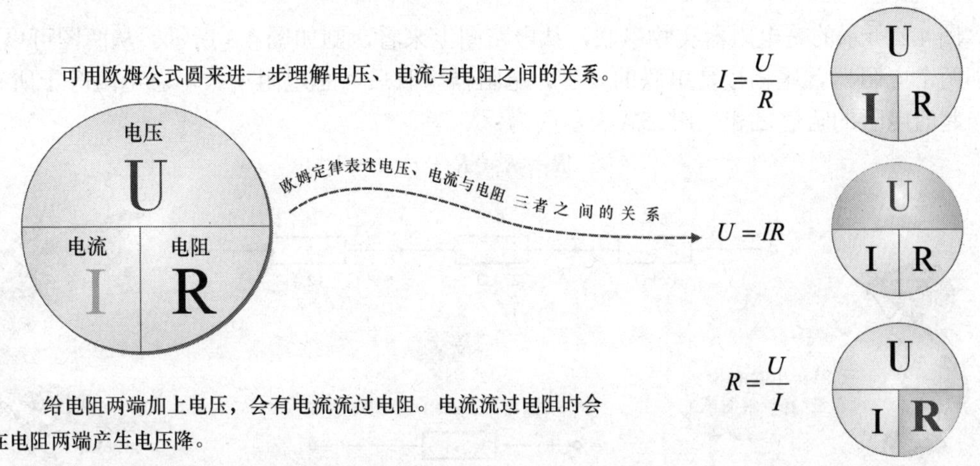

电阻的单位是欧姆，用希腊字母Ω表示。常用的还有兆欧（MΩ）、千欧（kΩ），在一些特

殊的场合还会用到毫欧（mΩ）。其换算关系如下所示：

$$1M\Omega=1000k\Omega \quad 1k\Omega=1000\Omega \quad 1\Omega=1000m\Omega$$

导体中的电流与所加的电压有什么样的关系呢？著名的欧姆定律可以解决上面的问题。简单地讲，欧姆定律就是描述流过电阻的电流与电阻两端电压的关系。欧姆定律表明：流过电阻的电流与其两端电压成正比，而与本身的阻值成反比。当电路两端的电压为 1V，通过的电流为 1A 时，则该段电路的电阻值为 1Ω。

4.1.2 电阻器的串联

电路中的电阻要么以串联或并联的形式出现，要么以串并联的形式出现。通过电阻的串联、并联，可得到需要的电路网络，或得到所需阻值的电阻器。

猴子捞月亮的故事你知道吧？那许多个猴子就是串联的形式。若几个电阻首尾相接，如图 4.2 所示，就是电阻的串联。电阻串联后可等效为一个电阻（串联后的总电阻为 R_T）。

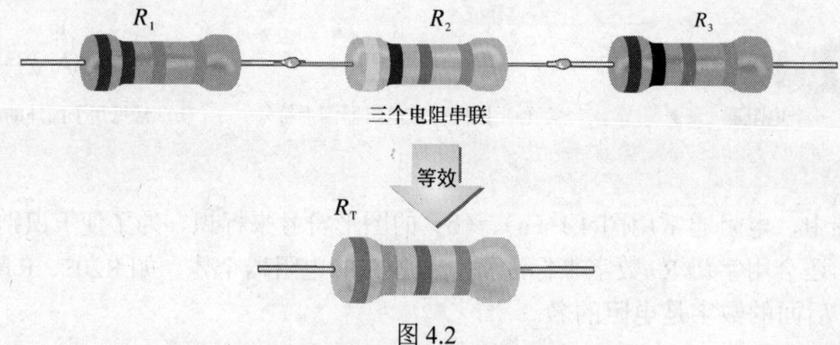

图 4.2

图 4.2 所示的是电阻器实物串联，从电路图上来看，则如图 4.3 所示。从两图可以看到，相邻两个电阻器首尾相接是串联的要素。电阻器串联后，总电阻增大。总电阻等于所有串联在一起的电阻的阻值之和，用公式表示则为：

$$R_T= R_1+ R_2+\cdots\cdots+ R_n$$

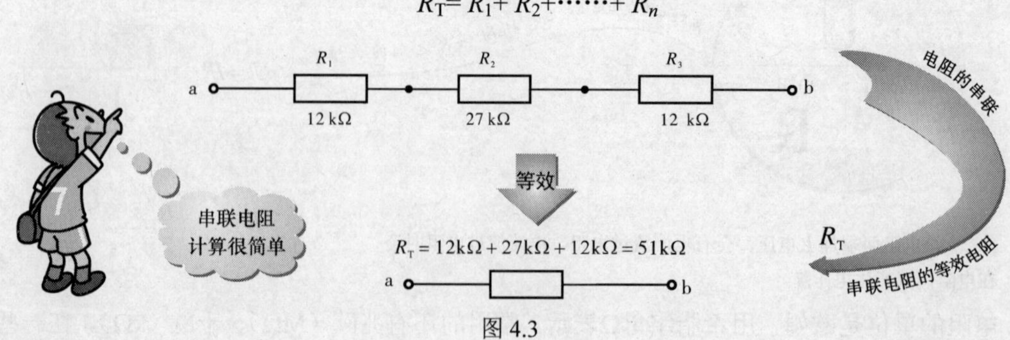

图 4.3

考察本节前面的内容可发现，串联电阻电路的总电压等于各串联电阻电压之和。或者说，加载到串联电阻电路的电压被按比例地分配到各串联电阻上，即串联电阻分压。

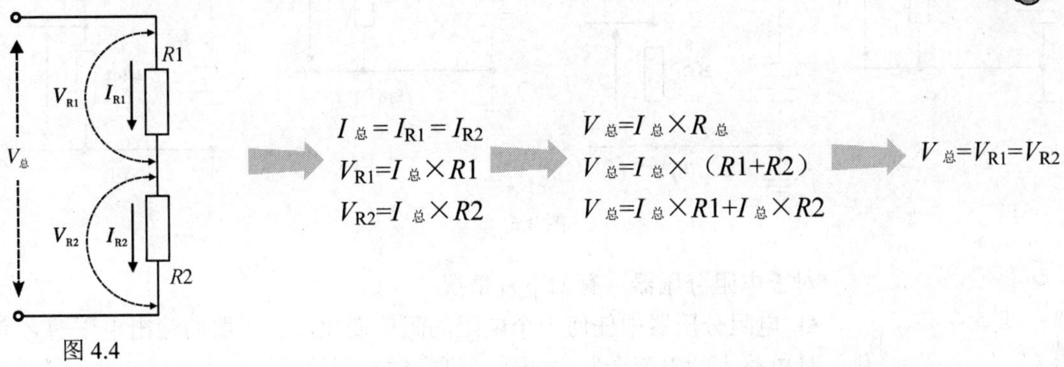

图 4.4

4.1.3　电阻分压器

从前一节的内容可知串联电阻电路的一个重要特点是，输入到串联电阻电路中的电压被分配到各串联电阻上。许多电路系统中的分压器其实就是利用了串联电阻电路的这个特点。

简单地说，分压器是一种在给定一个输入电压的情况下，将输入电压的一部分作为输出电压的电路。分压器是一种应用非常广泛的电子电路。

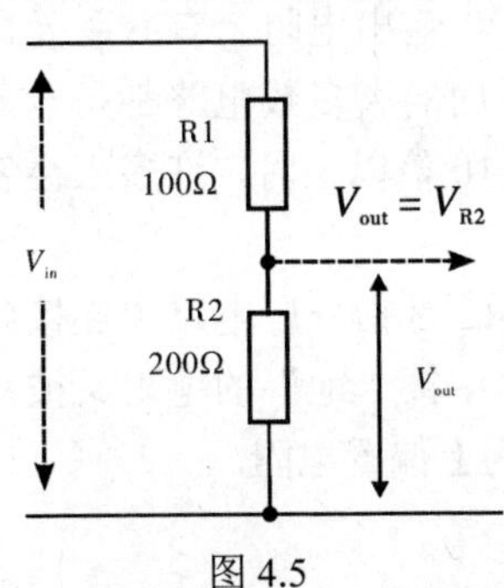

图 4.5

来看一看如图 4.5 所示的电路，假设输出端未接其他任何电路，则流过 R1 与 R2 的电流相同。从电路图中可以看到，V 输出其实是取自电阻 R2 两端的电压。结合前一节的内容可知，R2 两端的电压可由下面的公式计算

$$V_{out}=V_{in}\frac{R2}{R1+R2}$$

从上面的公式与前一节的计算可知，串联电阻电路中每个电阻的电压总是小于输入电压。这意味着不论取串联电阻电路中哪个电阻的电压作为输出，分压器的输出电压总是小于输入电压的，这就是被称为分压器的原因。

分压器常被用来从一个较大的电压中产生一个新的特定的电压。若输入电压不变、且分压器中电阻器的阻值是固定不变的，则分压器输出的电压也不变，人们常称其为固定分压电路。

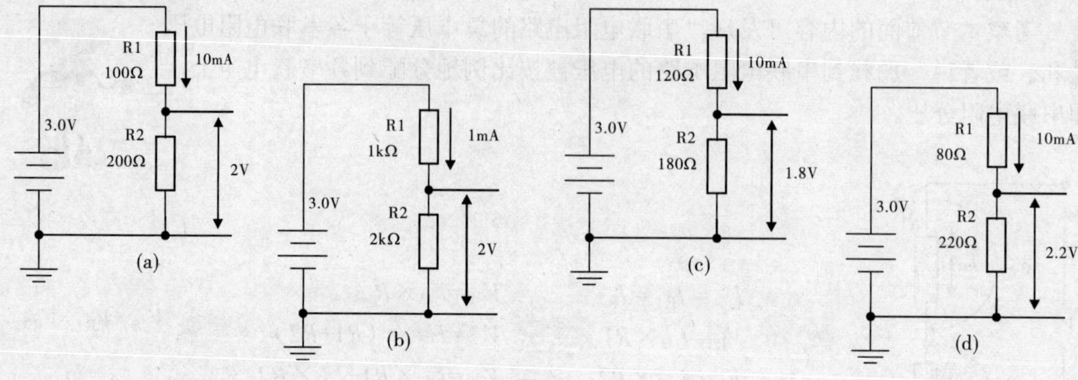

图 4.6

对于电阻分压器，有如下几情况：

❶ 电阻分压器中任何一个电阻的阻值变化，分压器的输出电压随之变化，且电路中的电流会发生变化（可尝试自行计算）。

❷ 如果电阻分压器中的电阻按同一比例变化，则分压器的输出电压不变，但电路中的电流会发生变化。比较图 4.6 中的（a）、（b）。

❸ 若想使电阻分压器的输出电压减小，但电路中的电流不变，保持分压器总电阻不变的前提下，减小电阻 R2 的阻值、增大 R1 的阻值。比较图 4.6 中的（a）、（c）。

❹ 若想使分压器的输出电压增大，但电路中的电流不变，想想该怎么办？参阅图 4.6 中的（a）、（d）。

需注意的是，分压器规则总是假定输出电阻上是没有负载的。当输出电阻上有并联元器件（负载）时，前面的分压器公式就不成立。幸好，接在分压器后面的大多数电路都是输入电路，而输入电路一般都是大阻值电路。当负载电阻大于输出电阻 10 倍以上时，许多人会忽略这个负载电路（虽然这会引起 10%的误差）。

上面叙述中所说的 R1、R2 是泛指，并不指某个具体的电阻。R2 是指分压电路中连接到“地”的电阻，另一个电阻则是 R1。在某些时候，电阻分压器电路中接“地”的电阻又被称为下偏置电阻（不论电路电源的极性如何），未接地的电阻则被称为上偏置电阻。

4.1.4 电阻器的并联

有过站队列的经历吧？纵队好比串联，横排就好比并联。

若两个或几个电阻以头接头、尾接尾的方式连接在一起，如图 4.7 的右图所示，即是电阻的并联。电阻并联后可等效为一个电阻（见图 4.7）。

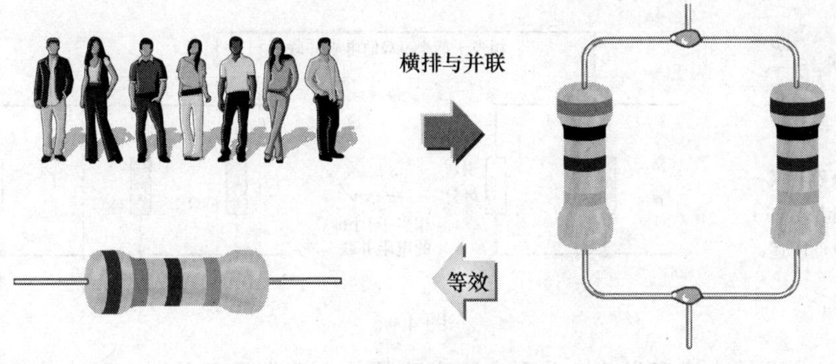

图 4.7

上图所示的是电阻器实物并联，从电路图上来看，则如图 4.8 所示。从上下两图可以看到，电阻器头接头、尾接尾是并联的要素。电阻器并联后，总电阻减小。电阻并联后的总电阻 R_T 可利用下面的公式计算。如果只有两个电阻并联，其计算公式如下所示；若有 3 个或 3 个以上的电阻并联，用下面的公式计算。

$$\frac{1}{R_T}=\frac{1}{R_1}+\frac{1}{R_2} \quad 或 \quad R_T=\frac{R_1 \cdot R_2}{R_1+R_2}$$ 两个电阻并联计算公式

$$\frac{1}{R_T}=\frac{1}{R_1}+\frac{1}{R_2}+\frac{1}{R_3}+\cdots\cdots+\frac{1}{R_n} \qquad R_T=1\div\left(\frac{1}{R_1}+\frac{1}{R_2}+\frac{1}{R_3}+\cdots\cdots+\frac{1}{R_n}\right)$$ 多个电阻并联计算公式

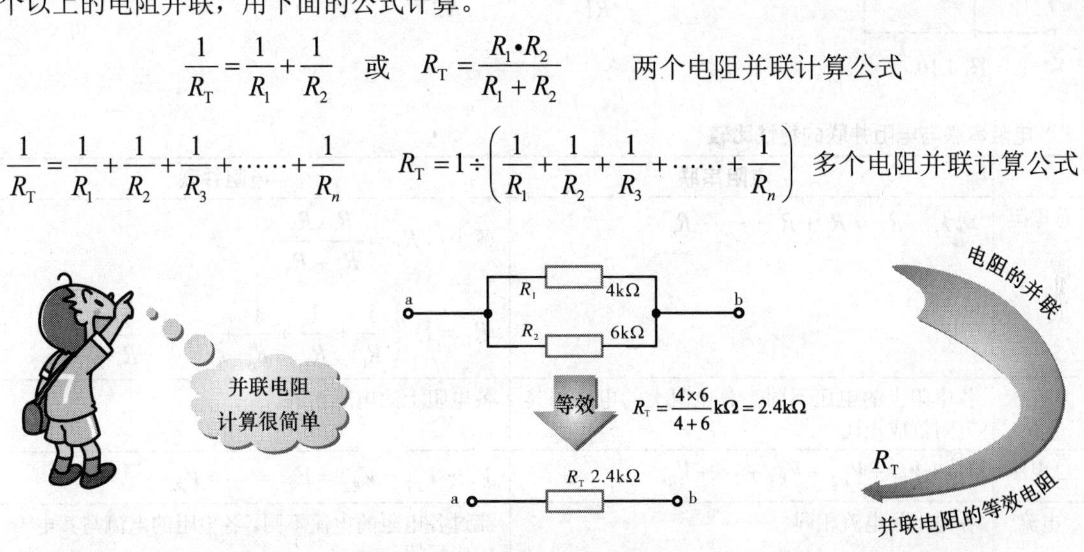

图 4.8

❶ 若两个阻值相差十倍以上的电阻并联，并联后的总电阻近似等于阻值小的电阻。

❷ 若 n 个阻值相同的电阻并联，并联后的总电阻等于单个电阻阻值的 $1/n$。比如，两个 100Ω的电阻并联为 100Ω÷2=50Ω，4 个 100Ω的电阻并联为 100Ω÷4=25Ω。图 4.9 所示是一个电阻并联计算的技巧，图 4.9（a）中的 3kΩ电阻相当于由两个 6kΩ的电阻并联得到，如此，图 4.9（a）所示的电路可被理解为图（b）所示的电路——3 个 6kΩ电阻并联的电路，其并联后的总电阻为 6÷3=2kΩ。

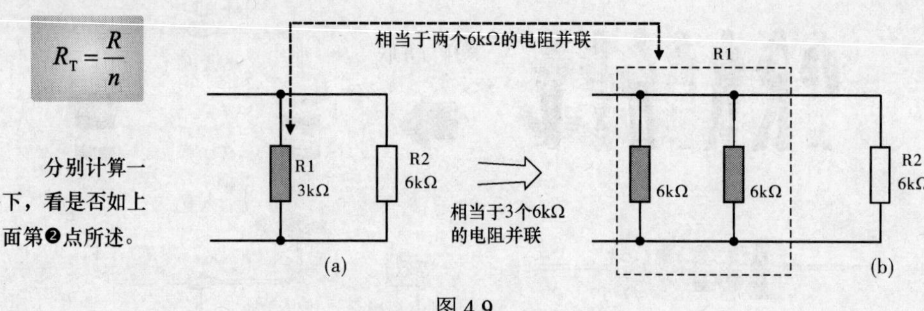

图 4.9

考察本节前面的内容可发现，并联电阻电路的总电流等于各并联电阻电流之和。或者说，加载到并联电阻电路的电流被按比例地分配到各并联电阻上，即并联电阻分流。

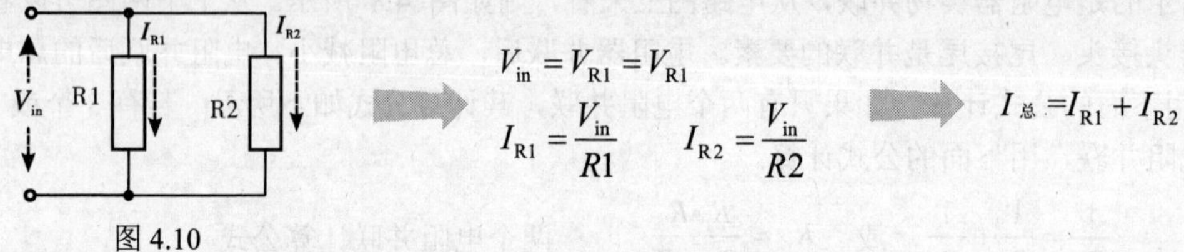

图 4.10

电阻串联与电阻并联的特性比较

	电阻串联	电阻并联
总电阻	增大：$R_T = R_1 + R_1 + \cdots\cdots R_n$	减小：$R_T = \frac{R_1 \cdot R_2}{R_1 + R_2}$ $R_T = 1 \div \left(\frac{1}{R_1} + \frac{1}{R_2} + \frac{1}{R_3} + \cdots\cdots + \frac{1}{R_n}\right)$
电压	各电阻上的电压不同。各电阻上的电压与其电阻值成正比	各电阻上的电压相同
总电压	$V_T + V_{R1} + V_{R2} + V_{R3} + \cdots + V_{Rn}$	$V_T = V_{R1} = V_{R2} = V_{R3} = \cdots = V_{Rn}$
电流	各电阻的电流相同	流过各电阻的电流不同。各电阻的电流与其电阻值成反比
总电流	$I_T = I_{R1} = I_{R2} = I_{R3} = \cdots = I_{Rn}$	$I_T = I_{R1} + I_{R2} + I_{R3} + \cdots + I_{Rn}$
分压	串联电阻分压，利用这个特性可制成电阻分压器：$V_{out} = V_{in} \frac{R_2}{R_1 + R_2}$	
分流		并联电阻分流，利用这个特性可制成电阻分流器
功率	$P_T = P_{R1} + P_{R2} + P_{R3} + \cdots + P_{Rn}$	$P_T = P_{R1} + P_{R2} + P_{R3} + \cdots + P_{Rn}$

4.1.5　SMD 电阻器

引线电阻在低频电路中表现出来的主要特性是电阻特性。但在高频时，引线电阻不仅表现出电阻特性，还表现出电抗特性的一面，这对于射频电路非常重要。

在射频电路中，一个引线电阻可用图 4.11 所示的等效电路来表示。其中的 L 是引线电感，Ca 模拟电荷分布效应，Cb 为引线间电容，R 为电阻。与标称电阻相比较时，引线的电阻可以忽略。

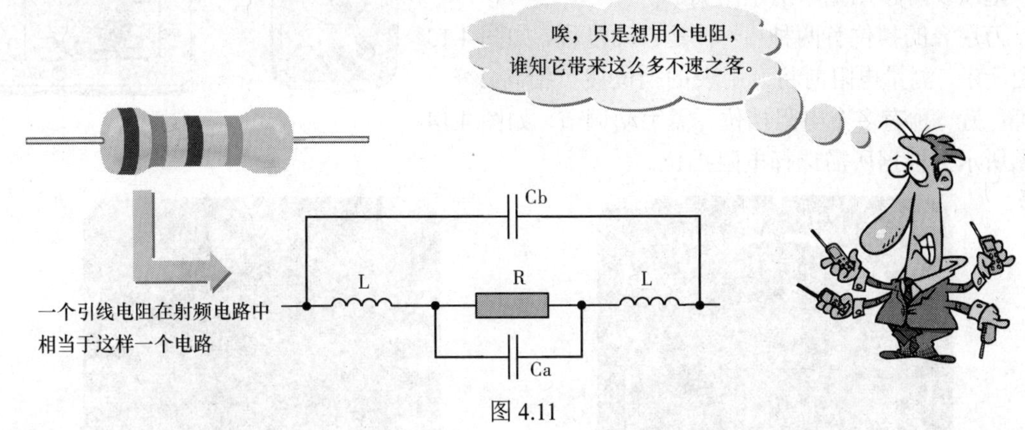

图 4.11

根据图 4.11 可知，引线电阻在射频电路中的特性不像在直流（低频）电路中那样满足 $U=IR$（欧姆定律，参阅电容电感的相关内容）。

由于分布电容的原因，一个电阻器的实际阻值将会随着工作频率的升高而减小。这一分布电容总是与电阻并联，对通过该电阻器的电流进行分流，从而减小该电阻器的有效值。

随着频率的进一步升高，引线电感将对电路产生巨大影响。为了减小元器件引线电感带来的影响，在射频领域，表面安装元器件（SMD）是相对理想的选择，SMD 电阻又被称为片状电阻（chip 电阻）。图 4.12 所示的是一个 SMD 电阻的结构图。

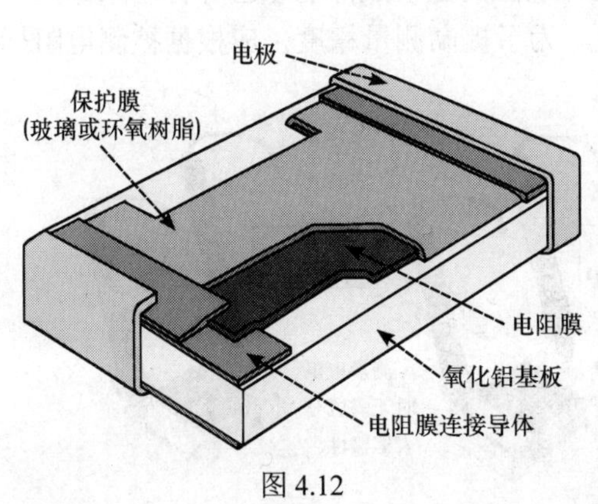

图 4.12

由于 SMD 电阻器的引线电感很小，相对于电阻器标称值而言，其电抗效应可以忽略不计。而且，元器件的封装尺寸越小，就越能减小不良分布电容的影响。SMD 电阻的封装有多种，如 1206、2010、0805 等，手机电路中采用 0603、0402 封装的比较多。

4.1.6 检测电阻器

检测电阻器，最常用的仪表当然是万用表（参阅后面万用表的相关内容），设置万用表到合适的挡位即可检测电阻器。当然，也可用专门的欧姆表来检测电阻。

需注意的是，一般的万用表无法检测毫欧级的电阻器。毫欧表可检测毫欧级电阻器。

万用表的挡位有两种：一种是自动量程，如图 4.13 左图所示，测量电阻前将万用表的挡位拨盘指向Ω符号即可；另一种有多个电阻挡位，需手动调节，如图 4.14 右图所示，根据所需选择电阻挡位。

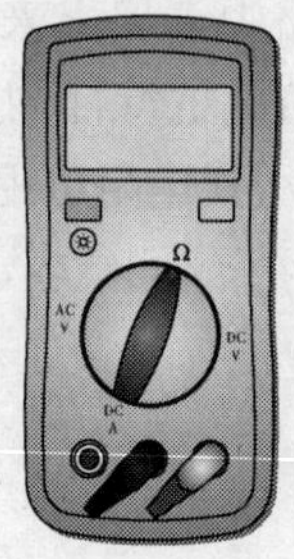

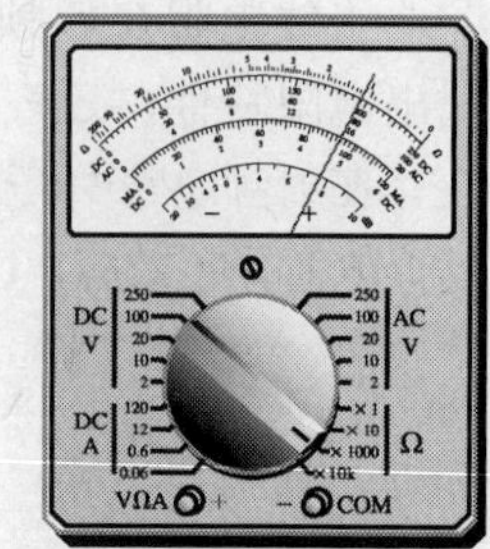

图 4.13

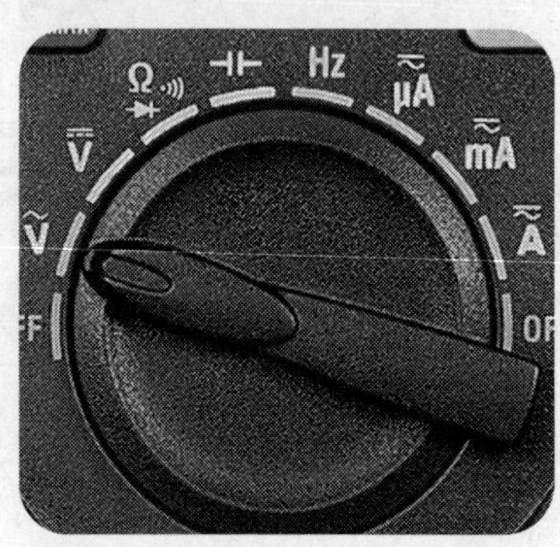

图 4.14

需测量电阻时，调节万用表到合适的欧姆挡，使万用表的两表笔分别与电阻的两端引脚相接触，即可测出实际电阻值，如图 4.15 所示。色环电阻的阻值虽然能以色环标志来确定，但在使用时最好还是用万用表测量一下其实际阻值。为了提高测量精度，应根据被测电阻标称值的大小来选择万用表的量程。

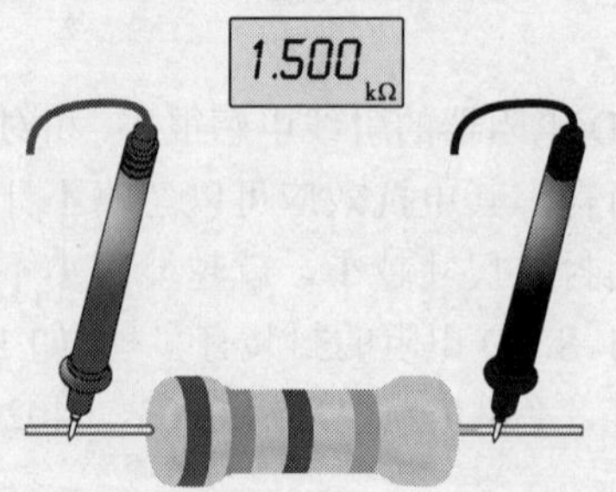

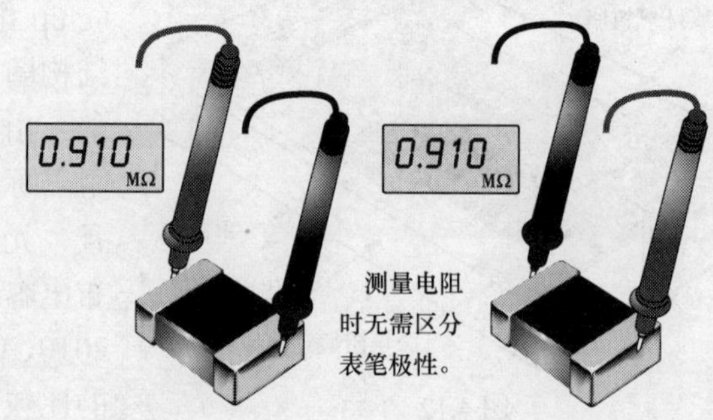

图 4.15

如果被检测的电阻器电路加有电源，应先切断电源，再用万用表检测。不能电路带电检测电阻。

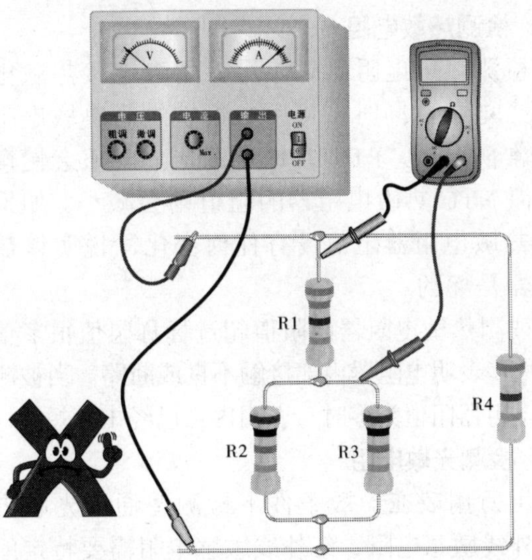

测量前应焊开被测电阻的一端，否则测量结果不准确。

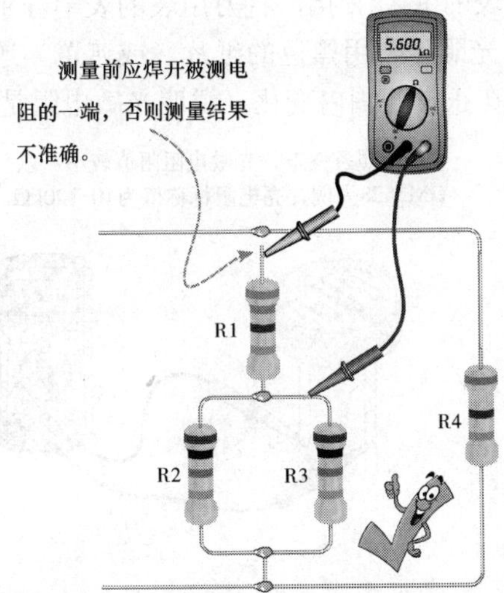

当然，如果你对目标电路已有经验或有好的相同的已知电路对比，也可直接在电路板上测量。然后根据经验或对比来判断目标电路是否正常。

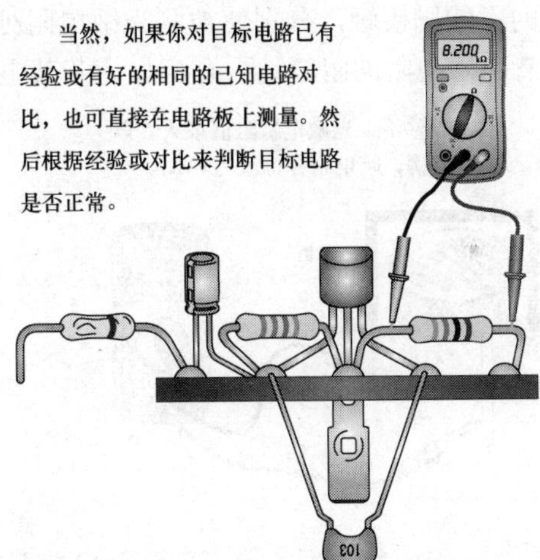

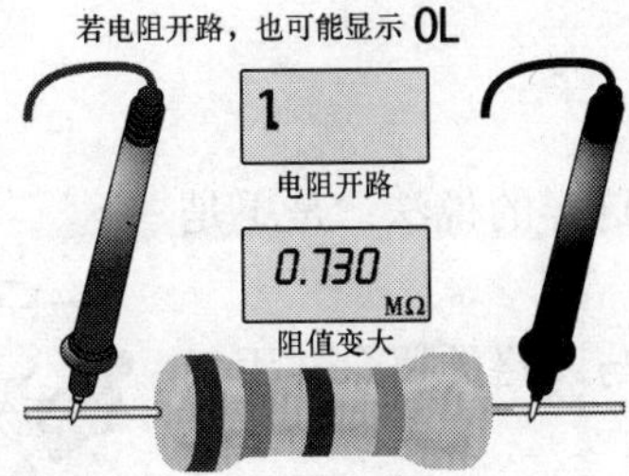

电阻若损坏，通常表现为电阻器的阻值变大、电阻器的阻值变为无穷大（开路）、电阻器的阻值变小（非常少见）。

若测量显示结果小于电阻器的阻值，注意看手是否触及表笔或电阻的导电部分（特别是在检测大电阻值的电阻时）。检查被测电阻器是否还连接在电路上。

图 4.16

■ 检测热敏电阻

在检测热敏电阻器时。用万用表连接热敏电阻的两个电极，同时，可用电烙铁烘烤热敏电阻器。正常情况下，PTC 热敏电阻器的阻值会慢慢增大，而 NTC 热敏电阻器的阻值则会减小。如果被测的热敏电阻器阻值没有任何变化，说明该热敏电阻器是坏的。

若被测热敏电阻器的阻值超过标称阻值很多倍或无穷大，表明电阻器内部接触不良或断路。当被测的热敏电阻器阻值为零时，表明内部已经击穿短路。

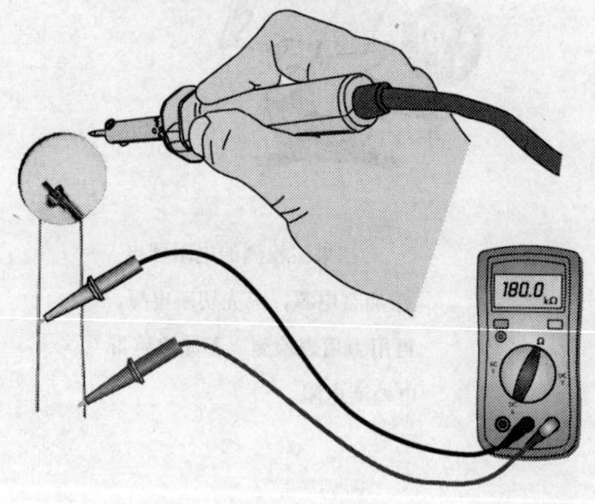

图 4.17

■ 检测光敏电阻

可用万用表在一般条件下检测普通的光敏电阻，紫外线敏感电阻、红外线敏感电阻需要特定的检测条件。在检测普通光敏电阻器时，可用万用表的 R×1k 挡，将万用表的表笔分别与光敏电阻器的引线脚接触，分别使被测光敏电阻处于光照下、用黑色的纸片（或遮罩）遮挡被测电阻，看光敏电阻的阻值是否有变化。若其电阻在正常范围内变化，说明光敏电阻是好的。

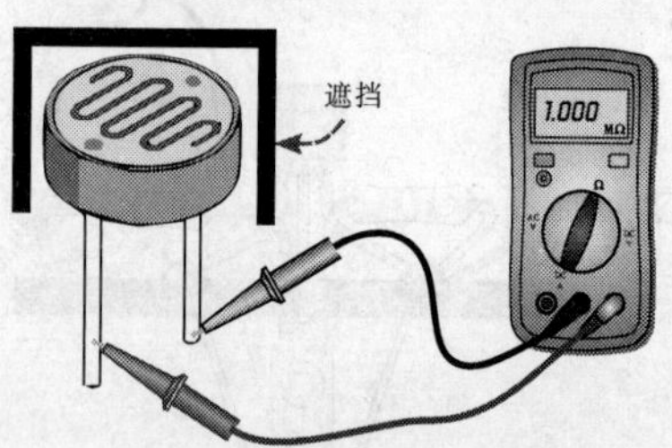

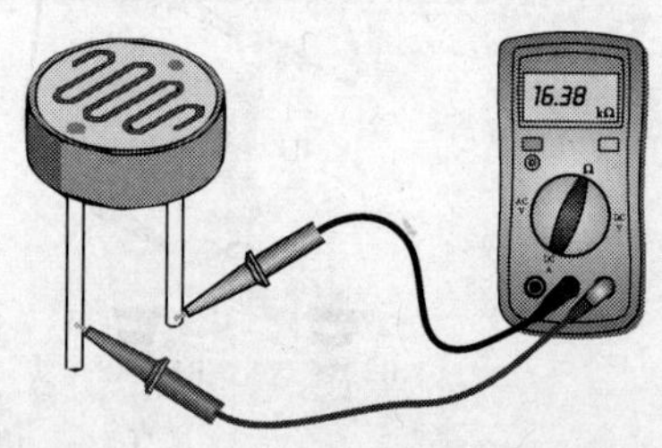

图 4.18

4.1.7 短路与开路

现实生活中，在与电相关的方面，你肯定曾经听到过这样的说法：是不是哪里短路了？是不是线烧断了？灯丝烧断了？

对了，以上这些就是这里要讲述的短路与开路。短路与开路的概念并不仅针对电阻器，适用于任何电子、电气线路与元器件。

■ 短路

电阻值可从零到无穷大（∞）。R=0 与 R=∞是两种极端的情况。

电路中，若一个电路元器件的阻值接近零了，或者说两条信号线之间、电灯线的火线与零线之间的电阻接近零，我们说元器件或信号线、电线短路了。

除毫欧级的电阻、开关外，其他任何元器件的两引脚间电阻远低于正常值，接近零，说明元器件出现了短路情况，如图 4.19 左图所示。两条信号线之间本来有一定阻值，但现在它们之间的电阻为零，或远低于正常值，说明这两条信号线短路了，如图 4.19 右图所示。

图 4.19

短路是电路元器件、线路之间电阻值趋向于零。短路会导致大电流产生，大电流会使元器件温度瞬间急剧上升，烧毁元器件（电路）。因此，应极力避免（特别是电源线路）短路发生。

短路现象可能是因元器件损坏、焊接不过关引起，也可能是由于电路板漏电、电容器漏液、电线绝缘层老化或破损、机器装配不良、机器内有金属类异物等导致。

图 4.20 电路中的 R 电阻若变为零，电流会怎样变化？将电池的正负极直接相连会发生什么情况？你是否听到过因照明线路短路引发火灾的事件？对应于实际中，R 所代表的可以是电阻、电容、三极管、场效应管，或者是其他任何元器件、电路，或者是两根相邻的信号线，等等。

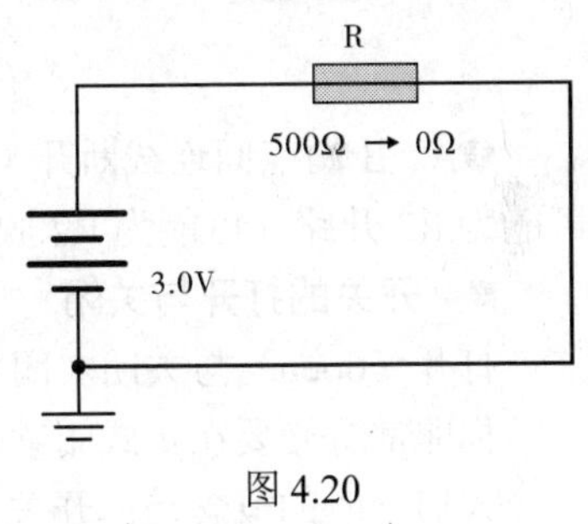

图 4.20

■ 开路

电路中，若一个电路元器件的阻值接近∞了，我们说出现了开路（open circuit）。

开路是电路元器件、电路线路之间电阻值趋向于∞。开路现象可能是因元器件损坏，元器件虚焊、脱焊，也可能由于电路板腐蚀、折断所致。可利用万用表的欧姆挡或数字万用表的短路线测试挡来检查电路板上的信号线是否开路。

以图 4.21 所示的电路为例，R 的阻值本来是 500Ω，但现在 R 的阻值变为∞，我们说 R 开路了。根据欧姆定律可知 R=∞时，R 两端的电压虽然可以是任意值，但其电流为 0。

任意元器件两引脚间、任意线路的两端间的电阻远远大于正常值，为无穷大（∞），我们说元器件或线路开路（断路）了，如图 4.22 所示。

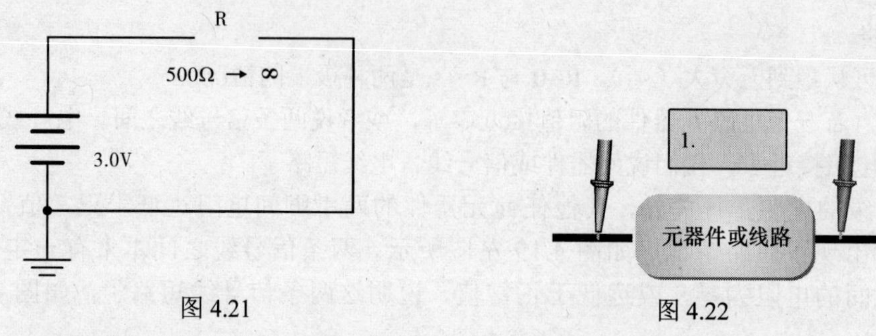

图 4.21　　图 4.22

若用万用表检测如图 4.23 所示的电路，得到以下结果，结合相关知识想一想，出现了什么问题：❶A、B 两点间电阻为 4.8kΩ；❷B、C 两点间电阻为 0；❸若 A、C 两点间电阻为 3.7kΩ。

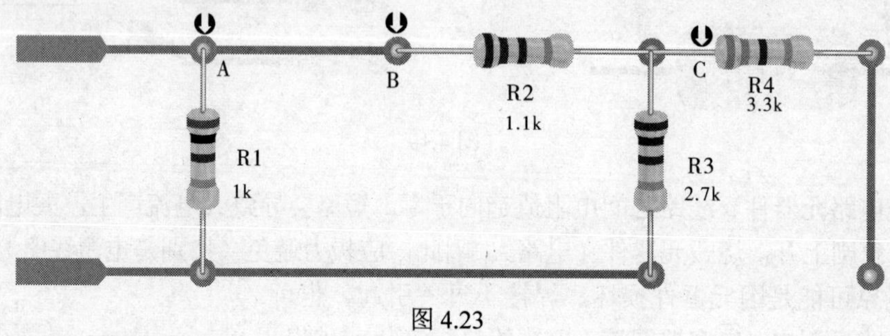

图 4.23

❶A、B 两点间连线断开（开路）；❷电阻 R2 短路；❸可能为 A、C 之间某处有连线开路，可能为 R2 开路，可能为 R2 脱焊（即与电路断开连接）

■　开关的打开与关闭

打开（open）与关闭（闭合 close）

你非常有必要在正式阅读后面的内容前，搞清楚关于开关的一点概念。

人们一般的概念是：开关打开，等于开关的通道接通；关闭开关，就是开关通道断开，如图 4.24 所示。

在电子技术的相关书籍中，开关打开意味着开关通道断开。通常说开关闭合，而不说开关关闭；开关闭合意味着开关通道接通，如图 4.25 所示。

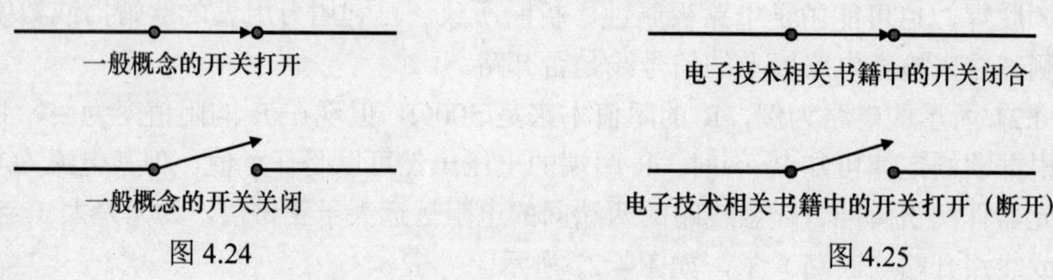

图 4.24　　图 4.25

搞清楚上面的区别很重要，否则，在许多时候，你可能无法理解书中的相关描述。

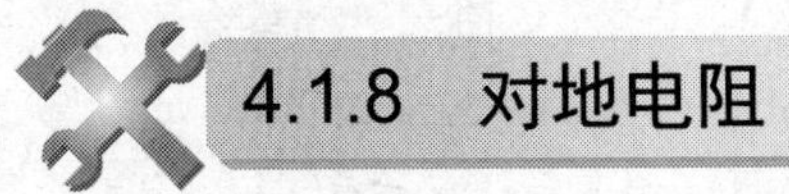

4.1.8　对地电阻

在电路相关工作中，常常会涉及“对地电阻”。所谓对地电阻，并不是指某个具体的电阻器，指的是电路中某一节点与“地”之间的阻值。

对地电阻测试是电子设备故障检修的一种重要方法。在检修电路故障时，经常会利用万用表来检测某点的对地电阻，用以判断相关元器件、信号线是否出现问题。

对地电阻测量操作很简单：将万用表调节到电阻挡，一支表笔接地，另一支表笔接目标测试点，即可得到对地电阻。

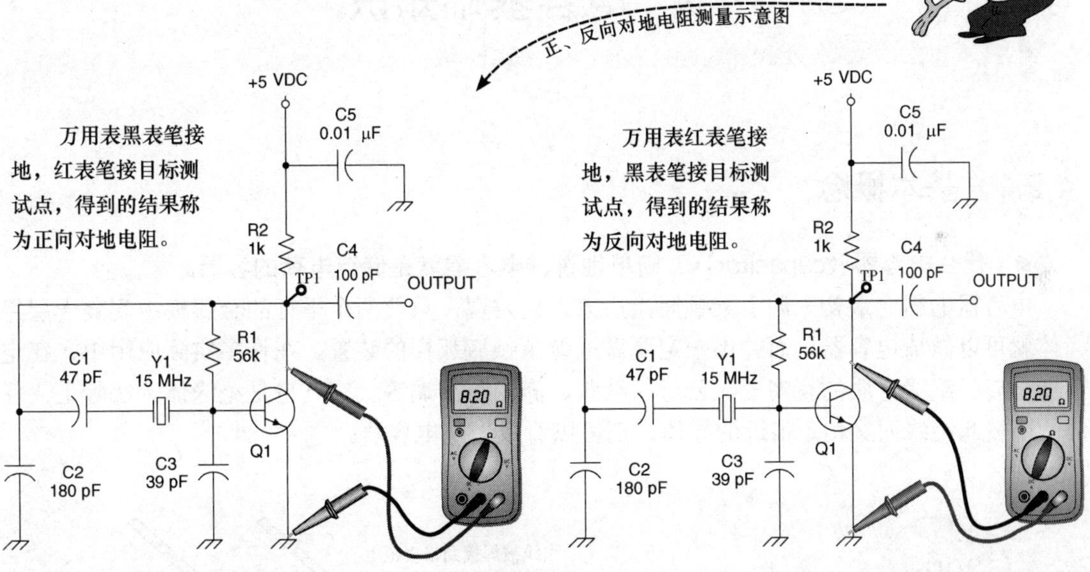

正、反向对地电阻测量示意图

万用表黑表笔接地，红表笔接目标测试点，得到的结果称为正向对地电阻。

+5 VDC
C5
0.01 μF
R2
1k
C4
100 pF
TP1
OUTPUT
R1
56k
C1
47 pF
Y1
15 MHz
Q1
C2
180 pF
C3
39 pF
8.20

万用表红表笔接地，黑表笔接目标测试点，得到的结果称为反向对地电阻。

+5 VDC
C5
0.01 μF
R2
1k
C4
100 pF
TP1
OUTPUT
R1
56k
C1
47 pF
Y1
15 MHz
Q1
C2
180 pF
C3
39 pF
8.20

图 4.26

通常而言，在电路板上，大片相通的铜箔、电池负极连接端、滤波电容器的负极、某些元器件的金属外壳等都可当作是地。不过，在电路板上测电阻时，许多时候得到的结果是不准确的，如图 4.27 所示的电路，你能说说原因吗？

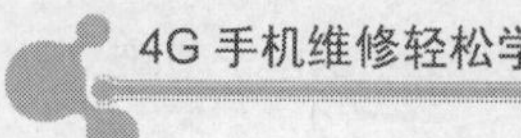

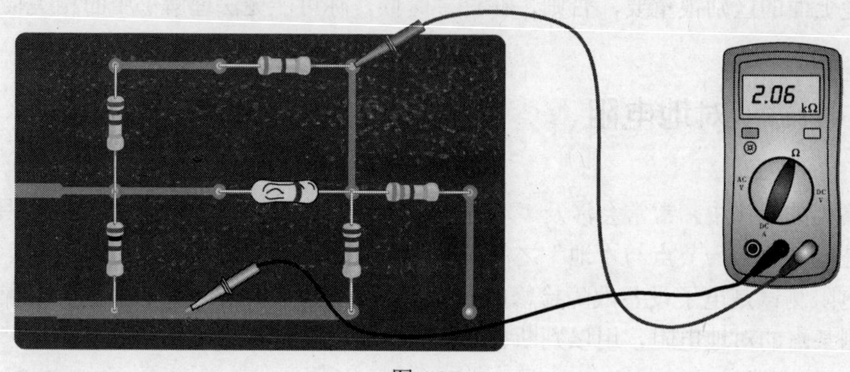

图 4.27

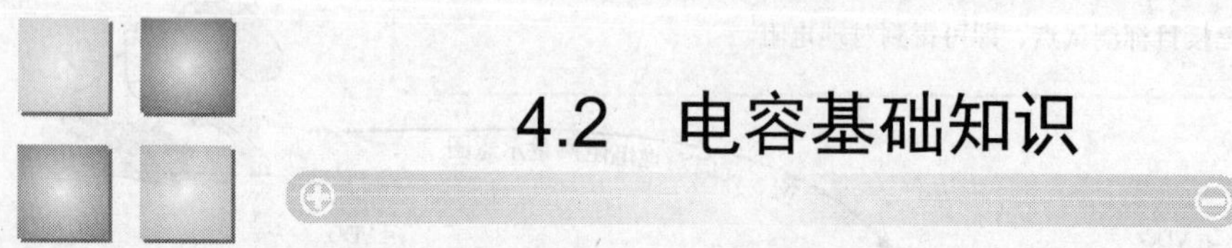

4.2　电容基础知识

4.2.1　基本概念

■　**什么电容器（capacitor）？简单地讲，电容器就是储存电荷的容器。**

电容器的概念最初来源于莱顿瓶。后来人们发现，只要两个平行的金属板中间隔一层绝缘体就可以做成电容器，而并不一定要做成像莱顿瓶那样的装置。在许多实际应用中，在电容器中充当绝缘介质的有陶瓷、云母、纸张、涤纶与玻璃等。空气也是绝缘体。实际上，任何两个彼此绝缘而又相距很近的导体，都可以看成一个电容器。

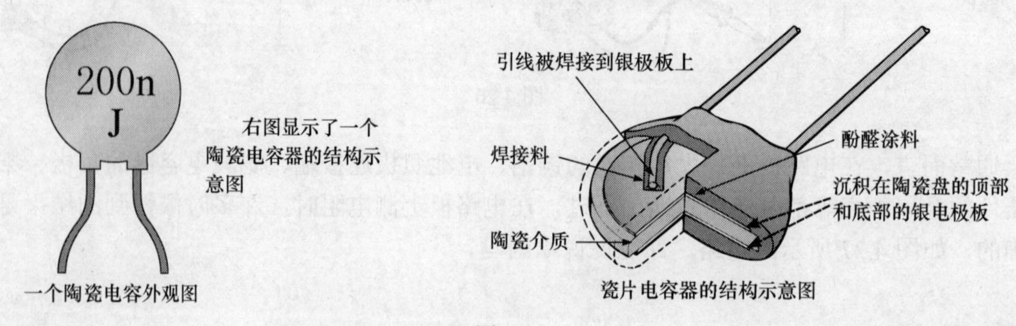

图 4.28

实际的电容器种类很多，如果仅从电路图形符号上看，可分为有极性电容器、无极性电容器两大类。有极性电容器通常是电解电容、钽电容，无极性电容器通常是陶瓷、聚酯、云母、薄膜电容器。图 4.29 所示的是几种不同电容器的外观示意图（外观可能不仅如此）及其电路图形符号。字母标识符为 C 或 CAP。

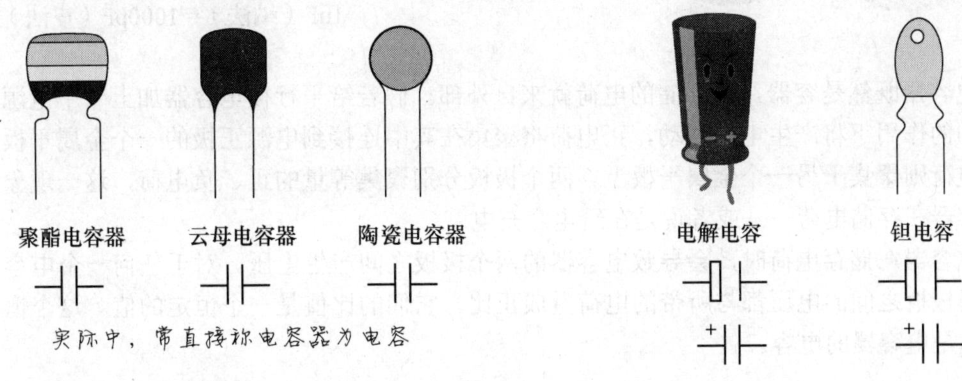

图 4.29

上面所示的电容器图形符号用来标识固定电容器，即电容容量固定。实际中，有一些电容器的容量可在一定范围内调节，这些电容器称为可调电容器或半可调电容器。半可调电容器的调节范围小于可调电容器。可调电容器与半可调电容器的电路图形符号分别如下所示：

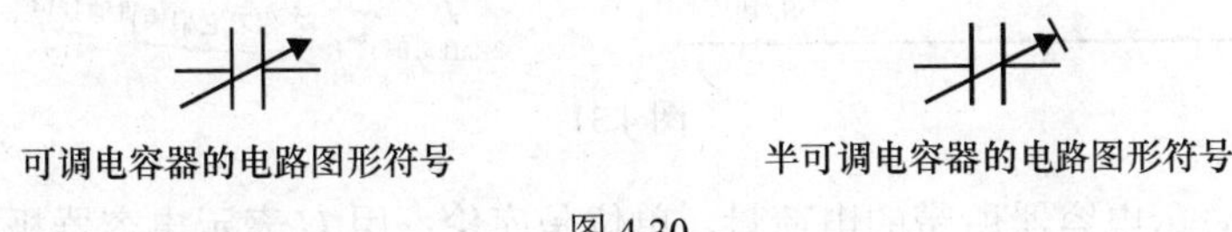

图 4.30

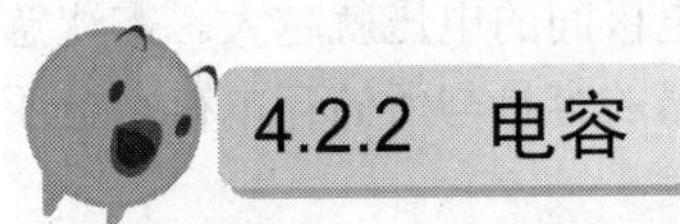

4.2.2 电容

顾名思义，电容器就是电（或电荷）的容器，它能装多少电荷？通常用电容来说明电容器的电荷容量（电容量）。

电容是标识电容器容纳电荷本领的物理量。电容的单位是法拉，简称法，符号是字母 F。如果一个电容器带 1 库伦（C）的电量，且电容器两极板之间的电压为 1V，那么这个电容器的电容就是 1F。电容容量的基本单位用法拉（F）表示，其他的电容单位还有：毫法（mF）、微法（μF）、纳法（nF）、皮法（pF）。

常用的是μF、pF

1F（法拉）= 1000mF（毫法）

1mF（毫法）=1000μF（微法）

1μF（微法）= 1000nF（纳法）

1nF（纳法）= 1000pF（皮法）

电容器既然是容器，所存储的电荷就来自外部。假若给平行板电容器加上一个电源，在电场力的作用下将产生电子移动，正电荷将聚集在其中连接到电源正极的一个金属平板上，而负电荷则聚集于另一个金属平板上。两个极板分别聚集等量的正、负电荷，这一现象被称为电容器在存储电荷——或者说是在给电容充电。

电容器在储存电荷时，会导致电容器的两个极板之间产生电压。对于任何一个电容器来说，两极板之间的电压都与所带的电荷量成正比，它们的比值是一个恒定的值。这个恒定的比值就是电容器的电容。

图 4.31

通常，用 Q 表示电容器所带的电荷量，单位是库伦；用 U 表示电容器极板间的电压，单位伏特；用 C 表示电容器的电容，单位法拉。电路图中也用 C+数字标识不同的电容器。

电容表征了电容器的特性，即电容器储存的电荷越多，其电极间的电压就越大。需注意的是，电容器的容量大，并不意味着它储存的电荷就多。电容器的容量与所储存电荷、电压之间的关系可用下面的公式表示：

$$C = \frac{Q}{U}$$

4.2.3 SMD 电容器

电容器的种类很多，可分为固定电容器、可变电容器两大类。若按电容器的介质种类来

分，有纸质电容、涤纶电容、陶瓷电容等。大多数电容器，从电极板的结构上来看，可分为单层、多层、卷绕几种；从引脚方面来看，可分为径向、轴向两种。图 4.32 所示的为径向结构电容与轴向结构电容的结构示意图。径向结构的电容器引脚在一个方向，如下面左图所示；轴向结构的电容器引脚位于一条轴线上，如下面右图所示。

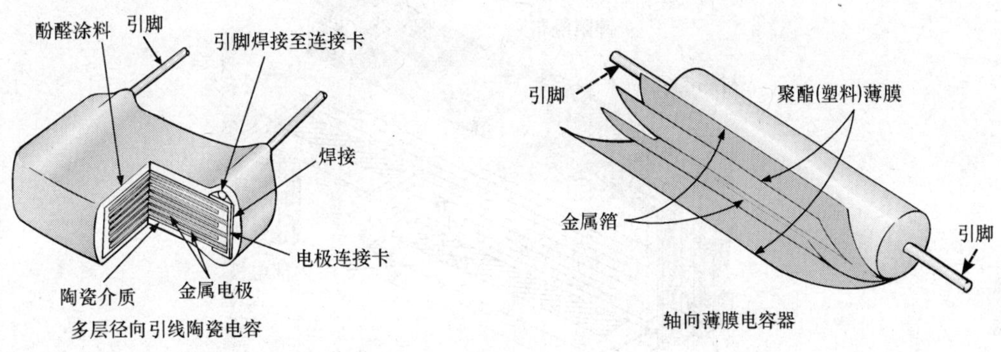

图 4.32

引线电容在低频电路中表现出来的主要特性是电容特性。但在高频时，引线电容不仅表现出电容特性，还受到引线电感、损耗电阻的影响，这对于射频电路非常重要。

在射频电路中，一个引线电容的特性可用图 4.33 所示的等效电路来表示。其中的 L 是引线电感，Re 为介质损耗电阻，R 为引线损耗的串联电阻，C 为电容。

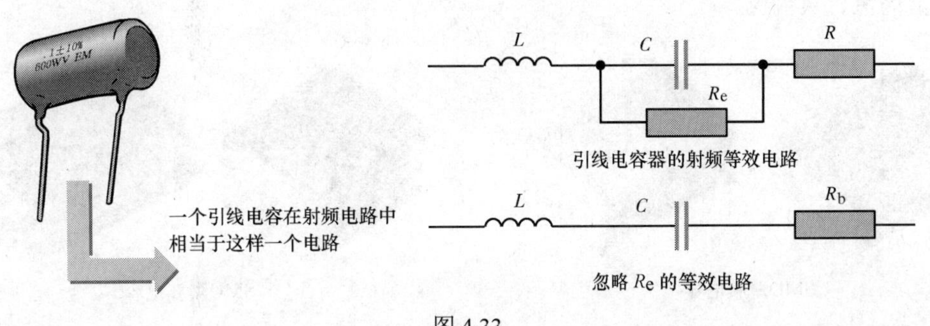

图 4.33

当频率很高时，电容不再被当作集总元器件看待，寄生参量的影响不可忽略。R_e 也称为绝缘电阻（通常在 GΩ级以上），值越大，漏电越小，性能就越可靠。因为 R_e 通常很大，所以在实际应用中可以忽略（见上图）。随着频率的进一步升高，引线电感将对电路产生巨大的影响。为了减小元器件引线电感带来的影响，在射频领域，表面安装元器件（SMD）是相对理想的选择，SMD 电容又被称为 chip 电容（片状电容）。

射频电路中所使用的SMD电容有单层和多层结构之分。通常，单层结构的射频电容工作频率远远大于多层结构的射频电容。但是，单层射频电容的取值范围比多层射频电容小。图4.34所示的就是多层陶瓷SMD电容的结构示意图。

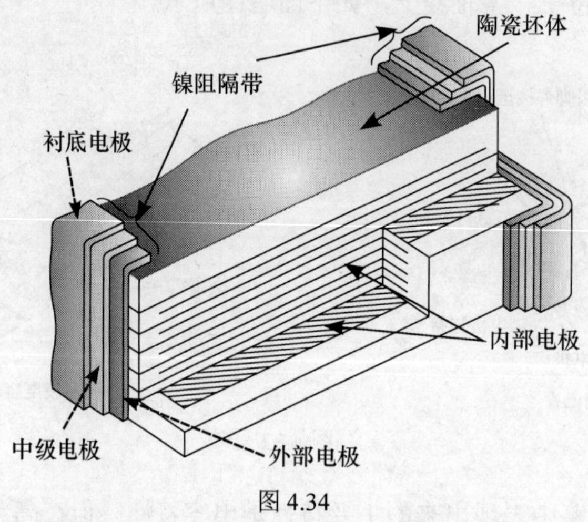

图4.34

由于SMD电容器的引线电感很小，相对于电容器标称值而言，其电抗效应可以忽略不计。而且，元器件的封装尺寸越小，就越能减小不良分布参量的影响。SMD电容的封装有多种，如1206、2010、0805等。图4.35所示的是一些SMD固定电容器，SMD固定电容器中间大部分为黄褐色、灰褐色。

SMD薄膜电容　　SMD陶瓷电容

图4.35

表面贴装型的电解电容大致有两种情况，一种是圆柱形的SMD电容，这一类大多是铝电解电容；另一种是扁平封装的，钽电容较多。SMD电解电容通常以一条不同颜色的色带来指示电极的极性。但是，有两种情况，如下图所示。SMD电解电容上的标识多种多样，但无论如何，其容量大都有明显的标识。至于其他参数，如果是从事维护，可根据实际电路（或电路图）获取；如果是从事设计，可从相关元器件的数据表（datasheet）获取。

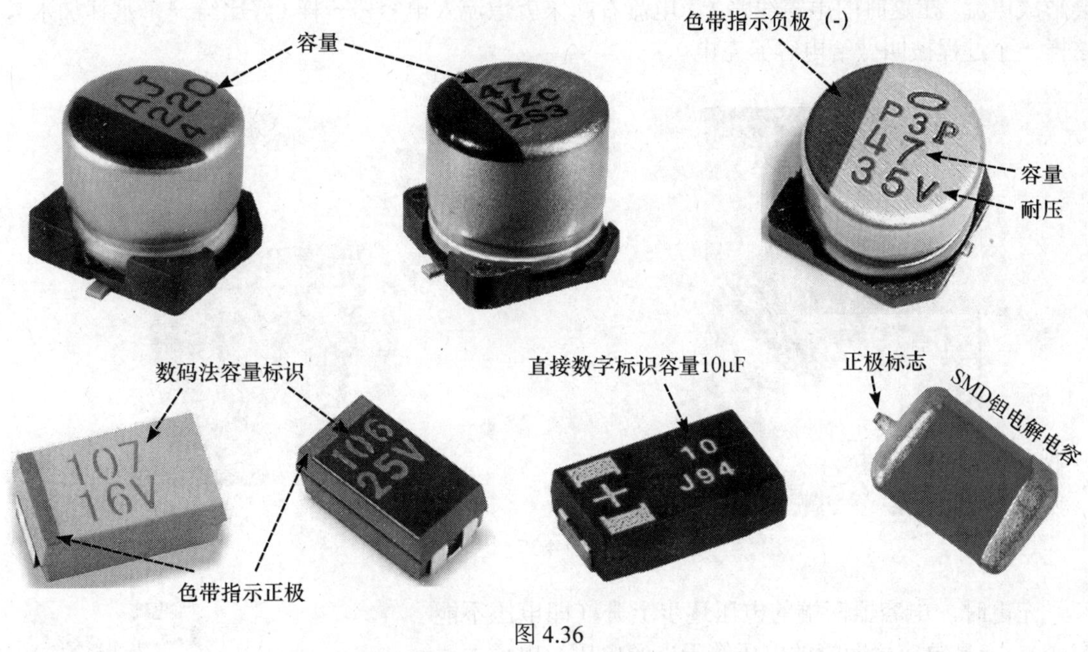

图 4.36

4.2.4　电容器的特性

应了解电容器两个重要的特性：❶电容两端的电压不能突变；❷电容通交流，隔直流。对于维修人员来说，大多数时候可利用电容器的特性来分析电容电路。

❶ 电容两端电压不能突变

理解电容两端电压不能突变这个特性是比较容易的。前面说到电容器是储存电荷的容器。电容两端的电压是由于电容极板上电荷的积累和释放产生的，而电荷的转移是需要时间的，所以电压的变化也是需要时间的，不能突变。有一个类似的例子，不见得是最恰当的，但却能帮助我们很好地理解电容器两端电压不能突变的特性。电容器是储存电荷的容器，水杯是装水的容器，电容充电就好比给水杯注水。给水杯装水，即使速度非常快，“迅雷不及掩耳”，要给水杯装满水也是需要一定时间的，有一个过程，即不能“突变”。反过来，将水杯中的一杯水倒掉也需要一定的时间——哪怕时间非常短暂，也需要一个过程。

电容器两个极板之间填充的是绝缘介质，自由电荷并没有通过电容器两极板间的绝缘介质。如果给电容器加上直流电源，电场力将迫使正电荷移动到连接电源正极的电容器极板上，同时会有大量的负电荷移动到电容的另一个极板（参见图 4.38）。我们知道，电荷的定向移动会形成电流。在这时的电容线路上，电流看起来就像流入电容器一样（好比给一个水杯加水），这样一个过程被叫做给电容器充电。

图 4.37

充电时，电容器两端的电压逐步上升（即电压不能突变）。一旦电容器两端的电压等于电源电压，电场力达到平衡，电荷停止移动，充电完成。放电时电容器两端的电压逐步下降，电荷全部中和后，电流为零，电容器两端的电压为零。想想看，水塘放水时，是不是水面逐步下降？水流量是不是会逐步减小？当水全部放完后，还会有水流吗？

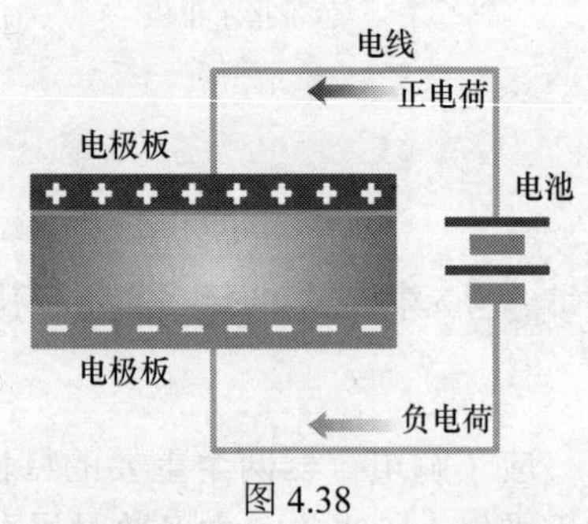

图 4.38

❷ **电容通交流，隔直流**

前面不是说电荷不能通过电容器两极板之间填充的绝缘介质吗？

嗯……这里怎么又说交流电能通过电容器呢？

哈，还记得呢，不错。

前面所述的是电容器在直流电路中的情况。南橘北枳，环境条件变了，事物也发生了变化。在交流电路中，情况有所变化。不急，慢慢看下面的内容。

隔直流

■　还能记得前一节中的内容吧？电容器在直流电路中充满电后，电容电流是不是为 0？电流为 0 是不是相当于电流通路被断开了？电流通路被断开，是不是意味着直流被隔断呢？

电池电源是直流电源。直流电源的电压不随时间的变化而变化。也就是说电容器完全充

电后，电容器的电压（等于电池电压）也是一直不变的。因此，充电完成后电容没有电流。想想前一节中两个水杯的例子，若两个水杯的水面持平，水管中还会有水流吗？

因此，从以上所述意义可以说，直流被电容器隔断了。

在学习电阻时，可用欧姆定律来描述电阻两端电压与电流的关系。对于电容，可用下面的公式来描述电容器两端电压与电流的关系：

$$i=\frac{\Delta q}{\Delta t} \qquad i=C\frac{\Delta v}{\Delta t}$$

其中的Δv 是电容两端电压随时间变化的量。想想看，电容在直流电路中，Δv、Δq 会是什么值呢？很明显，变化量Δv、Δq 为零。根据简单的数学知识可知，0 除以任何数，其结果为 0。这意味着电容器电流为零，等效于电容开路，所以说直流不能通过电容器，即电容隔直流。

通交流

现在的情况是，加载到电容器两极板间的电源由直流变成了交流。交流，意味着电源的电压大小与方向一直都是随时间在变化，电源与电容器之间始终有一个电压差。

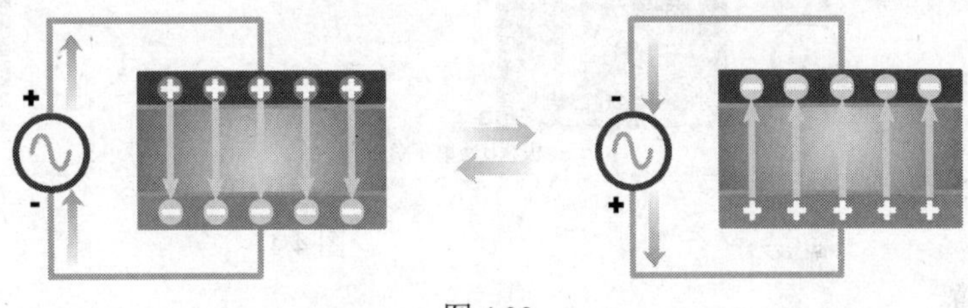

图 4.39

- 始终有一个电压差，明白不？
- 跷跷板，玩过吧？没玩过也没关系，总见过吧。

看见没？有电流流动呃。

类比一下吧：电源电压与电容电压分处跷跷板的两端，其中的小球代表电流（见图 4.40）。交流电源的电压随时都在变，好比在跷跷板上始终处于不平衡的状态。不论运动方向如何，只要电源电压与电容电压存在高度差，小球就会滚动，就会有电流流动。

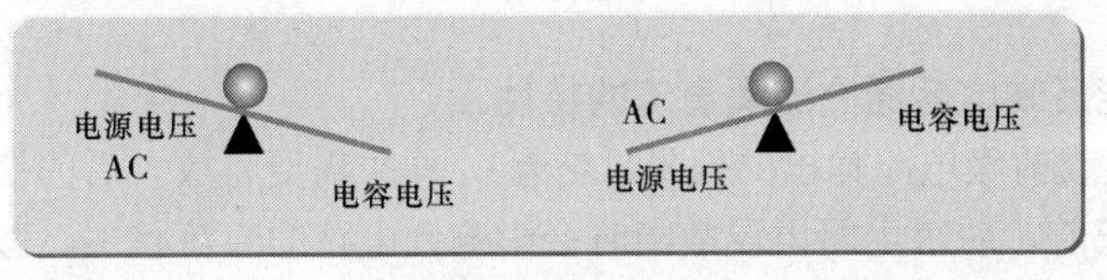

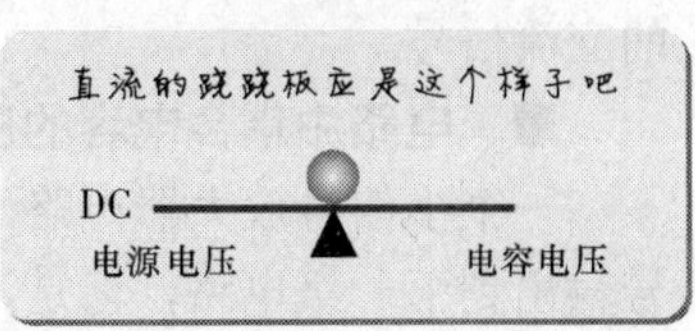

图 4.40

电子（负电荷）的定向移动形成电流。

前面说电容器连接到电源时，正电荷向连接电源正极的电容极板移动，负电荷则向电容的另一个极板移动。好比水流入容器，称为给电容充电。

交流电极性改变后，电源的负电荷流向聚集有正电荷的电容极板。异性相吸，正电荷从电容极板流出，与来自电源的负电荷复合。电容极板另一端的负电荷也流出，与来自电源的正电荷复合。电荷复合的运动导致电容极板的电荷流出，形成电流。电容极板上的电荷不断减少，好比水流出容器，称为电容放电。

交流电源的电压、电流会周期性地变换方向。

极性转换瞬间

只要电容上的交流电源未断开，电容会周期性地充电、放电，电容器两极板的电荷会周期性的变化，如图 4.41 所示。

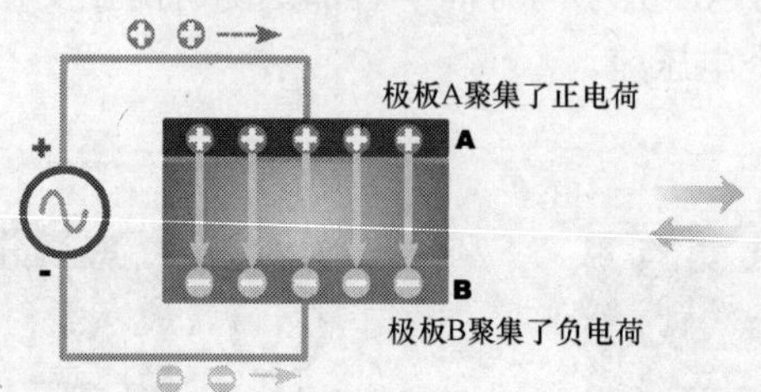

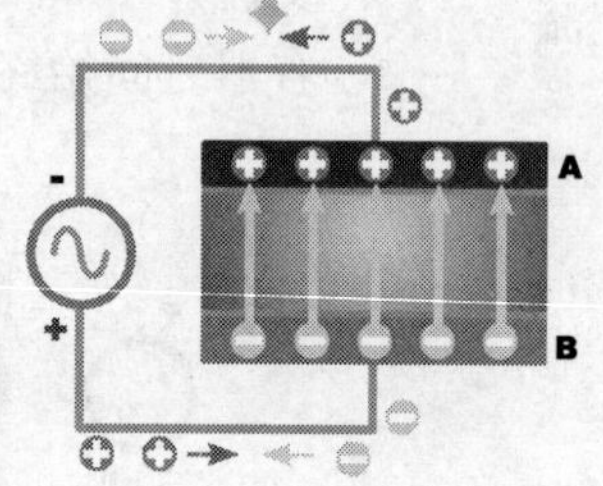

图 4.41

虽然电荷并不能真正穿过电容器极板间的绝缘介质，但交流电持续不断地变化，在一个周期内，除了电流由正变负（或由负变正）的那一瞬间之外，电容器线路的电流均不为零。所以，一般认为电容器允许交流电流通过。

再回顾前面提到的电容电流公式。想想看，电容在交流电路中，Δv、Δq 还会为零吗？Δv、Δq 不为零，变化的时间肯定不为 0，i 的值不为 0，这意味着电容器始终有电流，所以说交流能通过电容器，即电容通交流。在实际中，电容器的交流源可能是交流电源，也可能是前一级电路输出的交流信号。

■ **电路中耦合电容的应用最能反映电容通交流隔直流的特性。**

一个小信号放大器电路，需要接收前级电路输出的信号（交流），同时需要将放大后的信号输出到下一级电路，但是，不希望前、后级电路出现故障时会影响到电路的直流状态，怎么办？通常的做法是在放大器的输入、输出信号通道上使用电容器，如图 4.42 所示。电容器既可隔断放大器与前后电路之间的直流联系，又可为输入信号与输出信号提供通路。

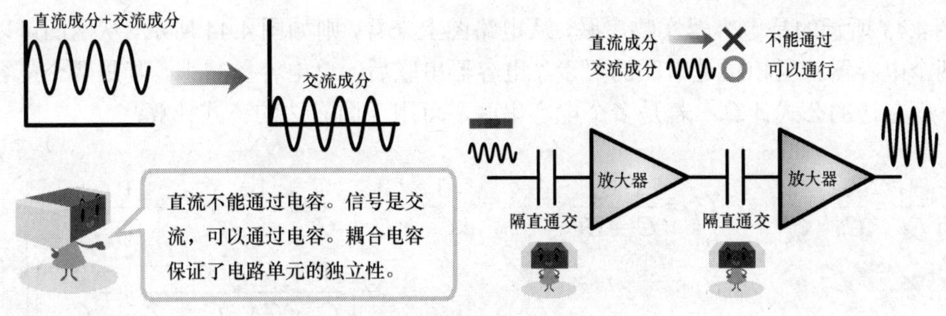

图 4.42

4.2.5　电容器的连接

电容在电路中要么以串联、并联的形式出现，要么以串并联的形式出现。通过串联、并联，可得到需要的电路网络，或得到所需容值的电容器。

❶ 电容器的串联

单从电路形式上看，电容器的串联与电阻器的串联一样。

若几个电容首尾相接，如图 4.43 所示，就是电容的串联。电容串联后可等效为一个电容。

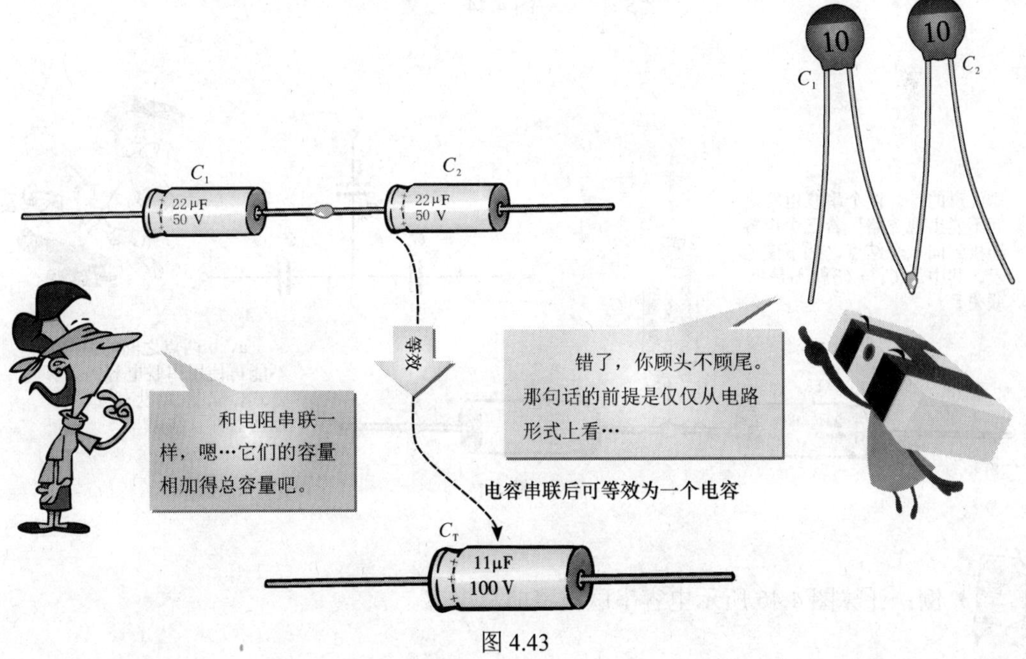

图 4.43

图 4.43 所示的是电容器实物串联，从电路图上来看，则如图 4.44 所示。从两图可以看到。相邻两个电容器首尾相接是串联的要素。电容器串联后，总电容量减小。若是两个电容串联，可用下面左边的公式计算；若是多个电容串联，可用下面右边的公式计算：

$$\frac{1}{C_T}=\frac{1}{C_1}+\frac{1}{C_2} \quad 或 \quad C_T=\frac{C_1C_2}{C_1+C_2}$$

$$\left.\begin{aligned}\frac{1}{C_T}&=\frac{1}{C_1}+\frac{1}{C_2}+\frac{1}{C_3}+\cdots\cdots+\frac{1}{C_n}\\ C_T&=1\div\left(\frac{1}{C_1}+\frac{1}{C_2}+\frac{1}{C_3}+\cdots\cdots+\frac{1}{C_n}\right)\end{aligned}\right\}$$

电容器串联及其等效电路的说明图如图 4.44 所示：

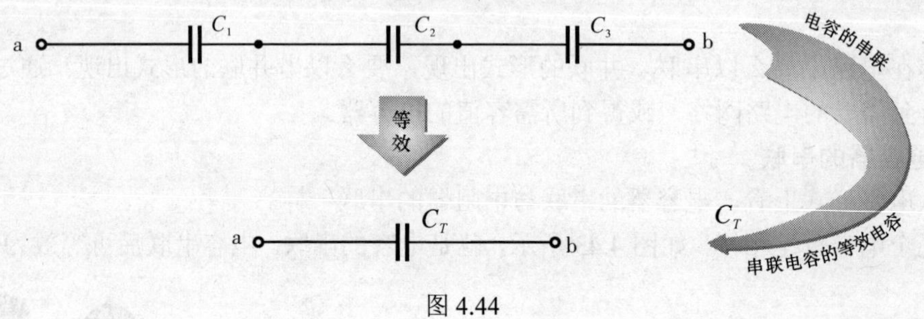

图 4.44

需注意的是，两个串联电容之间不能出现支路！若三个电容连接到同一个结点，如下图所示，其中的 C_1 与 C_2 就不是串联关系。

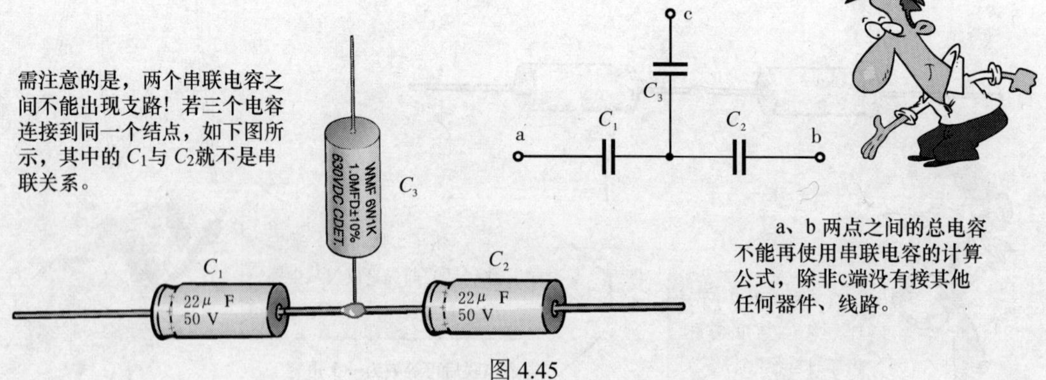

a、b 两点之间的总电容不能再使用串联电容的计算公式，除非c端没有接其他任何器件、线路。

图 4.45

例：计算图 4.46 所示电容串联电路的总电容。

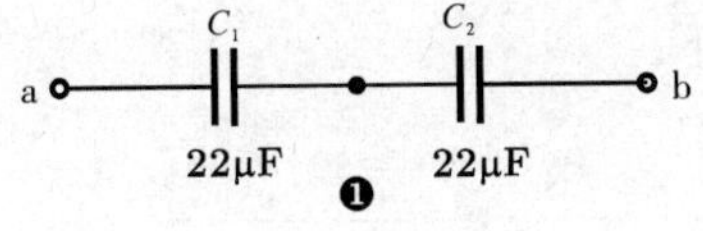

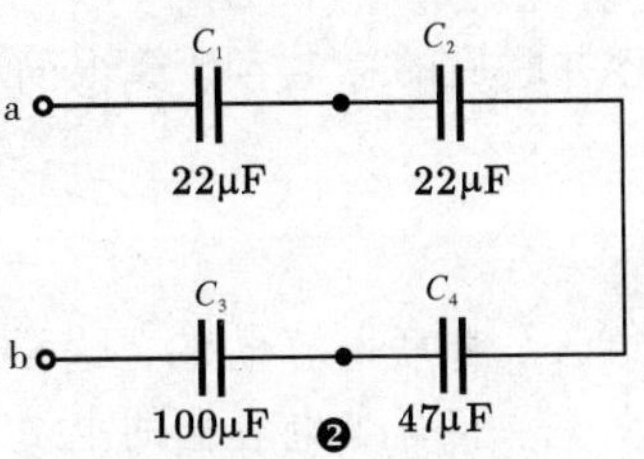

图 4.46

解❶：$C_T = \dfrac{C_1 C_2}{C_1 + C_2} = \dfrac{22\times 22}{22+22}$μF=11μF　　解❷：$C_T = 1\div\left(\dfrac{1}{22}+\dfrac{1}{22}+\dfrac{1}{100}+\dfrac{1}{47}\right)$μF=8.18μF

❷ 电容器的并联

在电路形式上，电容器的并联与电阻器的并联类似。若两个或几个电容以头接头、尾接尾的方式连接在一起，如图 4.47 所示，即是电容的并联。电容并联后可等效为一个电容。

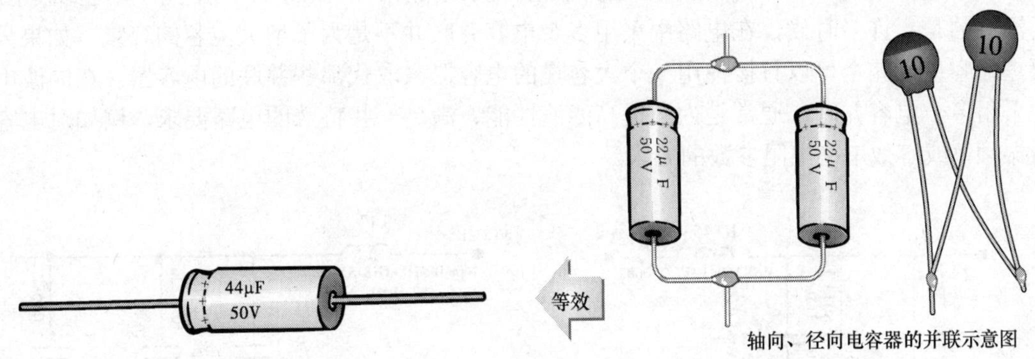

图 4.47

图 4.47 所示的是电容器实物并联，从电路图上来看，则如图 4.48 所示。从上、下两图可以看到，电容器头接头、尾接尾是并联的要素。电容器并联后，总电容增大。

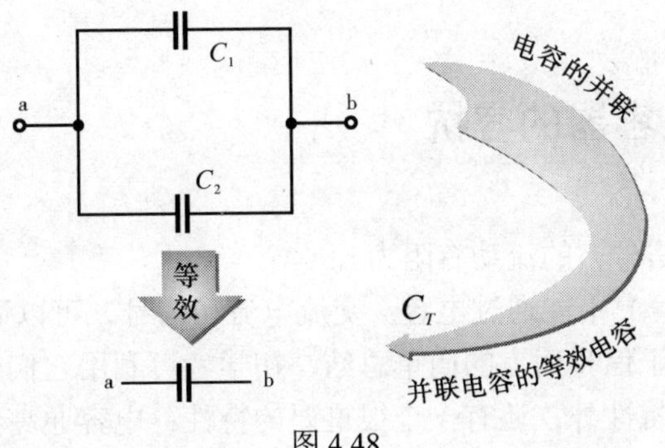

图 4.48

电容并联后的总电容计算很简单，其计算公式如下：

$$C_T=C_1+C_2+C_3+\cdots C_n$$

并联电容电路有这样一个特点：在并联电容电路中，每个电容两端的电压一样，但每个电容器的电流不同。

■ 并联电路中各电容器的端电压一样的特点容易理解，看电容并联的电路图即可明白，电容器的两电极分别连在一起，肯定一样。

电容并联也可分流。注意了，这个说法仅针对交流电路。在直流电路，不说电容并联分流。原因很简单。想一想，为什么？分析交流电路中的电容电流，涉及阻抗的概念，在后面相关的章节中会讲到。

相对而言，在电路中，多个电容器并联的应用最常见，例如图 4.49 所示的供电滤波电路。需注意的是，许多时候，在电路中采用多个电容并联并不是为了增大电容的容量。如果只需要考虑容量，完全可以直接使用一个大容量的电容器来取代那些并联的电容器。在滤波电路中采用多个电容并联，通常是为了提高滤波性能、满足一些特殊的电路要求，例如对电容自谐振频率或等效串联电阻参数的要求。

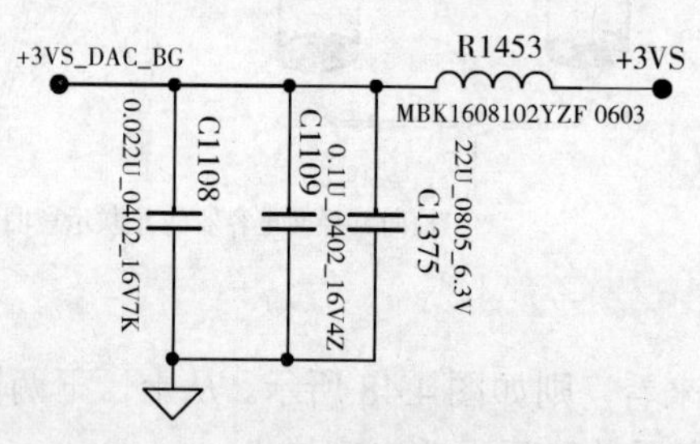

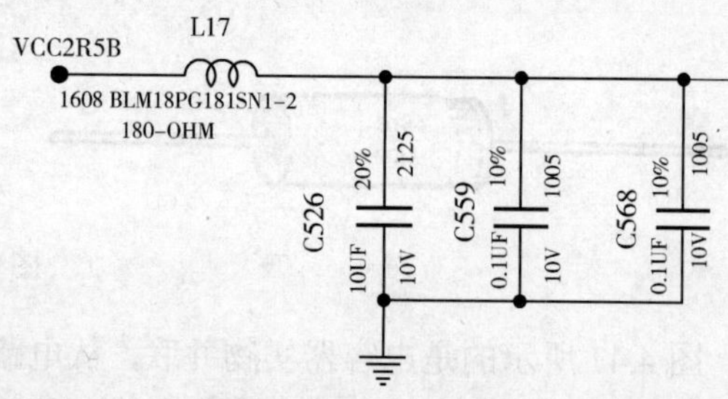

图 4.49

4.2.6 电容器的容抗

■ 电阻对电流（信号）的流动有阻力。

■ 直流电流（信号）不能通过电容；交流电流（信号）可以通过电容。

以上是电阻电容对于信号而言的简单总结，初学者可利用它们来简单分析电路。

电容除通交隔直的特性外，还有一个很重要的特性：电容通高频、阻低频。

我们知道，直流电路中电阻、电压与电流的关系符合欧姆定律，即 $I = U / R$。在一个简单的交流电阻电路中，我们会发现——电阻与电压、电流的关系同样符合欧姆定律。当交流电压达到最大时，交流电流也达到最大；当交流电压为最小时，交流电流也为最小，如图 4.50 所示。

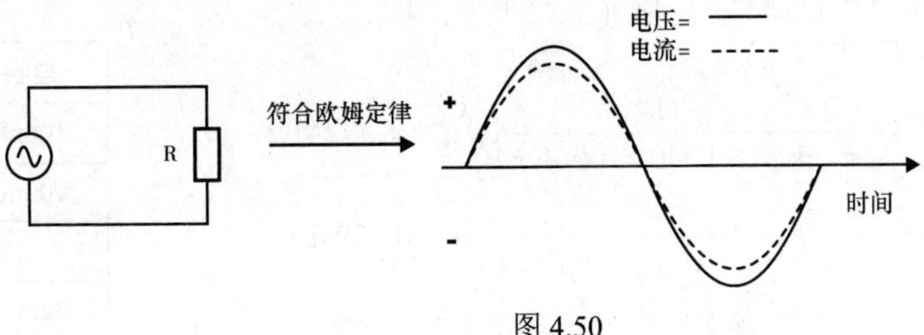

图 4.50

与电阻器不同，欧姆定律并不适用于交流电容器电路。

据前面的内容可知，电容器两端的电压不能突变，电容器总是要利用电流充电或放电来试图维持其两端的电压不变。所以，电容器虽说是通交流，但电容器对“穿过”的交流会产生一定的阻力，这个阻力被称为容抗（Capacitive reactance）。容抗用 X_C 表示，单位是欧姆（Ω）。一个电容器的容抗可通过下面的公式来计算。

很重要的一点，在计算时，一定要记得将电容容量换算为法拉。例如，一个 100μF 的电容，应输入 100×10^{-6}，而不是 100。

$$X_C = \frac{1}{2\pi f_C}$$

f：交流信号频率，单位赫兹（Hz）

C：电容容量，单位法拉（F）

π：表示圆周率。使用计算器、软件计算时可直接输入 π，若计算器没有 π 输入，可取值 3.14159。

你可搜索使用网上的在线容抗计算器。虽然在线计算器很方便，但还是建议初学者借助计算器自己动手写一写计算过程。计算一个 100μF 的电容在不同频率下的容抗。给了两个例子，自己做另外两个吧。

例：

$$X_C = \frac{1}{2\pi fC} = \frac{1}{2\pi \times 50\text{Hz} \times 100\mu\text{F} \times 10^{-6}} = 31.831\Omega$$

$$X_C = \frac{1}{2\pi fC} = \frac{1}{2\pi \times 10\text{kHz} \times 1000 \times 100\mu\text{F} \times 10^{-6}} \approx 0.16\Omega$$

换算为赫兹 Hz　　换算为法拉 F

频率（Hz）	容抗（Ω）
50	31.831
120	
2500	
10kHz	0.16

上面的计算示例中电容容量为定值。从计算结果中可以看出：

当电容容量一定时，频率越高，容抗越小；频率越低，容抗越大。即人们通常所说的电容器通高频、阻低频。

再计算一下，不同容量的电容器在信号频率为 1kHz 时的容抗。给了两个例子，自己做另外两个吧。

例：

$$X_C=\frac{1}{2\pi fC}=\frac{1}{2\pi\times 1\text{kHz}\times 1000\times 100\mu\text{F}\times 10^{-12}}=1.592\text{M}\Omega$$

$$X_C=\frac{1}{2\pi fC}=\frac{1}{2\pi\times 1\text{kHz}\times 10^{3}\times 1000\mu\text{F}\times 10^{-6}}=0.159\Omega$$

换算为赫兹 Hz　　换算为法拉 F

电容	容抗（Ω）
100pF	1.592MΩ
100nF	
10μF	
1000μF	0.159

上面的计算示例中信号频率为定值。从计算结果中可以看出：当频率一定时，电容容量越大，容抗越小；容量越小，容抗越大。由上面两次计算可以看到，容抗与频率、容量都成反比关系。

由容抗公式可知，当频率 f 趋向于无穷大（∞）时，X_C 接近 0，此时电容相当于短路；当 $f=0$ 时（直流），$X_C=\infty$，此时电容相当于开路。这也说明了电容隔直流、通交流的原因。

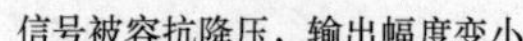

图 4.51

容抗的公式也可使用希腊字母ω所表示的角速度，其中，ω的单位是弧度/秒。

$$X_C=\frac{1}{2\pi fC}=\frac{1}{\omega C}$$

若用欧姆定律形式来描述容抗，可用右边的公式。其中的 U_m、I_m 为交流的最大值。

$$X_C=\frac{U_m}{I_m}$$

如果忽略电容器漏阻的影响，电容器不以任何形式消耗能量。

虽然容抗有欧姆定律形式，但许多时候，主要是考虑电路中电容的电压。而且，在交流电路中，电容的电压与电流还有相位的关系，这些属于交流电路分析的范畴。

4.2.7　电容器的检测

通常，可用万用表或电容测试器（电容表）来检测电容器。

电容表对电容器的测试操作很简单，选择合适的量程，将电容的两个引脚插入电容表的插孔即可。若需经常测量 SMD 电容，可选用专门的 SMD 电容表。要求不高的话，一百多元即可买到电容表，若工作需要，可添置。

万用表当然可在某种程度上对电容器做一个检测。某些数字万用表也有较为简单的电容测试功能。但对于一般的维护工作而言，指针万用表测试电容比数字万用表方便。

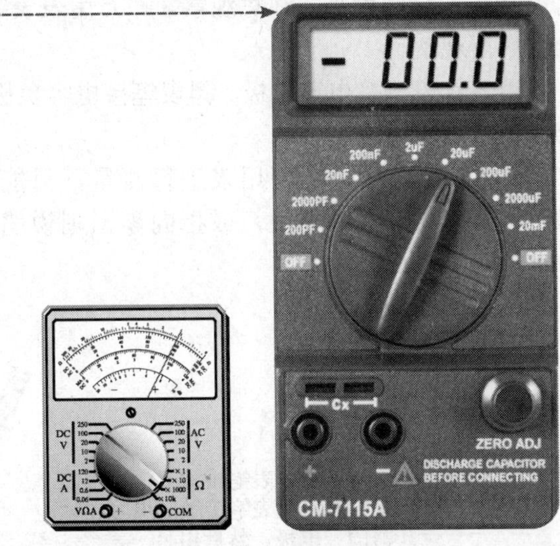

图 4.52

在用万用表检测电容时，应针对不同容量选用合适的电阻挡位。通常情况下，检测 1～47μF 间的电容，可用 R×1k 挡；大于 47μF 的电容可用 R×100 挡；检测较小容量的电容可用 R×10k 挡。对于 390pF 以上容量的电容，不论什么容量，在用指针式万用表检测时，万用表指针首先会向右有一定偏转，并很快回到起始位置附近，则电容器的质量较好。容量越大，万用表指针偏转的角度越大。

若万用表指针会有一定偏转，但停在刻度盘的某处，则电容器有较大的漏电，指针处为漏电阻值。若万用表的指针偏转到零处不再回去，则说明电容已击穿短路。若万用表的指针根本不偏转，则说明电容器已开路（断路）。

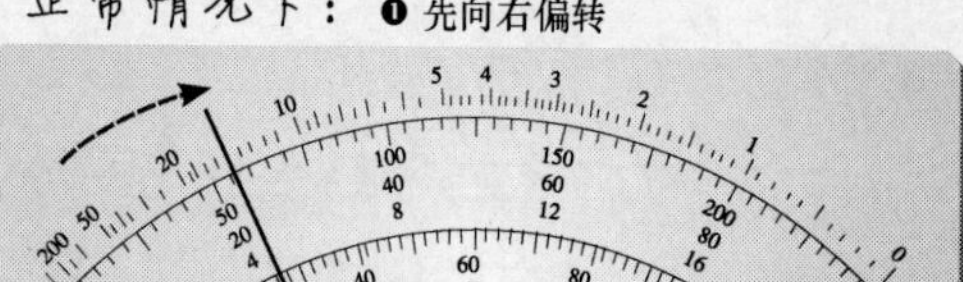

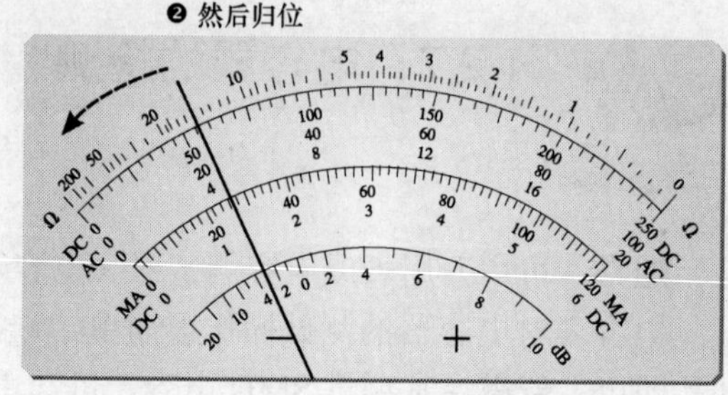

图 4.53

用万用表检测电容器时，可更换万用表表笔方向，检测两次，第二次测量时，指针偏转的角度大于第一次测量时的偏转角度。

测量皮法级的电容时，指针偏转角度小，注意观察。在万用表表笔接触电容两电极的同时观察指针，而不是接触之后再观察。

测量电解电容器时，万用表红表笔接电容正极、黑表笔接电容负极被称为正向接法,反之为反向接法。无极性电容测量时无此说法。

390pF 以下的固定电容器容量太小，用万用表进行测量，只能定性地检查其是否有击穿短路。若万用表指针向右偏转后停止不动，或指向零，则说明电容漏电损坏或内部击穿。

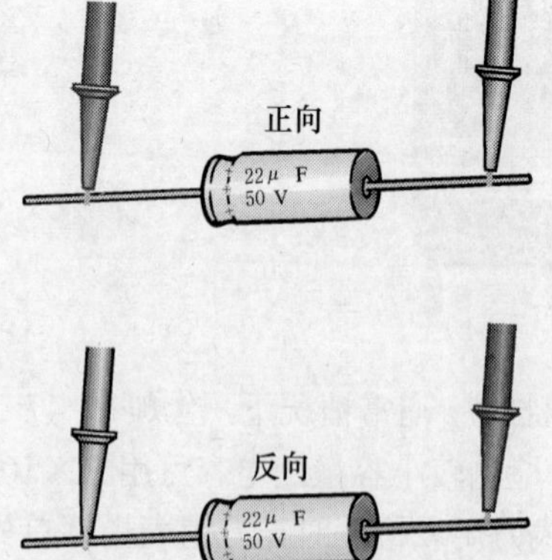

万用表表笔接触方法：
先用一表笔接触好电容器的一电极，然后用另一表笔快速触碰电容器的另一电极。

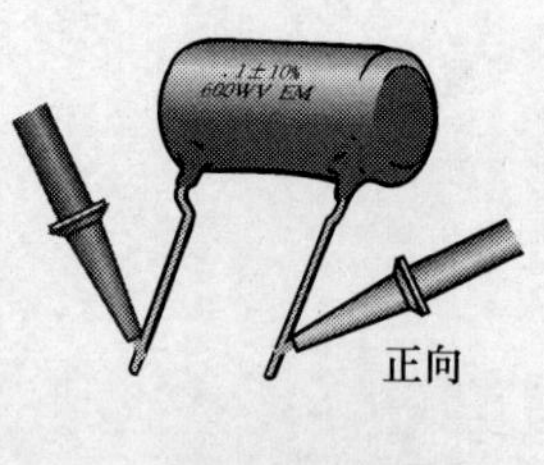

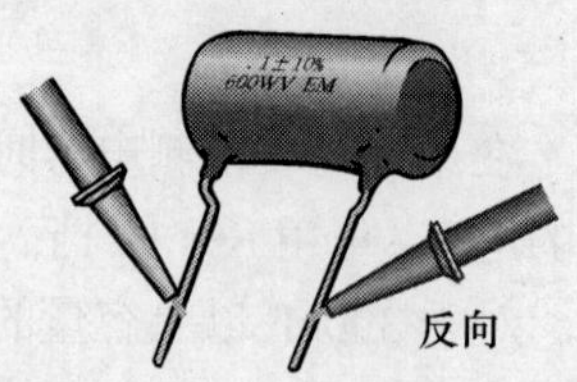

图 4.54

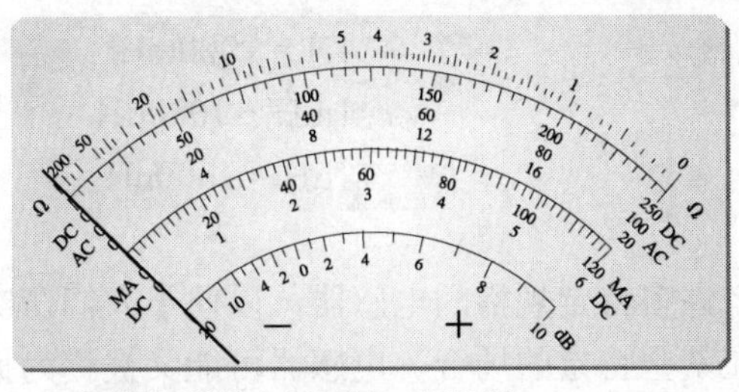

❶ 指针不偏转，电阻很大，电容开路

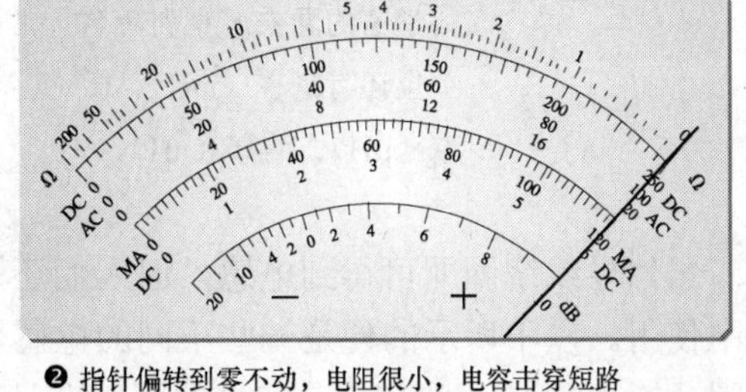

❷ 指针偏转到零不动，电阻很小，电容击穿短路

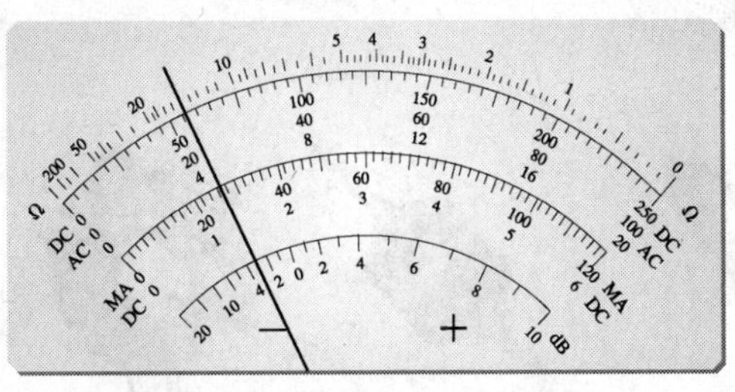

❸ 指针偏转后停在刻度盘某处，电容漏电

万用表无法测量电容容量。可选购数字电感电容表，测试电感、电容很方便，要求不高的话200元即可购置一台。数字电感电容表的操作很简单，没什么技巧，参阅相关的说明书即可。

图 4.55

4.3 电感基础知识

4.3.1 基本概念

■ **什么是电感？**

通电的导体会产生磁场，感生磁场会催生感生电动势，而这个感生电动势总是要阻碍导体中原电流的变化，这种现象叫做自感，通常又被称为电感（inductance）。电感是闭合电路的一种属性。电路中具有电感特性的元器件被称为电感器。电路图中通常用字母 L+数字来标识每一个独立的电感器个体。

前面讲电感是一种属性，那么，用什么来衡量这个属性呢？电感的大小由电感量来衡量。

电感量又称电感系数，是表示电感能力的物理量，单位是 H（亨）。

电感的单位以美国的科学家约瑟夫·亨利命名。常用的电感单位还有毫亨（mH）、微亨（μH）、纳亨（nH）。

1H = 1000mH
1mH = 1000μH
1μH = 1000nH

虽然导线绕圈即可得到电感，但人们还是生产许多特定规格的电感器，以便于人们在实际中使用。以下所示的便是一些不同的电感器。在某些特定的场合，电感器可能又被称为扼流圈。图 4.56 所示的依次是空心线圈、有骨架的空芯线圈、磁芯电感、引线色环电感、扼流圈、可调电感、SMD 磁芯电感、磁屏蔽电感、射频电感。

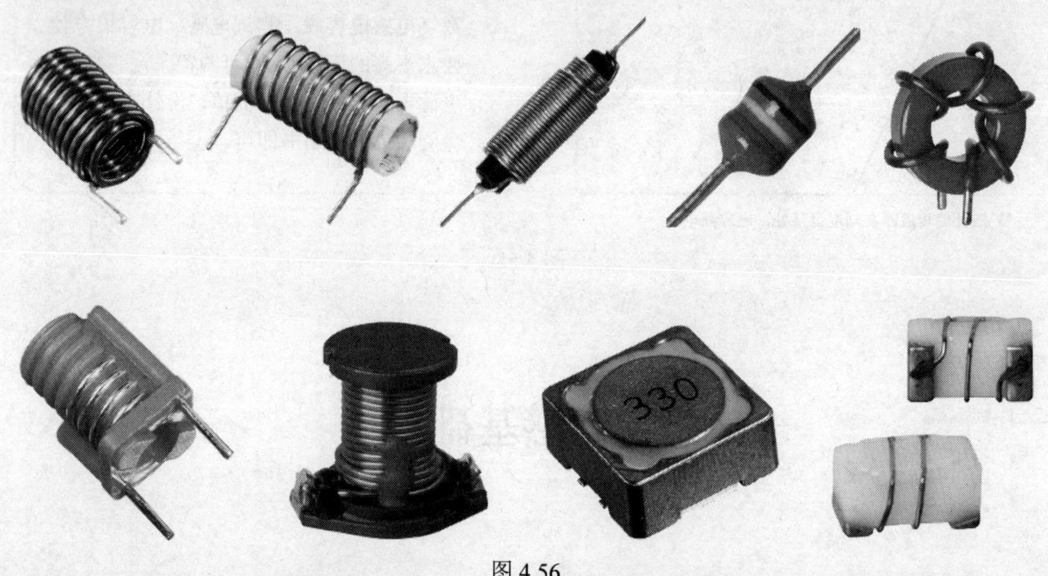

图 4.56

4.3.2　电感器的特性

电感器是利用电磁感应的原理进行工作的。对于初学者而言，应了解电感器的两个重要特性：

❶流过电感器的电流不能突变；

❷电感器通直流、阻交流。

❶ **电流不能突变**

■ 我要变大…

■ 那我变小吧…

■ 为何总是反对呢？

☹ 我反对……

☹ 还是反对……

☹ 我讨厌变化。对于电流，阻止你变化是我的原则。

理解电感对电流的阻碍应该是容易的。想一想，线圈看起来像不像一个弹簧？对于弹簧门，无论你是推还是拉，你总是会感受到弹簧门的阻力，是吧？

电感与电感器是不同的两个概念。电感器是实体元器件，电感则是电子电路阻碍电流变化的一个属性。请注意变化这个词，对于理解电感特性来说，它是非常重要的。要理解电感的电流特性，需借助电生磁、磁生电的知识：

图 4.57

❶ 电流在导体中流动时，导体周围会产生磁场（感生磁场）；

❷ 感生磁场又会使导体产生感生电动势；

❸ 从楞次定律可知，感生电动势所导致的感生电流总是与导体中原来电流的方向相反，即感生电流总是阻碍电感器中原电流的变化。

❹ 如果导体中的电流发生变化，会导致导体周围的磁场变化，所产生的感生电动势的极性也会发生变化。

下面的示意图展示的是楞次定律的情况，即人们通常所说的增反减同。

原电流要增大，感生电流就阻碍它增大。因此感生电流方向与原电流方向相反，相互抵消，以减小原电流。

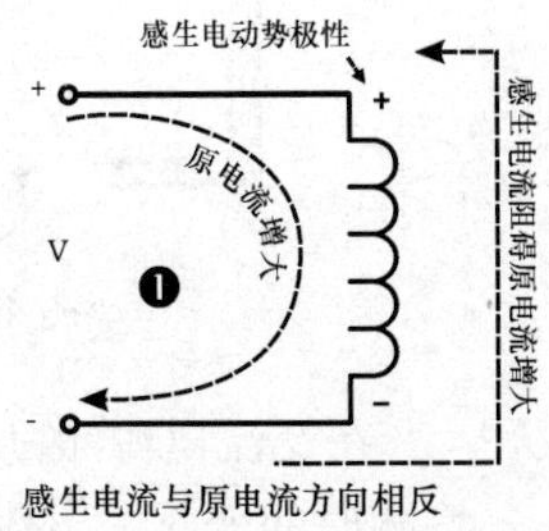

原电流要减小，感生电流就阻碍它减小，因此感生电流方向与原电流方向相同，相互叠加，以增大原电流。

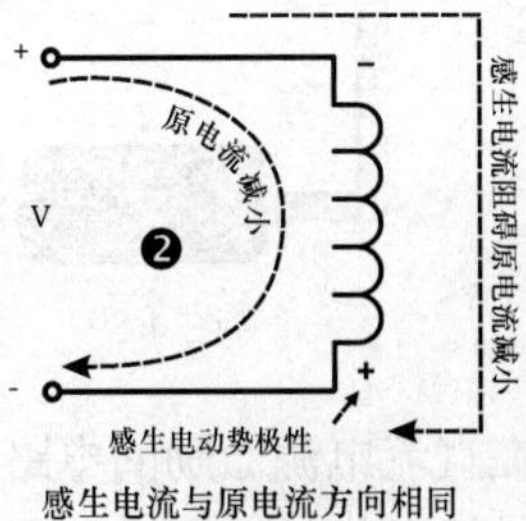

图 4.58

从上述内容可知，当电感内的电流发生变化时，电感器会产生一个感生电流（反电动势）阻碍原电流的变化。这个感生电流对原电流的变化起到一个阻尼作用，因此，电感器中的电流不能突变。

同时需要注意的是：电感中原电流是变大、变小的变化；而感生电流试图通过反向抵消或同向叠加维持原电流的大小。

❷ 通直流，阻交流

从电容的相关内容中我们知道，电容器是通交流，隔直流。

电感器与电容器相反，电感器是通直流，阻交流。

这里要注意了，电容特性中的隔是阻隔、隔断，有直流不能通过之意。而电感特性中的阻意为阻碍、迟滞之意，交流可以通过，只不过在通过时会受到一定的阻力。

电能生磁，磁能生电。但磁生电还有一个重要的前提条件——变化的磁场中的导体才会感应产生电流，或导体在磁场中做切割磁力线的运动才会感应产生电流。有这么几点是可以肯定的：

❶ 直流电流大小与方向不随时间而改变，通直流电的导体周围虽有磁场，但磁场不变化；

❷ 电路中的电感器是不会运动的；

❸ 交流电流大小与方向随时间而改变，通交流电的导体周围有交变磁场，且磁场随时变化。

直流不变，就无需感生电流去阻止其变化。直流磁场中感生电流为 0，意味着阻力为 0，直流可无碍通过。所以说电感器通直流。

交流电随时变化，交变磁场导致电感中随时都有感生电流。感生电流不为 0，意味着有阻力，交流不能无碍通过。所以说电感器阻交流。

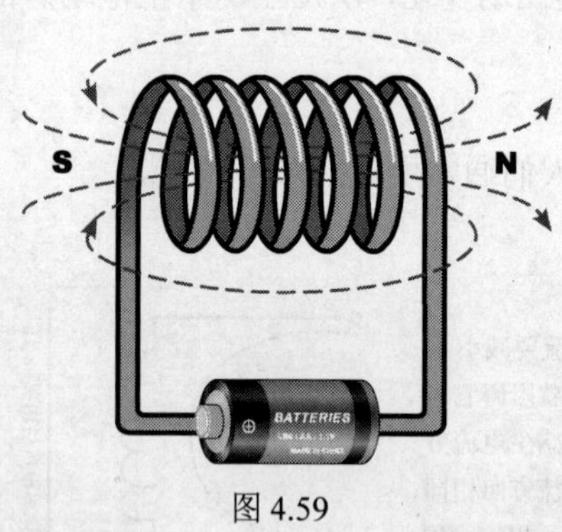

图 4.59

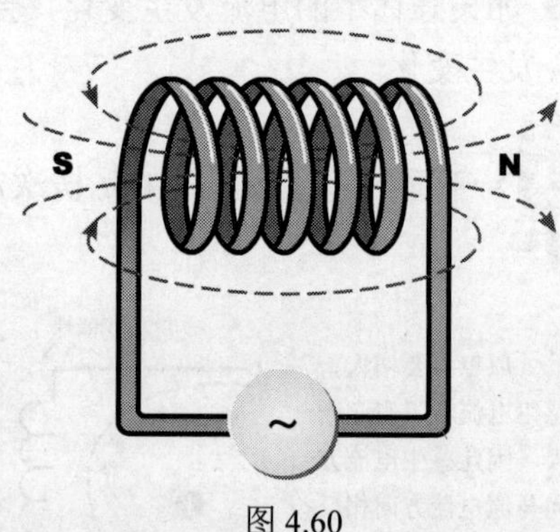

图 4.60

在直流电源激励的电路中，电压电流均不随时间变化时，电流的变化率为 0，由上面的内容可知电感两端的电压为 0。一个元器件的两端电压为 0，即相当于两端间短路。所以，电感通直流。

在交流电源激励的电路中，电压电流均随时间变化，电流的变化率不为 0，由上面的内容可知电感两端有电压。由电阻的知识可知，两端间有电阻才可能有端电压。所以，电感阻交流。

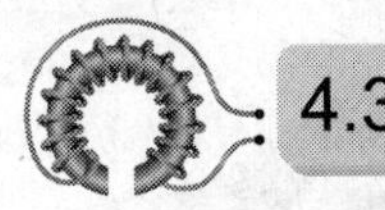

4.3.3 SMD 电感器

在高频（射频）电路中，引线电感不仅表现出电感特性，还受到寄生电容、线圈电阻的影响。在射频电路中，一个引线电感的特性可用图 4.61 所示的等效电路来表示。其中的 L 是电感本身，R 是线圈的直流电阻，C 为线圈间的寄生电容。

你想一想导体、电阻、平行板电容器的相关知识，一个引线电感是不是像图 4.61 所示的等效电路那样？

在射频领域，寄生电容将对电路产生巨大的影响。为了减小寄生电容、线圈电阻带来的影响，射频领域通常使用 SMD 电感。SMD 电感有薄膜片式、线绕式、多层片式等多种，如图 4.63 所示。

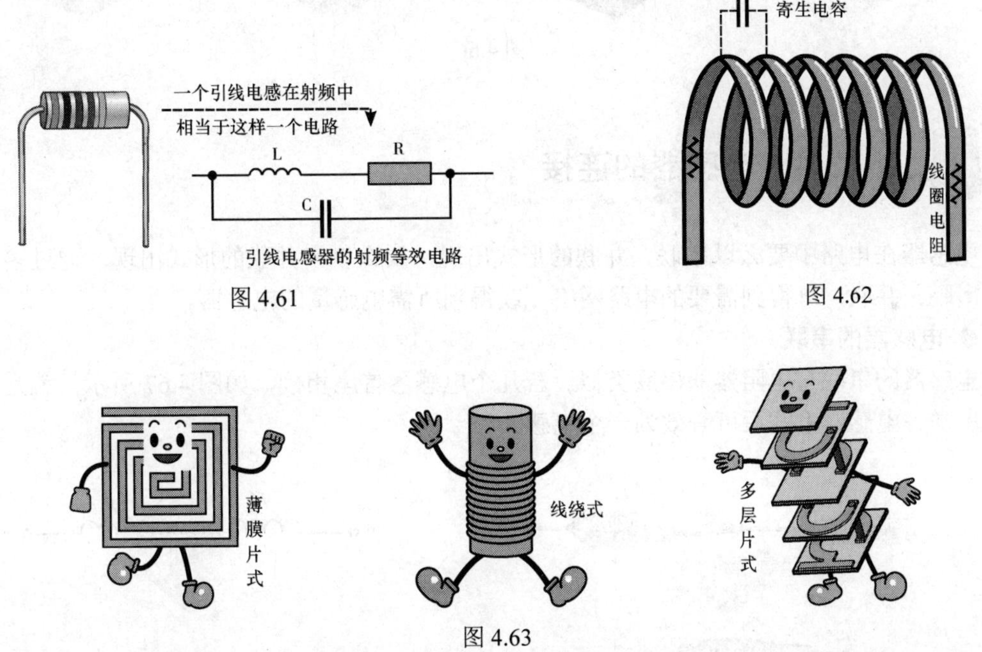

图 4.61

图 4.62

图 4.63

图 4.64 所示的是线绕式射频电感，由使用微型氧化铝芯体的空气芯贴片线圈组成，在高频范围内具有高 Q 值和高自谐振频率。

图 4.65 所示的是薄膜片式射频电感，高频率、薄膜体积小、Q 值高，薄膜技术缩小了高性能设备的尺寸。

图 4.66 左边两图所示的是多层片式射频电感，右边两图所示的则是多层磁屏蔽片式电感，采用特殊铁氧体材料，磁屏蔽结构提供优异的串扰特性。

图 4.64　　图 4.65

图 4.66

4.3.4　电感器的连接

电感器在电路中要么以串联、并联的形式出现，要么以串并联的形式出现。通过多个电感的串联、并联，可得到需要的电路网络，或得到所需电感量的电感器。

❶ 电感器的串联

电感器的串联与电阻器的串联类似。若几个电感器首尾相接，如图 4.67 所示，就是电感器的串联。电感器串联后可等效为一个电感。

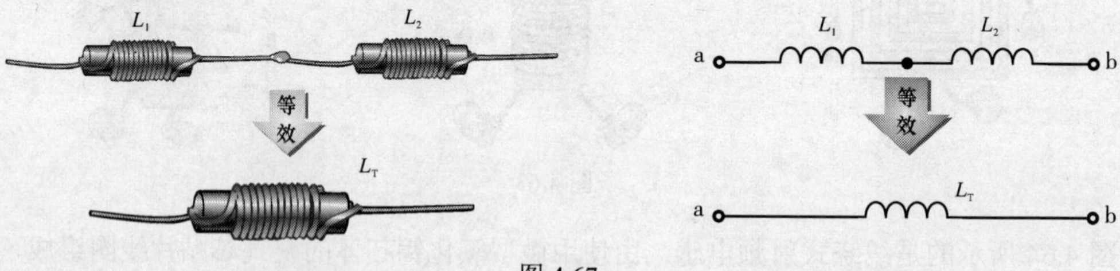

图 4.67

电感器串联后，总电感量增大。电感串联后总电感的计算公式为：

$$L_T = L_1 + L_2 + L_3 + \cdots L_n$$

下面所示的电路中有两组电感串联，它们串联后的电感是多少？自己算算吧。

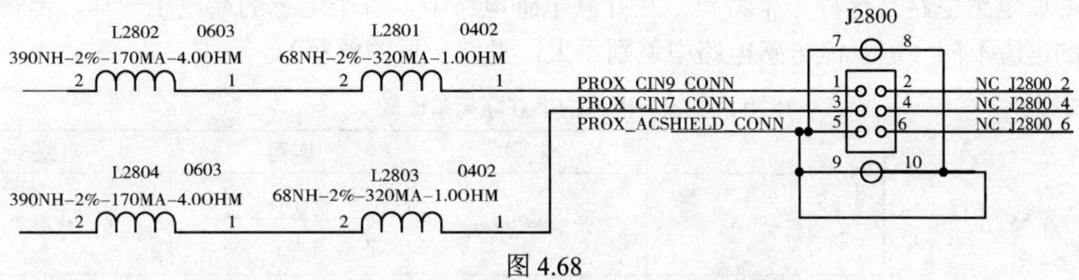

图 4.68

■　理论上讲，电感器对于直流来说是无阻力的，即通道电阻为 0。但事实上，电感器的线圈绕组存在直流电阻（DCR）。从图 4.68 中可以看到，不同的电感器的直流电阻不同，因此会导致串联电感电路中各电感器的端电压不同（参见电阻相关内容）。

电感的直流电阻都很小，在小电流条件下，电路中各串联电感的端电压相差不大。但在大电流条件下，各电感的端电压差别就很大。例如图 4.68 所示的电路，假设线路上的电流为 100mA，则 L2802 上的电压为 0.1A×4Ω = 0.4V；L2801 上的电压为 0.1A×1Ω = 0.1V。假设线路上的电流为 2A，则 L2802 上的电压为 2A×4Ω = 8V；L2801 上的电压为 2A×1Ω=2V。

■　从上述内容可知，电感器串联其实也有分压特性，但小电流条件下通常不考虑。交流条件下的串联电感电路，流过每个电感的电流一样，但每个电感器两端的电压不同。交流条件下的分压特性需要利用感抗的知识来理解。

❷ 电感器的并联

电感器的并联与电阻器的并联类似。若两个或几个电感以头接头、尾接尾的方式连接在一起，如图 4.69 所示，即是电感的并联。电感并联后可等效为一个电感。

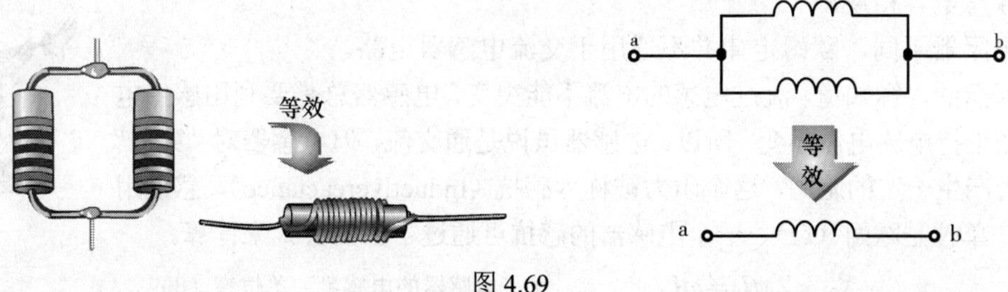

图 4.69

电感器并联后，总电感减小。总电感可利用下面的公式计算。如果只有两个电感并联，可用下面左边的公式计算，如果有三个或三个以上的电感并联，用下面右边的公式计算：

$$L_T = \frac{L_1 \cdot L_2}{L_1 + L_2}$$

$$\frac{1}{L_T} = \frac{1}{L_1} + \frac{1}{L_2} + \frac{1}{L_3} + \cdots\cdots + \frac{1}{L_n}$$

$$L_T = 1 \div \left(\frac{1}{L_T} = \frac{1}{L_1} + \frac{1}{L_2} + \frac{1}{L_3} + \cdots\cdots + \frac{1}{L_n} \right)$$

并联电感电路有这样一个特点：在并联电感电路中，每个电感的端电压一样，但每个电感器的电流不同（但直流电感电路中差别不大，见前一页的解释）。

电阻、电容与电感的串并联简单比较

	电阻	电容	电感
串联	$R_{总}=R_1+R_2$	$\frac{1}{C_{总}}=\frac{1}{C_1}+\frac{1}{C_2}$	$L_{总}=L_1+L_2$
并联	$\frac{1}{R_{总}}=\frac{1}{R_1}+\frac{1}{R_2}$	$C_{总}=C_1+C_2$	$\frac{1}{L_{总}}=\frac{1}{L_1}+\frac{1}{L_2}$
直流	$I=U/R$	开路	短路
电路变量，不能突变	不适用	电压	电流
交流	$I=U/R$	$I=U/X_C$	$I=U/X_L$

4.3.5 电感器的感抗

- 电阻对信号电流的流动有阻力。
- 直流信号电流不能通过电容；交流信号电流可以通过电容。
- 直流信号电流能通过电感；交流信号电流可以通过电感，但电感对交流信号有阻力。

以上是三个基本元器件的简单总结，初学者可利用它们来简单分析电路。电感除通直阻交的特性外，还有一个很重要的特性：电感通低频、阻高频。电感对交流信号的特性与电容相反。

与电阻器不同，欧姆定律并不适用于交流电感器电路。

据前面的内容知道，流过电感的电流不能突变，电感器总是要利用感生电流来试图维持电感电流不变。所以，电感器虽说是通交流，但电感器对“穿过”的交流会产生一定的阻力，这个阻力被称为感抗（Inductivereactance）。感抗用 X_L 表示，单位是欧姆（Ω）。一个电感器的感抗可通过下面的公式来计算。

$$X_L = 2\pi fL = \omega L$$

L：电感器的电感量，单位亨（H）

计算时一定要记得将电感量换算为 H。例如，100mH 的电感，应输入 100×10^{-3}，而不是 100。

例：计算一个 10mH 的电感在不同频率下的感抗。给了两个例子，自己做另外两个吧。

解：

$$X_L = 2\pi\times50\text{Hz}\times10\text{mH}\times10^{-3} = 3.14\Omega$$

$$X_L = 2\pi\times5\text{MHz}\times10^{6}\times10\text{mH}\times10^{-3} = 314.1592\text{k}\Omega$$

换算为赫兹 Hz　换算为亨（H）

频率（Hz）	感抗（Ω）
50	3.14
2500	
10kHz	
5MHz	314.1592kΩ

上面的计算示例中电感量为定值。从计算结果可以看出：当电感器的电感量一定时，频率越高，感抗越大；频率越低，感抗越小。即人们通常所说的电感器通低频、阻高频。

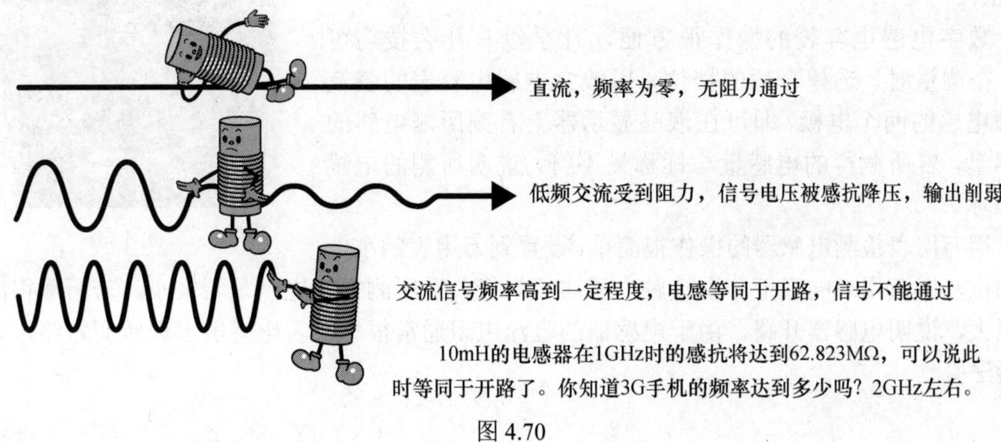

图 4.70

当频率一定时，电感量越大，感抗越大；电感量越小，感抗越小。可以看到，感抗与频率、电感量都成正比关系。

当信号频率 f 趋向于无穷大（∞）时，X_L 接近∞，此时电感器相当于开路；当 $f=0$ 时（直流），$X_L=0$，此时电感器相当于短路。这也说明了电感器通直流、阻交流的原因。

若用欧姆定律形式来描述感抗，可用下边的公式。其中的 U_m、I_m 为交流的最大值。

$$X_L=\frac{U_m}{I_m}$$

如果忽略电感器直流电阻的影响，电感器不以任何形式消耗能量。在交流电路中，电感的电压与电流还有相位的关系，这些属于交流电路分析的范畴。

4.3.6　电感器的检测

在电容器一章中已提到，用专门的数字电感电容表（也称 LCR 表）测量电感器的电感量、电容器的容量是最方便的，能满足一般工作的日常需求。当然，如果你要求比较高，可选购电桥型的 LCR 测试仪。

右图所示的是一个手动量程的数字电感电容表的刻度盘，其最大的电感测量挡位是 20H，最小的电感挡位是 200μH。

图 4.71

数字电感电容表的操作很方便，几乎没有什么技巧可言。在测量时，选择合适的挡位，用数字电感电容表的表笔接触电感的两个电极，即可在液晶显示器上看到所测电感的电感量。若所测得的电感量与标称量不符，说明所测的电感器损坏。

用万用表检测电感器的操作很简单，设置到万用表的小电阻挡位，用万用表的表笔分别接触电感器的电极，看所测得的电阻是否很小。若所测得的电阻很大，说明电感器开路。由于电感器的直流电阻通常很小，若电感器出现匝间短路，万用表无法检测。

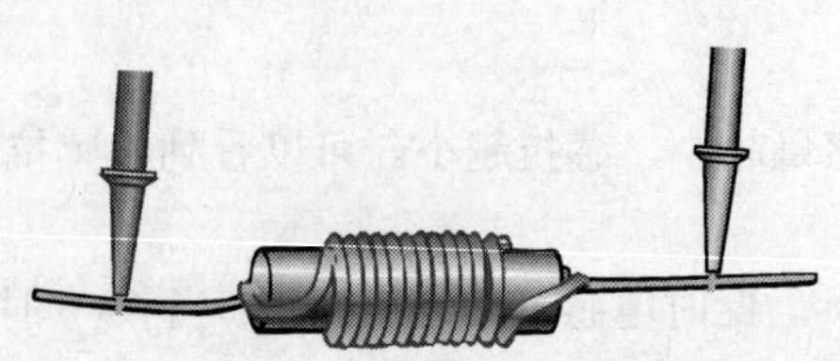

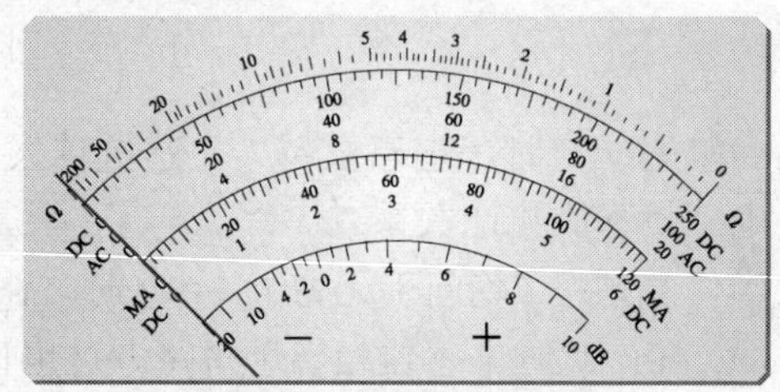

指针不偏转，电阻很大，电感器开路

图 4.72

4.4 半导体二极管

电子元器件中，二极管（Diode）是一种具有两个（也只有两个）电极的装置。虽然还有其他二极管技术的存在，但现代电子电路中所使用的二极管大多是半导体二极管。

4.4.1 二极管的组成

将一个 PN 结封装起来，在 P 区端与 N 区端引出一个电极，就得到一个二极管。二极管

P 端的电极被称为阳极或正极（+），二极管 N 端的电极被称为阴极或负极（−）。通常用图 4.73 右图所示的电路图形符号来表示二极管。在实际电路图中，并不需要用文字将二极管的正负极标注出来，仅根据图形符号即可判断。

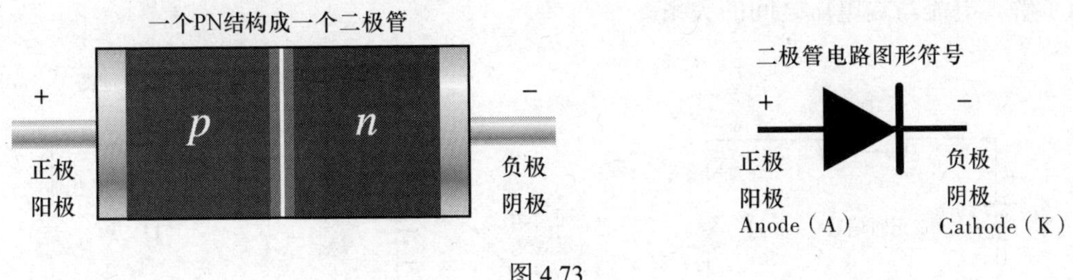

图 4.73

二极管的种类很多，单从外观上看，小的如米粒，大的比拇指还粗。从安装方式看，可分为表面安装的 SMD 二极管与穿孔安装的有引脚二极管。以下所示的是几种不同的二极管实物图。

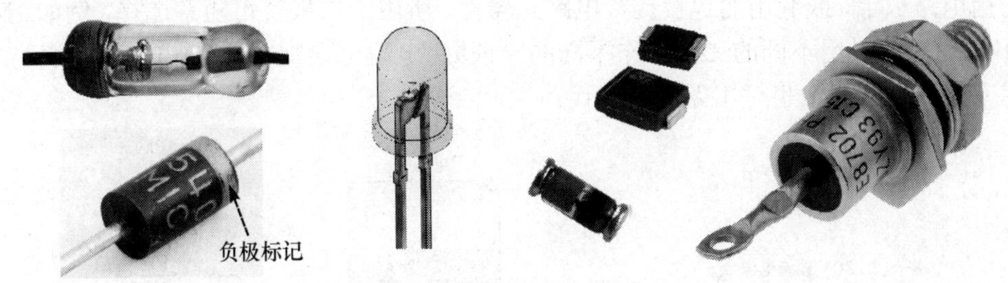

图 4.74

从结构上看，二极管有点接触型、面接触型和平面型三大类。

点接触型二极管的 PN 结面积小，据电容的知识可以想象到——其结电容小。结电容小就意味着点接触型二极管的工作频率高。点接触型二极管是在锗或硅材料的单晶片上压触一根金属针后，再通过电流法而形成的。点接触型二极管工作电流相对较小，不适用于大电流电路。在小信号检波、整流、调制、混频和限幅等方面，点接触型二极管应用较广。面接触型二极管的 PN 结面积大，据电容的知识可以想象到——其结电容大。结电容大就意味着面接触型二极管的工作频率低。平面型二极管由扩散工艺制成，其 PN 结面积可大可小，PN 结面积小的，工作频率高；PN 结面积大的，工作电流大。

4.4.2　二极管的伏安特性

一个二极管的本质就是一个 PN 结，研究二极管的外特性就是看二极管所加外接电压与

二极管电流之间的关系，我们称其为伏安特性。伏安特性就是电流与端电压的函数关系。

伏安特性分为两个方面：一个是给二极管加正向偏置时的伏安特性，另一个是给二极管加反向偏置时的伏安特性。我们可用这样一个电路（正向偏置）来测二极管端电压与电流，从而了解其电流与端电压之间的关系。

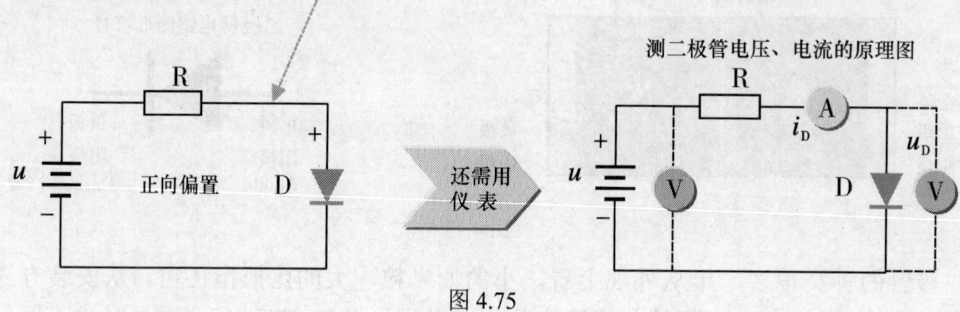

图 4.75

图 4.76 所示的是一个二极管电压电流测试的实物连接图。在实际操作时，可将元器件焊接在万用电路板上，或利用面包板连接电路元器件。所用的二极管可随意选择，例如 1N4148、1N4001（当然可以用不同的二极管作不同的验证）。电阻可限制在 1kΩ内。电压表与电流表可使用专门的指针表，也可用万用表替代。

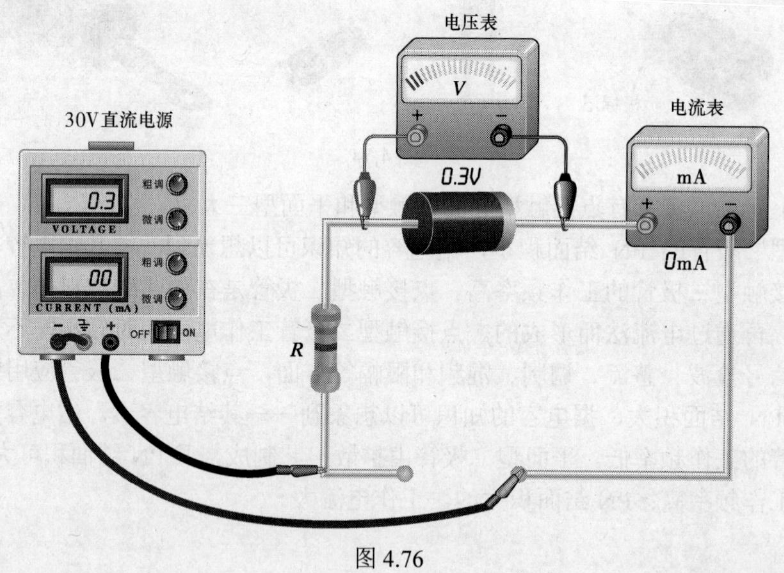

图 4.76

从 0V 开始，仔细调节直流电源的输出，你会发现：

在起初的一定电压值范围内，虽然二极管两端的电压随直流电源的输出增加而增加，但电路中没有电流。随着直流电源继续增大输出，电路中出现电流，但二极管两端的电压却保持一定值不变。电路中开始有电流后，有一小段缓慢上升的过程，随后电流随着电压的增加迅速增大。

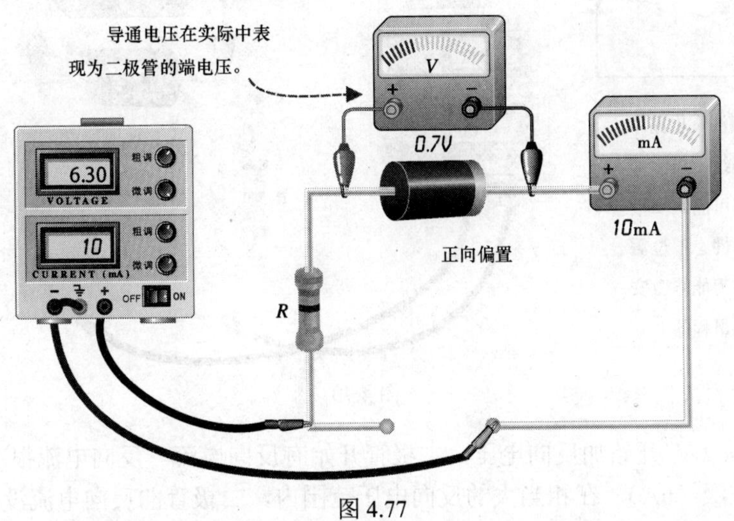

图 4.77

仔细调节直流电源的输出，并记录每一个调节点的电压表与电流表的读数。将电压表读数与电流表读数在平面坐标上标注出来，并将各点连接，即可得到二极管的正向伏安特性曲线，如图 4.78 所示。

恰好使二极管开始有电流的电压被称为开启电压。二极管端电压小于开启电压即意味着二极管电流通道关闭（断开）。二极管的端电压达到导通电压则意味着二极管的电流通道全部被打开。

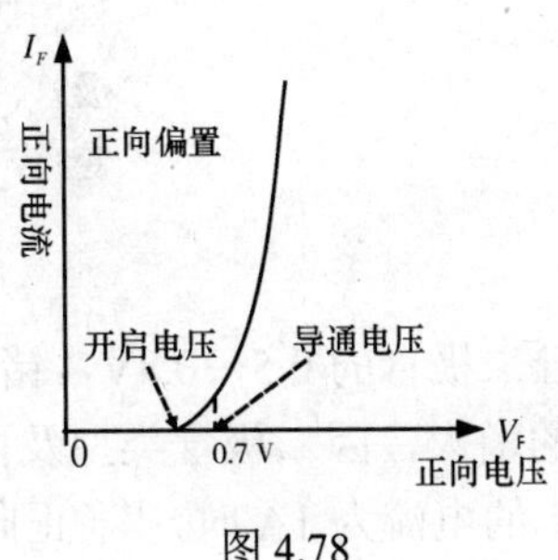

图 4.78

实验表明，硅材料二极管的开启电压通常在 0.5V，导通电压通常在 0.5～0.8V。锗材料二极管的开启电压通常为 0.1V，其导通电压通常在 0.1～0.3V。

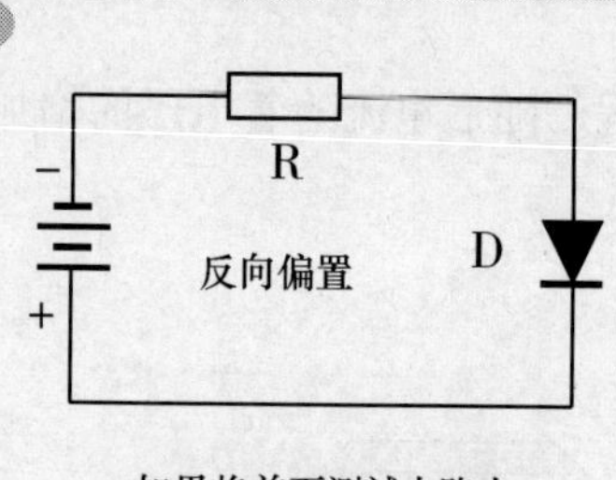

如果将前面测试电路中的电源反接，即给二极管加上反向电压，则可测试二极管的反向伏安特性。不过需要将电流表更换为能测微安级且能自动更换量程的。

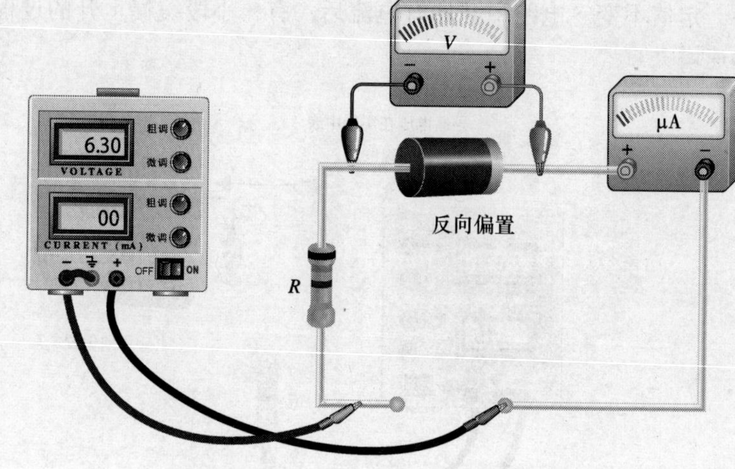

图 4.79

给二极管从 0V 开始加反向电压，二极管开始有反向电流。反向电流很小，通常在微安级（μA）、纳安级（nA）。在相当大的反向电压范围内，二极管的反向电流没有明显的变化。当反向电压（V_R）达到某一个值时，二极管的反向电流（I_R）急剧增大，这时的反向电压被称为二极管的反向击穿电压（V_{BR}）。

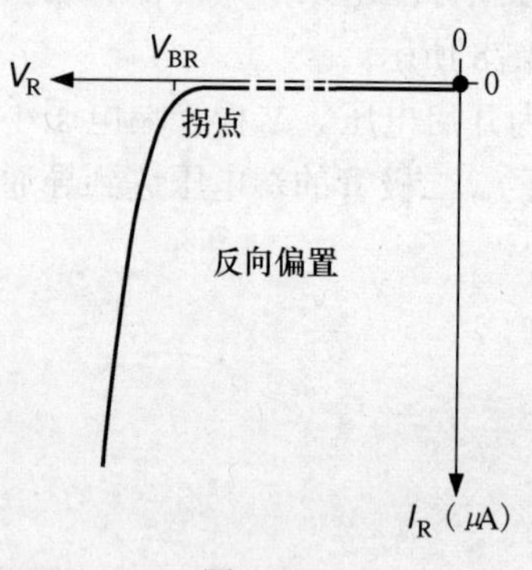

图 4.80

大多数二极管都是工作在正向偏置的条件下，过大的反偏电压会损坏二极管。但也有利用反向击穿特性的特殊二极管，如稳压二极管和瞬态抑制二极管、变容二极管。

需注意的是，前面所提到的硅二极管的 0.5～0.8V，锗二极管的 0.1～0.3V 仅是小电流状态下的一个值。随着二极管电流的增大，因二极管类型及内部电阻等因素，二极管的端电压会适当增大。例如，二极管 1N4001 的电流为 1A 时，其（正向）端电压在 1.1V 左右，而 1N4148 的电流在 10mA 时，其端电压大约为 1V。

将二极管的正向伏安特性曲线与反向伏安特性曲线放在同一个平面坐标上，即可得到一个完整的伏安特性曲线，如图 4.81 所示。

仔细观察二极管的反向特性曲线会发现——随着二极管反向电压的增大，反向电流会逐步增大，但反向电流增大到一定程度后，二极管的反向电流不再随反向电压的增大而增大，其电流曲线几乎平行于横轴，为一个常量。

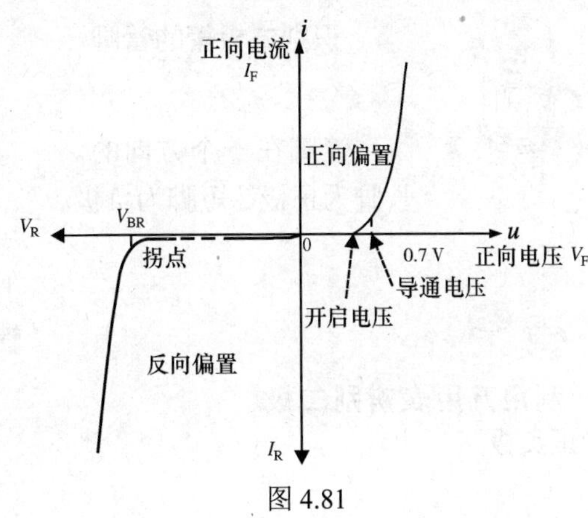

图 4.81

二极管正向导通，反向截止。从伏安特性曲线上也可确认这一点。微小的反向电流相对于正向电流几乎可忽略不计。若将二极管看作一个开关：二极管正向偏置时好比开关闭合，如下面图 4.82 所示；二极管反向偏置时好比开关断开，如图 4.83 所示。

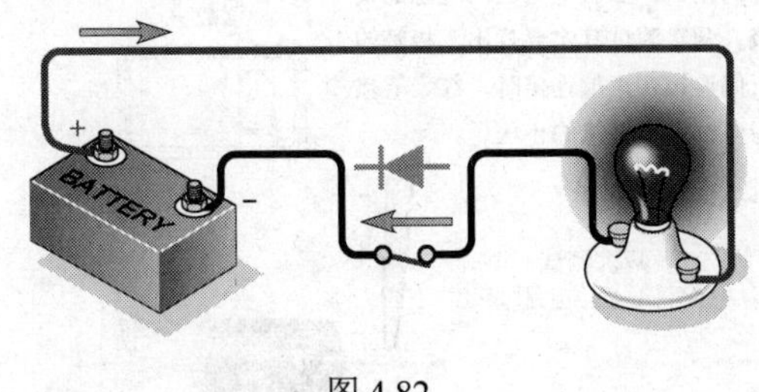

图 4.82

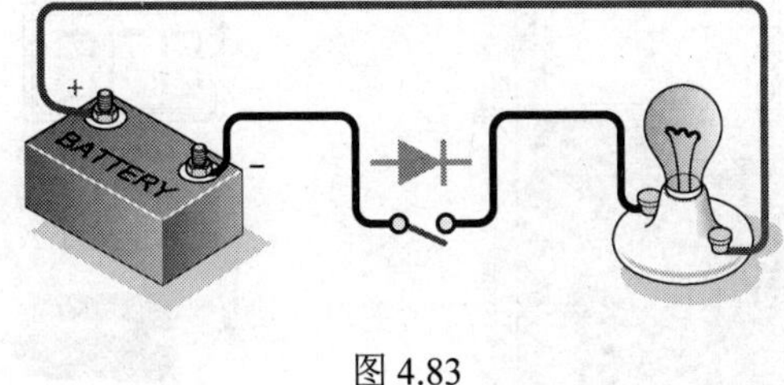

图 4.83

4.4.3　检测二极管

首先，对于有引脚的二极管，在操作时应予以注意（参阅电阻器的相关内容）。二极管是温度敏感元器件，若焊接技术不太好，在手工焊接时，最好用镊子夹住二极管的管脚，如图 4.84 的❶所示，以帮助散热，避免高温损坏二极管。对于光敏二极管，如果透明窗口脏了，可用棉球沾酒精擦拭，如图 4.84 的❷所示，要避免用硬物刮擦（图 4.84 的❸）。

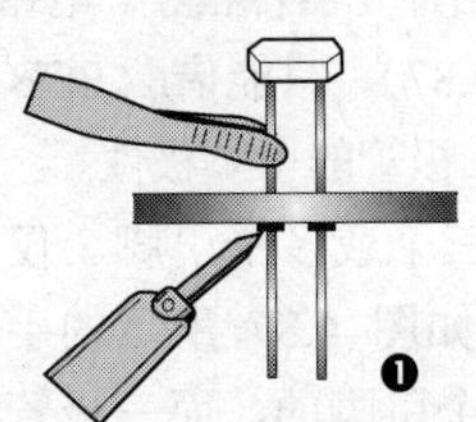

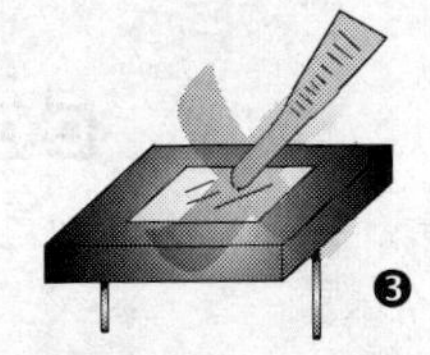

图 4.84

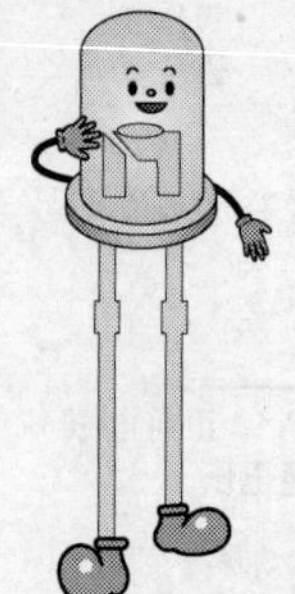

识别二极管的管脚

管脚在一个方向的，长脚为正极、短脚为负极。

我的引脚是有正负之分的，不要接反了。

管脚在管体两端的，二极管管体上通常有色带标识，色带一端为二极管的负极，另一端为二极管的正极。

利用万用表辨别二极管正负极

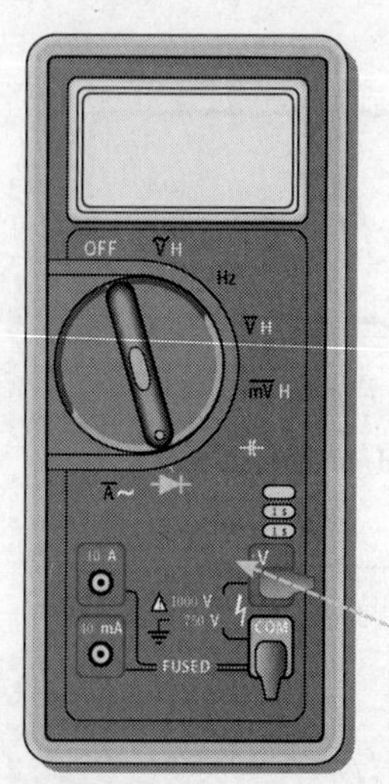

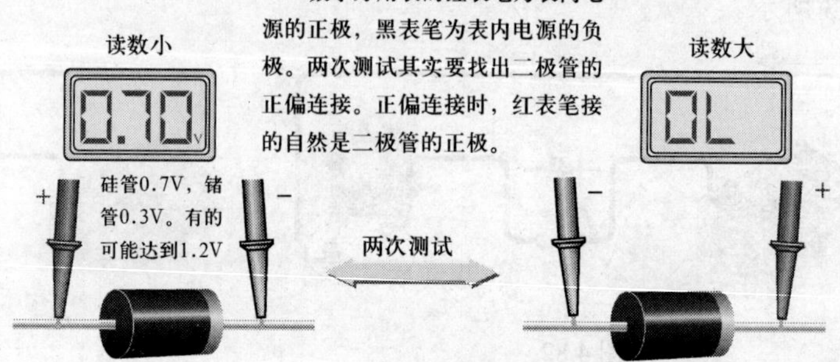

图 4.85

若不能通过二极管引脚、标识来区分二极管的正极、负极，将数字万用表调至二极管测试挡，万用表的红表笔、黑表笔分别接触二极管的两引脚，正反两次测试。读数小的一次，红表笔所接的是二极管的正极，黑表笔所接的是二极管的负极。

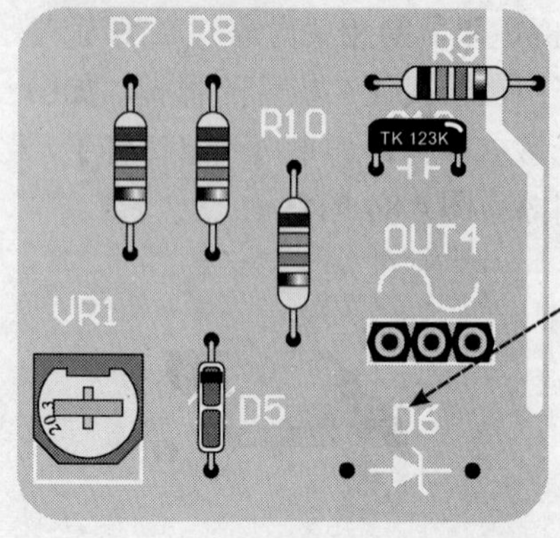

图 4.86

在元器件体积较大的电路板上，二极管的安装位置处通常会有二极管的图形符号，如图 4.86 所示。图形符号标明了二极管的安装方向。

一些电子设备内所使用的贴片元器件很小，电路板上没有二极管的符号标识（参见图 4.87），只能借助 PCB 元器件布局图，或利用万用表来判断二极管的引脚极性。

SMD 二极管组件可能有三个或多个引脚。仅从外观是看不出是否是二极管的，例如图 4.87 所示的手机电路板：二极管有两个引脚的、三个引脚的，而三极管有三个引脚的、四个引脚的。

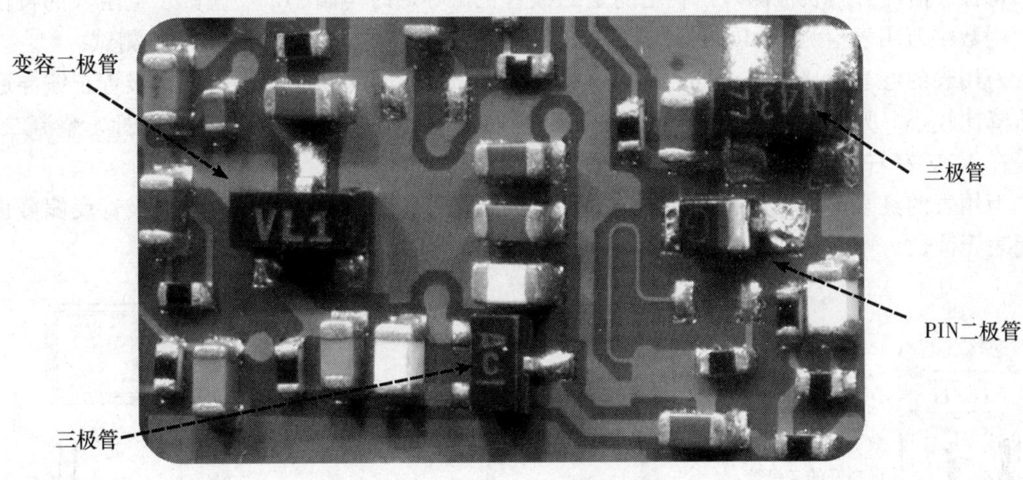

图 4.87

要注意一点：某些电容体为黑色的 SMD 电解电容，看起来有点像 SMD 二极管，例如图 4.88 中所示的两个电解电容，初学者容易迷糊，但抓住识别要点，如图 4.88 右边的三个示意图所示，辨别它们很容易。

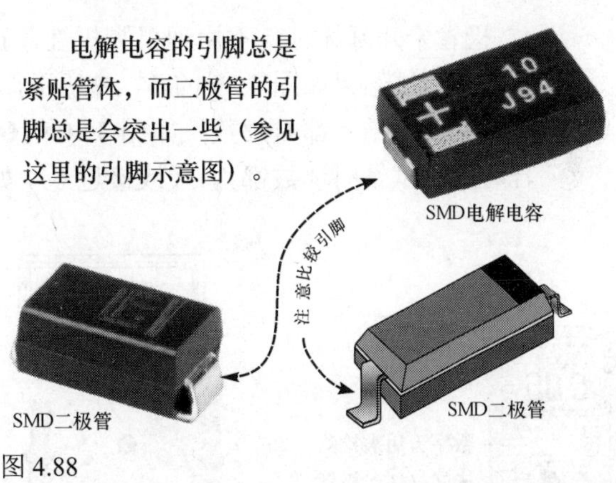

图 4.88

判断二极管好坏

通常是利用（数字或指南针）万用表来检测判断二极管的好坏，操作比较简单。

数字万用表检测二极管时，利用的是二极管正偏导通、反偏截止，正偏导通时管压降恒定的特性。指针万用表检测时，利用的是二极管正偏导通时电阻小，反偏截止电阻大的特性。

用数字万用表检测已知好的二极管时，调节到二极管测试挡，分正反两次测试：

万用表的红表笔接二极管的正极时，为正偏测试，如图 4.89 的❶所示。二极管正偏导通，管压降比较小。万用表的读数为：硅管 0.7V 左右，锗管 0.3V 左右，变容二极管、整流二极管等在 1.2V 左右。

万用表的红表笔接二极管的负极时，为反偏测试，如图 4.89 的❷所示。二极管反偏截止，万用表无读数。

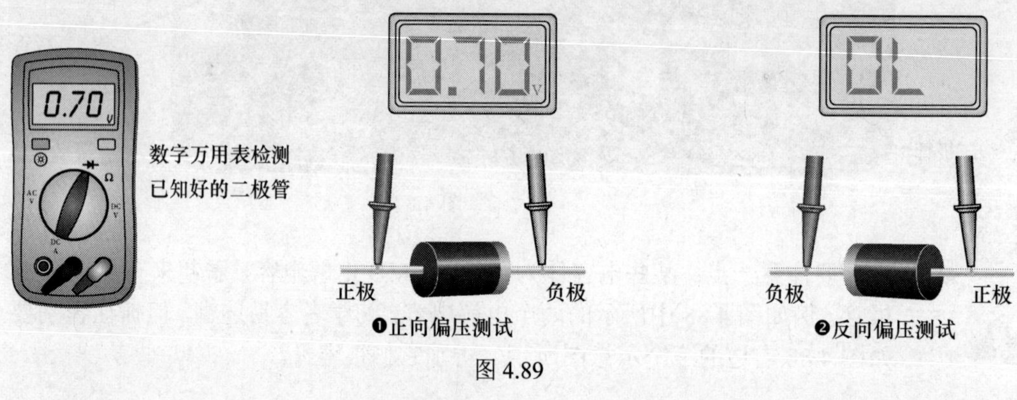

图 4.89

目标二极管未知好坏时，不用理引脚极性，正、反测试两次：

① 若两次测试结果如图 4.89 的❶、❷所示，二极管是好的；

② 若两次测试结果都无读数，如图 4.90 的❶所示，说明二极管已开路；

③ 若两次测试结果读数都为 0（或接近 0），如图 4.90 的❷所示，说明二极管已击穿短路。

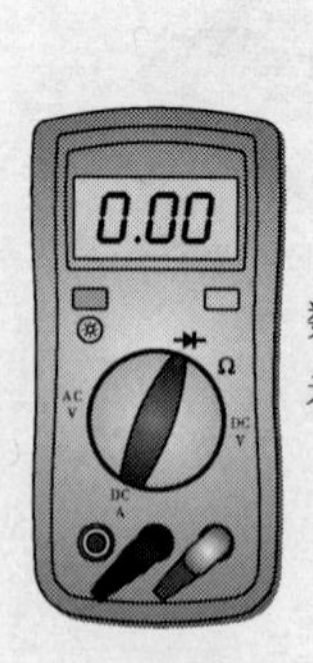

数字万用表检测
未知好坏二极管

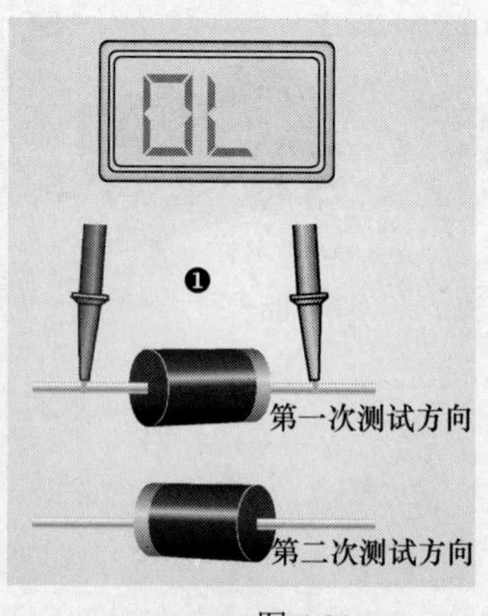

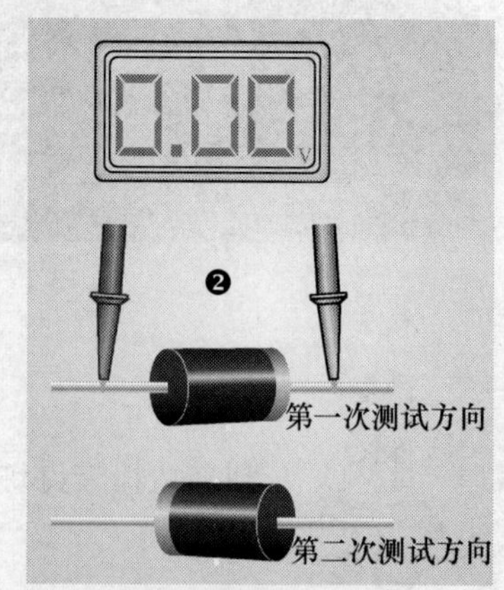

图 4.90

需注意的是，在用数字万用表的二极管挡检测发光二极管时，万用表可能没有读数，但两次测试中，应有一次测试时发光二极管发光。否则，发光二极管已损坏。

与检测电阻、电容和电感不同，多数情况下，在电路不加电的情况下，可在电路板上直接检测二极管的好坏。测试时当然是要调换万用表表笔位置，测试两次。然后据万用表读数进行判断即可（参见前一页内容）。

指针万用表检测二极管时，其表笔所接二极管引脚极性与数字万用表相反。若已知二极管是好的，两次测试中，读数小的一次，红表笔接的是负极，黑表笔接的是正极。

目标二极管未知好坏时，不用理引脚极性，正、反测试两次：

① 若两次测试结果如图 4.92 的❶、❷所示，二极管是好的；

② 若两次测试指针都不动或电阻很大，如图 4.93 的❶所示，说明二极管已开路；

③ 若两次测试结果读数都很小，如图 4.93 的❷所示，说明二极管已击穿短路。

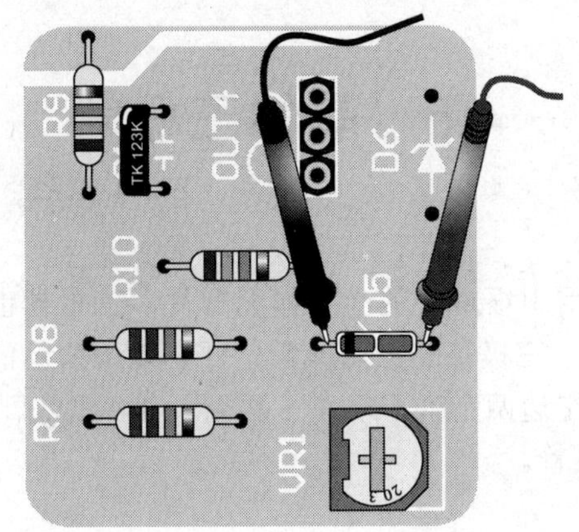

图 4.91

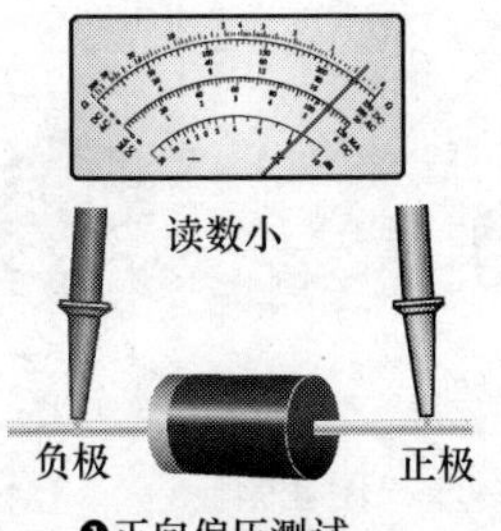

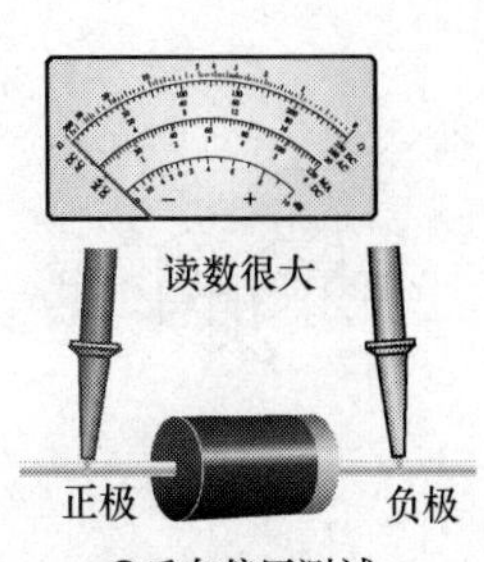

图 4.92

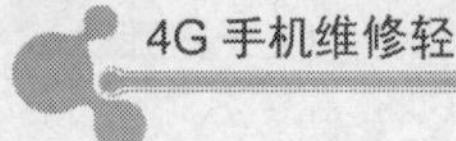

指针万用表检测
未知好坏二极管

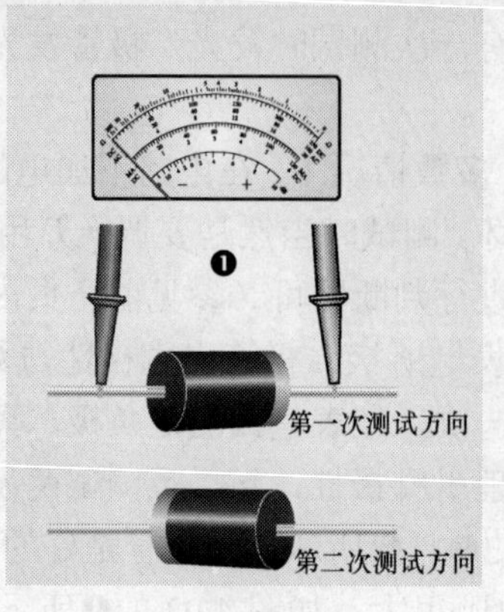

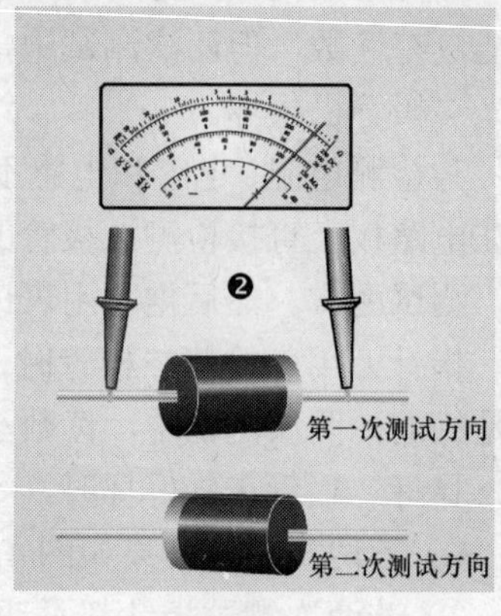

图 4.93

4.5 晶体三极管

三极管是电子技术应用中很重要的半导体元器件，三极管也被称为晶体管、晶体三极管、双极型晶体管（BJT）。三极管的应用非常广泛，以下所示的就是常见的一些不同封装尺寸的三极管。第一排的左边两个为小功率三极管，第一排右边的两个为大功率三极管。第二排的四个为 SMD 三极管。

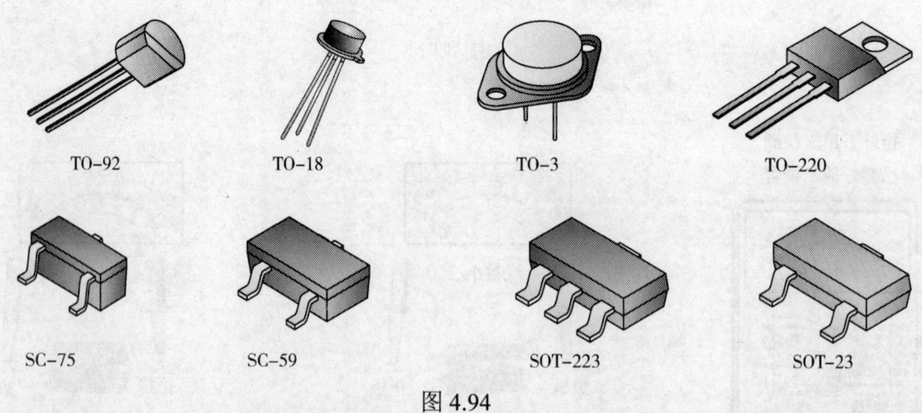

图 4.94

三极管分为 NPN 与 PNP 两大类，图 4.95 中的❶、❷所示的分别是 NPN 型与 PNP 型三极管的结构示意图和三极管的电路图形符号。NPN 型有两个 N 区、一个 P 区；PNP 型有两个 P 区、一个 N 区。P 区与 N 区的交界处会形成一个 PN 结。从下面结构示意图可知，三极管有两个 PN 结。发射区与基区间的 PN 结被称为 BE 结或发射结；基区与集电区间的 PN 结被称为 BC 结或集电结。

由于两个 PN 结的紧密结合，它们之间相互影响，使它们表现出不同于单个 PN 结的特性——即电流放大能力。由于这一特性，晶体三极管获得了广泛的应用。

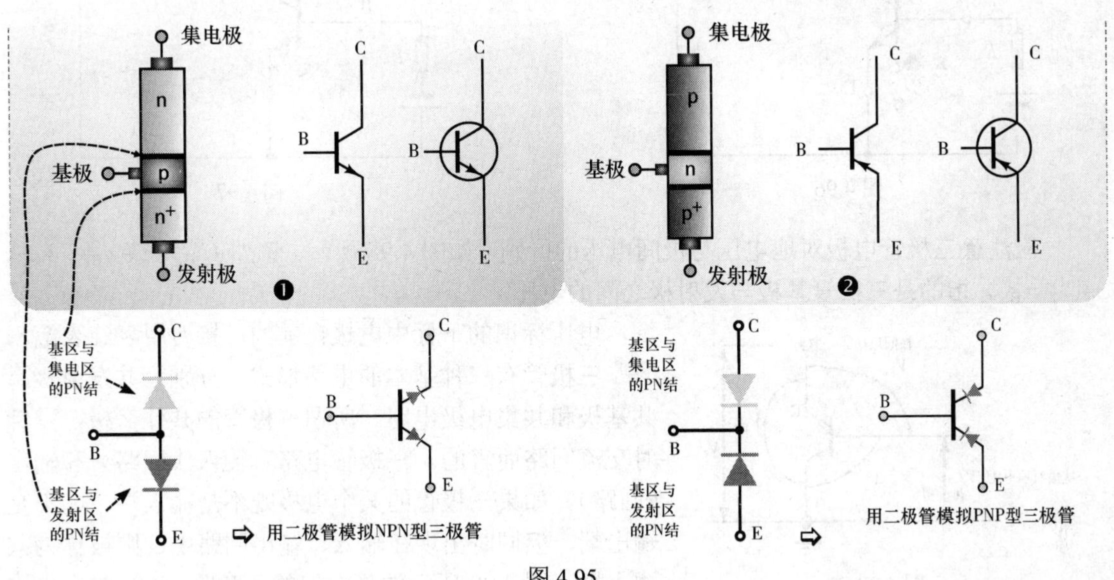

图 4.95

4.5.1　放大的条件

要实现三极管的放大作用，需要有合适的外部条件：即发射结要正偏，集电结要反偏。以 NPN 型三极管为例：

要发射结正偏，需基极电压 > 发射极电压。为此，给三极管的基极接电源正极，给发射极接电源负极，如图 4.96 所示。

要集电结反偏，需集电极电压 > 基极电压。发射结正偏与集电结反偏是并存的。由于基极已有一个高电位，需集电极有一个更高的电位，集电结才会反偏，如图 4.96 所示。如果仅是给集电结加上反偏电压，但反偏电压不够高，三极管也不能实现放大作用。

给三极管加偏置电压的目的，是要使三极管的发射结正偏，集电结反偏。结合二极管的相关知识，你会很容易理解图 4.96 所示的 NPN 型三极管的偏压连接方式。那么，PNP 型的偏压应如何连接呢？很明显，PNP 型三极管的偏压连接应如图 4.97 所示。

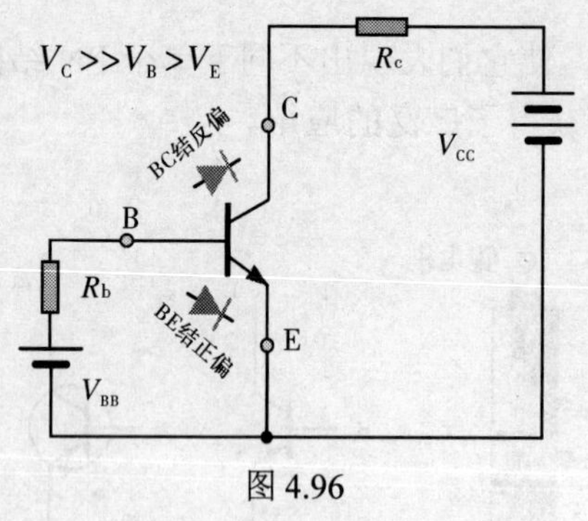

图 4.96

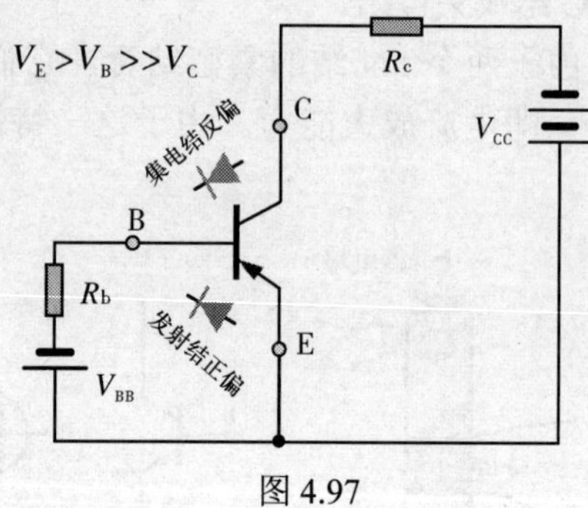

图 4.97

应注意三极管电极对地电压与极间电压的区别，如图 4.98 所示。例如 U_{BE}（或 u_{BE}、V_{BE}、v_{BE}）指的是三极管基极与发射极之间的电压。

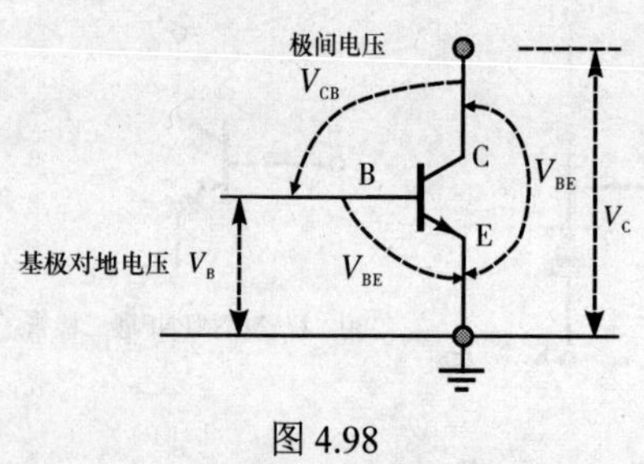

图 4.98

电压标识的下标中电极在前的，接万用表红表笔。

三极管有三种基本的电路形式，分别为共发射极、共基极和共集电极电路。所谓三极管的共什么极，是针对交流回路而言的。三极管电路有输入（回路）和输出（回路）。如果三极管的某个电极既不是输入端，又不是输出端，但同时出现在输入、输出回路中，则被称为共这个极。图 4.99 所示的是它们的示意图。

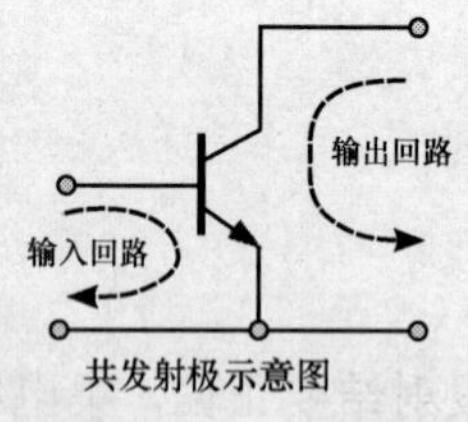

共发射极示意图

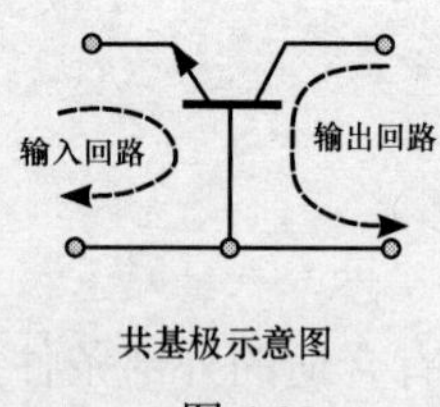

共基极示意图

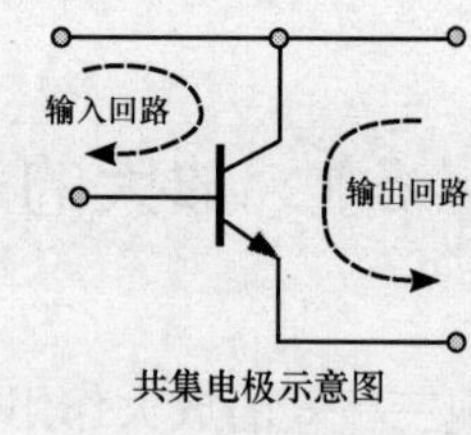

共集电极示意图

图 4.99

4.5.2 电流放大系数

三极管具有电流放大作用，这是由三极管的内部结构与外部工作条件所决定的。集电极

电流 $I_C = I_E - I_B$，或 $I_E = I_C + I_b$。通常以三极管的共射电流放大系数来表述三极管的电流放大能力（放大倍数）。在相关的资料中，你可能会看到两种三极管电流放大系数的介绍：共射极电流放大系数、共基极电流放大系数。

■　**三极管的共射电流放大系数**

三极管的共射电流放大系数又包括直流电流放大系数 $\overline{\beta}$ 交流电流放大系数 β 它们分别由下面的公式定义：

$$\overline{\beta} = \frac{I_C - I_{CBO}}{I_B + I_{CBO}} \qquad \beta = \frac{\Delta i_C}{\Delta i_B}$$

注意上面公式中的 I_C 与 I_B，字母是大写，下标也是大写，它们指的是三极管在直流条件下（没有交流）的集电极电流、基极电流。

$\overline{\beta}$ 会受到集电结反向饱和电流 I_{CBO} 的影响，I_{CBO} 通常很小，小功率锗管的 I_{CBO} 约为 1～10μA，而硅管的 I_{CBO} 通常是纳安（nA）级，故通常忽略 I_{CBO} 的影响，认为三极管的直流电流放大系数 $\overline{\beta}$ 近似等于集电极电流与基极电流的比值，即

$$\overline{\beta} \approx I_C \div I_B$$

由 $\overline{\beta}$ 的公式可推演出另外两个式子，如下所示：

$$I_C \approx \overline{\beta}\, I_B \qquad I_E \approx (1+\overline{\beta})\, I_B$$

在许多资料中，三极管的直流电流放大系数又被标识为 HFE（或 hFE）。

一旦三极管的直流工作点确定，在一定条件下，三极管的基极与集电极的直流电流是不变的。三极管的基极有信号（指交流）输入时，就会有动态电流 Δi_B 叠加在 I_B 上，当然，也会有动态电流 Δi_C 叠加在 I_C 上。Δi_C 与 Δi_B 之比被称为共射交流电流放大系数，用 β 标识。

$$\beta = \frac{\Delta i_C}{\Delta i_B}$$

通常认为三极管在一定范围内 $\beta \approx \overline{\beta}$，因此在近似分析中不对 β 与 $\overline{\beta}$ 加以区分，即 $i_C \approx \beta i_B$。三极管的β通常在几十～三四百之间。小功率三极管的β值大，大功率三极管的β值小。

■　**三极管的共基电流放大系数**

共射电流放大系数是基于三极管的基极输入，集电极输出的，如图 4.100 所示。

若以三极管的发射极为输入，集电极为输出，如图 4.101 所示，则输出与输入电流之比是共基电流放大系数。直流共基电流放大系数用 α 标识；交流共基电流放大系数用 $\overline{\alpha}$ 标识。

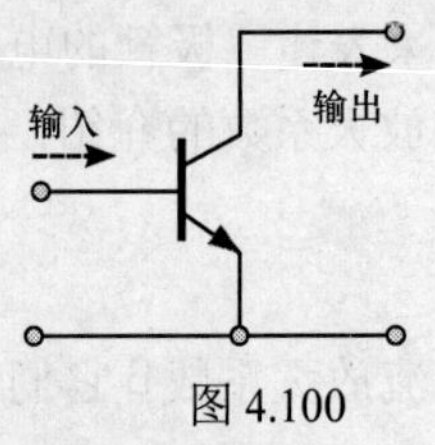

图 4.100

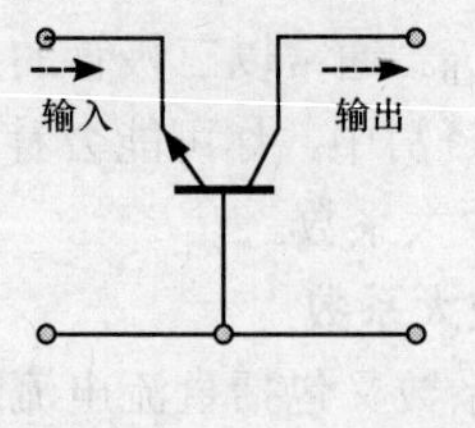

图 4.101

$$\left.\begin{aligned}\overline{\alpha} &= \frac{I_C}{I_E} \\ \alpha &= \frac{\Delta i_C}{\Delta i_E}\end{aligned}\right\} \quad (9.7)$$

很明显，共基电流放大系数是近似等于 1 的，即 $\alpha \approx 1$。为什么？

例： 测得一个放大电路中三极管的基极电流为 50μA，集电极电流为 4.5mA，请问该三极管的放大倍数、发射极电流是多少？

解：

$$\beta = \frac{I_C}{I_B} = \frac{4.5\text{mA}}{50\mu\text{A}} = 90$$

$$I_E = I_C + I_B = 4.5\text{mA} + 50\mu\text{A} = 4.55\text{mA}$$

习题：

已知一个三极管的 β 为 130，当其基极电流为 40μA 时，该三极管的集电极电流、发射极电流是多少？请自行计算。

4.5.3 共发射极放大电路的组成

单管共发射极的基本放大电路如图 4.102 所示。其中的三极管 Q（也可能用 T、V 等其他字母标识）是放大电路的核心，起放大作用。三极管的基极是输入端，集电极是输出端，发射极连接到输入与输出的公共端——接地。

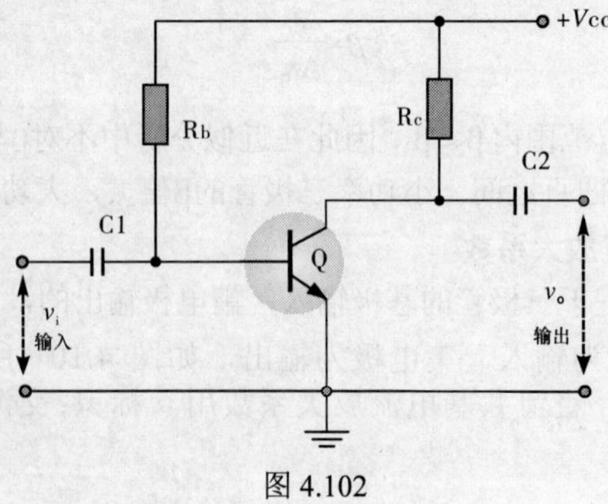

图 4.102

电容 C1 是输入电容，又称输入耦合电容。C1 一方面被用来隔断三极管放大电路与信号源（或前级电路）之间的直流联系，避免相互影响；另一方面将前级输出的交流信号耦合到三极管的基极，以起放大控制作用。

电容 C2 是输出电容，又被称为输出耦合电容。C2 一方面隔断三极管放大电路与负载（或后级电路）之间的直流联系，另一方面又将放大后的信号耦合到输出端，以供负载使用。需注意的是，如果使用电解电容做耦合电容，应注意电解电容的连接方向——使电解电容的正极连接高电位。

基极电阻 R_B 又被称为基极偏置电阻。V_{CC} 是直流电源。R_B、V_{CC} 与三极管的基极和发射极一起组成三极管的基极回路，使三极管的发射结处于正向偏置。R_B 的阻值通常在几十千欧到几百千欧。若 R_B 为 0，输入的交流信号将被电源 V_{CC} 短路，无法起控制作用，电路不能实现放大功能。

R_C 是集电极电阻。V_{CC}、R_C 与三极管的集电极、基极组成集电极回路，为集电结提供合适的偏置电压，使集电结处于反向偏置状态。V_{CC} 不但为三极管提供工作电源，还为输出信号提供能量。R_C 的阻值通常为几千欧到十几千欧。

在习惯的电路画法上，一般不画出电源 V_{CC} 的符号，仅标出它对地的电压值和对地的极性（+或-）。例如，图中的+V_{CC} 也可以是+5V、－3V（PNP 三极管电路，见图 4.103）等等。

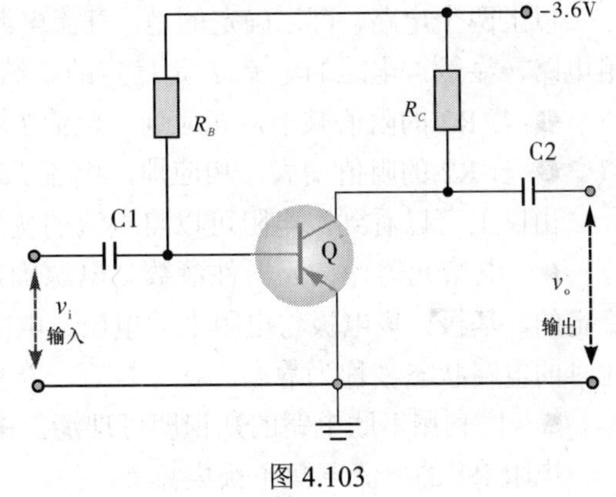

图 4.103

放大电路无信号输入时，三极管电路各处的电压电流不变。

有输入信号进入放大电路，且在输入信号的正半周时，信号电压叠加在基极电压上，基极电压上升，基极电流上升，使三极管的集电极电流成 β 倍地增长。

当输入信号处于负半周时，信号电压使基极电压下降，基极电流下降，三极管的集电极电流因此成 β 倍地下降。如此，三极管放大了输入信号电流。

等等...，呃，上面所示的 NPN 与 PNP 共发射极的基本放大电路中，输入输出标识的都是电压，而上面与前面的内容所展示的，三极管放大的都是电流，这如何理解啊？

赞一下！观察真仔细。

三极管本身放大的的确是电流。但三极管放大电路对外呈现的也的确是电压放大，而这一点正是下面要介绍的。

4.5.4 从电流放大到电压放大

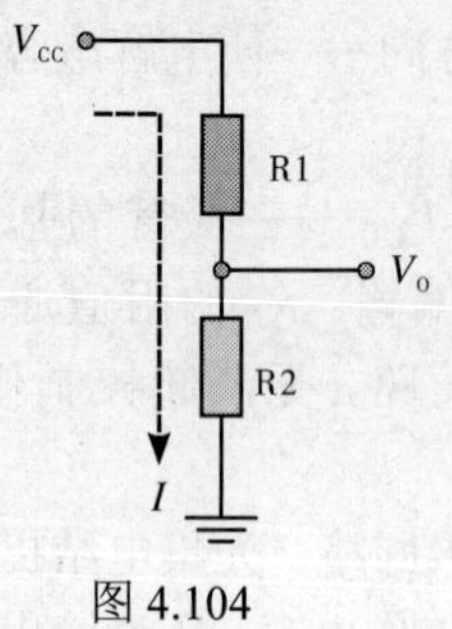

图 4.104

理解左边的电阻电路不成问题吧？

自己先想一想

将 R2 更换为三极管的 C、E 极之后呢？

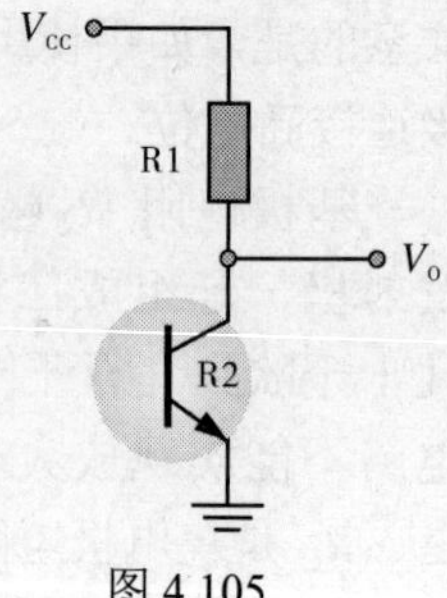

图 4.105

以上两个电路，可以确定的是，直流电源 V_{CC} 的电压值是稳定的。对于图 4.104 所示的电阻电路，显然，电路的电流 I 是稳定的。结合欧姆定律，很容易理解下面两点：

❶ 若 R2 的阻值减小，相应地，电流 I 增大，R1 上的压降增大，输出电压 V_O 变小。

❷ 若 R2 的阻值增大，相应地，电流 I 减小，R1 上的压降减小，输出电压 V_O 变大。

由以上可以看到，电阻可以将电流的变化转化为电压的变化。现在，问题的关键来了：

■ 电路元器件、元器件参数、电源确定后，若没有外部的输入信号，则电路的状态是稳定的，基极、集电极与电阻上的电压、电阻上的电流等，都是稳定不变的（参见图 4.106）。此时的电路状态被称为静态。在二极管一章中已讲到，静态是相对于直流而言。

■ 仅利用串联电路的知识即可理清上图中一些信号的关系：

电阻 R1 的电流 = 集电极电流 I_C；

电阻 R1 的压降 V_{R1}= R1×I_C；

输出电压 V_O= 集电极电压 V_C；

集电极电压 V_C= V_{CC} - V_{R1}。

对照上图仔细看一看，想一想，不难的。

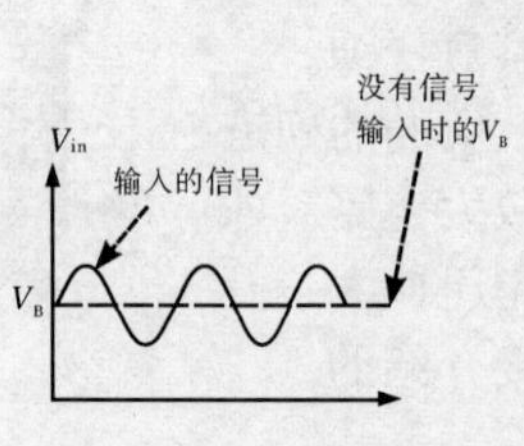

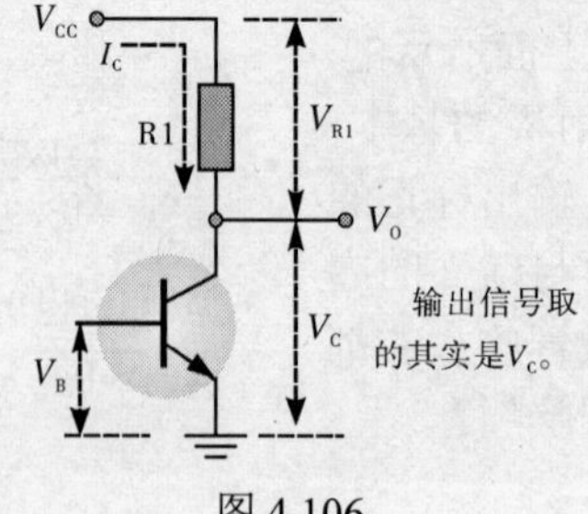

输出信号取的其实是V_C。

有信号输入时的V_C

V_{out}

没有信号输入时的V_C

V_C

图 4.106

现在来看一看下表：该表展示的是输入信号叠加到 V_B 上时，导致的基极电流、R1 电压、V_C 电压与输出电压的变化。这里所利用的也仅仅是上面所示的一些算式。

表 4.104　电路基极输入信号导致共发射极放大电路中各电压、电流的变化

V_{CC}	V_{in}	i_B（μA）	β	i_C（mA）	R1	V_{R1}	$V_C = V_{CC} - V_{R1}$	V_o
5V	↑	40	100	4.0	1kΩ	4.0V	5V-4.0V=1V	1V
	↑	30		3.0		3.0V	5V-3.0V=2V	2V
	无输入	25		2.5		2.5V	5V-2.5V=2.5V	2.5V
	↓	20		2.0		2.0V	5V-2.0V=3V	3V
	↓	10		1.0		1.0V	5V-1.0V=4V	4V

再结合数据表叙述一下：

■　输入的交流信号（电压）叠加在基极电压上，交流信号电压增大即基极电压增大，基极电流增大；反之，基极电流减小。$i_C \approx \beta \cdot i_B$，因此，$i_B$ 变化时，导致 i_C 出现 β 倍的变化。

■　集电极电流增大，则集电极电阻 R1 上的压降也增大，相应地，集电极电压，即输出电压减小。

■　集电极电流减小，则集电极电阻 R1 上的压降也减小，相应地，集电极电压，即输出电压增大。

由以上内容可得出这样的结论：

三极管共发射极放大电路对输入信号进行了放大。三极管基极电流与集电极电流的变化是同步、同相的，即输入增大，输出随之增大；输入减小则输出随之减小。

由于集电极电阻的作用，三极管共发射极放大电路是电压放大器。三极管基极电压与集电极电压的变化是同步、反相的，即输入电压增大，输出电压减小；输入电压减小，则输出电压增大。因此，三极管共发射极放大电路又被称为反相放大器。

从上面的内容可以看到，集电极电路 R_C（图 4.106 中的 R1）起到非常重要的作用，R_C 用来将集电极电流的变化转化为电压的变化，借以实现电压放大。R_C 又被称为集电极负载电阻。

集电极电阻 R_C 应选择合适的阻值，既不能过小，也不能过大。

假如 R_C 为零，则集电极电压 = 电源电压，虽然集电极电流有 β 倍的变化，但集电极电压无变化，无法实现电压放大。

若集电极电阻 R_C 过小，例如为 100Ω，将导致集电极电压的变化量很小，很难体现（实现）电路的放大作用。在示例中，使用 1kΩ的集电极电阻，基极电流由 25μA 变化至 30μA 时，集电极电压的变化量是0.5V；而使用100Ω的电阻时，基极电流由25μA变化至30μA时，集电极电压的变化量是0.05V（可参照表自己计算一下）。

若 R_C 过大，将导致集电极电压过度变化，导致输出失真。在示例中，若集电极电阻为2kΩ，当基极电流为30μA时，集电极电流为3mA，电阻上的压降应是3mA×2kΩ = 6V。

但是，电路的工作电压才5V，这将导致放大电路出现饱和失真，部分信号被截去。

仔细阅读、领会这里的内容哦。

4.5.5 三极管开关原理

一般来说，三极管电路通常用于四个方面：

❶ 放大电路：三极管与外围元器件一起可组成各种不同用途的放大电路，如音频放大器、射频放大器、前置放大器、低噪声放大电路、缓冲放大器、驱动放大器、功率放大器等。

❷ 三极管用于组成电子开关电路。三极管开关电路是除三极管放大器外运用最广的三极管电路，在模拟与数字电路中都可见到。

❸ 三极管与外围元器件一起组成混频电路。通常仅见于无线电接收机、无线电发射机。

❹ 三极管与外围元器件一起组成振荡电路。振荡电路在模拟电子与数字电子系统都可见到。

与放大电路中的三极管不同，开关电路中的三极管工作在截止与饱和区。三极管开关电路很容易理解，以NPN三极管开关电路为例：

当基极电压 = 0V时，三极管的发射结截止，三极管的C、E通道也没有电流，相当于三极管的C、E通道断开。因此，三极管的C、E通道可等效为一个开关断开，如图4.107所示。

当基极电压 = V_{CC} 时，三极管的发射结饱和，导致很大的基极电流，由此也导致三极管饱和，相当于三极管的C、E通道完全导通。三极管的C、E通道因此可等效为一个开关闭合，如图4.108所示。

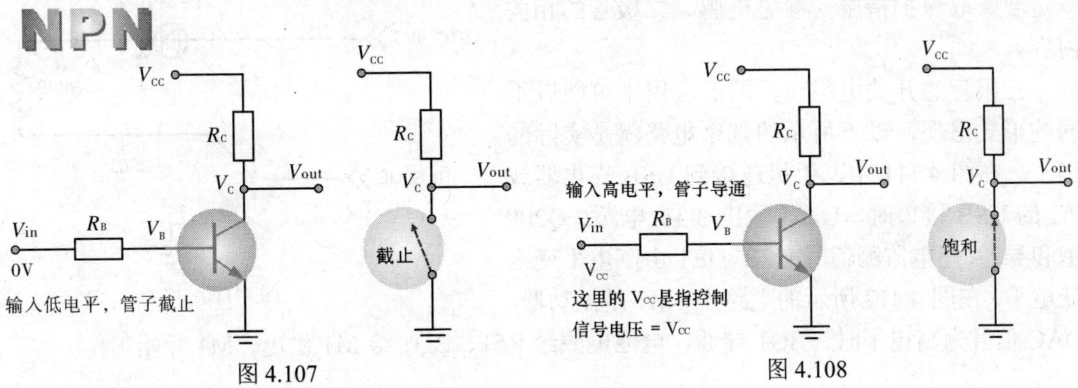

图 4.107　　图 4.108

对于 NPN 三极管开关电路，你会常常看到这样的描述：控制（输入）信号为低电平时，三极管截止；控制信号为高电平时，三极管饱和导通。

控制信号为低电平，指的是三极管的 V_{BE} 小于 PN 结的导通电压，通常是指 0V。在某些电路系统中，为了确保三极管处于截止状态，还可能给开关管提供负压。控制信号为高电平，指的是三极管的 V_{BE} 远远大于 PN 结的导通电压，通常在 PN 结导通电压的三倍以上，有的甚至接近 V_{CC} 电压。

PNP 三极管开关电路的控制动作则与 NPN 三极管开关电路相反：

控制（输入）信号为高电平时，三极管截止；控制信号为低电平时，三极管饱和导通，如图 4.109 所示。

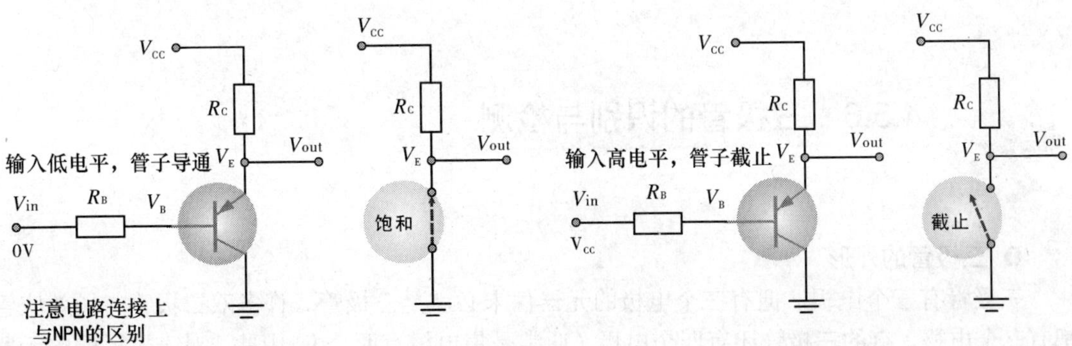

图 4.109

图 4.110 所示的是一个手机中的信号指示灯电路，你应可以分析它的工作。

实际上，前面所示三极管开关电路中的 R_C 可以用其他任何可用的负载替代，例如 LED、振动器、蜂鸣器、继电器、一个单元电路等。但注意，若负载是振动器（马达）等感性负载，一定要采取保护措施（参见电感、二极管的相关内容）。

三极管的开关电路在不同的应用中可能以不同的形式出现，以下所示的几个电路就是实际的例子。在图 4.111 中，手机连接到 USB 充电器或 PC 的 USB 接口时，U203 输出 3.3V 电源，Q200 饱和导通，充电监测信号 USB_DET 由高电平变为低电平。在图 4.112 所示的电路中，M1 是振动器，DAC 信号为高电平时，BQ1 导通，电池电源经 R51、BQ1 给 M1 供电，M1 开始工作。

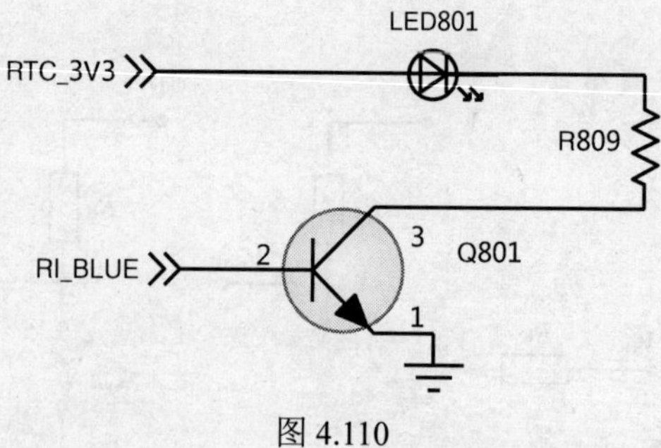

图 4.110

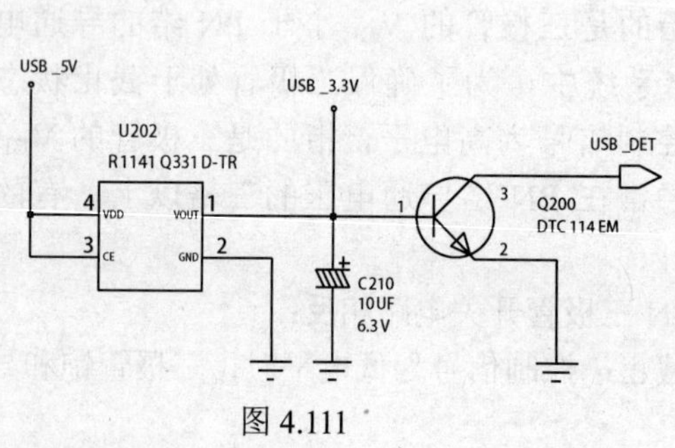

图 4.111

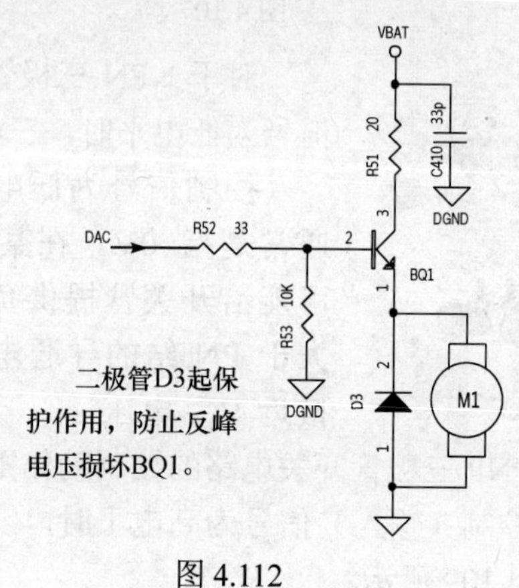

图 4.112

4.5.6 三极管的识别与检测

❶ 三极管的外形

三极管有三个电极，但有三个电极的元器件未必就是三极管。许多双二极管、场效应管都有三个电极。有的三极管还有四个电极（通常是集电极有两个）。因此，对于不了解的元器件，仅依靠外形来判断该元器件是否是三极管是不可靠的。

别误会，我虽有三只脚，可我是二极管！

老弟，过来吧，一起去参加三极管聚会！

可通过元器件上的标注来识别判断三极管，例如 3DG6、3DD15D、3AX31、S9012～S9018 等。但一些 SMD 半导体元器件很小，其表面没有标识，或没有明确的型号标识。如果这样的元器件在某电子设备的电路板上，可通过查阅该设备的电路图来了解该元器件。如果一个未安装的元器件仅外观像三极管，且无标识，那么你也无需费时去识别判断。

在日常的工作中，可注意积累相关三极管特征，以便于在工作中快速识别。例如上面提到的 S9012、S9014 等 TO-92 封装的三极管，其引脚排列顺序如下面的图 4.113 所示。三极管的封装形式很多，这里不一一列举，有需要的可通过网络搜索查询。

但须注意的是，有三极管类似 TO-92 封装，但其引脚排列未必如下面左图所示。因此，类似下图所示的管脚排列图仅供参考。若不是已知的三极管，还是需要借助元器件的数据表资料，或利用万用表来识别判断目标三极管的引脚。

无论如何，有一点是肯定的：大功率三极管的散热片是与集电极连接的。

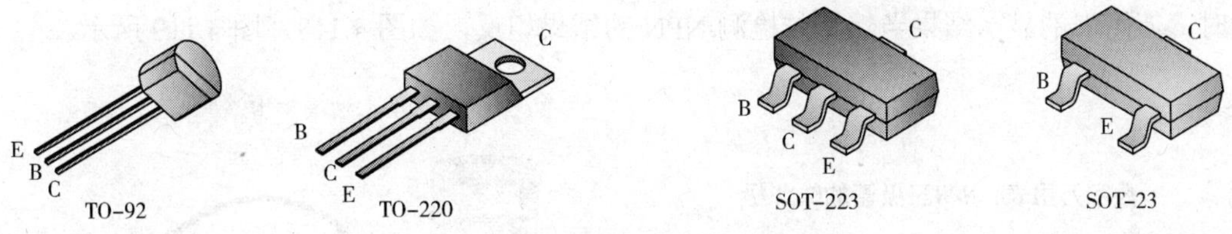

图 4.113

大多数情况下，可用指针万用表或数字万用表来检测三极管。虽然前面已多次涉及，在讲述利用万用表检测三极管前，这里还是要再次重复：数字万用表的红表笔接万用表内电源的正极；而指针万用表则相反，红表笔接表内电源的负极。

❷ 三极管各电极间的电压关系

要快速理解三极管各电极间的电压关系，需借助二极管模拟的三极管电极关系。再来看看图 4.114，通过这个图，理解三极管的基极与发射极、基极与集电极之间的关系不难。

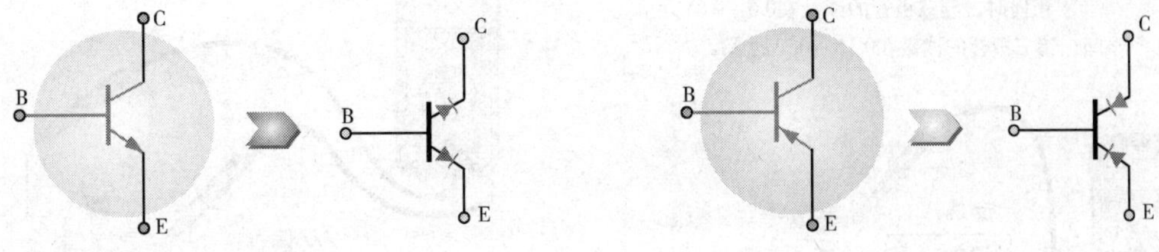

图 4.114

一般条件下的三极管检测会利用到二极管的相关知识。你可以先想想看，假如：

数字万用表调至二极管测试挡，将万用表的黑表笔接在 NPN 三极管的基极上，红表笔分别接三极管的另外两个电极，会是什么结果？调转表笔后呢？若是检测 PNP 三极管呢？

指针万用表调至 1k 电阻挡，将万用表的黑表笔接在 NPN 三极管的基极上，红表笔分别接三极管的另外两个电极，会是什么结果？调转表笔后呢？若是 PNP 三极管呢？

其实是很简单的：不论是数字万用表还是指针万用表，当红、黑表笔连接三极管的 BE 或 BC 电极时，等效于给三极管的一个 PN 结加上了正偏或反偏电压。

若万用表与三极管电极的连接等效加正偏电压，很明显，万用表的读数小。

若万用表与三极管电极的连接等效加反偏电压，很明显，万用表的读数大。

图 4.115～图 4.117 清晰地展示了使用数字万用表检测 NPN 三极管时，各电极间的电压关系。利用图所示的知识，很容易用数字万用表检测判断 NPN 三极管的好坏；利用万用表也很容易判断 NPN 三极管的引脚。好坏与引脚的检测判断其实就是上面示意图的逆向思维。

图 4.115、图 4.116 中的显示有一个细微的差异，仔细看一看，你发现了吗？

PNP 型三极管的电极间电压关系是与 NPN 型三极管相反的。在用万用表检测 PNP 三极管时，万用表的显示结果当然是与检测 NPN 的结果相反，如图 4.118、图 4.119 所示。

数字万用表：NPN三极管的B、E极

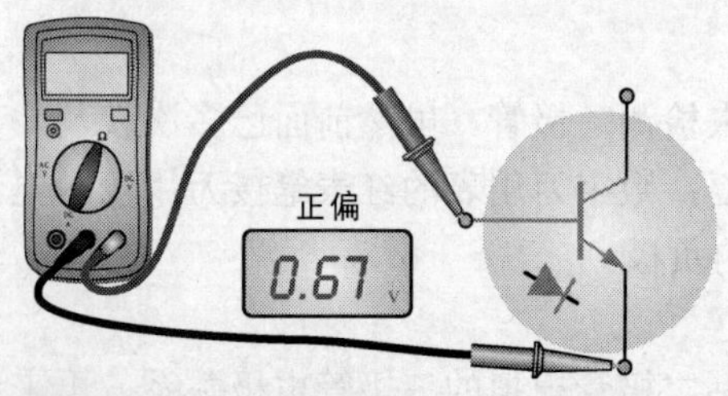

是不是像在检测一个二极管？

正向时，硅三极管的读数在0.6～0.8V之间；锗三极管的读数在0.15～0.3V之间。

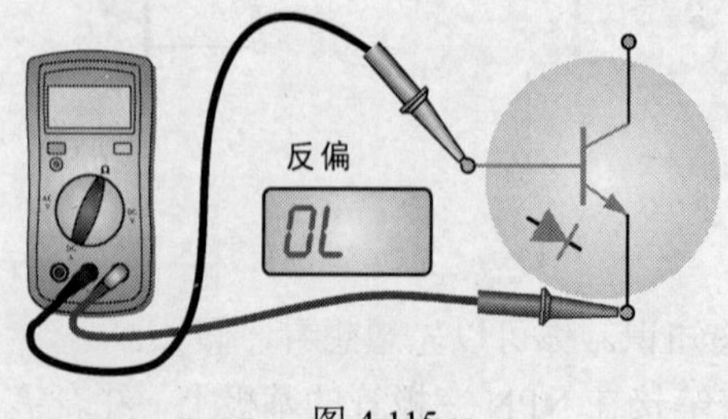

图 4.115

数字万用表：NPN三极管的B、C极

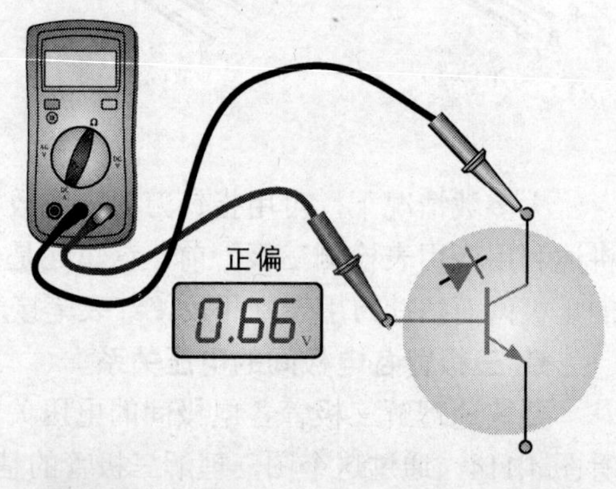

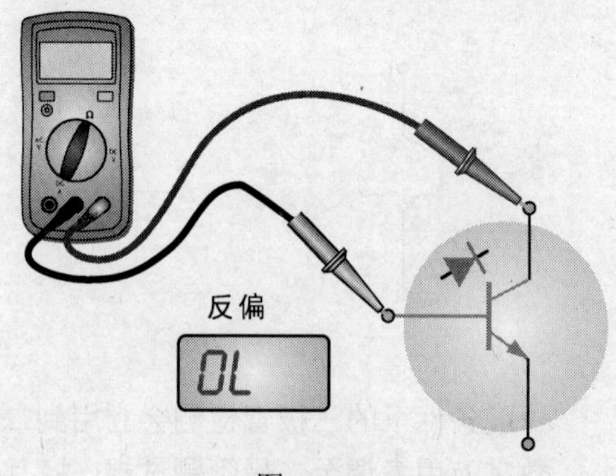

图 4.116

数字万用表：NPN三极管的C、E极

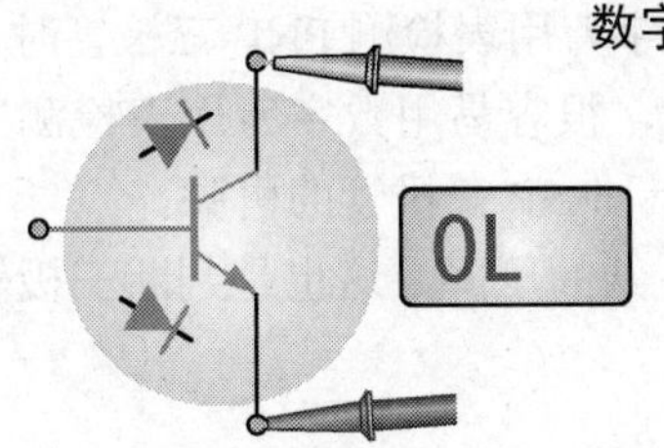

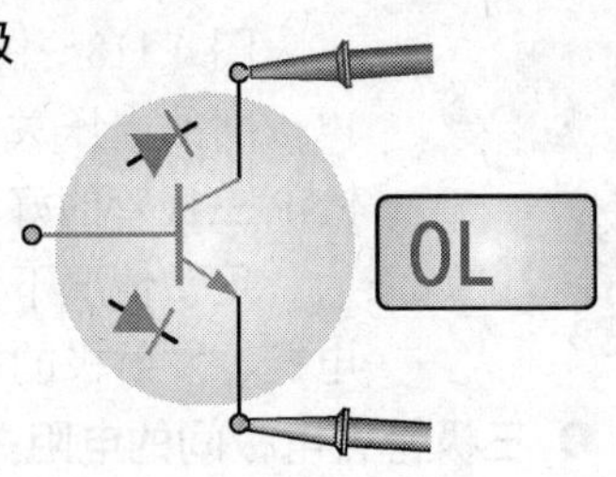

图 4.117

数字万用表：PNP三极管的B、E极

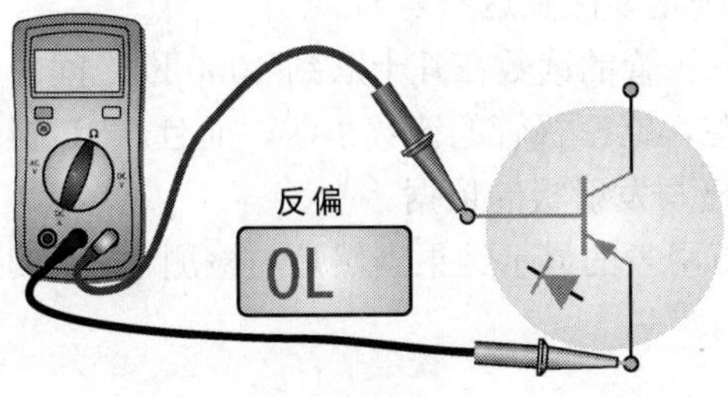

正向时，硅三极管的读数在0.6 ~ 0.8V之间；锗三极管的读数在0.15 ~ 0.3V之间。

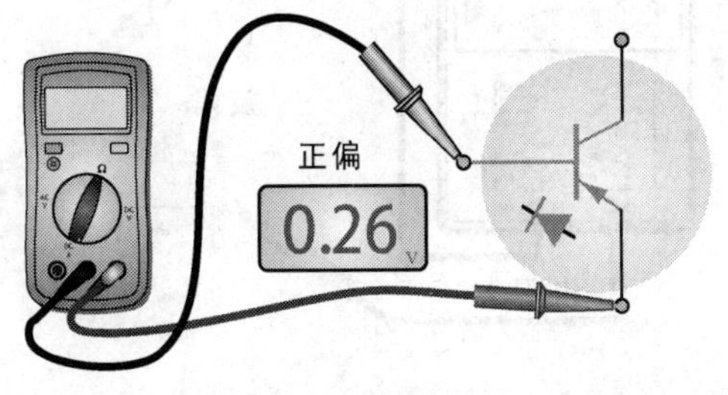

图 4.118

数字万用表：PNP三极管的B、C极

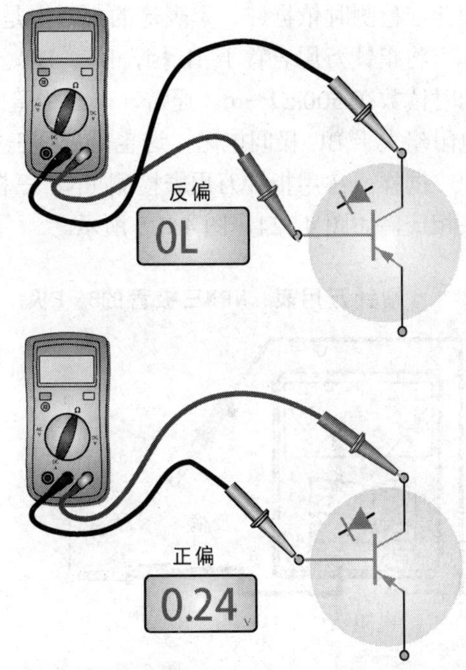

图 4.119

数字万用表：PNP三极管的C、E极

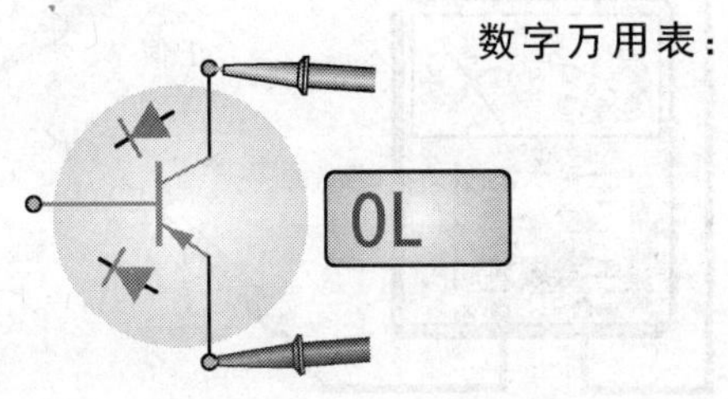

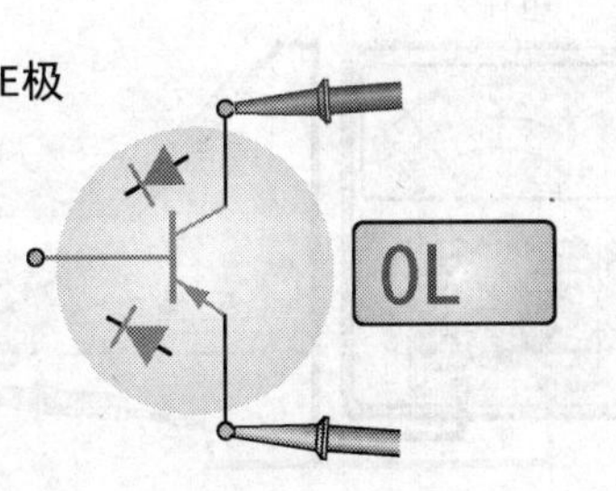

图 4.120

图 4.118～图 4.120 清晰地展示了使用数字万用表检测 PNP 三极管时，各电极间的电压关系。利用上面图所示的知识，很容易用数字万用表检测判断 PNP 三极管的好坏；利用万用表也很容易判断 PNP 三极管的引脚。

正常情况下，BE 结的压降会略大于 BC 结的压降，这也是判断三极管集电极、发射极的依据。

❸ 三极管各电极间的电阻关系

三极管各电极间的电压关系是从数字万用表检测的角度上说的，而三极管各电极间的电阻关系这是从指针万用表检测的角度上说。

由于数字万用表的表笔所接表内电源极性，与指针万用表的表笔所接表内电源极性相反，因此在检测时依据红、黑表笔的判断也是相反的（一定要注意这一点）。

将指针万用表置于 1k 挡，BE、BC 正向时，三极管的读数在几十欧到 1000 欧之间；反向时读数在 500kΩ～∞。通常，硅三极管的读数大些，锗三极管的读数小些。而且，BE 极间电阻略大于 BC 极间电阻，这也是识别三极管集电极与发射极的依据。

同样，在用指针万用表检测 PNP 三极管时，万用表的显示结果当然是与检测 NPN 的结果相反，如图 4.124、图 4.125 所示。

指针万用表：NPN三极管的B、E极

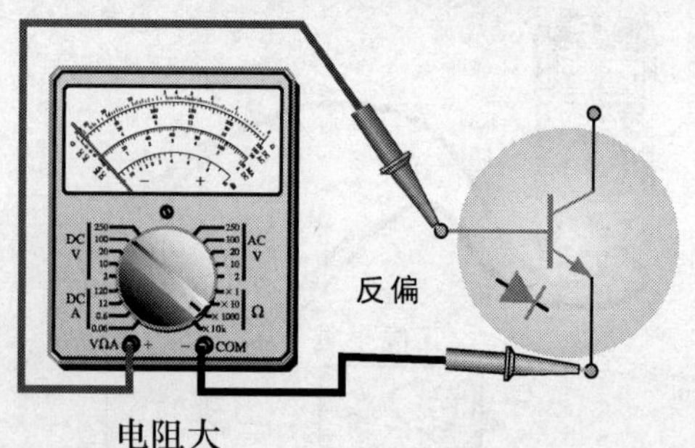

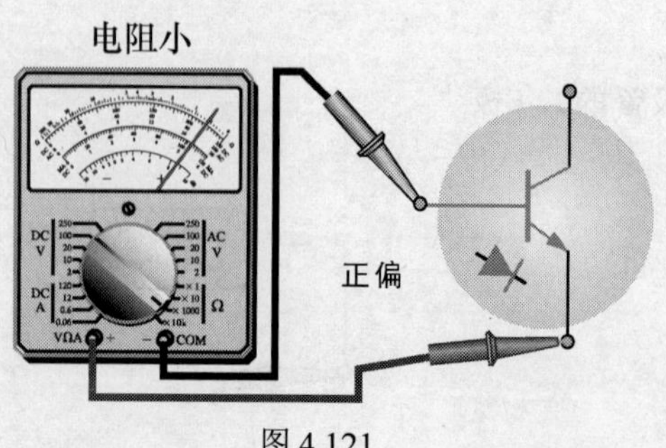

图 4.121

指针万用表：NPN三极管的B、C极

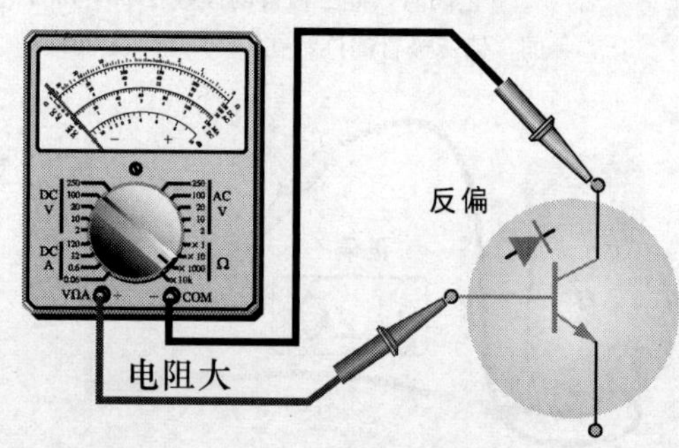

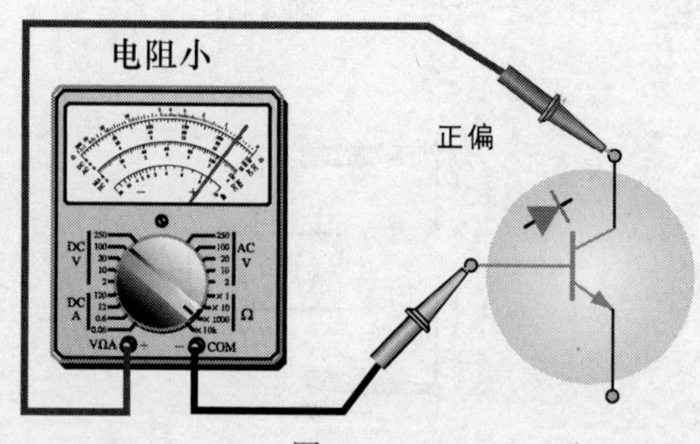

图 4.122

指针万用表：NPN三极管的C、E极

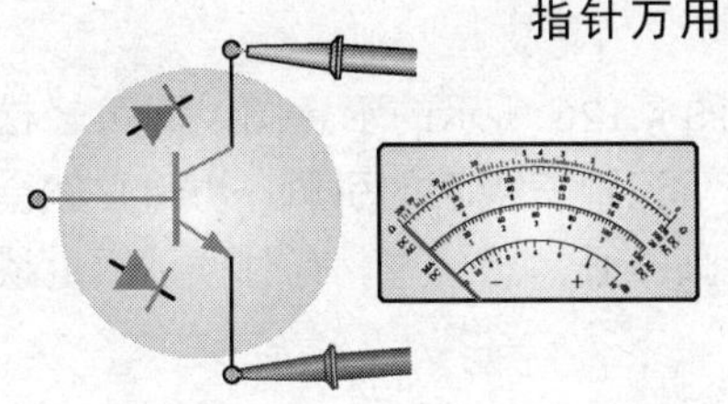
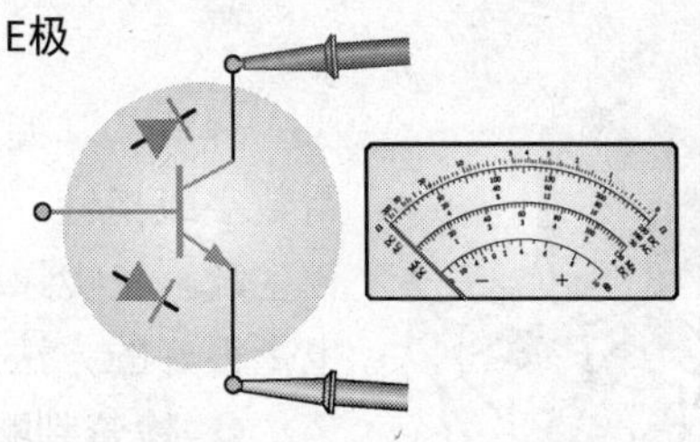

图 4.123

指针万用表：PNP三极管的B、E极

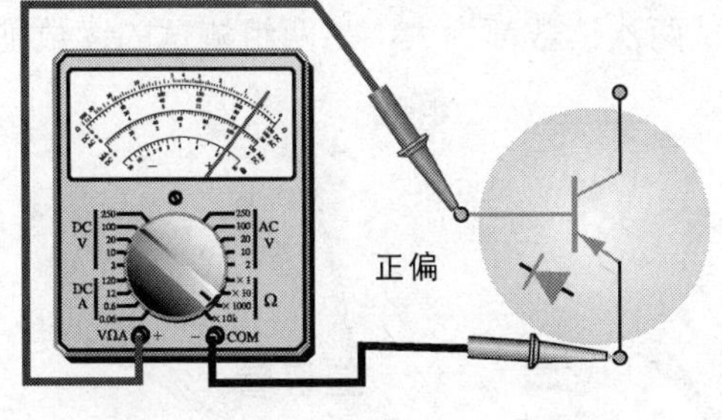

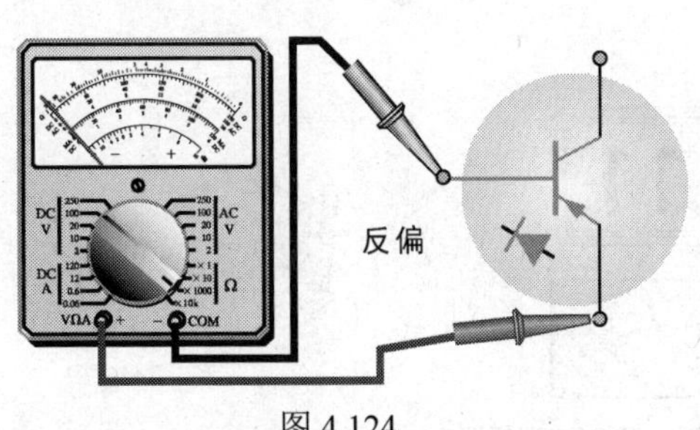

图 4.124

指针万用表：PNP三极管的B、C极

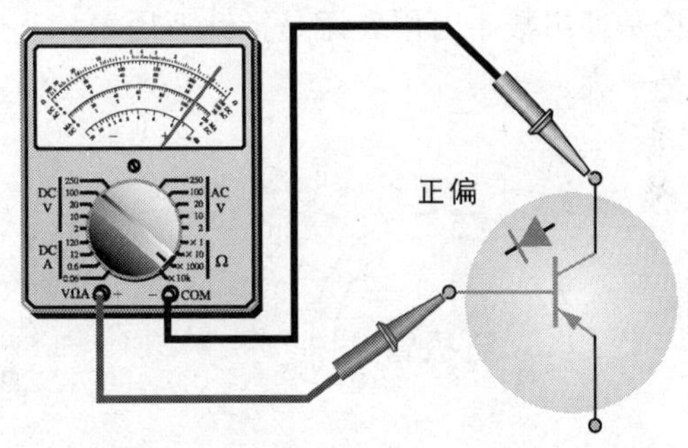

反偏

图 4.125

指针万用表：PNP三极管的C、E极

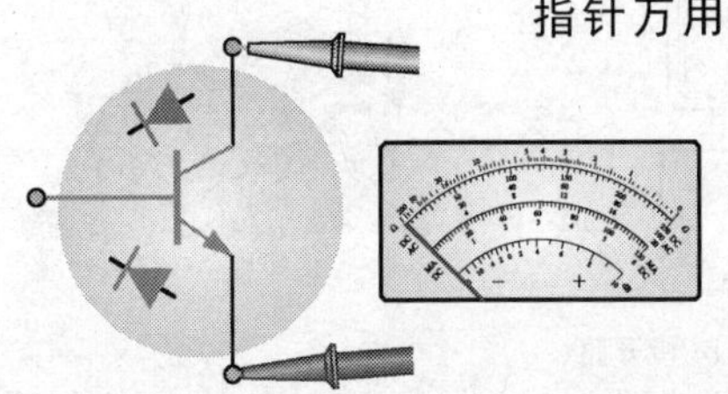
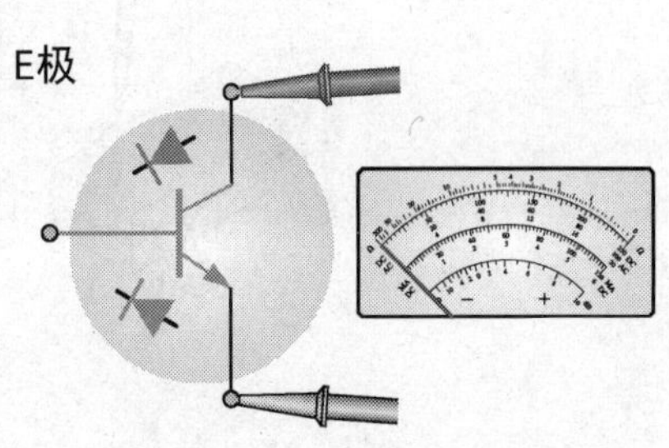

图 4.126

理解、掌握了本节中图 4.124～图 4.126 所示的示意图，即可轻松利用数字或指针万用表检测判断三极管、识别三极管的引脚。初始必然会比较生疏，在实际动手前，不妨在纸上画一画，想一想。有时候，纸上谈兵也是很好的方法。

❹ 检查判断三极管好坏

三极管损坏有击穿、开路、反向特性变差等几种情况。用数字或指针万用表，对每两个电极进行正、反两次测试（参见图 4.127，三组六次测试），即可进行判断。正常情况下，不论是 NPN 还是 PNP 三极管，不论是使用数字万用表还是指针万用表，其中一组测试两次读数都为大，另两组测试的读数则是一大、一小。

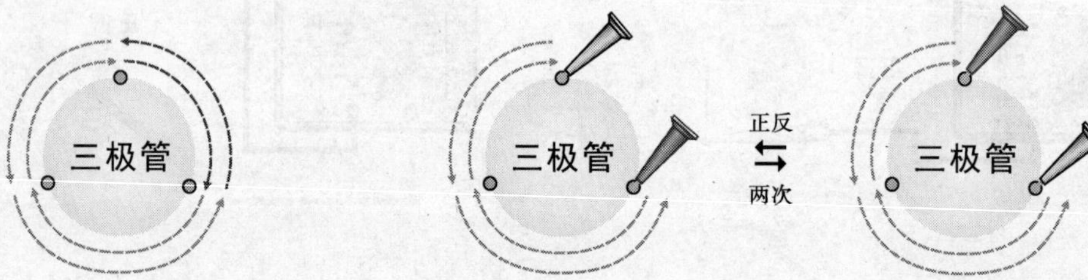

三极管　三极管　正反 两次　三极管

图 4.127

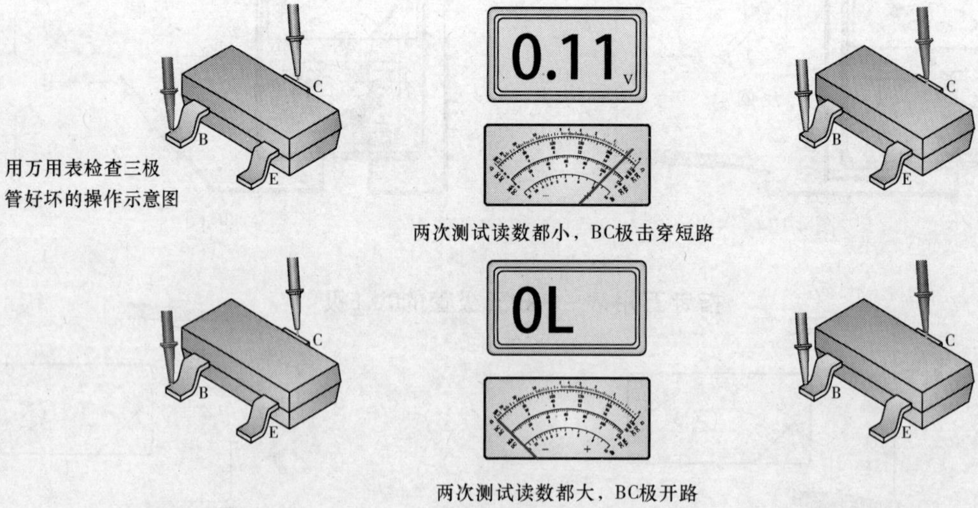

用万用表检查三极管好坏的操作示意图

0.11 V

两次测试读数都小，BC极击穿短路

0L

两次测试读数都大，BC极开路

图 4.128

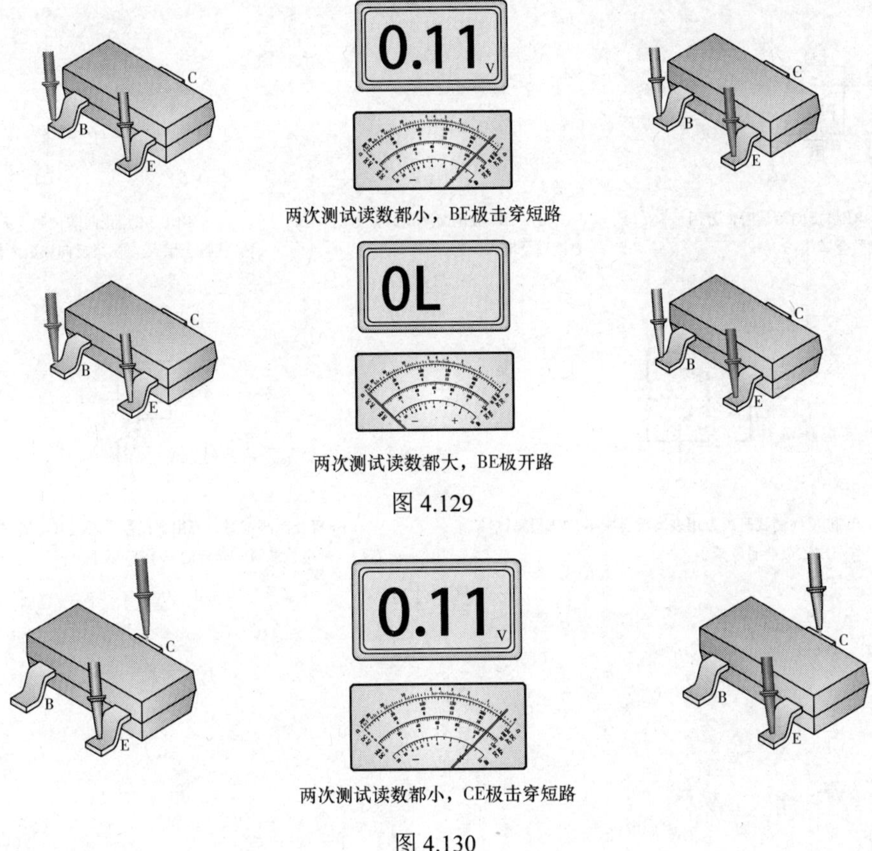

两次测试读数都小，BE极击穿短路

两次测试读数都大，BE极开路

图 4.129

两次测试读数都小，CE极击穿短路

图 4.130

三极管 C、E 极开路的不太容易看得出来。不过，若 C、E 极开路，BC、BE 检测时的读数会有明显的差异。在进行三极管的 BC、BE 反向测试时，若电极间并没有出现短路，但万用表读数小于正常值，说明三极管性能变差，应更换。同样，三极管的 C、E 极没有短路，但电极间电阻小于正常值，也是三极管性能变差，应更换。

4.5.7　关于特殊三极管的检测

这里必须要声明一下：前面介绍的三极管检测识别方法不适用于带阻、带阻尼与达林顿等特殊三极管。由于特殊三极管内除三极管本身外，还有其他元器件，因此用万用表检测时的读数与纯三极管有较大的差异，若不了解，会出现错误判断。用万用表检测不同的特殊三极管时，出现的变化如图 4.131 所示。

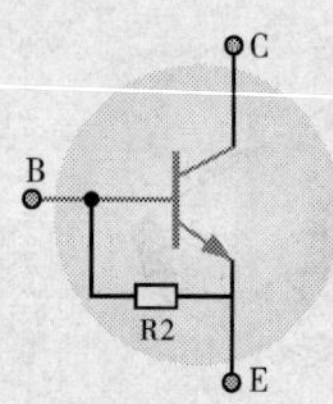

BE极反向测试时，万用表读数会减小。

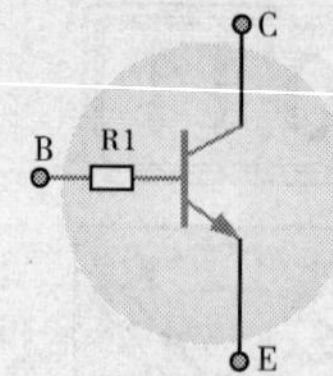

BE、BC极正向测试时，万用表读数会增大。

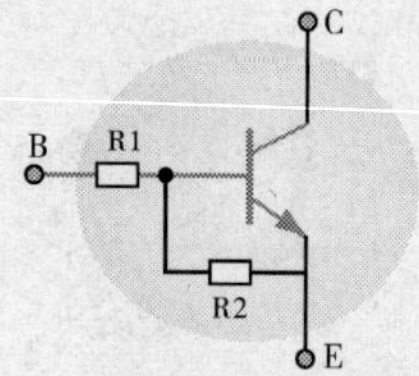

BE、BC极正向测试时，万用表读数会增大。BE极反向读数为减小。

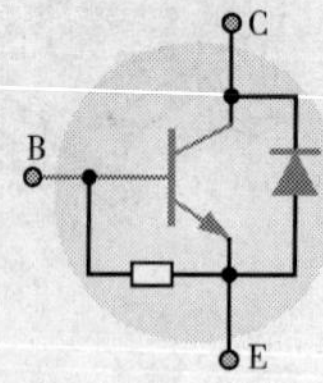

BE极反向测试时，万用表读数会减小。CE极测试时，有一次读数会明显减小。

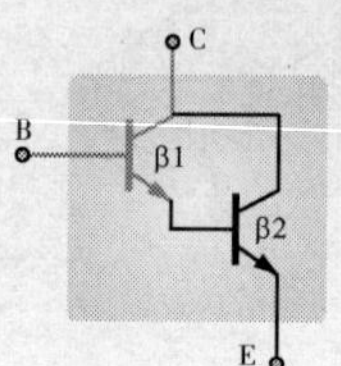

BE极反向测试时，万用表读数会增大（一倍左右）。带电检测时，硅管的V_{BE}在1V以上。

图 4.131

CHAPTER

第5章

4G 手机电路概述

本章的重点在于“黑盒子”法，为凸显其重要性，特单独列为一章。

在检修手机电路故障，甚至所有的电子电路、电气线路故障，黑盒子法都是非常简洁而实用的。在学习与分析电路时，你都可以黑盒子法为指导原则。希望通过本章你能对黑盒子法有一个初步的了解。

5.1 从 2G 到 4G 手机

看看图 5.1 所示的世界上第一台手机摩托罗拉 DynaTAC8000X，你可以想象一下它有多大。毫不夸张，它与砖头的大小有一比。再看看你自己的手机，即使是 5 英寸的屏幕，在手中也觉得十分小巧。DynaTAC8000X 的开发周期超过了 10 年。当时，Krolopp 为项目组长，负责世界上第一台手机的开发工作。当他看到摩托罗拉的 RazrV3 手机时，Krolopp 对技术发展的飞速发出了由衷的感叹。Krolopp 同时也说："我们当时也能设计出 RazrV3 这样的外观，但绝对不可能将电池、天线、键盘做到这么小。现在的手机在手机发展的历史长河中也仅仅是冰山一角。"

图 5.1

移动通信技术的发展可谓是日新月异，短短的二三十年，无论是手机功能、应用，还是通信技术与手机厂商的变化，令人眼花缭乱。

人们通常所谓的 3G、4G 中的 G，其实是英文 Generation 的缩写，有"代"、"年代"之意；从技术层面上讲，它指的是不同标准的移动通信技术，可用图 5.2 来简单说明。

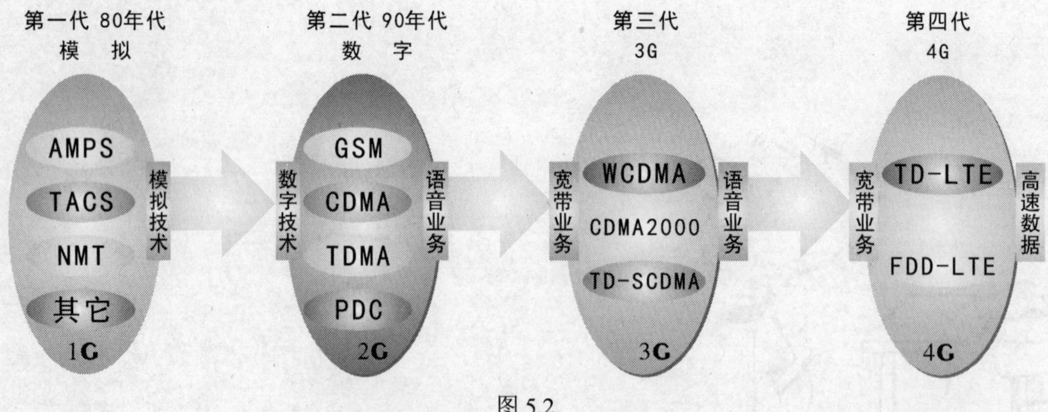

图 5.2

以前被人们称为“大哥大”的就是第一代手机，采用模拟技术，最大的问题是保密性不强，很容易被监听、孖机。第二代手机开始使用 SIM 卡，即现在仍在使用的 GSM 与 CDMA 手机。相对于 2G 手机，第三代（3G）手机在网络应用方面有较大的提升，我国三大运营商分别采用 WCDMA、CDMA2000 与 TD-SCDMA 制式，其中的 TD-SCDMA 为我国具有自主知识产权的通信标准。

4G 移动通信系统提供更高速度的数据网络应用，有 TD-LTE 和 FDD-LTE 两种；与 2G 和 3G 系统不同，三大运营商都可使用 4G 的两种制式，只是它们被分配在不同的频段。

在前一页中提到了许多关于通信技术的英文缩写，如 TD-LTE，不要紧张，将其当作一件事务的名字即可，仅少数领域的专业人士才需要深入探究其背后复杂的含义。对于一般的手机维修人员而言，懂与不懂，对维修技艺并没有实质的影响。

4G 手机功能多了，其电路是不是比以前的手机电路复杂很多呢？答案是否定的。

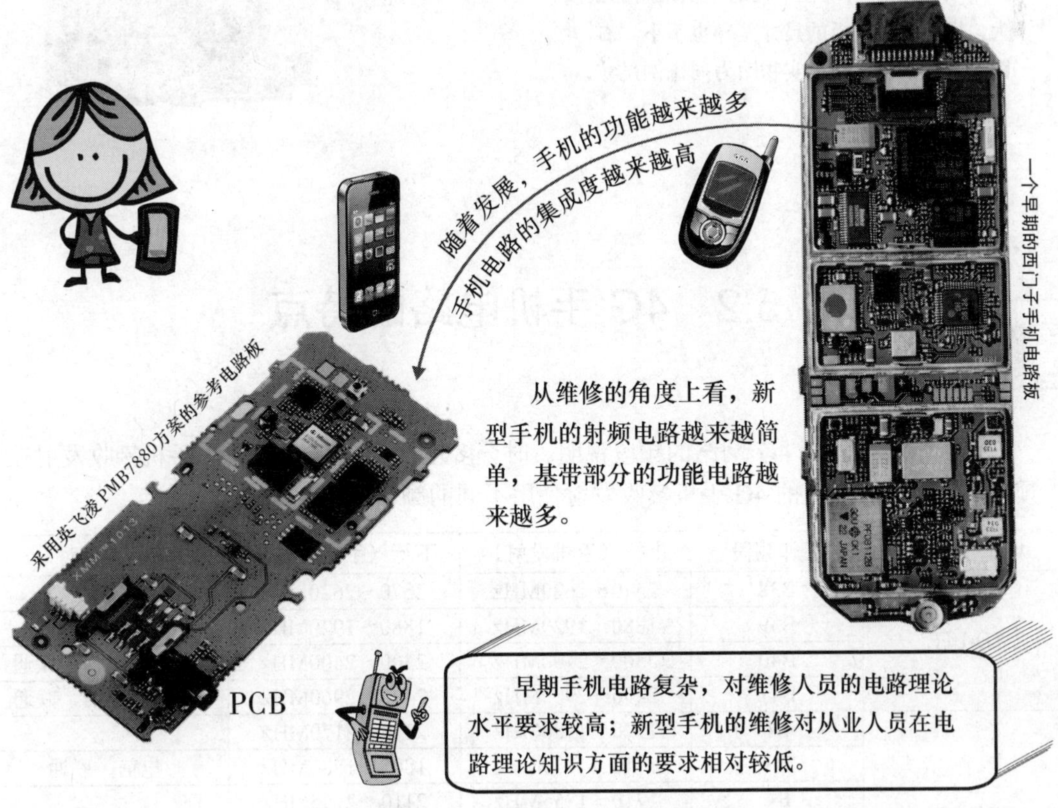

图 5.3

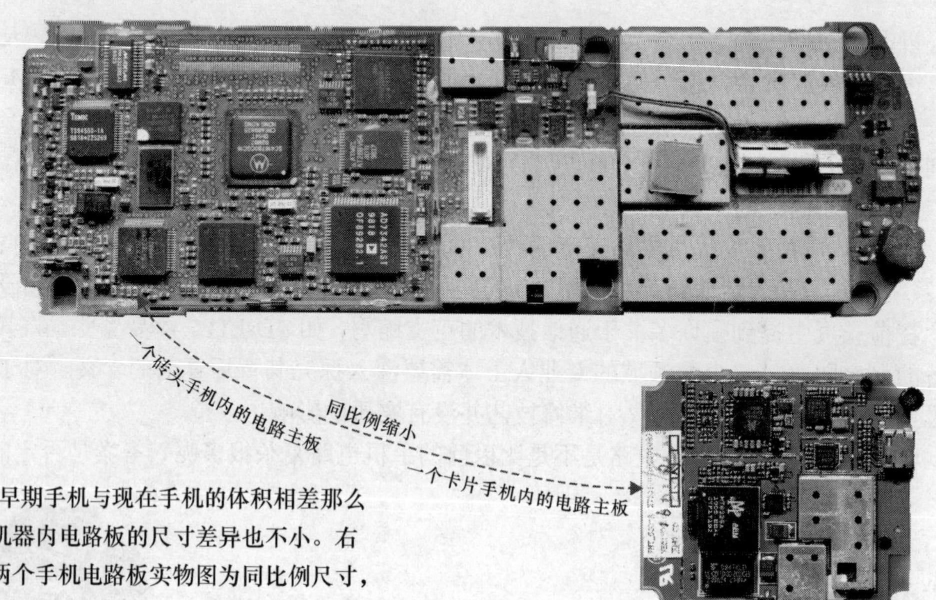

早期手机与现在手机的体积相差那么大，机器内电路板的尺寸差异也不小。右图是两个手机电路板实物图为同比例尺寸，可见差别之大。

图 5.4

5.2 4G 手机电路的特点

下表所示的是国内 4G 网络的频段说明。时分多址技术（TD）的 4G 手机接收发射在同一频率上，而频分多址的 4G 手机接收发射使用不同的频率。

4G 网络格式	工作频段	上行（手机发射）	下行（手机接收）	运营商
TD-LTE	B38	2570～2620MHz	2570～2620MHz	移动
	B39	1880～1920MHz	1880～1920MHz	移动
	B40	2300～2400MHz	2300～2400MHz	移动、电信、联通
	B41	2496～2960MHz	2496～2960MHz	移动、电信、联通
FDD-LTE	B1	1920～1980MHz	2110～2170MHz	
	B3	1710～1785MHz	1805～1880MHz	电信、联通
	B4	1710～1755MHz	2110～2155MHz	
	B7	2500～2570MHz	2620～2690MHz	
	B17	704～716MHz	734～746MHz	
	B20	832～862MHz	791～821MHz	

虽然 4G 手机功能多，但由于电路高度集成，从维修角度看手机的整体电路，4G 手机电路趋向于简洁。比如，以前讲手机的发射射频电路方框图，要用图 5.5 所示的图；讲手机的接收射频方框图，要用图 5.6 所示的图；而如今讲手机的发射接收射频电路方框图，完全可用图 5.7 所示的方框图取代，因为从维修的角度看，被集成到芯片内的那些单元根本无需去关注。

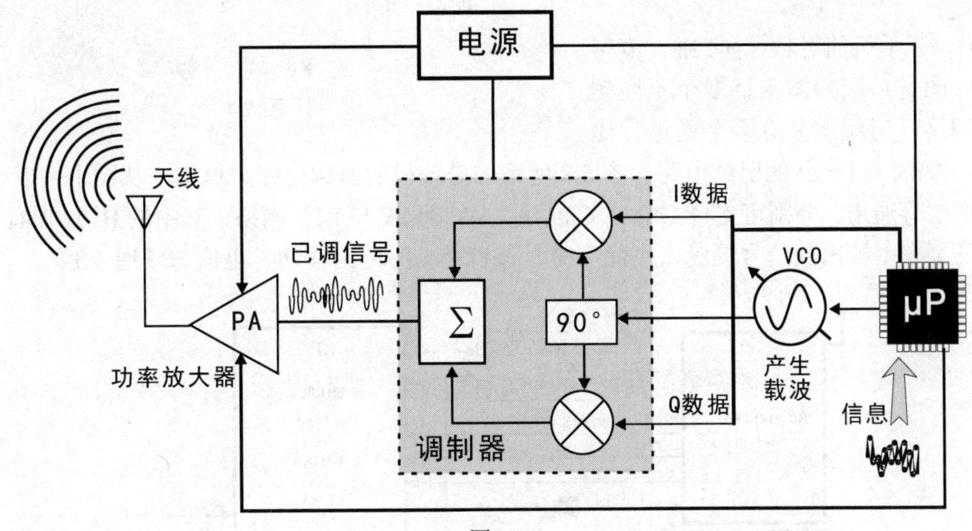

图 5.5

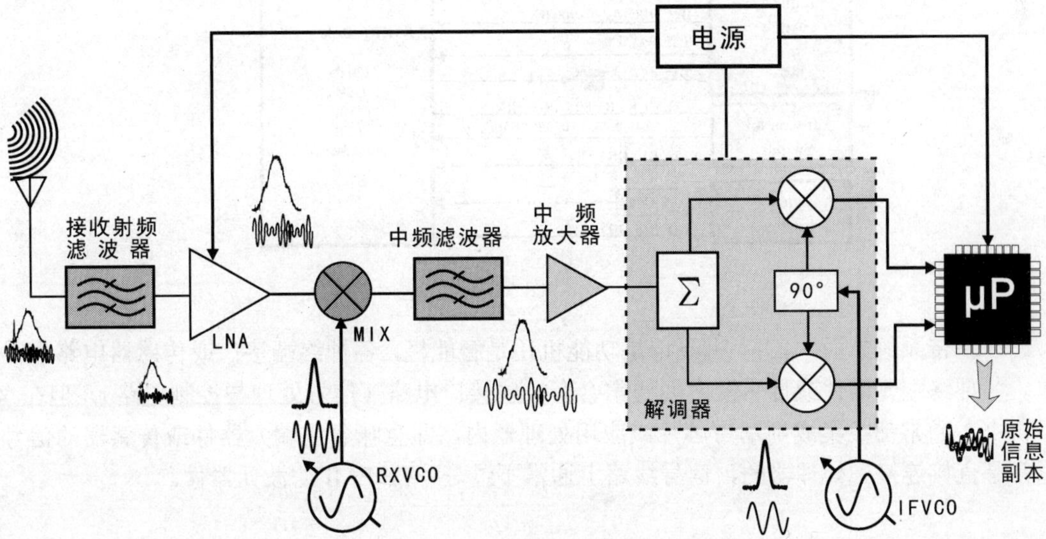

图 5.6

图 5.5、图 5.6 表示一个手机的射频电路，图 5.7 同样表示一个手机的射频电路，哪个简单，不言自明吧？

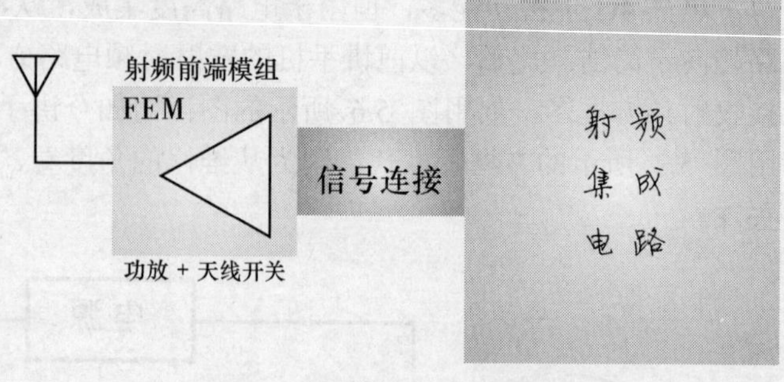

图 5.7

在 4G 手机的射频方面，唯一变得复杂些的是：因为需支持多个不同频段的网络，射频部分有多个通道。比如 4G 手机 LG D820 的射频电路。图 5.8 所示的是该机的射频电路方框图，从图中可以看到，有四个信号通道，分别可支持 GSM、CDMA、WCDMA 与 LTE 网络，其中的 B17、B41 等就是前一页表中给出的信号频段，由此可见，该机是支持国内移动、电信与联通 4G 的。

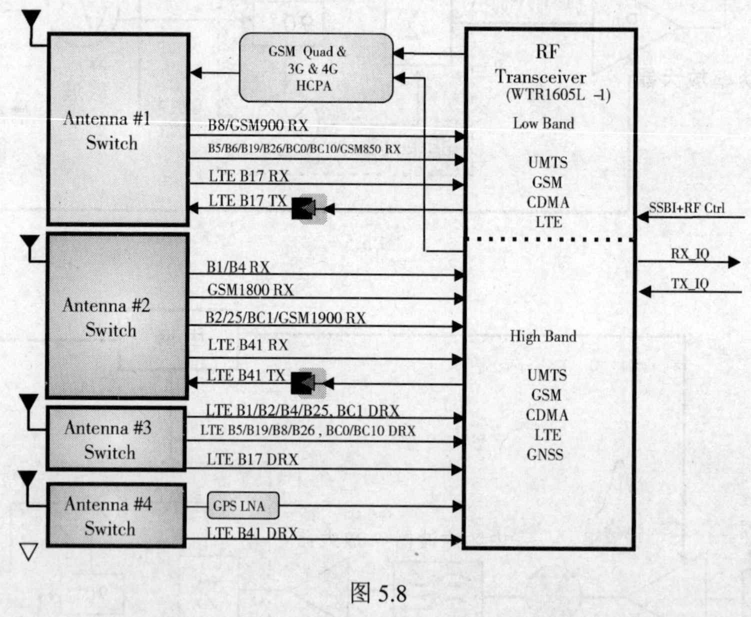

图 5.8

在基带系统方面，4G 手机不论是功能机还是智能机，各种终端接口或传感器电路也很简单。各种终端元器件或传感器之间通常会有一些接口电路（信号处理与控制电路），但在 4G 手机中，通常都被集成到基带芯片或应用处理器内，即意味着终端元器件或传感器的信号线通常是直接连接到处理器的，信号线路上通常不过是一些 EMI 滤波元器件。

图 5.9

由上所述可知，从硬件电路方面看，4G 手机电路是比较简单的，集成度高了，独立的单元电路少了，芯片与芯片之间大多数是信号线直接连接，仅在信号线上有一些滤波元器件。在软件层面，手机用户的可操作性更强了。在 2G 时代，让一般的手机用户进行固件更新几乎是不可想像的事情，而如今手机用户可以像安装电脑操作系统与应用软件一样来执行相当多软件层面的操作。

5.3　快速学习 4G 手机电路

5.3.1　“黑盒子”方法

手机电路是非常复杂的系统，它们由一个个单元电路组成。任何一个功能单元都可看作是一个电路的“积木”，通过不同的组合，组成各种不同结构的系统。我们可以将任何功能单元看作是一个“黑盒子”，如图 5.10 所示。而且，无论是哪一种，都一定有输出。

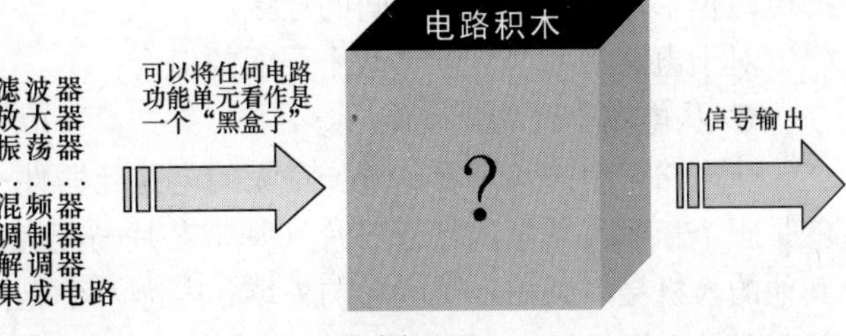

图 5.10

简单地讲，“黑盒子”法关注的是单元电路的输入（信号、电源、控制信号）与输出（信号），而不去关注电路是如何构成的。如何构成的问题是开发人员考虑的事。

从维修的角度看，对输入、输出关注的重点是——有没有？幅度正常否？

如果图 5.11 所示的这样一个黑盒子所表示的电路需要直流电源才能正常工作，那么，这个电路是有源电路，如功率放大器、音频放大器等。对于有源射频单元来说，不论是分析电路还是检修电路，输入的直流电压源、控制信号都是关注的重点。

如果图 5.11 所示的这样一个黑盒子所表示的电路无需直流电源都能正常工作，那么，这个电路是无源射频电路，如 SAW 滤波器、RC 滤波器、EMI 滤波器等。

在直流输入方面，有两种情况，如图 5.12 所示。

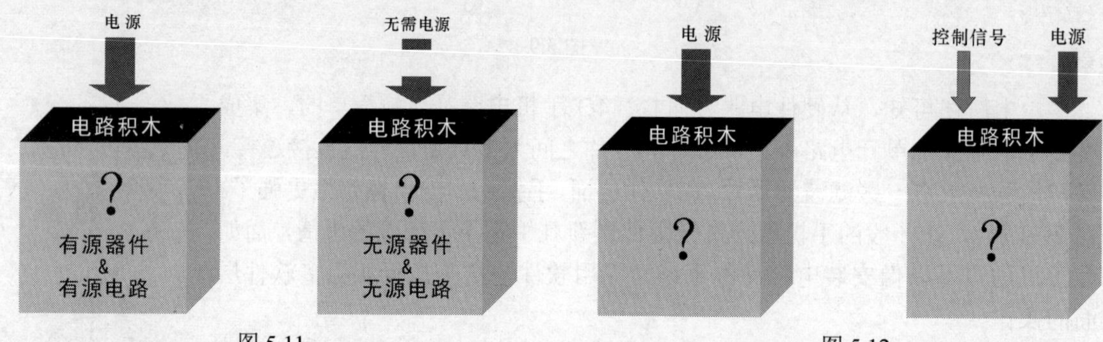

图 5.11　　图 5.12

一种情况是，电路仅有电源输入（输入的电源可能是一个，也可能是多个）。另一种情况是——除输入电源外，还有控制信号输入。这个控制信号其实就是电路单元的开启（开关）控制信号。

5.3.2　电路“积木”

在手机电路平台日益成熟的今天，手机电路的设计更像是在搭建电路积木——设计人员通常是选择合适的、设定手机功能所需的电路元器件模块，将它们有机地结合起来。

图 5.13

对于维修人员来说，故障检修就是检查发现哪个积木出现问题，或是哪些积木之间的连接出现问题，更换损坏的电路积木，或修复它们之间的连接。

对于电路积木，可以有两个层面的概念：

❶ 从电路平台的角度看

从电路平台的角度看，每一个大的电路元器件（模块）就是一个积木。其中的平台芯片（基带芯片与配套的射频芯片）相当于房屋的主框架结构。其他的人机接口则相当于房屋的外墙、内饰，可以根据需要搭建。一个手机电路系统中的基带处理器是主框架积木，而用于手机功能实现的终端或传感器等是附属积木，如 SIM 卡、受话器、送话器、按键、显示器与光传感器。

在这个平台中，基带处理器是不可或缺的。

而 FM 则可有可无：有它，则手机有 FM 收音功能；无它，则手机无 FM 收音功能。其它的如 GPS、蓝牙、WIFI、重力传感器、磁力传感器、加速度传感器、环境光传感器等都是如此。

LCD 可根据定位需要选择不同尺寸、分辨率、显示技术的显示模组。

存储器可根据定位选择合适容量的存储器。SIM 卡卡座直接或经 EMI 滤波器连接到基带处理器，在一些平台中也可能是连接到电源管理器。键盘可以是触摸，也可以是按键……

通过以上的叙述，你应该可以对手机电路平台角度的电路积木有一个基本的概念，它就那么简单。

❷ 从电路系统的角度看

如果要单从电路理论上来讨论手机中的电路单元及其故障检修是复杂的，单是放大器的讨论就可以有厚厚的一本书。这些方面不是本书所要探讨的内容，本书的目的在于希望读者通过本书所述内容能快速掌握一定的维修工作者使用的实际方法，即由一些基本的电路知识、经验准则与大量的实际操作技巧相结合而得来的简捷方法。

对于初学者快速入门的角度来说，无论是学习手机电路还是检修手机电路故障，无需关注其具体电路为何如此构成，工作原理、电路参数为什么是这样。对于初学者而言，可简单地将电路单元看作一个电路“黑盒子”。

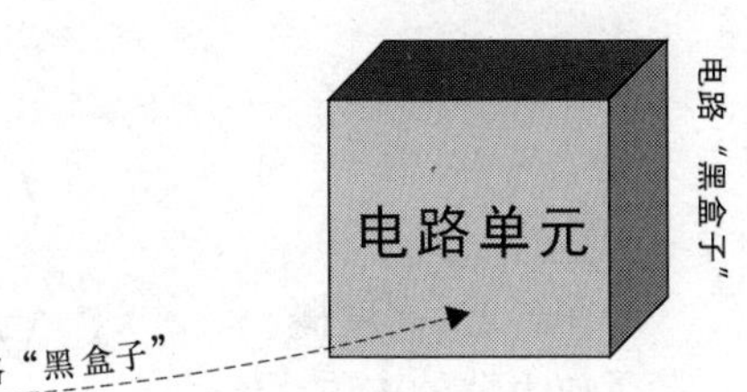

电路“黑盒子”（电路单元）有 4 种情况：

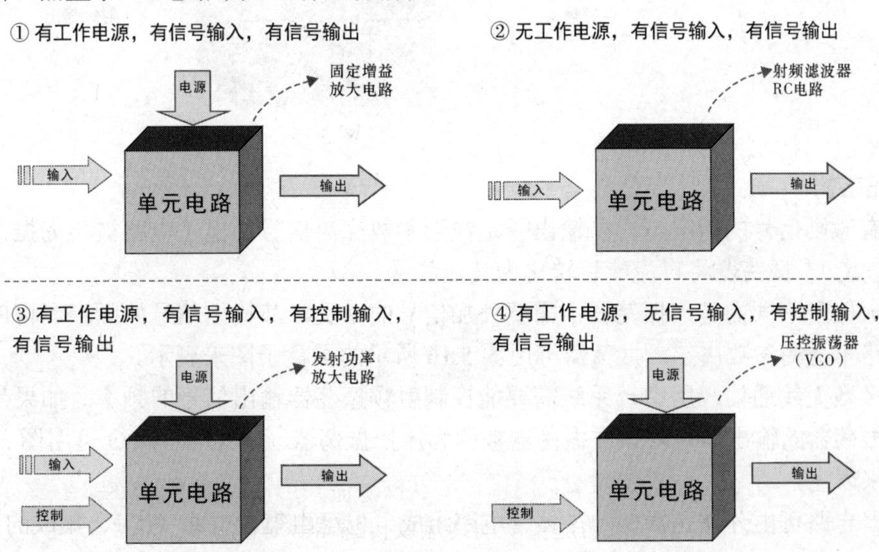

图 5.14

下面来看看如何利用“黑盒子”的概念来理解学习放大器、振荡器：

■ 放大器

放大器是电子设备中最基本的单元电路之一。

放大器（放大电路）最基本的目的就是使输入到放大器的信号变得更大。看放大器的输入与输出信号，最明显的一个特点是，放大器输出的信号在某一参数（如电压、电流）上有明显的变化（总的来说，是信号的功率发生了变化）。

对于手机来说，通常有低噪声放大器（LNA）、中频放大器、缓冲放大器（Buffer）、驱动放大器（Driver）、功率放大器（PA）等。当然，在现在的手机中，通常可以独立检修的是发射功率放大器与音频放大器。

放大器对输入的信号进行放大。输入的射频信号通过放大器后，输出电压或电流的幅度得到了放大，但它随时间变化的规律不能变，如图 5.15 所示，即放大器并不改变射频信号的频率。放大器电路可由分立元器件的晶体管电路组成，也可由集成电路（IC）组成。

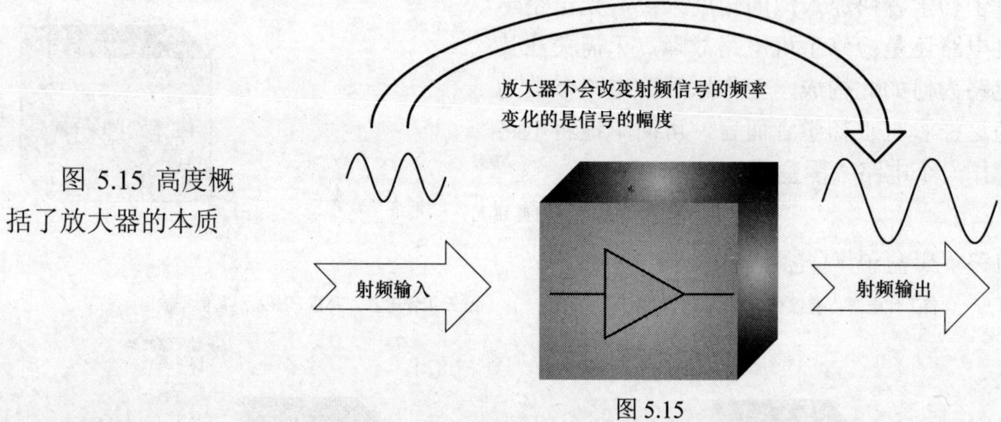

图 5.15 高度概括了放大器的本质

图 5.15

■ 振荡器

在没有激励信号的情况下，能输出一定波形参数交流信号的电子电路被称为振荡电路或振荡器（OSC）。振荡器将直流能量转化为交流能量。

与放大器所不同的是，振荡器不需要外加信号的激励，其输出信号的频率、幅度和波形仅仅由电路本身的参数决定。振荡器可用图 5.16 所示的黑盒子图来表示。

在大多数无线通信应用中，系统需要能控制射频振荡器输出信号的频率。如果是通过电压来控制振荡器的输出信号，该类振荡器被称为压控振荡器（VCO）。VCO 可用图 5.17 所示的黑盒子来表述。

振荡器电路可由分立元器件的晶体管电路组成，也可由集成电路（IC）、集成的 VCO 模组组成。以前的手机大都会使用 VCO 模组，如今的许多手机中，连射频 VCO 电路也被集成到射频芯片里了。我们通常能见到的仅仅是系统时钟（晶体）、实时时钟晶体、GPS 单元的时钟晶体。

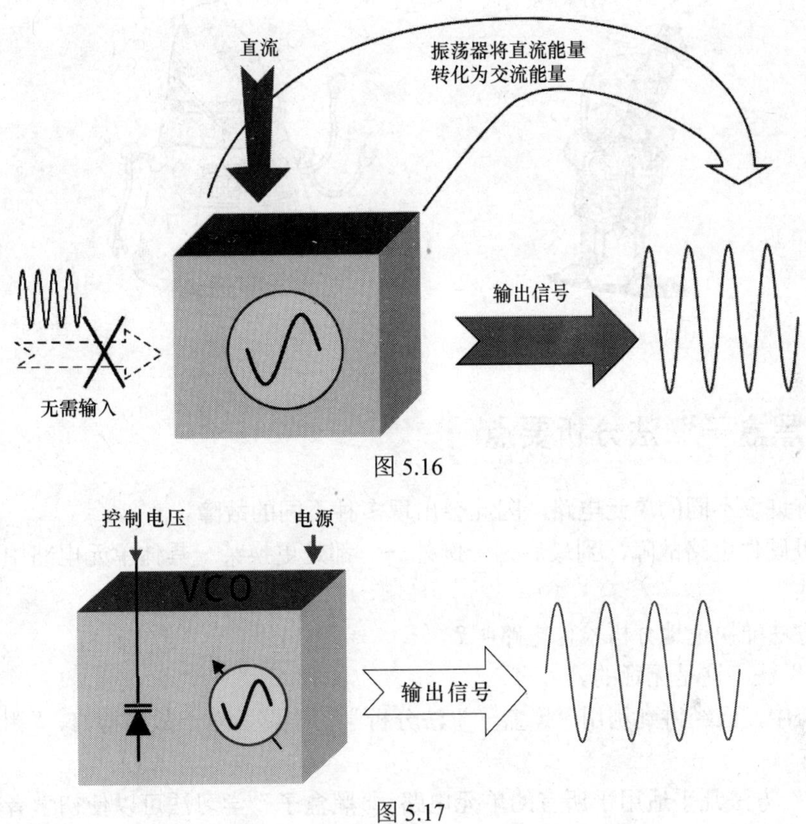

图 5.16

图 5.17

5.4　4G 手机故障检修方法

修手机好比医生做手术。

医生做手术的基本原则与方法是一致的，但水平高低各不同。为何？在于理解、掌握的程度，在于操作的熟练程度，在于手法是否细致、准确到位。

那么，对于手机维修，用什么方法来指导维修工作呢？

图 5.18

5.4.1 “黑盒子”法分析要点

手机中有许多不同的单元电路，因此会出现多种不同的故障。

检修手机硬件电路故障，到最后无一例外——都是更换某一具体单元电路中的某个、或某几个元器件。

用什么方法能快速地分析检修电路呢？

“黑盒子”法，这是无疑的。

在前一节中，已经讲到利用“黑盒子”法分析学习电路。对于故障检修，“黑盒子”法一样适用。

“黑盒子”方法几乎适用于所有的单元电路。“**黑盒子**”学习法可以使初学者快速理解基本的单元电路特征与要点，有利于快速分析电路及电路故障。

对于电路“**黑盒子**”，不必关注盒子里到底有些什么，而是需要了解以下三点：

❶ 任何一个单元电路，首先是电路元器件正常、电路的工作电源正常，电路才可能正常工作。

❷ 在第❶正常的前提下，除振荡电路外，手机中的其他单元电路基本上都是要输入正常，输出才可能正常。

❸ 如果单元电路有外来的控制信号，须控制信号正常，单元电路才可能正常工作。

5.4.2 “黑盒子”法检修应用要点

那么，如何利用“黑盒子”法来检修电路呢？也很简单：

❶ 检查其输出是否正常。若输出正常，说明目标电路及其输入端的电路都正常。

❷ 如果输出不正常，若目标电路有输入信号，检查输入信号是否正常。若输入信号不正常，检查其输入端的电路。若输入信号正常，说明目标电路工作不正常。

❸ 若目标电路的输入正常，但其输出不正常，检查目标电路的工作电源是否正常。若工作电源不正常，检查其供电线路是否良好。同时检查其电源产生电路。若目标电路没有外来的控制信号，说明问题在目标电路本身，检查更换目标电路的元器件。

❹ 若目标电路有外来的控制信号，检查控制信号是否正常。若控制信号不正常，检查控制信号传输线路，检查控制信号产生电路。若控制信号正常，说明问题在目标电路本身，检查更换目标电路的元器件。

以上所述的其实就是黑盒子检修法。可能还稍显复杂，还可更加简洁如下：

❶ 检查目标单元电路的工作电源，若不正常，检查相关的电源电路。

❷ 检查输入到目标单元电路的信号是否正常。若不正常，检查信号来源电路、线路。

❸ 若电源、输入信号正常，检查目标单元电路的元器件。

以图 5.19 所示的电路为例（黑盒子法检修）：

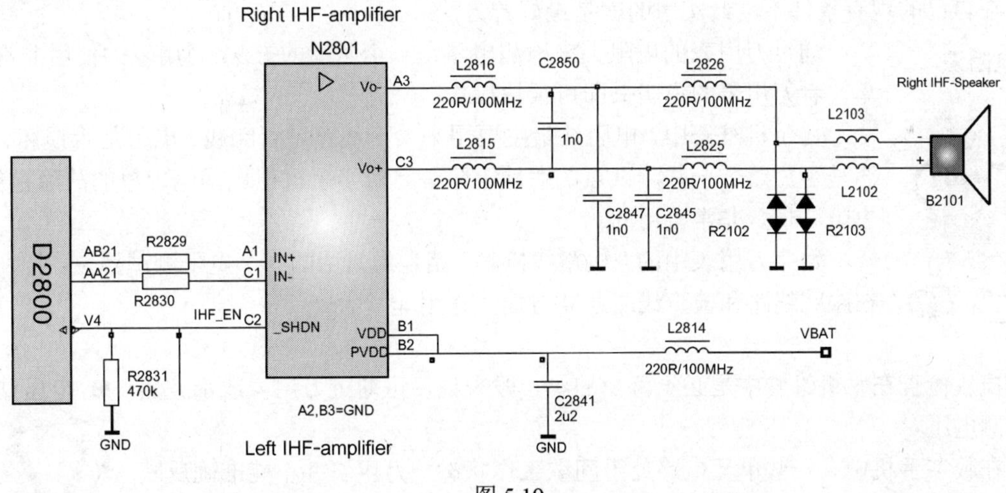

图 5.19

❶ 检查 C2841 处的电压是否正常。若不正常，检查 L2814 是否开路。检查 C2841 与电池电源 VBAT 之间的电路连线。

❷ 检查 R2831 处的使能信号是否正常。若不正常，检查 D2800 的焊接，或更换 D2800。检查 N2801 的 A1、C1 端口信号是否正常。若不正常，检查 R2829、R2830 是否损坏。若元器件正常，检查 D2800 的焊接，或更换 D2800。

❸ 若❶、❷的检查都正常，但 L2816、L2815 处没有信号，检查 C2847、C2845、R2102、R2103 是否有击穿短路。若元器件正常，更换 N2801。若 L2816、L2815 处有信号，但扬声器无声，检查 L2816、L2815、L2826、L2825、L2103、L2102 和扬声器。

总的来说，在运用黑盒子法检修电路时：

先外部条件——电源、控制信号、输入信号；

后内部元器件——电路元器件。

整个过程就是一个做排除法的过程——检查一个条件，排除一个条件，直到解决问题。

5.4.3 不同的故障检修法

“黑盒子”法仅是一个指导法则。有没有一个“放之四海而皆准”的检修方法呢？

答案是，没有。

看电视连续剧《历史的天空》，里面的“姜大牙”在谈及如何打鬼子时说，“杀猪杀屁股，各有各法”。

对于手机维修，也是“各有各法”，例如电阻法、电压法、电流法等。

在自己的现有条件下，最实用的就是最好的方法。

❶ 电阻法

通过万用表的电阻挡来检测电路是一个常用的方法。万用表的使用非常简单，看万用表的说明书即可很快操作。

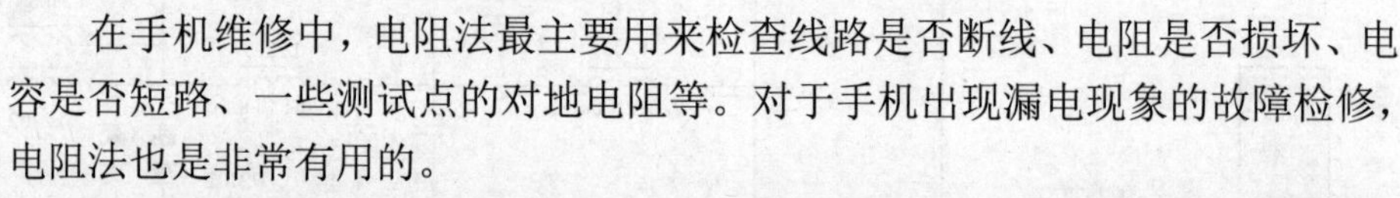

在手机维修中，电阻法最主要用来检查线路是否断线、电阻是否损坏、电容是否短路、一些测试点的对地电阻等。对于手机出现漏电现象的故障检修，电阻法也是非常有用的。

数字万用表中的“短路线检测”挡是最常用的一个电阻测试挡位。特别是在跟踪线路和检查线路通断方面，作用非常大。

❷ 电压法

电压检查在手机维修中是必不可少的。一般来说，可通过万用表或示波器来检测电压。

在数字手机中，一些单元电路处于间歇工作状态，万用表并不能准确反映出电路中的直流信号。在某些时候，指针万用表可能会更适用。在手机维修检测时，建议使用示波器来检测电路的直流信号。

在进行手机维修时，电流检测法也是一个比较重要的常用方法。如果善于观察总结，掌握不同手机在各种不同状态下的电流参数，即可在故障机未拆开前对故障机进行一些简单的故障定位。

❸ 电流法

在手机维修中，通常是通过观察维修电源上的电流表来读取手机的工作电流。比如，如果一部手机开机后，手机的工作电流总是在 50～100mA 左右变化约十秒后回到 10-20mA，然后几秒后 50～100mA 左右，如此反反复复，说明接收部分工作不正常。当然，不同的机器会有些差异，具体的应在实际中积累总结经验。

比如对发射机电路，可以有一些简单的方法，在未拆开手机前对发射机电路故障有一个简单的定位：

该故障机加上外接维修电源，通过按键板键入“112”，按发射键启动发射机，注意观察手机及电源电流表。若手机关机或手机电流提升很大，则应将检查重点放在发射机功率放大电路；若手机电流很小，则应将检修重点放在功率放大器的启动控制信号线路、功率放大器的供电电路；若手机电流提升在正常范围内，着重检修发射机信号变换电路。

❹ 波形法

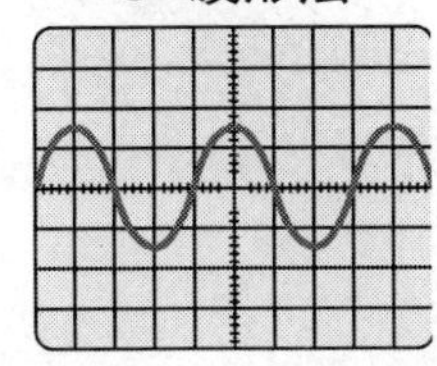

波形的检测是离不开示波器的。常见的是 40MHz 或 100MHz 的示波器。示波器在手机维修中通常被用来检测逻辑电路中的信号，比如复位、逻辑时钟信号等。

示波器也用来检查射频电路中的控制信号、RXIQ 信号、TXIQ 信号。手机未处于测试状态时，用示波器检查射频电路中的电压及控制信号是最方便的。示波器的操作很简单，一般的示波器通常只需调节幅度和扫描旋钮。用示波器检测手机中的信号时，主要应注意信号的幅度、信号波形的外观。

关于示波器在手机维修中的应用，请自行在网络上搜索，或参阅《用示波器修手机》一书。

❺ 其他方法

■ 短路法

在手机维修中，短路法的使用需要小心。通常，短路法运用于交流信号通道的检修，特别是射频电路中——接收射频电路的前级、发射射频电路的末级。

在把握电路特点后，短路法也可适当使用。但短路法只适用于故障检测过程中，在处理时，除非是应急修理，最好不要使用短路法修机（不要将射频滤波器的输入输出端口短路）。

■ 开路法

开路法主要用于手机电流大的故障维修中。将被怀疑的电路断开，通过电路断开后手机电流的变化来进行故障分析。

开路法主要用于发射机功率放大电路的检修中，以避免大电流造成手机更大的故障。在手机维修中使用开路法通常是将目标元器件的某个引脚撬起，或将某个元器件取下。一般不要采用刀割 PCB 铜皮的做法。

除以上方法外，手机故障检修还可使用信号寻迹法与元器件代换法。信号寻迹法主要用于手机射频故障的检修。

在检测电路中的信号时，通常需要找一个合适的测试点。在手机的 PCB 上，通常也会有一些信号测试点。这些测试点通常都是 PCB 上圆形的裸露的铜皮，如图 5.20 所示。

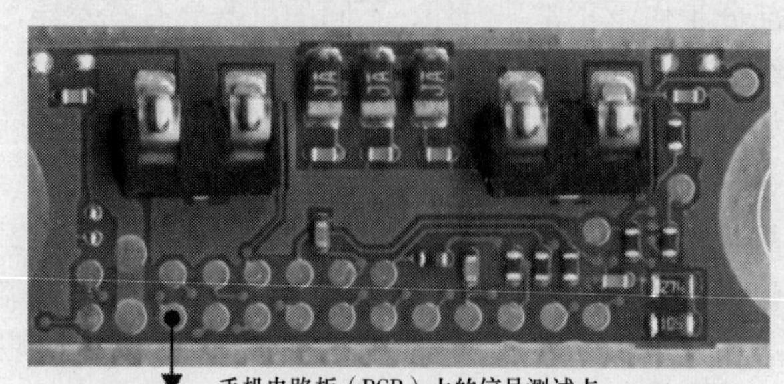

手机电路板（PCB）上的信号测试点

图 5.20

CHAPTER

第6章

4G 手机电源电路

本章专门介绍了 4G 手机电源电路各方面的知识，希望通过本章你能对 4G 手机电源管理单元的供电、时钟、电压调节与开机触发、开机故障检修等有一定的认识。

6.1 电池电源接入

电池供电电路若不正常，将导致手机出现开机、充电等方面的故障。

6.1.1 手机的电池连接器

除 iPhone 等极少数手机外，绝大多数手机都是采用可拆卸电池。电池电源经手机中的电池连接器将电池电源送到手机电路。如今手机几乎都采用 USB 数据接口，已经没有电池接口与数据接口被制作在一个模块上的手机了。图 6.1 所示的就是几个不同类型的电池连接器。手机电路图中，电池接口通常以字母 X、CN、CON、J 等字母加数字来标注（其图形符号则多种多样）。

3个端口

4个端口

图 6.1

手机的电池连接器通常有 3 个或 4 个端口，如图 6.2 所示：电池正极端口、电池负极端口、电池温度监测端口、电池数据（身份识别）端口。

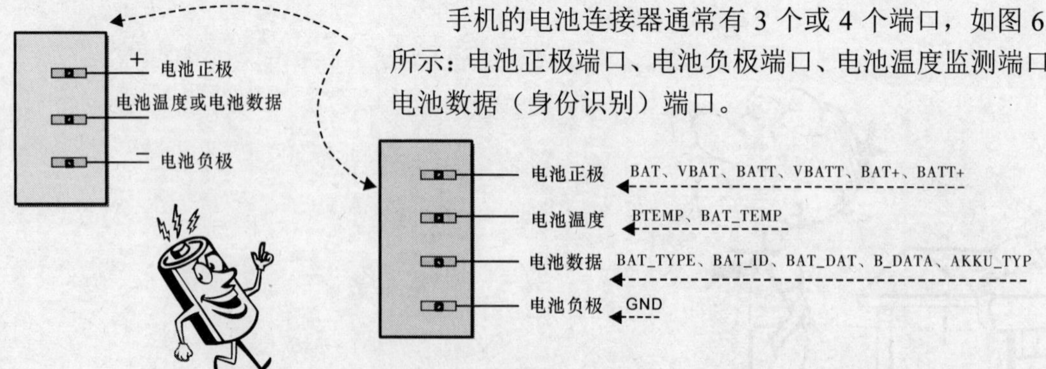

图 6.2

电池连接器的端口可能是弹簧片或弹簧针。电池连接器可能直接焊接在手机电路板上，也可能直接由机壳顶压到电路板上。在电路图中识别电池接口很容易，抓住图 6.2 所示的特点即可。电池连接器通常出现的问题是弹簧片变形、氧化、手机电路板上的电池连接器触点氧化。如果是弹簧片变形，可用镊子予以调整。如果出现氧化，可用金相砂纸打磨。

手机的电池连接器线路多种多样，但无论如何变化，都有最基本的电池电源正极（BATT、VBAT、B＋等）、电池电源地（GND）。绝大多数手机都有电池温度监测电路或电池数据监测电路；一些手机可能既有电池温度监测，又有电池数据监测。

6.1.2　电池供电线路

手机电池电源供电的线路有四种情况。相对而言，第二种情况比较少见。

❶ 电池电源经电池连接器的正极端口输出，经 LC 或 RC 滤波电路给电源管理器、电压调节器和功率放大器等电路供电（参见图 6.3）。

❷ 电池电源经电池连接器的正极端口输出，经一个电子开关给电源管理器、电压调节器和功率放大器等电路供电。

❸ 电池电源经电池连接器的正极端口输出，直接给 PMU 供电，经 LC 或 RC 滤波电路给其他单元供电。

❹ 结合❶、❸，或结合❷、❹的供电线路。

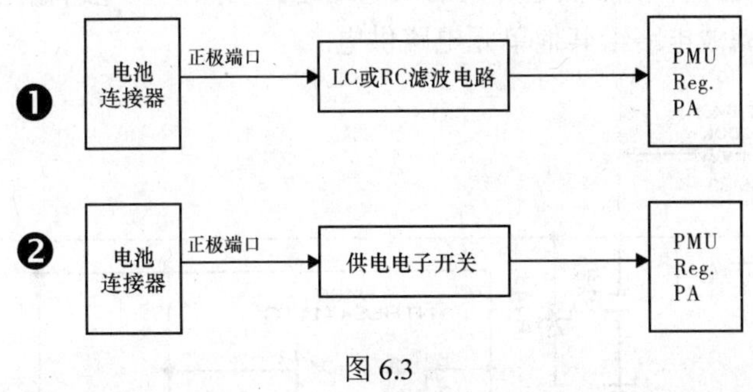

图 6.3

LC 或 RC 滤波电路很简单，它们其实就是电感、电容电路，或是电阻电容电路。查找分析该线路是比较容易的：

❶ 找到电池接口；

❷ 从电池接口的正极出发， 只经过电阻或电感， 遇到电容就回头，即可查找跟踪电池供电线路；

❸ 电池连接器的正极端口、或电池电源正极、电池电源信号线通常用含字母 BAT、BATT、B+等的英文标注来标识（参见图 6.2）。

图 6.4 所示的是一个电池电源直接给电源芯片供电的供电电路。其中的 X2002 是电池连接器。电池电源 VBATTERY 经 X2002 直接给 PMU 供电，仅在供电线路上使用了四个滤波电容。

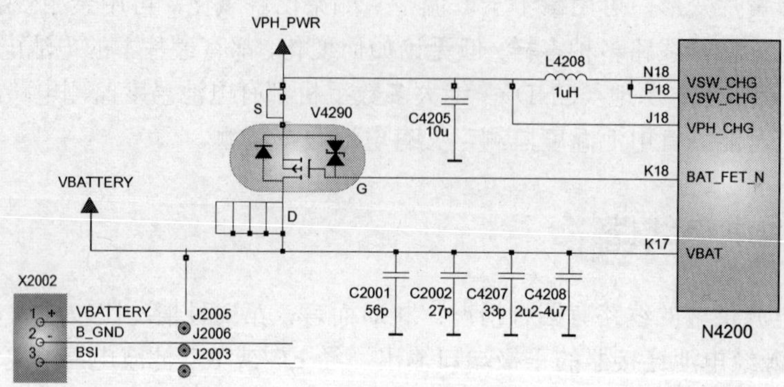

图 6.4

其中的 V4290 是场效应管，用作开关管。电池电源 VBATTERY 经 V4290 输出 VPH_PWR 电源，给功率放大器、背景灯等电路供电。充电器连接到手机时，N4200 的 N18、P18 端口输出充电电源，经 V4290 给电池充电。N4200 通过控制 V4290 的导通程度可控制手机的充电模式。

图 6.5 所示的是一个使用供电开关的供电线路。当然，该电路输出的电池电源+VBATT 也可能经 LC、RC 滤波电路给其他单元电路供电。

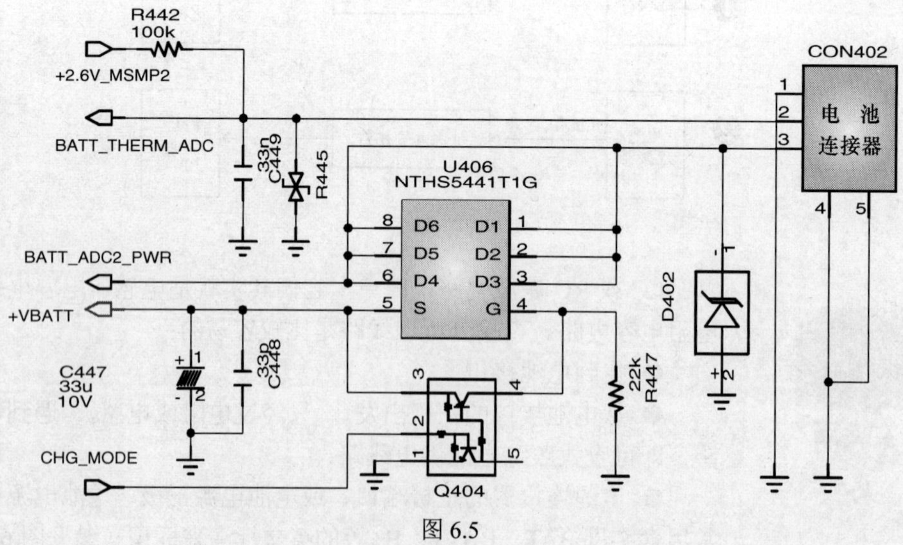

图 6.5

在图 6.5 中，U406 是一个 P 道沟场效应管，作电子开关。当电池安装到手机时，由于 U406 的 G 极为低电平，U406 的 D、S 通道导通，电池电源经电池连接器 CON402、U406 输出+VBATT 电源，给机器内的各单元电路供电。

U406 除起到供电开关的作用外，还用于充电控制。充电电路被集成在电源管理器内，充电电源经电源管理器内的充电电路、U406 电路给电池充电。Q404 的 2 脚信号 CHG_MODE 信号控制 U406 的导通程度，以控制充电电流的大小。

CON402 的 2 脚是电池温度监测端口，该线路输出 BATT_THERM_ADC 信号，到基带处理器。如果该信号线路不正常，会导致手机出现开机与充电方面的故障。

BATT_ADC2_PWR 信号（电池电源）用于电池电压监测。如果该信号线路不正常，会导致手机出现低压告警、电池消耗快等故障现象。

6.1.3 电池数据线路

"师傅，我这个手机显示无效电池呃……"

"师傅，我这个手机显示非法电池呃……"

电池数据线路设计的本意是限制手机用户使用非原厂的电池，不过对于如今的电池厂家来说，所生产的手机电池绕开这个限制没难度。因此电池数据线路没有太多的实际意义。

图 6.6

但是，若该线路不正常，会导致手机出现上述警告显示，以及充电方面的问题。通常是手机电池连接器中数据端口的触片不良、触片氧化，或是数据信号线路上的元器件损坏。

这类手机电池的数据端口会内接一个电阻（或专门的 EEPROM 芯片），如图 6.7 中的 Rs，与手机内的电阻组成分压电路。不同阻值的 Rs 用来标识不同容量（或类型）的电池。

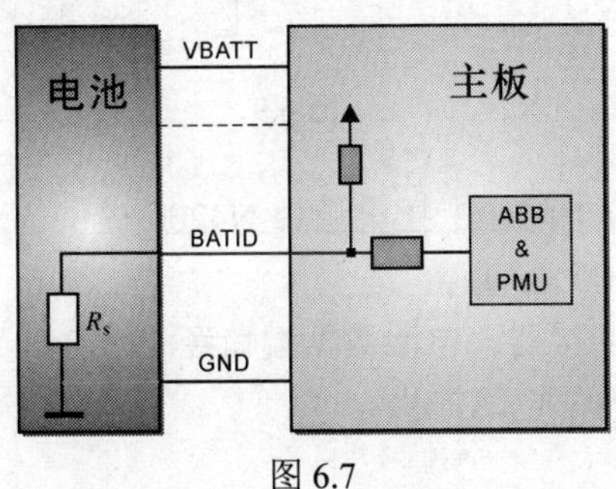

图 6.7

因此，当不同的电池连接到手机时，该电路输出的信号电压也就不同。手机内的 PMU（电源管理器）单元或 ABB（模拟基带处理器）读取该信号电压，基带系统通过该信号数据来分析判断连接到手机的电池的类型。

在电路图中，电池数据端口或其线路通常用 BAT_TYPE、BAT_ID、BAT_DAT、B_DATA、BSI 等英文缩写来标注。

图 6.8 与图 6.9 所示的是两个实际的电池身份信息线路，可以看到电路很简单。

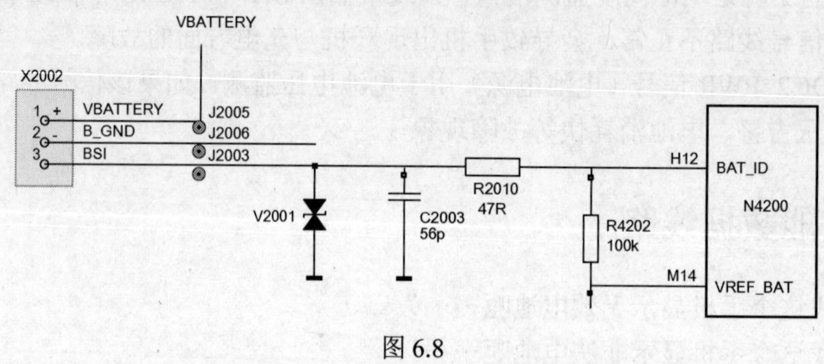

图 6.8

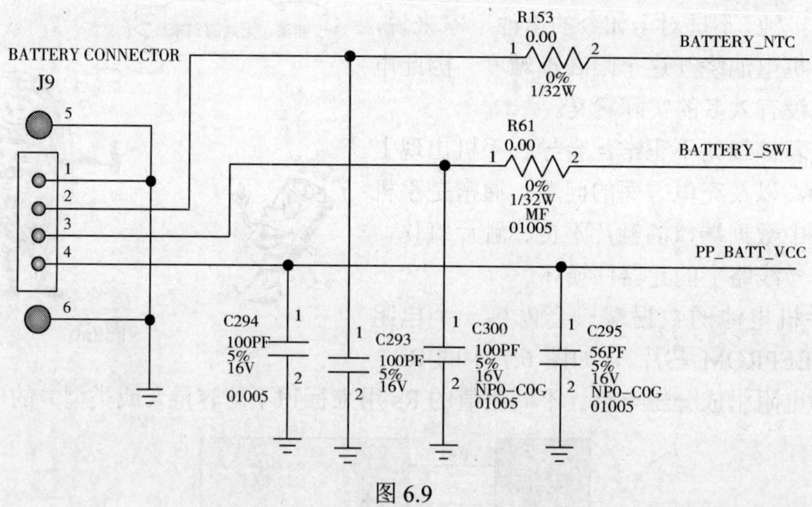

图 6.9

图 6.8 中，R4202 是上拉电阻，上拉电源由 N4200 提供。X2002 的 3 脚是 BSI 端口，经 R2010 连接到 N4200 的电池 ID 端口。

在图 6.9 中，J9 是电池连接器。电池数据端口经 J9、R61 连接到应用处理器与电源管理器。上拉电源由电源管理器内部电路提供。

6.1.4 电池温度线路

可以说几乎所有的手机都有电池温度监测电路。如果手机电池有温度监测端口，电池又很热、烫，可能是手机工作电源过大或是电池故障，但同时也说明温度监测电路不正常。正常情况下，如果系统检测到电池温度过高，手机会被强行关闭，以保护手机电路。

手机电池连接器的温度信息线路与电池的身份信息线路很相似，不同的是，电池内部采用一个温度敏感电阻与手机内的电阻组成分压电路，以得到电池的温度信息。

不是所有的电池温度监测线路都类似图 6.10。在一些手机中，温敏电阻被安装在手机电路板靠近电池的位置，而不是在手机电池中。电池温度信息线路主要用来防止手机因电池温度过高，导致电池或手机损坏。

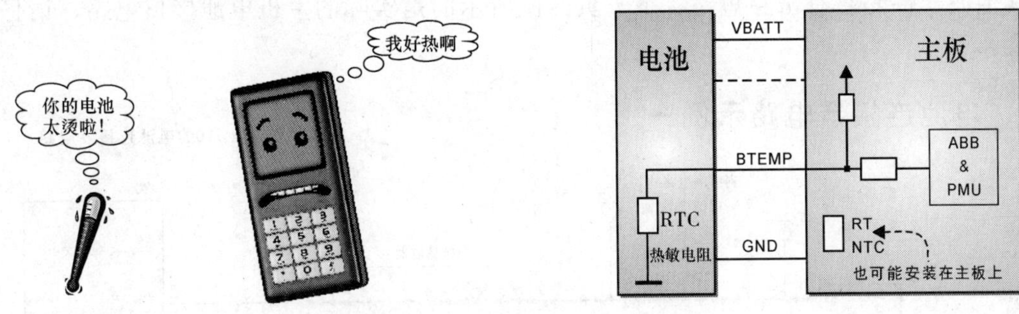

图 6.10

图 6.11 所示的是两个实际的电池温度监测电路。图中的 R2000 是温敏电阻，经 R2007 连接到电源管理器 N4200 的电池温度监测端口。R4203 是上拉电阻，上拉电源来自 N4200。

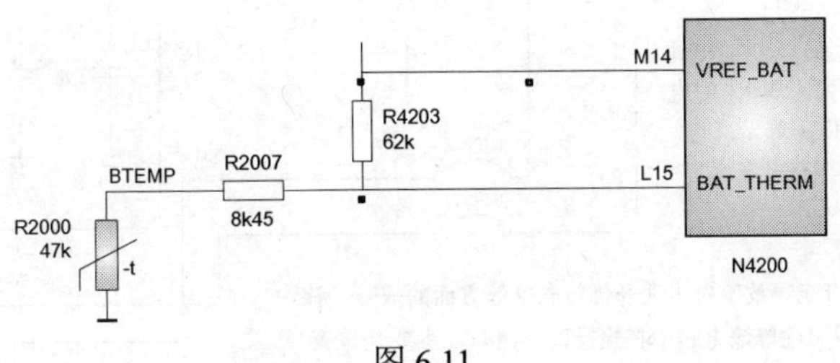

图 6.11

电池接口电路若有问题，会导致手机出现开机、充电等方面的故障。

如果手机出现不开机的故障，可利用一个简单的方法来判断电池接口电路是否有问题：连接一个充电器到故障手机，看手机能否开机。若手机用电池不能开机，连接充电器到手机时能正常开关机，说明电池接口电路有问题。

大多数情况下，电池电源的正极、负极连接端口线路出现故障的几率比较小。对于电池接口电路，应注意检查电池信息信号线路、电池温度信号线路。

若电池连接器安装在机壳上，应注意检查电池接口的触片、PCB 上的触点是否氧化。如果电池安装到手机未能开机，电池出现发热现象，应注意检查电池电源线路上的电容或其他元器件是否有击穿短路。下一页两图所示的是实际的手机电池接口电路，请仔细查看。

电池连接器电路示例一

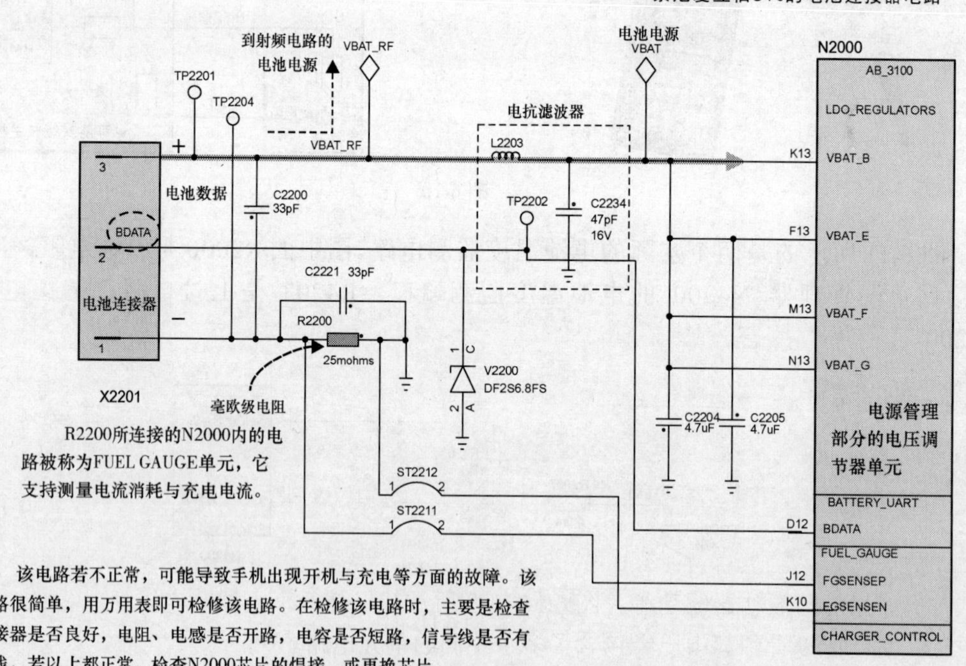

图 6.12

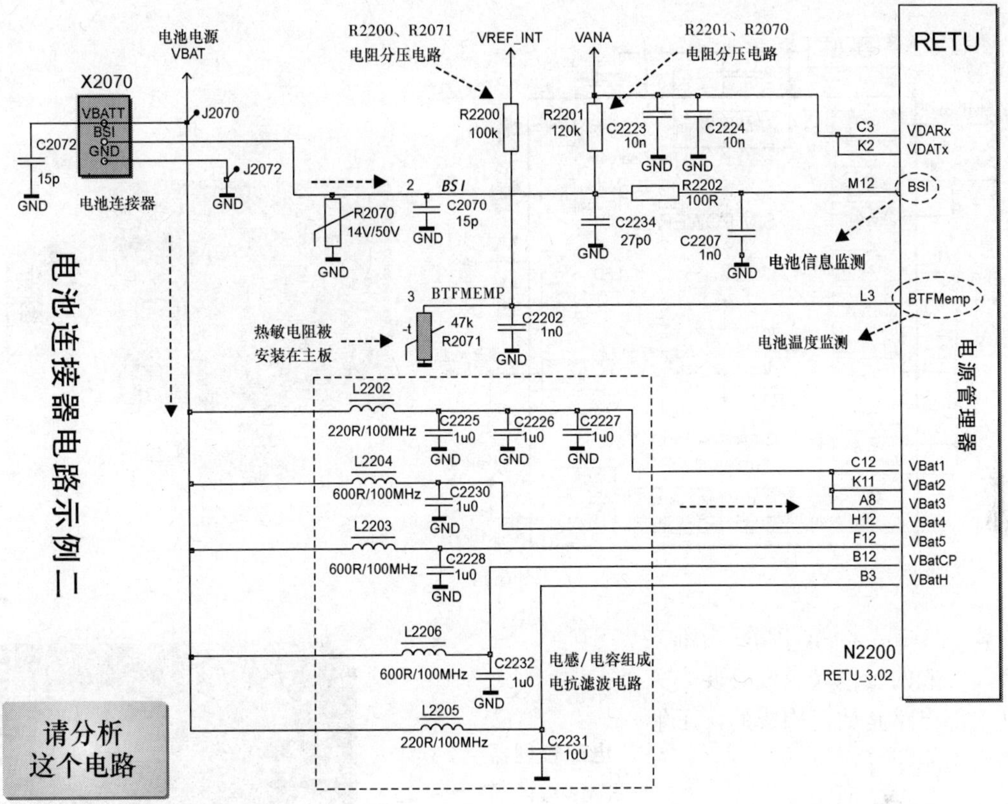

电池连接器电路示例二

请分析这个电路

图 6.13

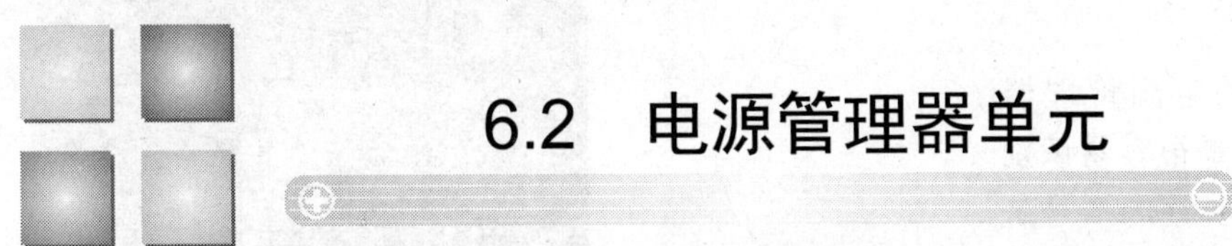

6.2　电源管理器单元

现代手机电路系统中，无一例外都会至少采用一个复合的电源管理器（PMU），几乎所有的 PMU 都集成了众多的电路单元，包括开关机控制逻辑、基带电压调节器、充电控制、电池监测、复位与看门狗及各种中断。大多数复合电源管理器还提供实时时钟、音频放大器、铃声驱动、背景灯与振动器驱动等。图 6.14 左图所示的仅是一个小型的电源管理器的内部电路方框图，我们可以看到其中已经包含了多个不同的单元电路。

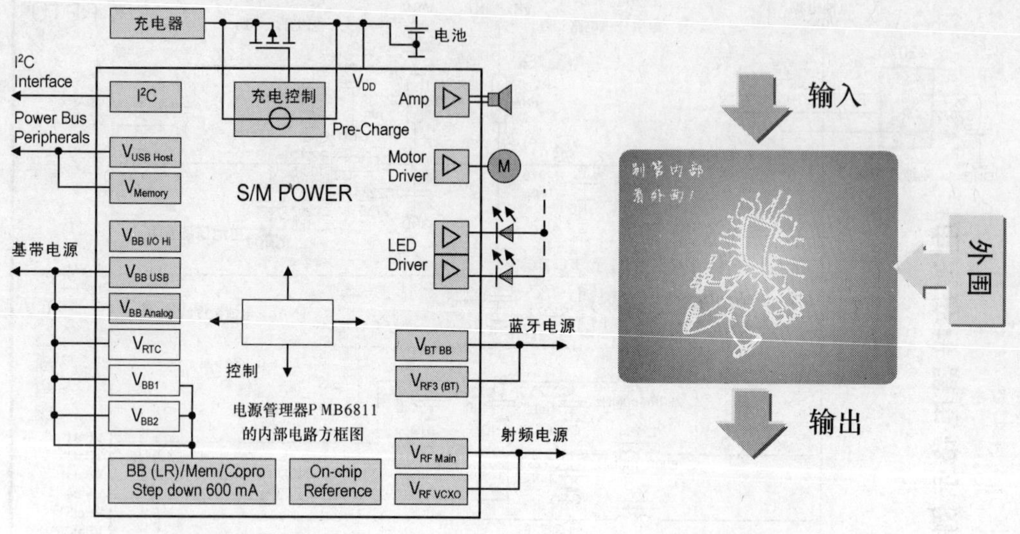

图 6.14

■ 但通常来说，PMU 内部太复杂，一般的维修人员没必要去关注其内部电路是如何构成的，了解其端口功能即可。

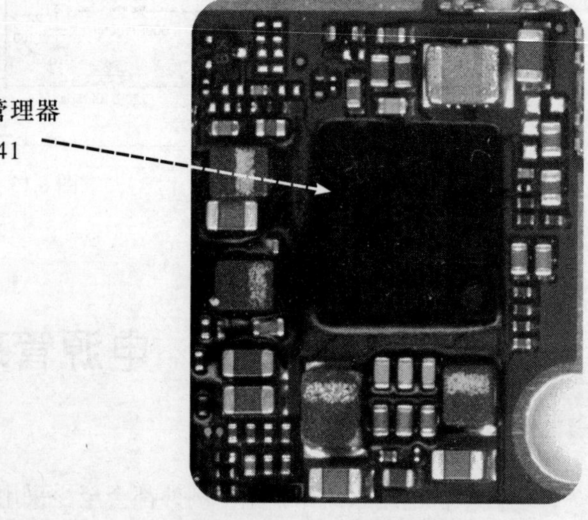

图 6.15

手机电路板中的电源管理器（或复合电源管理器）是很容易识别的。除电源管理器上标注的型号是明显的标记外，在电源管理器的周围，通常有较多体积较大的电容器。

实时时钟晶体通常也在电源管理器旁边。

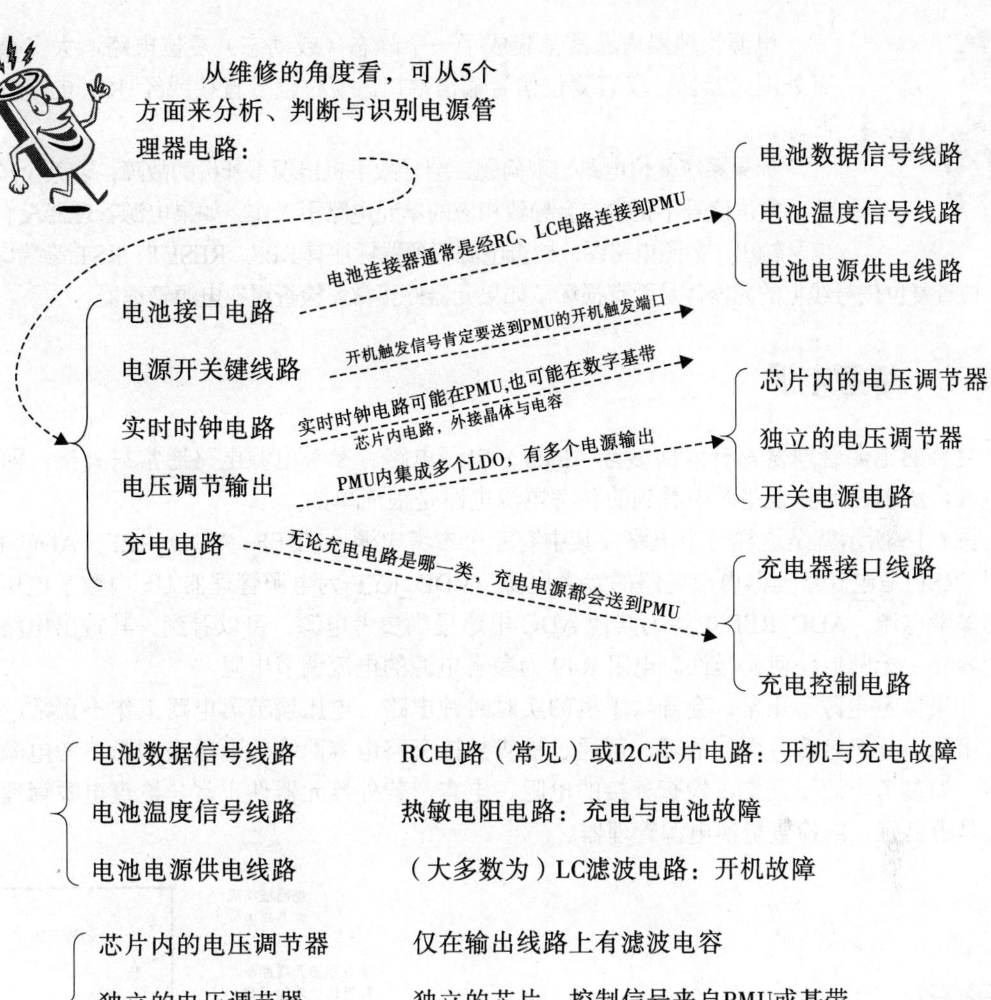

电池数据信号线路	RC电路（常见）或I2C芯片电路：开机与充电故障
电池温度信号线路	热敏电阻电路：充电与电池故障
电池电源供电线路	（大多数为）LC滤波电路：开机故障

芯片内的电压调节器	仅在输出线路上有滤波电容
独立的电压调节器	独立的芯片，控制信号来自PMU或基带
开关电源电路	外部电感、电容、二极管等与芯片内电路组成

充电器接口线路	保险＋LC电路（常见）：充电故障
充电控制电路	可能集成在PMU内，也可能使用外部的充电电路

电源管理器内通常都集成了一个静态（或动态）复位电路，大多数都没有外围元器件，仅有复位信号输出端口。复位信号直接或经 RC 电路到基带芯片。

如果系统复位电路出现问题，会导致手机出现不开机的故障；若某个单元电路的复位信号不正常，会导致相应的单元电路不工作。如果电源管理器没有复位信号输出，参照电路图，检查电源管理器标注有 RES、RESET、RST 等端口的电容，检查复位信号线上的元器件是否有损坏。如果元器件正常，检查更换电源管理器。

6.2.1 参考电源

复合的电源管理器都有内部参考（REF）电源电路。参考电源电路通常只外接一两个旁路电容，所以在实际电路图中看到的参考电源电路是很简单的。

图 6.16 所示就是这样一个电路，其中有三个参考电源：VREF、VDD_REF、ADC_REF。

VREF 是电源管理器内部电路的参考电源，VDD_REF 为电源管理器 U5 内数字电压调节器的参考电源，ADC_REF 电源为其他 ADC 电路提供参考电源。可以看到，其输出电路除旁路电容外，无其他任何元器件。电阻 R49 为参考电源的电流调节电阻。

如果参考电源不正常，会导致手机的实时时钟电路、电压调节器电路工作不正常，引起手机出现不开机等多方面的故障。可通过检查外接旁路电容两端的电压来判断参考电源是否正常。如参考电源不正常，检查外接的电阻、电容，若外接元器件正常，检查电源管理器的焊接是否良好，或检查更换电源管理器。

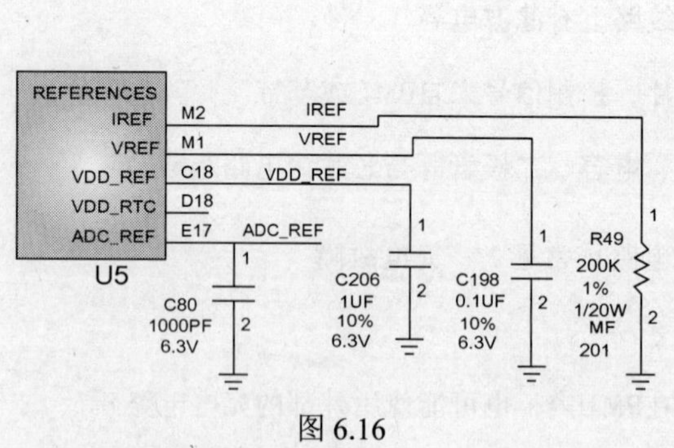

图 6.16

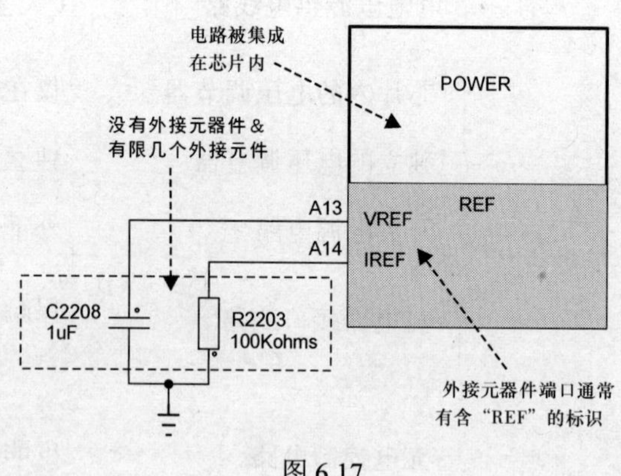

图 6.17

6.2.2 实时时钟

手机内通常都有一个 32.768kHz 的晶体振荡电路，该电路通常在电源管理器单元，也有

少部分手机的实时时钟晶体电路在数字基带单元。手机中的 32.768kHz 还用作睡眠模式下的慢时钟信号，以使手机能获得较长的待机时间。

手机中的实时时钟（RTC）晶体是比较容易识别的。手机中的实时时钟晶体通常呈长方体或圆柱体，设计在基带单元，通常在电源芯片或基带芯片旁。

实时时钟晶体电路很简单，通常由一个实时时钟晶体、补偿电容与芯片内的相关电路一起组成。图 6.18 所示的就是一个实际的实时时钟电路。F32K、OSC32K、RTC、32.768 等是实时时钟电路明显的标识。

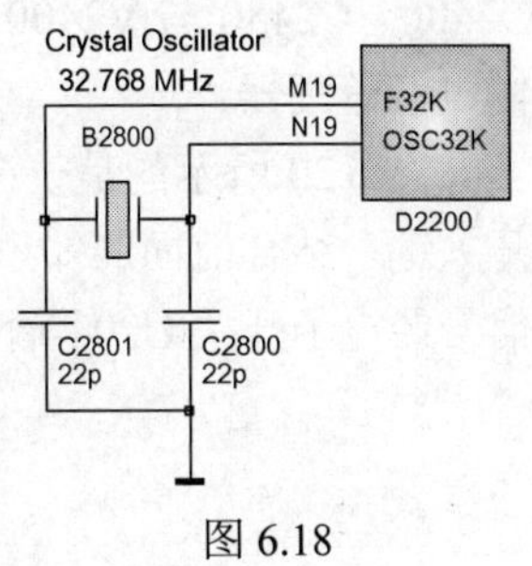

图 6.18

需注意的是，在许多智能手机中，通常会有两个实时时钟电路，一个位于无线通信基带，另一个则位于应用处理器单元。

6.2.3 开机触发

手机当然是用电源开关键来控制开、关的。在软件的支持下，电源开关键也用于菜单操作、挂机操作等。开机触发有两种方式：高电平开机触发、低电平开机触发。大多数手机的开机触发为低电平方式。可将开机触发通俗地描述为：

电源开关键的一端接电池电源或其它电源，另一端接至电源管理器的是高电平触发；

电源开关键的一端接地，另一端接至电源管理器的是低电平触发。

大多数手机的开机触发（电源开关键）电路都很简单。电源开关键经电阻或电感连接到电源管理器，或直接连接到电源管理器。

在手机电路图中，开机触发信号线路通常会用一些英文来标注，如 ONSWAnON_SW、KPDPWR_N、ON_OFF、PWON、ON_OFF_ENDb、KEYON、POWERKEY、ONKEYN、PWR_SW、PwrKey、KB_ON_OFF 等。

图 6.19 所示的是一个低电平开机触发电路，其中的 S2401 是电源开关键，R2400 是上拉

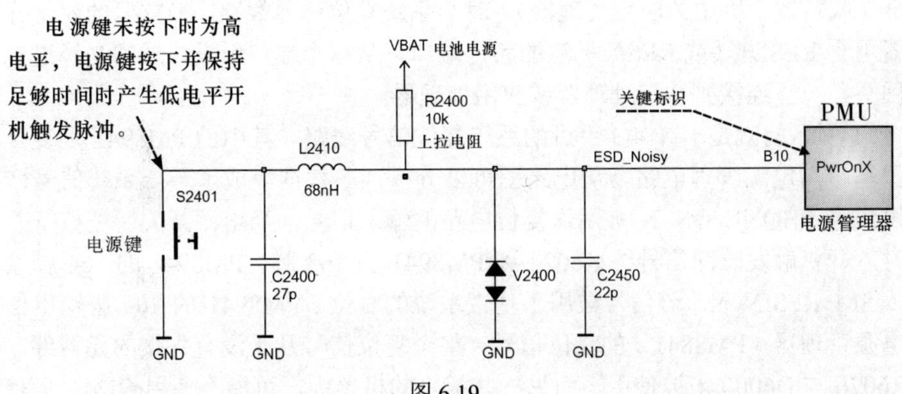

图 6.19

电阻。S2401 未按下时，C2450 处为高电平信号；S2410 按下时，C2450 处为低电平信号。C2400、C2450 与 V2400、L2410 组成抗干扰电路，防止电源开关键按下时产生的尖峰脉冲损伤电源管理器。

图 6.20 所示的是一个高电平开机触发线路。其中“END”标注处的图形所表示的就是电源开关键。结合前面的知识看看，该电路属于什么触发方式？电源开关键按下所产生的开机触发信号经电子开关 U204 输出 PWRON 信号，PWRON 信号被送到电源管理器的开机触发端口。

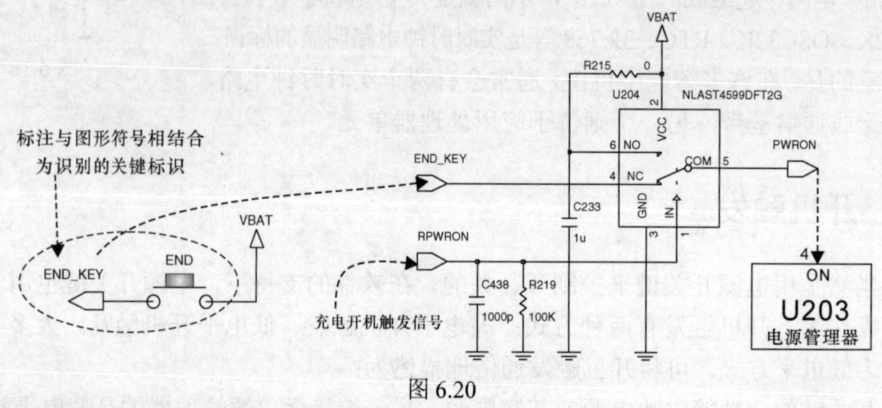

图 6.20

6.2.4 复位信号与电路

对于如今许多手机来说，我们讲复位信号线路，而不讲复位电路。因为，复位电路通常都被集成在电源芯片内。大多数情况下可能仅会在一个含 RESET（或 RES）标注的芯片端口有一个外接的复位电容，也可能什么外接元器件也没有。

电源管理器至少会有一个复位信号输出，被称为系统复位信号。系统复位信号被送到基带处理器（或智能手机中的应用处理器）。对于系统复位信号线路，最重要的就是你要找到电源管理器用含 RESET（或 RES）标注的芯片端口，从这个端口触发，通常是经过电阻，遇到电容就回头，一直连接到基带处理器或应用处理器。

图 6.21 所示的就是一个 4G 手机的系统复位信号线路。其中的 PM8941 是复合芯片，集成了模拟基带与电源管理电路。从电路图可以分析，芯片内集成了一个系统信号产生电路，开机触发信号 PHONE_ON_N 被用作复位电路的输入信号。当电源开关键被按下并保持足够的时间时，开机触发脉冲信号经 R6024 到 PM8941 的 163 脚，PM8941 的 164 脚输出系统复位信号 MSM_RESIN_N，该信号被用于基带系统的复位。PM8941 的 204 脚输出信号则用作另一个电源管理器（PM8841）的复位信号。整个复位信号几乎没有外接的元器件。在这个图纸中，R6026 与 Q6000 未被使用，而另一些版本的机器中，可能不使用 6024，而使用 R6026

与 Q6000。类似的情况在电子设备中是常见的。需注意的是，图 6.21 所示的是比较特殊的情况，如此可避免短时间按钮或按键按下产生复位。大多数情况下，电源管理器内复位电路是上电复位，除接入的电池电源外，无需外部输入的信号触发复位电路。

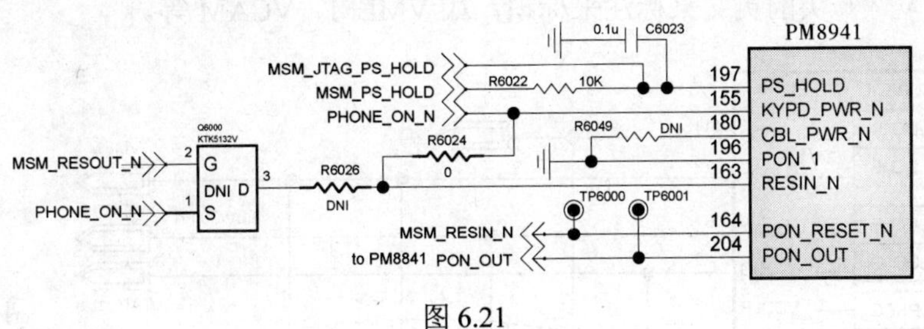

图 6.21

除系统复位信号外，基带处理器或应用处理器通常还会为其他单元电路提供复位信号，如射频芯片的复位信号、蓝牙芯片的复位信号等。

如果系统复位电路出现问题，会导致手机出现不开机的故障；若某个单元电路的复位信号不正常，会导致相应的单元电路不工作。如果电源管理器没有复位信号输出，参照电路图，检查电源管理器标注有 RES、RESET、RST 等端口的电容，检查复位信号线上的元器件是否有损坏。如果元器件正常，检查更换电源管理器。

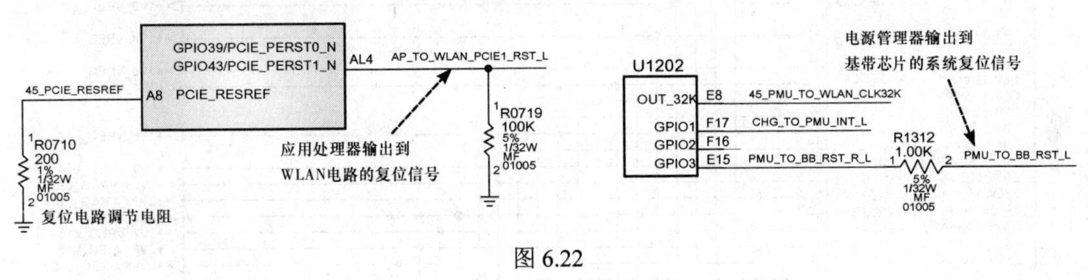

图 6.22

6.3 PMU 的电压调节器

6.3.1 PMU 的 LDO 电压输出

从供电的角度看，电源管理器 PMU 就是一个变电站。PMU 内都或多或少地集成了多个

电压调节器（通常为低压差电压调节器 LDO），其中包括基带电压调节器、射频电压调节器。

PMU 内的 LDO 电压调节器基本上没有什么外围元器件，我们能看到的仅是输出线路，仅在电压电源输出线路上有一些滤波电容，如图 6.23、图 6.24 所示。这些 LDO 输出的电源通常以字母“V”开头的英文来标注来标识，如 VMEM、VCAM 等。

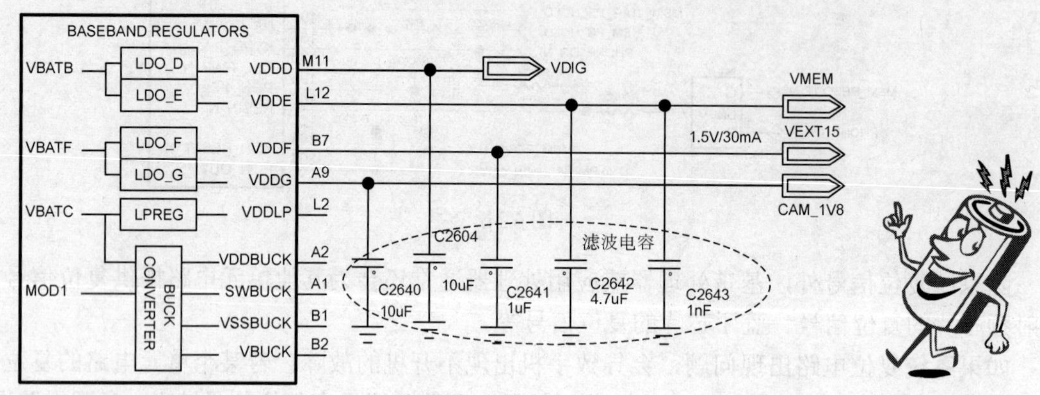

图 6.23

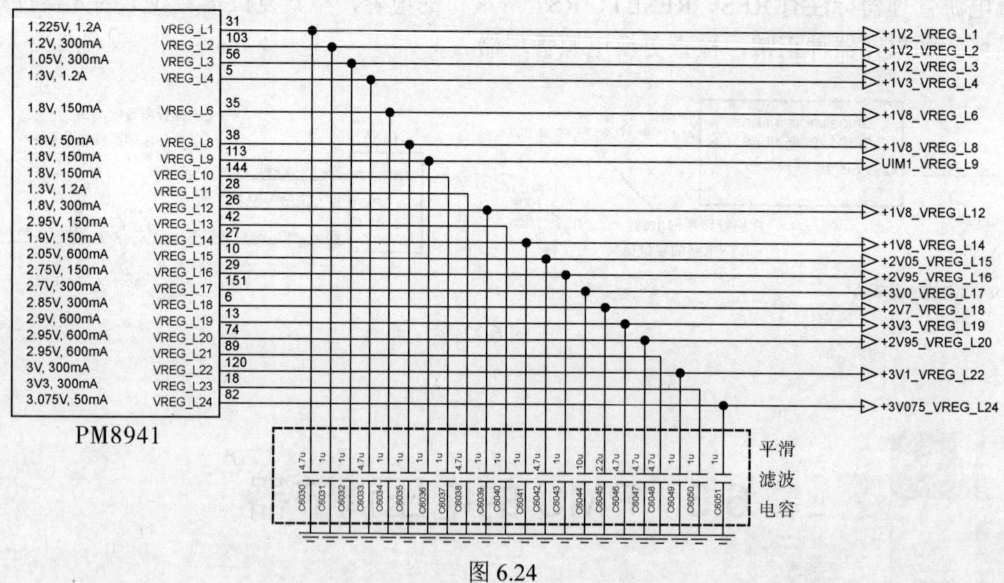

图 6.24

如果 PMU 的 LDO 输出只有一个或其中的几个不正常，检查相应输出线路上的电容、供电的目标电路是否有问题。若没有问题，检查更换电源管理器。若 PMU 的所有 LDO 输出都不正常，需要先检查电池供电、参考电源、实时时钟（或其他 RC 振荡电路）是否正常。若不正常，检查更换电源管理器。

6.3.2　PMU 的开关电源

手机中射频部分锁相频率合成中的泵电路通常需要使用 4V 以上的高电压电源，而手机的电池电源通常都在 3.6V，这就需要一个升压电路（BOOST）来处理。

在基带部分，一些新型的基带信号处理器的内核使用 1.2V、1.5V 或 1.8V 的电源，这就需要一个降压电路（BUCK）对电池电源处理，以得到基带电压调节器的输入电源。

电源管理器的开关电源电路构成很简单：大部分电路都被集成在 PMU 芯片内，仅在芯片外接几个电感、电容或二极管。图 6.25、图 6.26 所示的就是两个实际的电路。

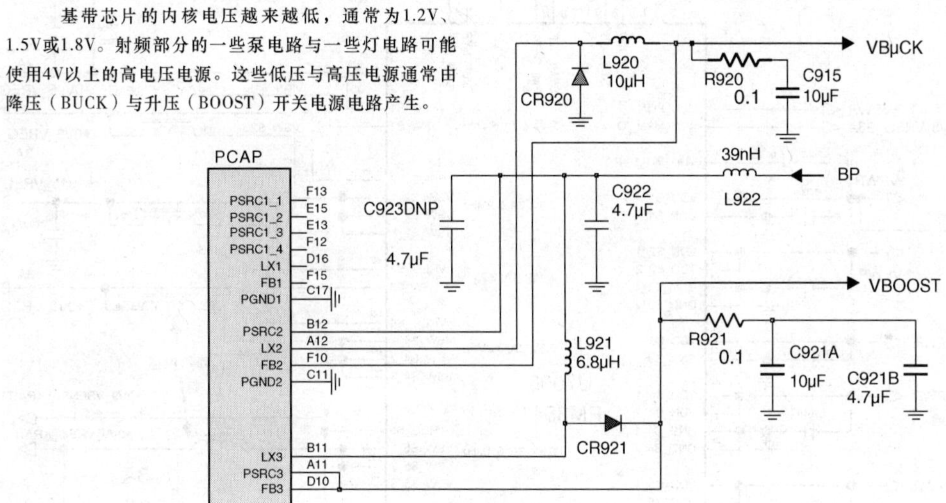

图 6.25

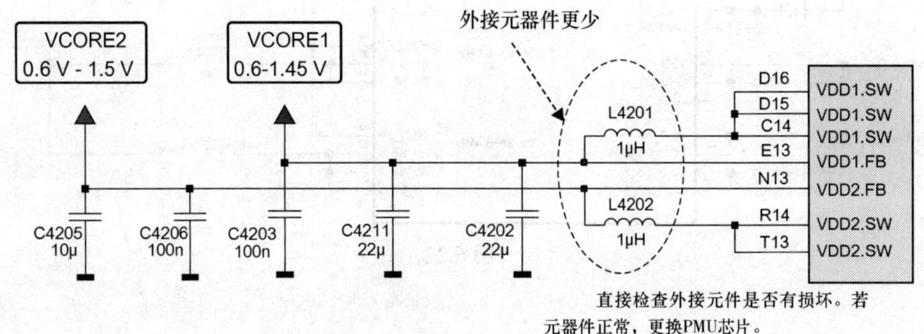

图 6.26

如果开关型电源电路出现故障，可用示波器在电感连接芯片的一端检测，看有无脉冲信号。若无，检查芯片的控制信号，或检查更换相关的芯片。若有脉冲信号，检查更换电源芯片外围的电感、电容与二极管等元器件。

图 6.27 所示的是 4G 手机 LG D820 内的子电源管理器电路，主要提供大电流降压开关电源，其中的+0V9_VREG_KRAIT 电源由四个降压开关电源电路并联输出。

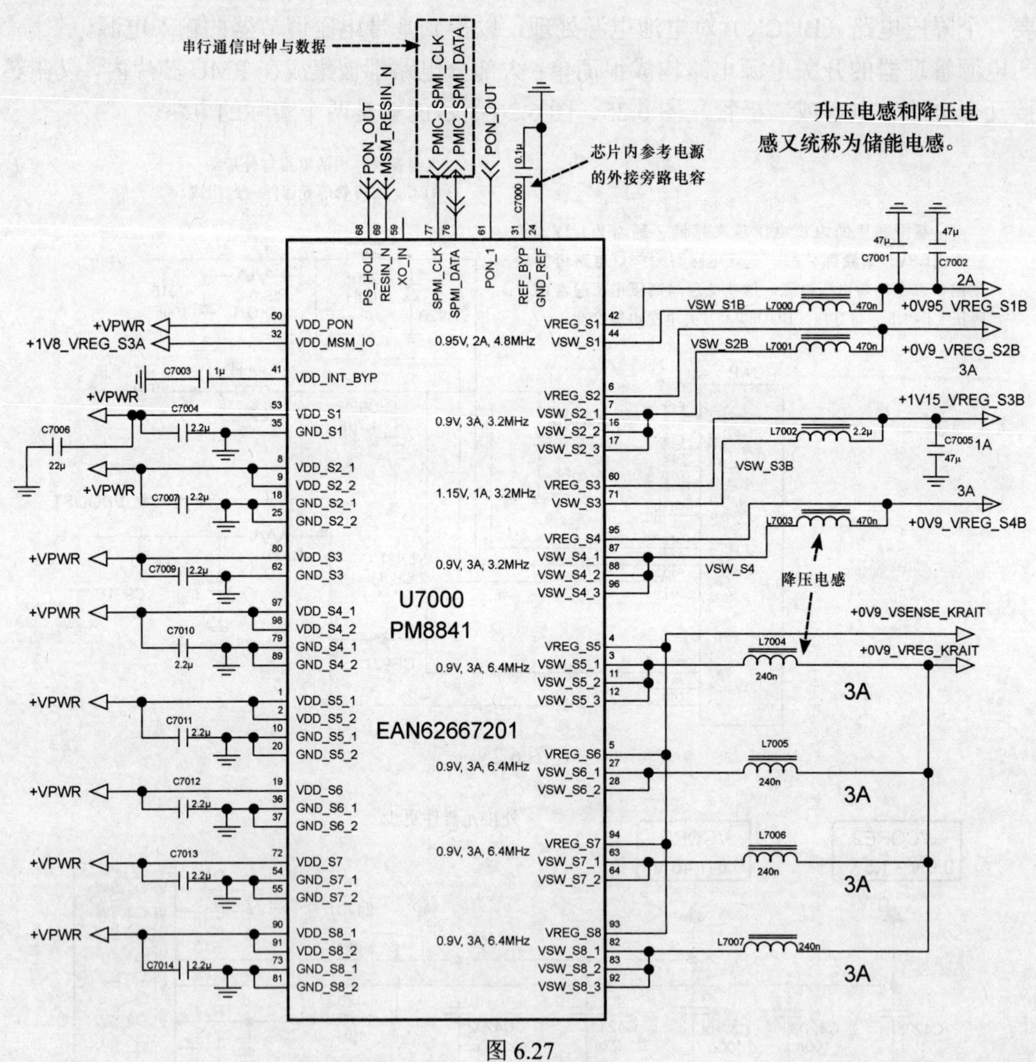

图 6.27

电路中的+VPWR 是供电开关输出的电池电源，PON_OUT 是开机维持信号，来自主电源管理器 PM8941，MSM_RESIN_N 是主电源管理器 PM8941 输出的系统复位信号。

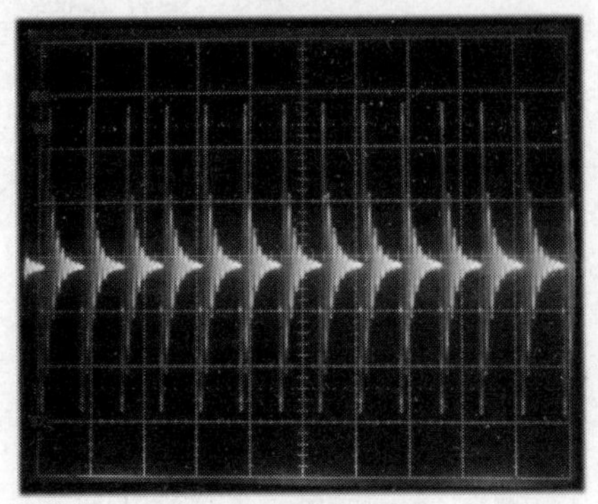
图 6.28

如果 PMU 开关型电源电路出现故障，可用示波器在电感连接芯片的一端检测，看有无脉冲信号（类似图 6.28）。若无，检查电源管理器芯片的控制信号，检查芯片的焊接，或更换相关的电源管理器芯片。

若有脉冲信号，检查外围的电感、电容与二极管等元器件。

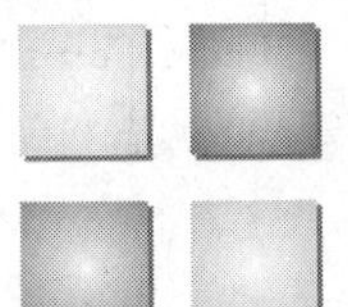

6.4　独立电压调节器

6.4.1　LDO 电压调节器

LDO 意为低压差电压调节器，独立的 LDO 电压调节器是手机内常见的电源芯片。与 PMU 内的电压调节器所不同的是，LDO 电压调节器通常只提供一或二个输出。

LDO 电压调节器是新一代的集成电路稳压器，功耗很低。LDO 电压调节器芯片至少有 4 个端口：一个电源输入端，一个接地端，一个电源输出端，一个控制端。

LDO 电压调节器的输入端通常标注 IN，输出端标注 OUT，控制端标注有 ON、EN、CE 等。

独立的电压调节器电路比较简单，通常仅需要两个用于输入、输出电压退耦降噪作用的电容器。一些 LDO 有一个 Bypass 附加引脚，由它连接一个外部的小电容器，可以进一步降低 LDO 输出电源的噪声。

图 6.29、图 6.30 所示的就是两个实际的电路。当它们的控制信号为高电平时，电压调节器开始工作，输出稳压电源。仔细看看图 6.29、图 6.30 所示的电路有什么区别？

图 6.31 图 6.32 所示的也是两个独立的 LDO 电压调节器，图 6.31 所示电路除有两个电源输入端口，两个电源输出端口外，与上面两个 LDO 没有本质的区别。图 6.32 所示的 LDO 电路则使用了一个外接的旁路电容，这个旁路电容为芯片内的基准电压滤波。

若独立的电压调节器输出不正常，检查输出线路上的电容是否有损坏，输入是否正常，控制信号是否正常。若以上都正常，检查更换电压调节器。

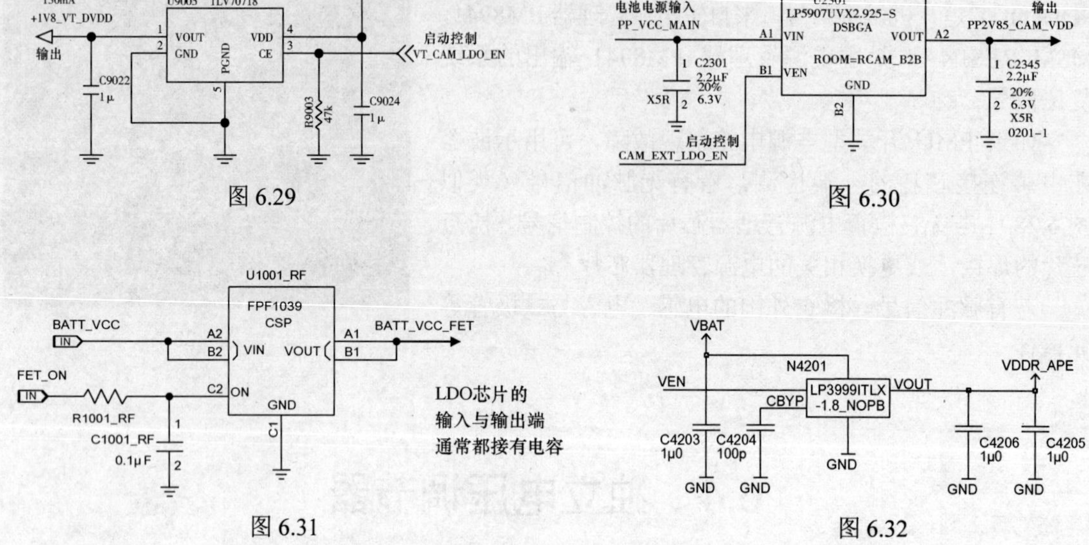

图 6.29　　图 6.30　　图 6.31　　图 6.32

通常，输入与输出的电源都可在各端口的外接电容处检测。在某些电路中，由于采用 BGA 封装的芯片，无法检测到控制信号。在这种情况下，只要输入正常，输出线路上的电容正常，一般可先更换电压调节器芯片。

6.4.2 独立的开关电压调节器

如今的许多手机都会用到独立的开关电压调节器电路。电路很简单，通常由一个直流-直流变换芯片与外接的电容、电感、二极管、电阻等组成。

独立的开关电压调节器电路输出的开关电源可能用于基带芯片，也可能用于背景灯、闪光灯。图 6.33～图 6.35 所示的就是这样的电路。

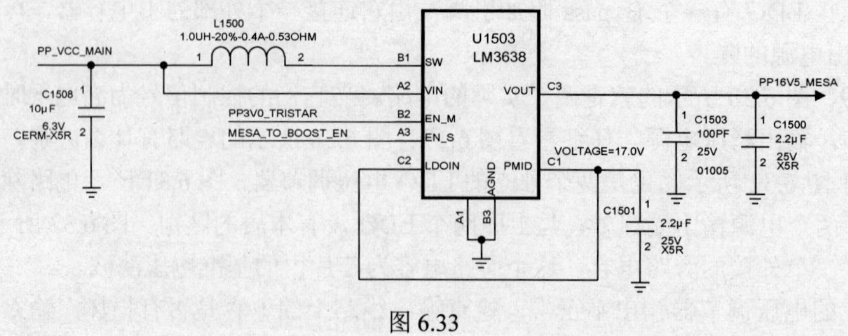

图 6.33

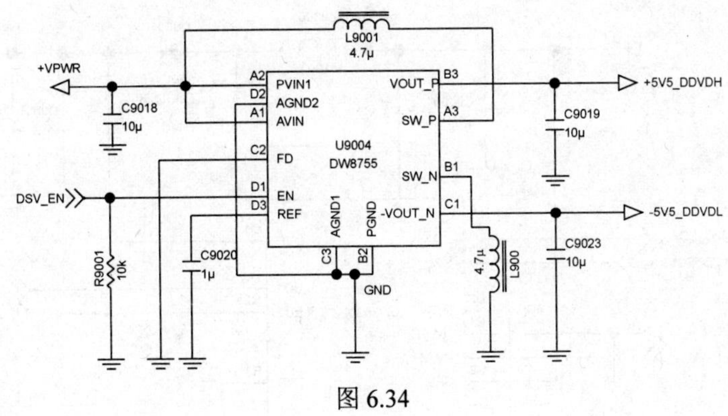

图 6.34

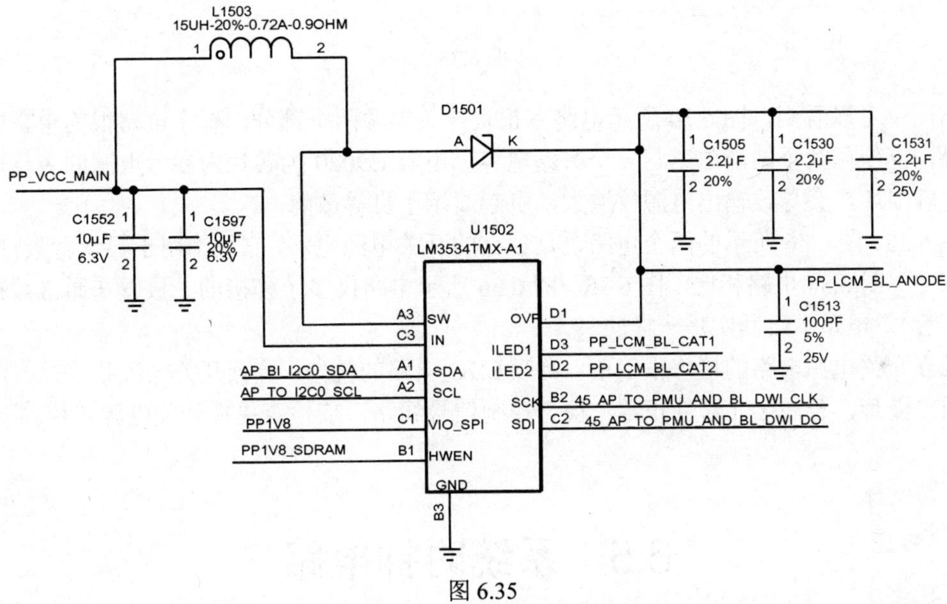

图 6.35

图 6.33 所示的是 iPhone 6 手机内的一个升压开关电源电路，电路中的 U1503 芯片是直流变换芯片，L1500 是升压电感，C1501 是旁路电容，C1500、C1503 是输出滤波电容，PP_VCC_MAIN 是电池电源。应用处理器输出控制信号到 U1503 的 B2、A3 脚，控制 U1503 电路的工作。U1503 电路输出 16.5V 的高压。

图 6.34 所示的电路用于 LCD 显示与触摸屏电路。其中的 U9004 是直流变换芯片。U9004 与外部的电感、电容一起组成升压开关电路。其中的为−5.5V5_DDVDL 为−5.5V电源，+5V5_DDVDL 为正 5.5V 电源。基带处理器输出 DSV_EN 信号到 U9004 的 D1 脚，控制开关电源电路的工作。

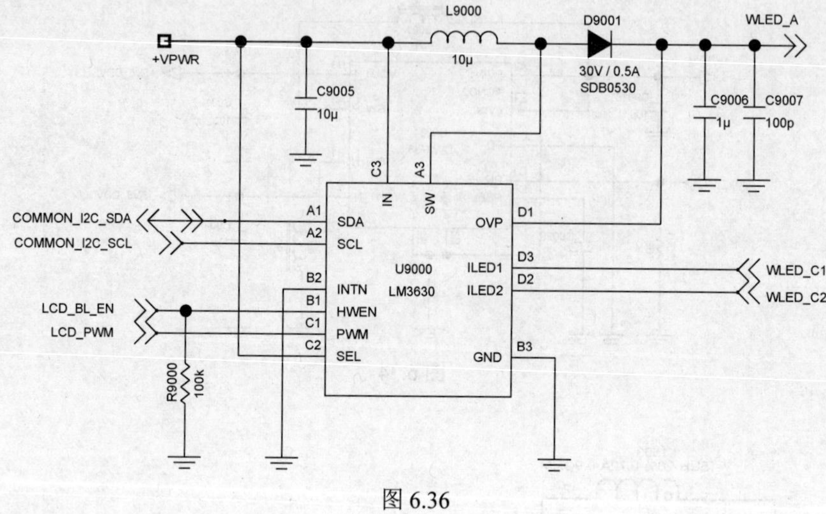

图 6.36

从图中可以看到，图 6.34 所示电路有正负开关电源两个部分，整个电路很简单，除滤波电容外，仅使用两个储能电感与一个旁路电容。电容 C9020 为芯片内参考电源的旁路电容，若该电容损坏，会导致输出电源纹波大，引起显示不良等故障。

图 6.35、图 6.36 所示的两个电路也是独立的开关电源电路，它们都用于显示背景灯供电。与图 6.33、图 6.34 电路相比，图 6.35、图 6.36 所示电路仅多了外接的二极管（通常被称为续流二极管），电路本质其实是一样的。

独立开关电源电路的检修很简单，类似 LDO 电路的检修：检查开关电源芯片外接的电感电容或二极管，若外接元器件正常，检查控制信号线路，或检查更换开关电源芯片。

6.5 系统时钟电路

绝大多数手机的系统时钟电路其实并没有被设计在电源管理器单元，而是在射频单元。系统时钟电路产生的信号除用于基带作主时钟信号外，还为射频单元的频率合成提供参考振荡信号，因此该电路有时也被称为参考振荡电路。在如今的一些单芯片平台手机中，系统时钟电路已无所谓是在射频还是在基带部分了。

之所以将系统时钟电路放在这里讲，是因为——如果系统时钟电路不工作，手机无法开机。

时钟电路是基带电路的心脏，它控制着手机的工作节奏。基带部分的 CPU 运行程序需要时钟的支持，如果没有时钟电路来产生时钟信号驱动 CPU，CPU 是无法执行程序的。CPU 可以被看作时钟驱动下的时序逻辑电路，是在特定的时钟周期执行一条指令。如果没有这个时钟，CPU 就跑不起来，也无法定时和进行与时间有关的任何操作。

对 GSM 模式手机，参考振荡信号有 13MHz、26MHz 与 19.5MHz。不论其频率是多少，它总是与数字“13”相关。对于 CDMA 手机来说，通常使用 19.68MHz 的信号作为参考信号，也有使用 19.2MHz、19.8MHz 信号的。在 WCDMA 手机中，有使用 19.2MHz 的，也有使用 38.4MHz、13MHz 的。在使用高通平台芯片的 4G 手机中，系统时钟多采用 19.2MHz 信号。

如今手机的系统时钟电路有两种情况：

❶ 采用一个系统时钟模组，晶体与振荡电路都被集成在时钟模组内。

❷ 使用一个系统时钟晶体，与相关芯片内的电路一起组成。

图 6.37 所示的是一个实际的手机系统时钟电路，该电路属于第❶种情况。图中的 OSC1000 是系统时钟模组，U1001 是复合射频芯片。U1001 的 B11 端口输出系统时钟电源，到 OSC1000 的 VCC 端口。U1001 的 B10 脚输出自动频率控制信号，到 OSC1000 的 1 脚，控制 OSC1000 的工作。

OSC1000 的 4 脚输出 26MHz 的时钟信号，到 U1001 的 A12 端口。从图 6.37 中可以看到，U1001 有多个时钟信号输出端口。26MHz 的信号除用于芯片内射频电路作参考振荡信号外，信号经缓冲放大后，还输出 GPS 时钟（GPS_CLK_26M）与系统时钟（SYS_CLK_26M）。

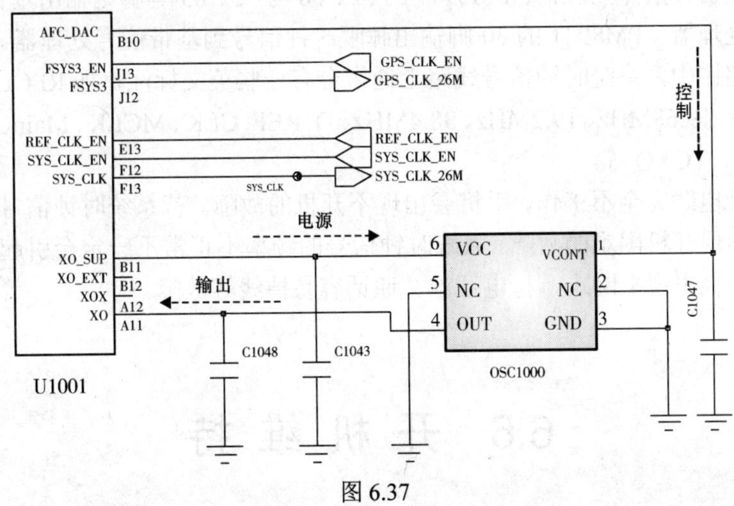

图 6.37

图 6.38 所示的是 4G 手机 LG-D820 中的系统时钟电路，该电路属于第二种情况。其中的 PM8941 是复合电源管理器，X6000 是系统时钟晶体。从图中可以看到，X6000 其实是一个集成的时钟模块，其中包含了温度传感器，使系统能对时钟电路进行温度补偿，以免时钟信号（频率）出现温度漂移。

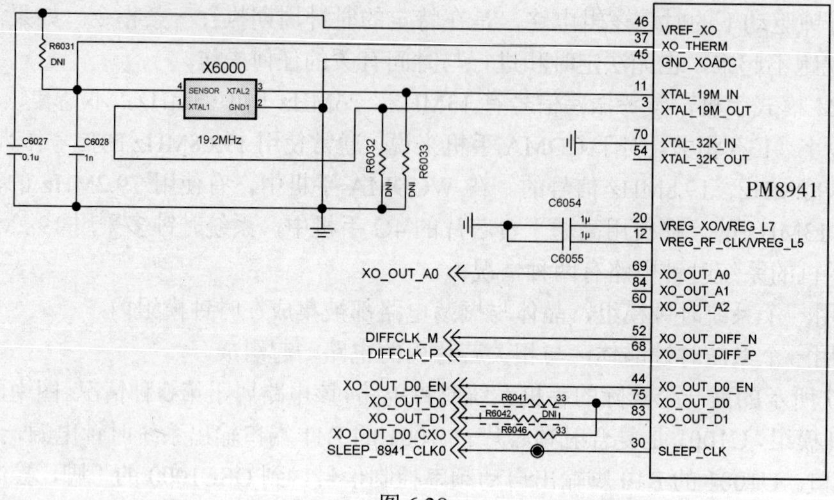

图 6.38

从图中还可看到，实时时钟端口（XTAL_32K_IN）未被使用。电路中的 C6054、C6055 是芯片内时钟电源的旁路电容，PM8941 的 46 脚为时钟模块供电。

X6000 输出的 19.2MHz 信号经 PM8941 内的时钟电路处理后，从 69 脚输出射频电路的参考振荡信号到射频信号处理器；PM8941 的 52、68 与 75、83 等脚则输出基带系统的时钟信号到基带信号处理器；PM8941 的 30 脚输出睡眠时钟信号到基带信号处理器。

在手机电路图中，系统时钟信号线路上通常会有一些英文标注，如 RFCLK、REF_CLK、26MHz、13MHz、19.68MHz、19.2MHz、38.4MHz、D_REF_CLK、MCLK、MainCLK、CLK13M、26MHZ_MCLK、TCXO 等。

若系统时钟电路完全不工作，手机会出现不开机的故障。若系统时钟信号的幅度不正常，可能导致手机出现开机困难的故障。系统时钟信号的频率不正常不一定会引起不开机的故障，却一定会引起手机出现上网难、打电话难、通话容易掉线等故障。

6.6 开机维持

在关机状态下，如果电源开关键被按下并保持足够的时间，就会产生一个开机触发信号，使基带电压调节器、系统时钟电压调节器工作。

如果电源开关键被释放，就需要有信号继续控制电压调节器，使之维持在工作状态，从而使手机能完成开机进入正常工作状态，这个控制信号就被称为开机维持信号。

■　需注意的是，并不是所有的手机都有一个明显的开机维持信号。在许多采用复合电源管理器的手机中，数字基带会通过 I^2C 总线来控制电源管理器的工作。通常只在高电平触发开机或采用高通平台芯片的手机中能看到明显的开机维持信号。

开机维持信号都是一个固定的高电平信号，在电路中，通常被标注为 RTCDCON、WDOG、RTC_ALARM、ITWAKEUP、RTC_OUT、PS_HOLD、PWR_KEEP、BB_PWR、DBBON、WatchDog、ON 等。

图 6.39 所示的则是一个采用高电平开机手机的开机维持线路示意图。电源开关键被按下时，产生一个高电平触发信号送到电源管理器的启动控制端口。如果机器正常，数字基带信号处理器（DBB）会输出一个高电平信号到电源管理单元的控制端口。这样即使电源开关键松开，电源管理单元因有这个高电平信号而维持工作。

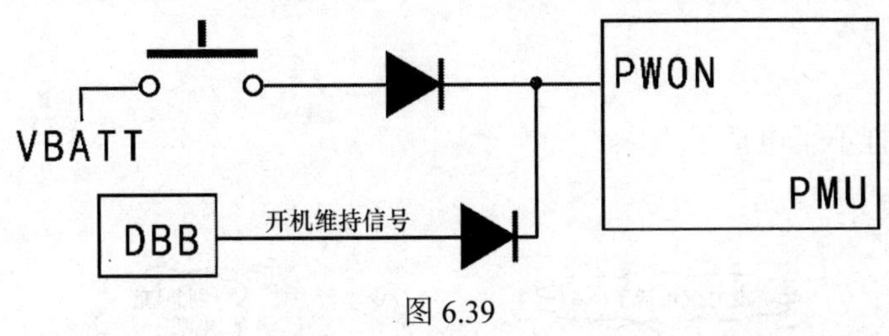

图 6.39

图 6.40 所示的就是这样一个实际电路。电池电源经上拉电阻 R8015 将 PHONE_ON_KEY_N

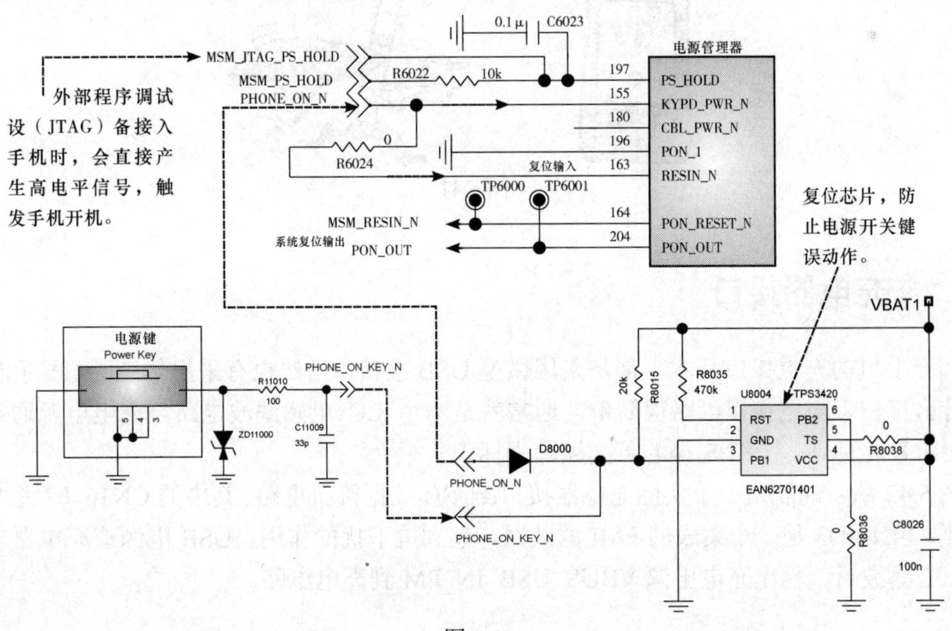

图 6.40

信号置为高电平。当电源键被按下并保持足够的时间时，将 PHONE_ON_KEY_N 信号翻转为低电平，产生一个低电平开机触发信号，经二极管 D8000 到电源管理器的 155 脚。如果系统一切正常，基带处理器会输出一个开机维持信号 MSM_PS_HOLD，经 R6022 到电源管理器的 197 脚。

6.7 充电电路

“饿了……没……没力气了”

“找点东西吃吧”

……

“手机没电，打不了电话了”

“充电啊”

图 6.41

6.7.1 充电器接口

如今手机的充电接口基本上都是采用微型 USB 接口，当然也有采用传统圆形插孔的。不论是什么接口，充电接口电路很简单，通常就是一个 LC 电感滤波电路。充电电源通常以含字母 CHG、CHAR、VBUS 等的英文缩写来标识。

图 6.42 所示的就是一个实际充电器接口&USB 数据接口电路。其中的 CN16002 是数据接口插座，FL16003 是一个集成的 EMI 滤波器，起到抗干扰的作用。USB 电源或充电器电源经 FL16003 滤波后，输出充电电源 VBUS_USB_IN_PM 到充电电路。

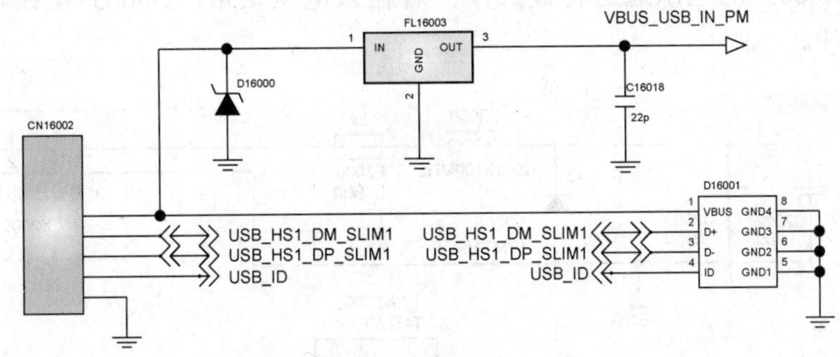

图 6.42

手机都有充电电源检测电路。电路很简单，通常是充电电源被分一路到电源管理器或基带芯片的充电器接入检测端口。

如今的手机都使用复合的电源管理器，充电检测线路通常都集成在电源管理器芯片内，因此在电路图中可能看不到充电检测电路。

充电线路上通常有含字母 CHG、DET、SNS 的英文标注。

6.7.2 充电电路

如今手机的充电电路都比较简单，大多数充电电路元器件都被集成到复合电源管理器中。下面用实际的手机充电电路来予以说明。

充电电路被集成在电源管理器（PMU），仅使用少数外接元器件：

图6.43所示的是一个典型的充电电路。其中的X2000是充电接口。充电电源经保险F2000、L2000 到电源管理器，然后从 N2300 的 F10 等脚输出，经 V7501、R7556 给电池充电。

若该手机无法充电，检查 F2000、L2000、V7501、R7556、T3、C2000 等元器件是否有损坏。若元器件正常，更换 N2300。如果充电器连接到手机时，手机没有充电显示，检查充电检测电路。如果充电器连接到手机时，手机有充电显示，但不能充电，检查充电控制电路（例如示例中的 U4 电路），或检查更换电源管理器。如果给电池充满电需要的时间比正常情况长很多，注意检查充电电路中的电阻。

图 6.43 所示的充电电路很简单，下面来看一个相对复杂的充电电路。图 6.44 所示的是 4G 手机 LG D820 内的过压保护电路。当手机连接充电器或连接到外部设备的 USB 接口时，充电电源 VBUS_USB_IN_PM（参见图 6.42）被送到过压保护器 U8003 电路。如果输入电压

超过限定值，U8003 的电源通道将被关闭；若输入电压正常，U8003 电路输出充电电源+5V0_OTG_OVP。

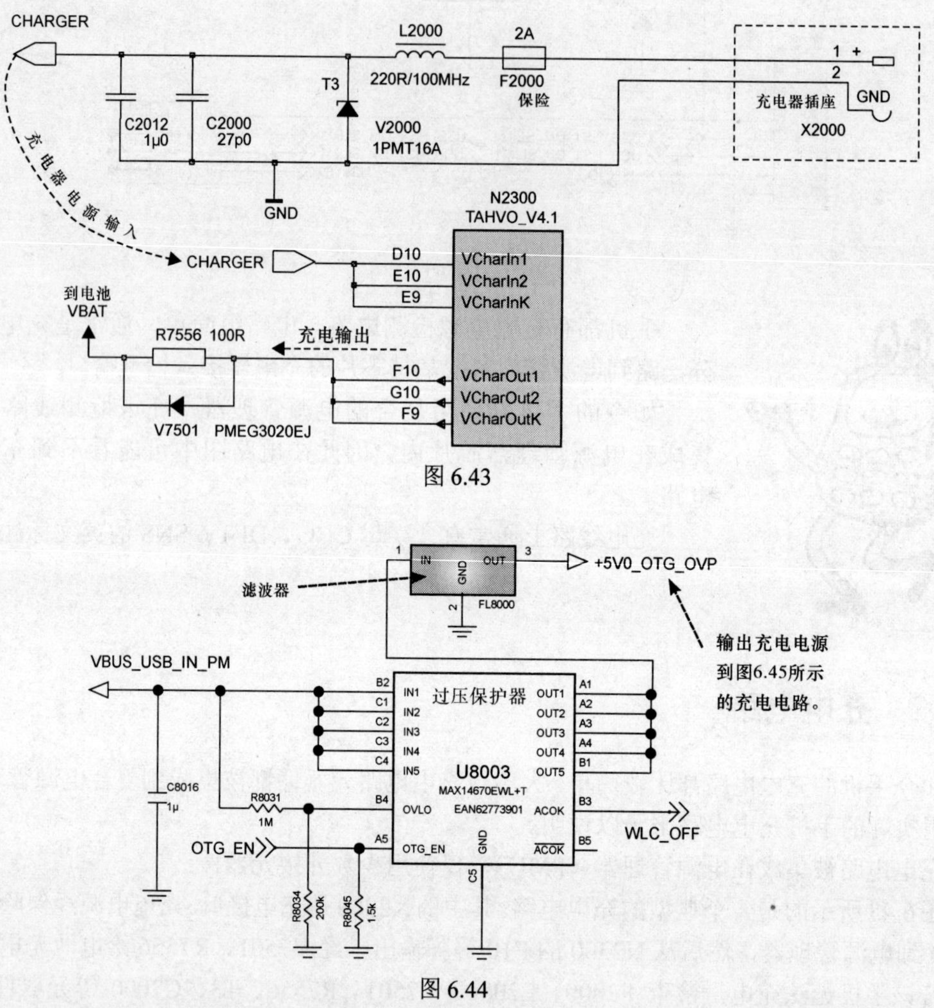

图 6.43

图 6.44

图 6.45 所示的是充电电路，U8002 是充电管理器，除芯片的 5、6 脚是连接到电流监测电路外，其余的信号端口都是连接到电源管理器 PM8941，即整个充电受电源管理器的控制。

BQ24192 是高集成开关模式电池充电管理和系统电源路径管理元器件。该元器件可在无需软件控制情况下启动并完成一个充电周期。它自动检测电池电压并通过三个阶段为电池充电，即预充电、恒定电流和恒定电压。当充电电流为 2A 时，充电效率可达 92%；4A 时，充电效率可达 90%。电源路径管理将系统的电压调节到稍微高于电池电压的水平，但是不会下降到低于 3.5V 最小系统电压（可编程）。

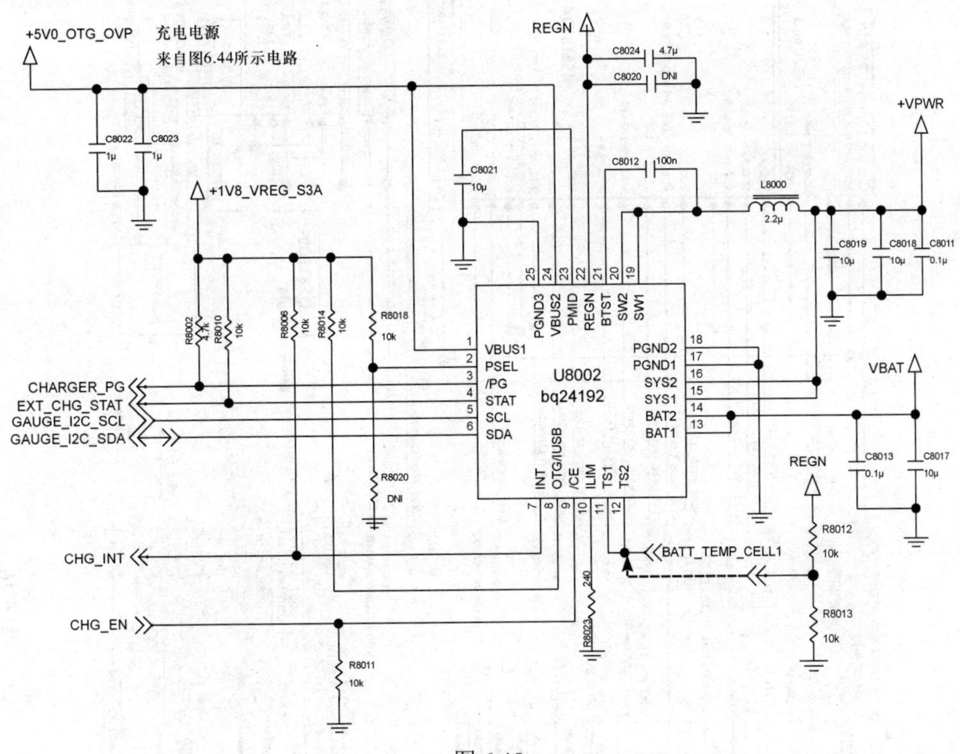

图 6.45

BATT_TEMP_CELL1 是充电单元的电池温度监测信号输入，防止充电时电池温度过高而损坏。充电电源从 U8002 的 1、24 脚输入，经 U8002 电路调节后，输出+VPWR 电源给整机电路供电；U8002 的 13、14 脚则连接到电池正极，给电池供电。

没有充电电源接入时，U8002 则相当于一个可调节输出的供电开关，将电池电源 VBAT 变换为+VPWR 给手机电路供电。

REGN 是 U8002 内电压调节器的输出，为温度监测和 USB 接口电路供电。

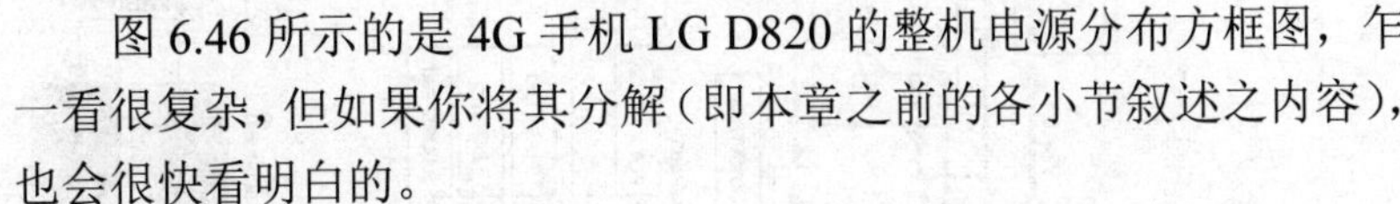
图 6.46 所示的是 4G 手机 LG D820 的整机电源分布方框图，乍一看很复杂，但如果你将其分解（即本章之前的各小节叙述之内容），也会很快看明白的。

不要急，慢慢看，多练习，多思考，会习惯看类似电路图的。

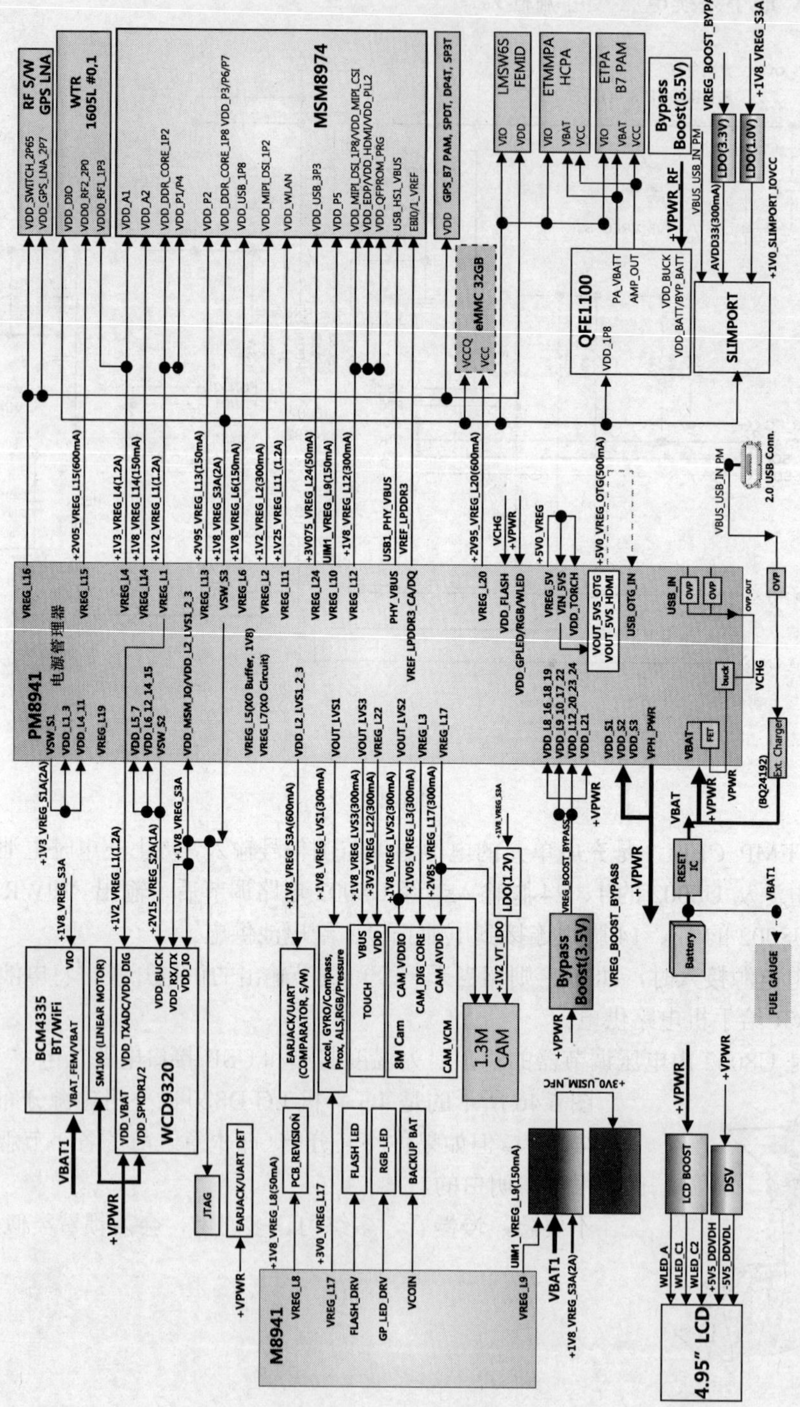
PM8941
电源管理器
MSM8974
WTR 1605L #0,1
RF S/W GPS LNA
BCM4335 BT/WiFi
WCD9320
SM100 (LINEAR MOTOR)
M8941
QFE1100
SLIMPORT
eMMC 32GB
LMSW6S FEMID
ETMMPA HCPA
ETPA B7 PAM
Bypass Boost(3.5V)
1.3M CAM
8M Cam
TOUCH
LDO(1.2V)
LDO(3.3V)
LDO(1.0V)
RESET IC
Battery
FUEL GAUGE
2.0 USB Conn.
JTAG
EARJACK/UART DET
PCB_REVISION
FLASH LED
RGB_LED
BACKUP BAT
LCD BOOST
DSV
4.95" LCD

图 6.46

6.8　开机故障检修

如何判断开机故障是软件还是硬件问题？

手机电路各不相同，因此这个问题并没有一个放之四海而皆准的答案，只能说，如果故障机的工作电源达到 20mA 以上，软件层面的问题可能性更大些。在这种情况下，通常可使用相关的免拆机软件维修仪对故障机进行软件资料更新处理，看能否解决问题。若不能，或根本就不能更新软件，应注意检查存储器电路、数据通信电路。

如果手机出现用电池不开机，但用充电器可以开机，说明手机的电源、基带电路基本正常，应着重检查电池接口电路、电源开关键信号线路。

前面所涉及开机故障检修的内容仅仅讲述了不开机故障的几个主要方面，在进行不开机故障的检修时，不能单注意某一个方面，常常需要综合检查。

通常情况下，可遵循这样一个先后顺序：

实时时钟（参考电源）⇨开机触发⇨基带电源⇨时钟电源⇨系统主时钟⇨复位⇨开机维持⇨存储器接口线路⇨存储器⇨数字基带存储器接口线路上的其他电路⇨数据通信接口电路⇨其他方面。

相同平台的手机电路在相同的故障检修时可相互参照，而不同平台的手机故障检修时，大的原则是一样的，但应注意具体电路的区别。

6.8.1　经验型的快速分析

对于手机不开机的故障，可参考一个经验型的电流法判断方法（虽然这个方法并不一定适合所有的手机，但它的确极具参考价值。而且，这个方法在未拆开故障机之前即可实施）：

❶ 给故障机加上外接电源，按故障机的电源开关键，注意观察电源设备上的电流表。

❷ 如果电流表上没有电流显示，检查电池供电、电源开关键的信号线路，检查电源管理器的焊接。

❸ 如果电流表显示电流非常小，着重检查电源管理单元、时钟电路。

❹ 如果电流表显示的电流在 20mA 以上，但随即又跌落到零，需着重检查时钟、数字基带、存储器等电路。

❺ 如果电流表显示电流在 20～55mA，并且电流保持不变或慢慢回落，着重检查数字基带、存储器，或进行软件处理。

❻ 如果电流表显示电流在 100mA 以上，但电流很快跌落到零，着重检查数字基带、存储器、电源管理器，或进行软件处理。

❼ 如果按故障机的电源开关键时出现大电流，或出现短路现象，应着重检查电源电路，检查开机电路中的芯片有无发热、发烫的现象，更换发热的芯片（比较多的是电源与数字基带）。

❽ 若有电流显示，且电流接近正常，可先对故障机进行软件处理。若软件处理不能解决问题，再仔细检查故障机的基带电路。若电流显示基本正常，但随后又降为零，可先对故障机进行软件处理。若软件处理不能解决问题，再仔细检查开机维持信号线路、其他基带电路。

❾ 若功率放大器的电源端口是直接连接在电池电源的正极，则功率放大器击穿短路也会导致手机不能开机。这时，给手机加上电源就会有很大的电流。

6.8.2 一般检修方法

❶ 用万用表检查电路板上电池正极连接器对地电阻是否正常，若电阻很小或接近 0，需考虑电源电路或功率放大器电路有严重短路现象；若电阻很大，则应考虑电池供电路径是否断线。

❷ 将故障机拆机后，注意检查手机是否进水。若手机进水，则应多注意电源电路或功率放大器电路是否有严重损坏。用超声波清洗器清洗故障机，然后再进行电路检修。

❸ 检查 PCB 上的元器件是否有物理损坏（特别是摔过的手机），着重检查晶体。

❹ 仔细检查手机 PCB 上有无烧焦的异味，若有，则应注意检查电源及功放部分。

❺ 检查有无电解电容爆裂。若有，则应清洗 PCB 后再进行进一步的检修。

❻ 给故障机加上标准维修电源，用手触摸机板上的元器件，看有无发热发烫的元器件，更换发热发烫的元器件。

❼ 该故障机加上标准维修电源，按开机键，注意观察电源电流表上的反应，并注意检查 PCB 上有无发热发烫的元器件，更换发热发烫的元器件。

❽ 该故障机加上标准维修电源，按开机键，注意观察电源电流表上的反应。若电流很大，通常检查更换电源电路元器件。

❾ 该故障机加上标准维修电源，按开机键，注意观察电源电流表上的反应。若电流很小或没反应，则注意检查电源开关键到开机触发端口之间的线路是否断线，元器件是否虚焊等。检查时应注意，有的手机电源开关键会接到电源电路和逻辑电路两个部分，其中任何一个线路出现故障都会造成手机不开机。

❿ 若开机信号线路无问题，就需检查基带电源（基带电源一般是 2.8V、1.8V、1.5V）。若基带电源不正常，就需检修电源电路。

⓫ 若基带电源正常，通常就需检查时钟电源，该电源给基准频率时钟电路供电。若该电源不正常，就无时钟信号，手机就会不开机。

⓬ 检查逻辑时钟信号（13MHz或26MHz，或19.5MHz）。检查32.768kHz的实时时钟信号。

⓭ 检查复位信号。

⓮ 检查开机维持信号。

⓯ 检查软件方面（EEPROM、FLASH）。特别是现在的手机电路中，使用的BGA元器件很多，加上其软件不成熟，造成很多软件引起不开机的，应多注意。

如果对不开机的故障机进行软件处理，能完成软件的下载，但手机还是不开机，除检查数字基带、电源管理器电路外，还应着重检查基带部分与数据线、地址线相关的一些电路，如和弦音铃声电路、LCD显示电路等，检查基带芯片的一些输入输出接口线路。

对于被摔过的故障机，应注意有无元器件丢失，芯片是否脱焊，PCB上的线路是否有断线等。对于有液体进入过的故障机，应注意有无腐蚀现象，有无短路现象，PCB上是否还有液体存在。

常常还会遇到其他各种各样的问题，手机的电池接触不良会引起手机不开机，多媒体存储卡损坏、按键接口线路有短路、翻盖检测电路故障等都可能引起手机出现不开机的故障。

CHAPTER

第7章

4G 手机收发电路

本章对 4G 手机收发电路做了必要的介绍，希望通过本章你能了解掌握 4G 手机接收发射射频各相关电路单元、音频各相关电路单元的分析与检修知识。

7.1　概谈 4G 手机射频电路

前面已经讲到，4G 手机的射频电路是复杂的。一部 4G 手机通常都会支持 GSM、WCDMA 和相应的 4G 网络，有的 4G 手机还支持 CDMA200（电信 3G）、TD-SCDMA（移动 3G）。由此你可以想象到，4G 手机有多个射频信号通道，有多个天线开关通道，有多个功率放大器。

从电路理论上来讲，仅 GSM 手机在射频部分的单元电路都包含多个射频单元电路，如图 7.1 所示。这里还未包括天线开关、射频滤波与射频电源电路。

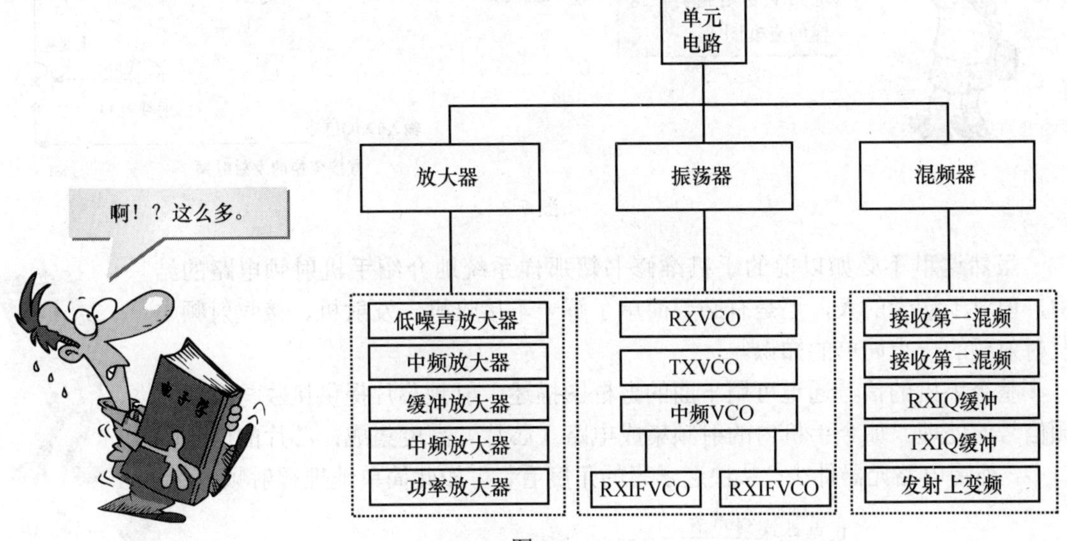

图 7.1

那些射频单元电路通过不同的组合，得到不同结构的射频电路。单纯从手机电路原理上看，这些单元电路与射频电路结构的知识，对于早期手机维修人员来说是需要了解学习的，这也是相当一部分人在学习手机维修技术时觉得困难的原因之一。

幸运的是，对于 4G 手机，基于本书的目的，图 7.2 中所示的射频单元电路，你暂时只了解功率放大器即可，因为其他的射频单元电路几乎都被集成到射频信号处理器内（射频芯片）。除此之外，对于手机射频电路，你仅需了解天线开关的工作。

4G 手机会有多个不同的射频通道，理论上讲，不同网络模式下功率

放大器的工作原理是多少有些不同的，但同样幸运的是，你无需理会那些，因为从维修的角度看，GSM、WCDMA 与 CDMA2000、TD-SCDMA 和 LTE 功率放大器在本质上都是一样的，除非你一定要去探究其纯理论性的知识。

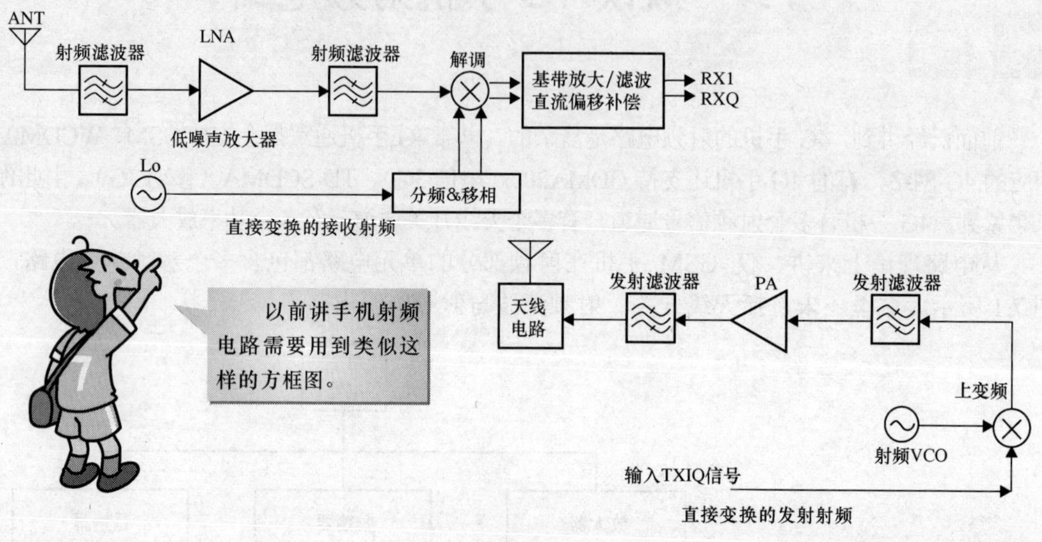

图 7.2

虽然这里不必如以前的手机维修书籍那样系统地介绍手机射频电路的结构，但对于初学的人，还是有必要简单了解一下接收机、发射机、接收射频与发射射频的一点简单的知识。

整个手机的信号通道可用下面的方框图描述，射频芯片提供接收与发射射频信号的处理。如今手机内的射频集成电路（芯片）高度集成，芯片的信号端口多，外围电路元器件少。从快速学习的角度看，可如此简单地理解射频电路：

在接收方面：输入的是接收射频，输出的是接收基带信号。

在发射方面：输入的是发射基带信号，输出的是发射射频。

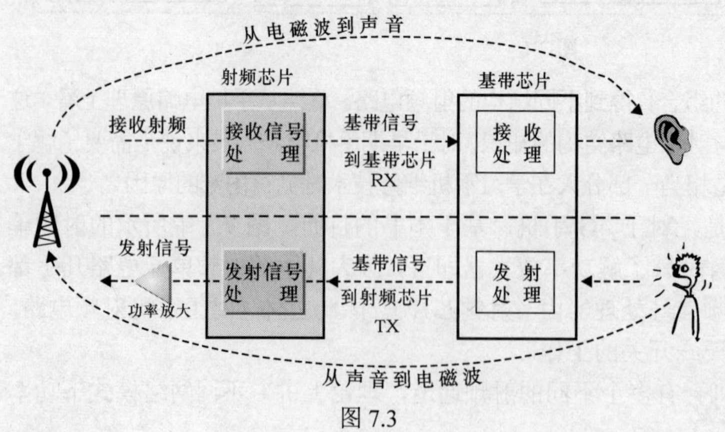

图 7.3

在一些低端的功能机中，射频信号处理电路与基带芯片电路被集成在一起（即通常所谓的单芯片平台），整个射频部分你能看到的仅仅是射频前端模块（FEM，包含功率放大器和天线开关），对于这样的电路，你所需关注的更少。

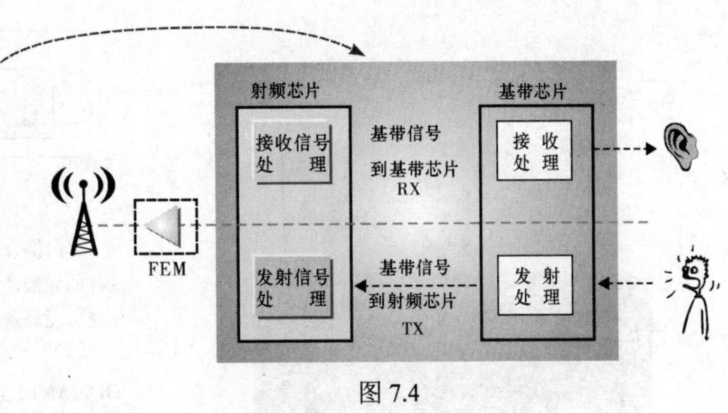

图 7.4

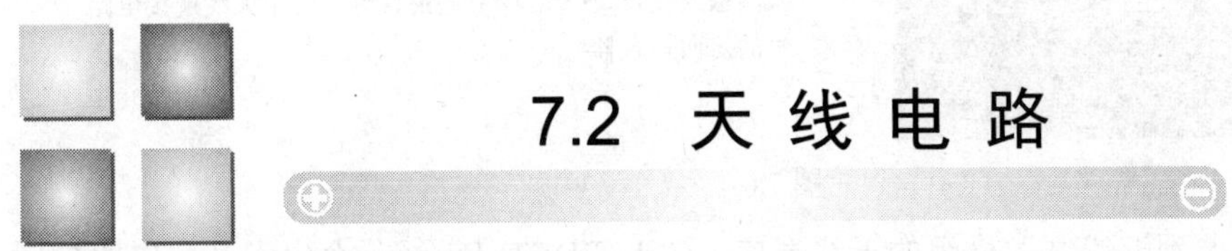

7.2 天线电路

7.2.1 手机天线

简单地讲，接收机的天线就是将感应接收到的、空中的高频电磁波转化为高频电信号。在手机中，接收天线和发射天线是制作在一起的。不论是对于接收机还是发射机，天线都很重要。就好比触角对于蚂蚁的重要性一样。如果手机的天线电路或天线损坏，会导致机器收不到信号、无法有效发送信号。

手机的天线连接天线电路。天线电路可能是双工滤波器，也可能是天线开关或复合的射频前端模组。手机的天线通过天线连接电路连接到双工器或双讯器、天线开关、天线开关模组、射频前端模组。几乎所有的天线连接电路都相似，其电路连接形式如图 7.5 所示。需注意的是，天线所连接的第一个开关是一个机械装置，它被用来进行手机内天线与外接天线通道的转换（主要用于生产测试）。而后面即将介绍的天线开关是一个电子开关电路，通过信号通道的切换控制来分离不同的射频信号。

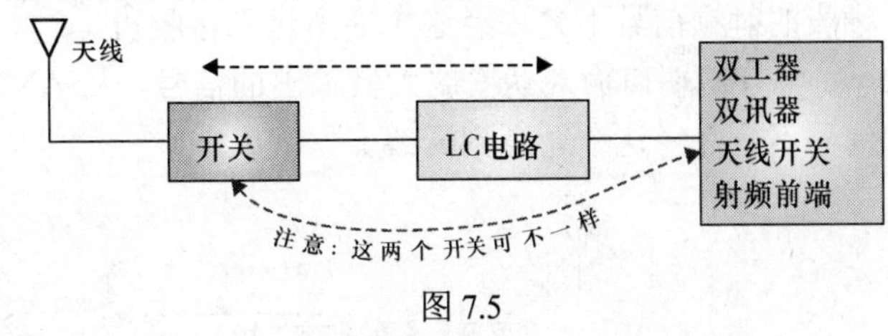

图 7.5

来看一个实际的天线连接电路：图 7.6 所示的是 4G 手机 LG D820 内的一个天线连接电路，其中的 SW1000 与 SW1001 都是机械开关。FL1000 是定向耦合器，外观看起来与 EMI 滤波器相似，它除提供接收发射射频信号通道外，还耦合一部分发射信号到功率控制电路。

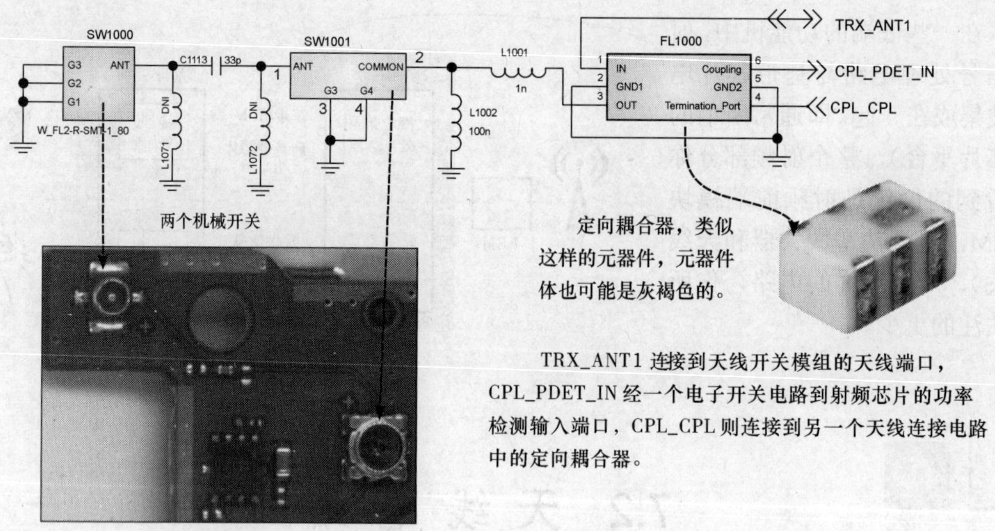

图 7.6

TRX_ANT1 连接到天线开关模组的天线端口，CPL_PDET_IN 经一个电子开关电路到射频芯片的功率检测输入端口，CPL_CPL 则连接到另一个天线连接电路中的定向耦合器。

7.2.2 双工滤波器

双工滤波器（Duplex，DP）是复合元器件，它集成了接收滤波器、发射滤波器。双工滤波器用来分离无线通信设备的接收、发射信号。

双工滤波器有三个信号端口：天线（ANT）、接收（RX）、发射（TX）。

简单讲，可将双工滤波器理解为具有两个选择性质的单向通道：

从 ANT 端口输入天线感应接收到的高频电信号，从 RX 端口输出接收射频信号。非接收频段的射频信号不允许经这个通道进入接收机。

从 TX 端口输入功率放大器输出的信号，从 ANT 端口输出发射信号。非发射频段的射频信号不允许经这个通道到天线。

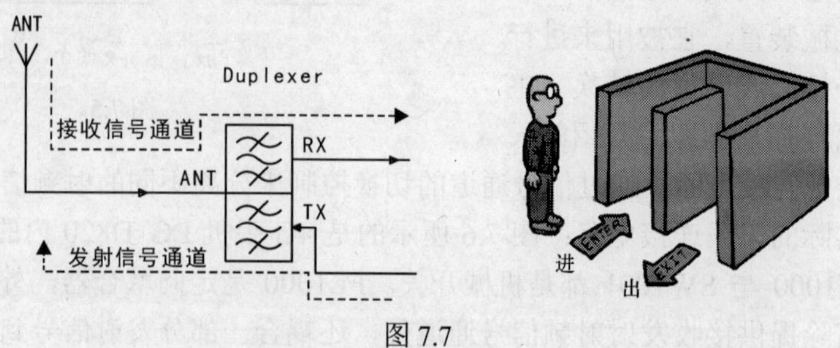

图 7.7

双工滤波器是无源元器件，其电路很简单，没有任何外围元器件。其三个端口所连接的也是其他电路单元的元器件。图 7.8 所示的就是一个实际的双工滤波器电路。其中的 FL1003 是双工滤波器。如果双工滤波器损坏或性能不良，会导致手机出现无法接收、接收差、发射功率低等故障。

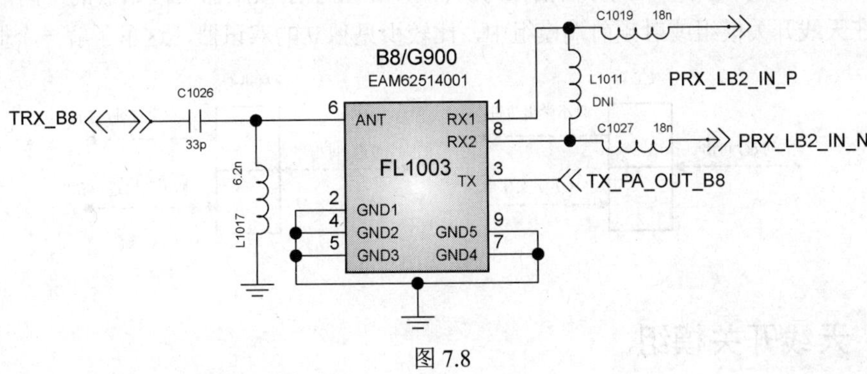

图 7.8

4G 手机 LG D820 内有多达六个双工滤波器，分别用于不同频段接收发射信号的分离。你应该了解，在实际的电路图中，这些双工滤波器的电路图不可能完全一样，在查阅相关电路图时，需要你注意抓住双工滤波器的本质特征。例如图 7.9 所示的也是 LG D820 手机内的一个双工滤波器电路。你注意看，FL1001 除了接地端口外，只有 ANT、TX 与 RX 三个信号端口。同样是双工滤波器电路，图 7.8 所示电路主要用于分离 B8 频段的接收发射射频、GSM900 的接收射频，而图 7.9 所示电路则用于分离图中所示频段的接收发射射频信号。

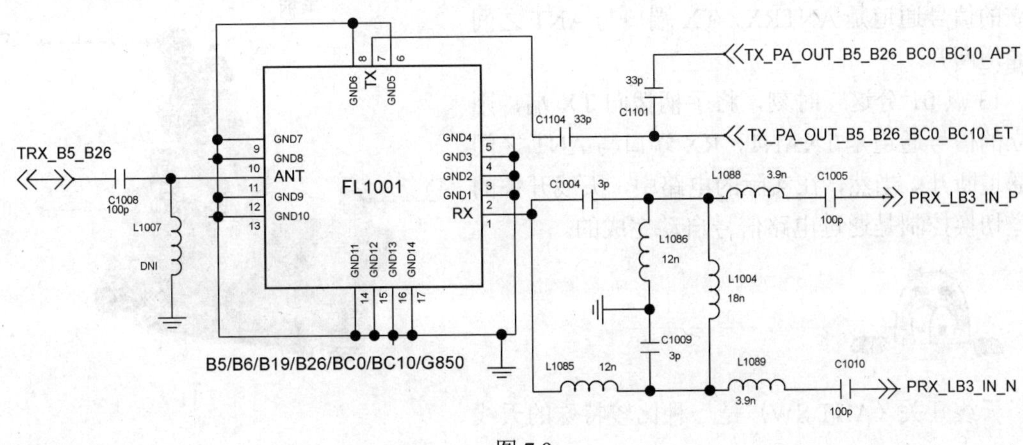

图 7.9

六个双工滤波器？看起来好像挺复杂的呢！

但你千万别被吓坏了，情况没那么糟糕。如果手机不是摔得很严重，双工滤波器损坏的概率是很低的。

■ 双讯器

双讯器（Diplexer，Dip）实际上也是一个复合元器件，它集成了两个带通滤波器。双讯器看起来与双工滤波器相似，但本质上是不同的——双讯器用来分离两个不同频段的信号。图 7.10 显示了双工器与双讯器的不同。双讯器通常被集成在天线开关模组或射频前端模组中，比较少见独立的双讯器，这里了解一个概念即可。

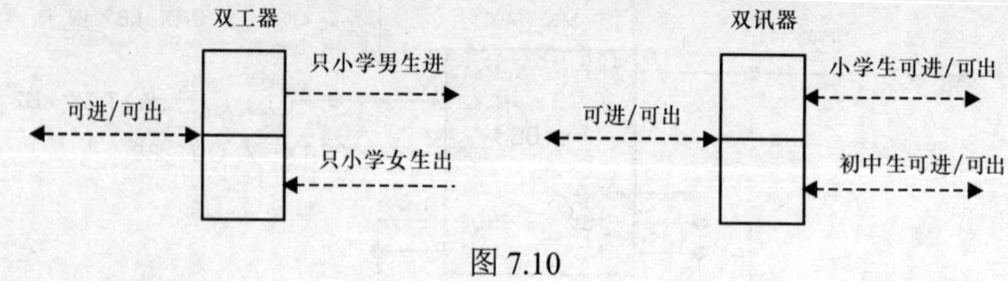

图 7.10

7.2.3 天线开关模组

双工滤波器、双讯器为不同的信号提供合适的信号通道。天线开关其实也是如此。但天线开关（ANT SW）与双工滤波器、双讯器不同的是：

双工滤波器、双讯器的所有信号通道可在某一时刻使用公共端口（ANT）。

天线开关的公共端口在某一时刻只能用于其中的一个信号通道。用类比法来讲一个例子：图 7.11 所示类似一个天线开关，其手柄就是天线开关的公共端口，连接到天线。

如果在 13 点这一时刻将手柄拨向 RX 端，则建立的信号通道是 ANTRX，TX 端口与 ANT 之间的通道断开。

13 点 01 分这一时刻，将手柄拨向 TX 端，则建立的信号通道是 TXANT，RX 端口与 ANT 之间的通道断开。当然，在实际的电路中，天线开关的通道切换控制是通过电路信号自动完成的。

图 7.11

天线开关（ANT SW）是一种比较特殊的天线

电路，它仅提供射频信号通道切换，对输入或输出的信号没有选择性：

在接收方面，天线开关的 ANT 端口输入什么信号，其 RX 端就输出什么信号；

在发射方面，天线开关的 TX 端口输入什么信号，其 ANT 端口就输出什么信号。

从前面的叙述可知，天线开关还有一个重要的特征——天线开关有控制信号端口。基带信号处理器或射频信号处理器输出控制信号到天线开关的控制端口，用以控制切换天线开关的信号通道。

手机中的天线开关通常是集成组件，或是芯片式的元器件。天线开关没有特定的电路图形符号，通常是根据其端口特点与端口标注来查找识别天线开关电路。天线开关电路很简单，除控制信号输入线路上的旁路电容外，基本上没什么外围元器件。

■　**天线开关模组**

天线开关仅提供信号通道切换，并未对进出的射频信号进行限制，因此常常需要在天线开关的 RX 端连接接收射频滤波器，在天线开关的 TX 端连接发射射频滤波器。在如今的手机中，天线开关、接收与发射射频滤波器等通常被集成到一个模组内，得到天线开关模组（ASM）。

图 7.12 所示的是天线开关模组 ASM2611 的内部电路方框图。从图中可以看到，ASM2611 内集成了三个射频开关、两个发射滤波器、一个双讯器（DIPLEXER）。其中的 VC1～VC3 是控制信号。VC1 所控制的射频开关用来分离 GSM 发射、接收信号，VC2 所控制的射频开关用来分离 DCS/PCS 频段的接收、发射射频信号，VC3 所控制的射频开关用来分离 PCS 接收射频与 DCS 接收射频。

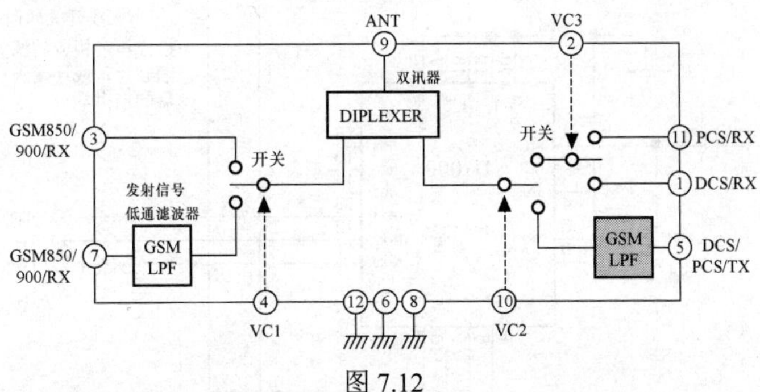

图 7.12

从天线开关模组的内部电路方框图来看，天线开关模组好像很复杂。但如果仅从其功能与端口来看，它与前面所介绍的天线开关是一样的。

天线开关或天线，开关模组的控制信号可用示波器来检测。其控制信号没有什么特定的波形，外观与示波器的设置、手机的工作模式相关。重要的是观察控制信号有没有，信号的幅度是否正常。图 7.13 所示的是两个天线开关控制信号的波形图。注意：不同手机中天线开关的控制信号波形可能不同，你所测得的控制信号波形还与示波器设置、测量时机相关，应抓住信号波形本质。

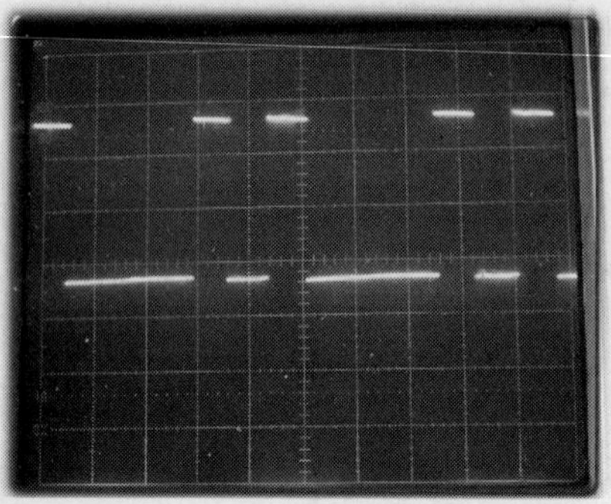
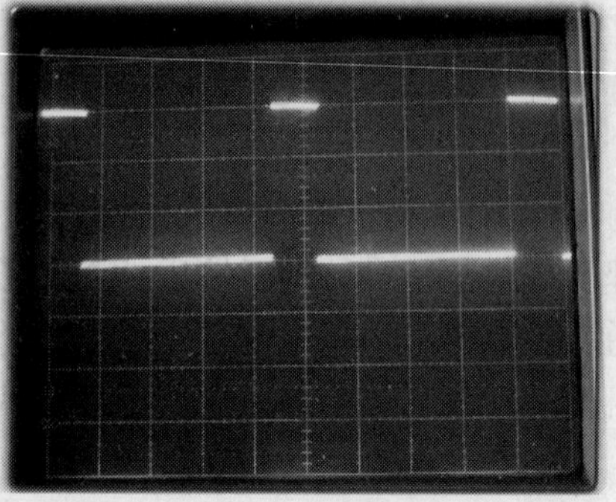

图 7.13

图 7.14 所示的是一个实际的天线开关模组电路，其中的 U1000 就是天线开关模组，它提供极好的插入损耗与隔离性能，内含六个线性信号通道，以提供灵活的频段组合与空中接口，提供良好的 GSM 发射杂散抑制，集成了高达 1kV 的天线 ESD 保护，提供标准的控制电压接口，具有优秀的谐波性能和非常高的线性度，非常适合 LTE 应用。

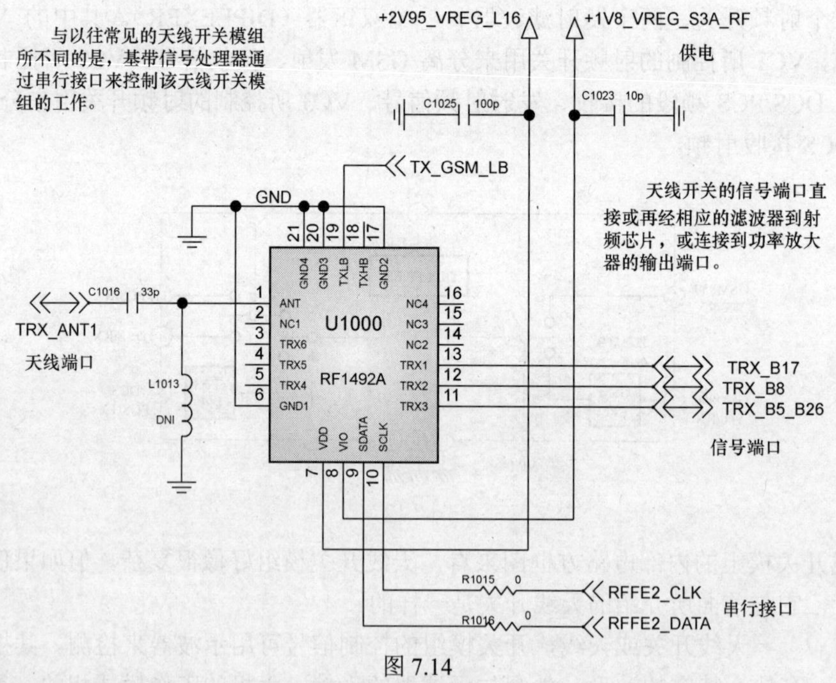

图 7.14

U1000 的 1 脚是天线端口（ANT），连接到图 7.6 所示的天线接入电路。U1000 的 7、8 脚为芯片内电路的供电端口，U1000 的 11～13、19 脚为几个不同频段的射频信号输入输出端口。

4G 手机除支持 2G、3G、4G 移动通信网络外，通常还支持 GPS、蓝牙、Wi-Fi，而单一的一个天线不可能覆盖全部频段的无线射频信号，因此，4G 手机中通常有多个不同的天线，例如 4G 手机 LG D820 中就有四个天线（参见图 7.15）。仔细观察两个方框图，再结合前面的内容，你会比较容易读懂它们，在射频前端方面，它们其实就是天线开关、各种滤波器以不同的连接方式组合起来。

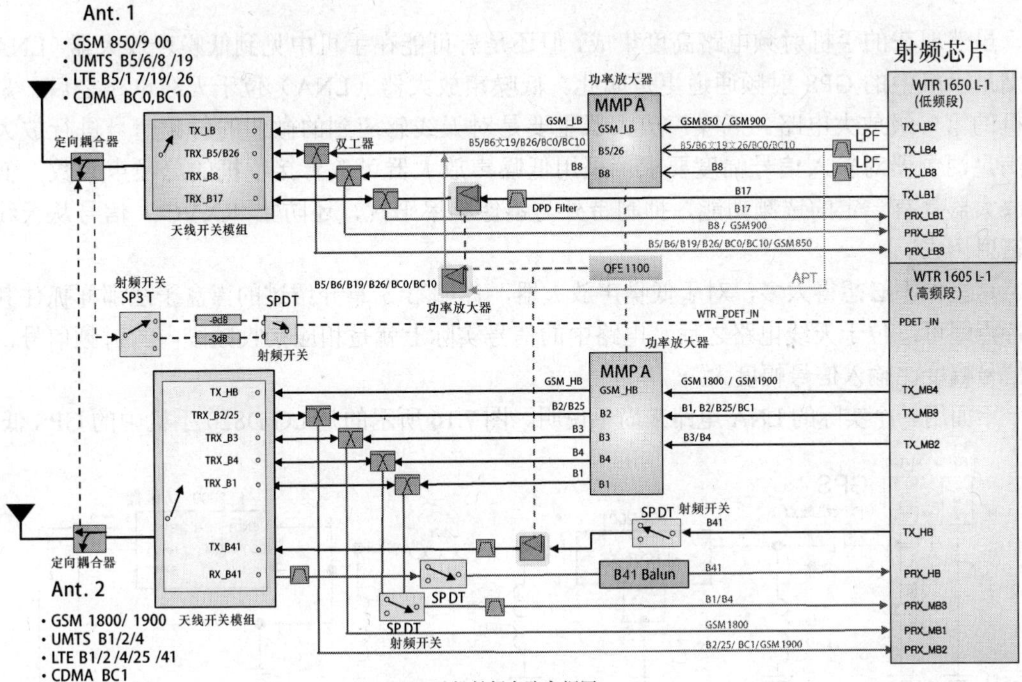

LG D820 手机射频电路方框图一

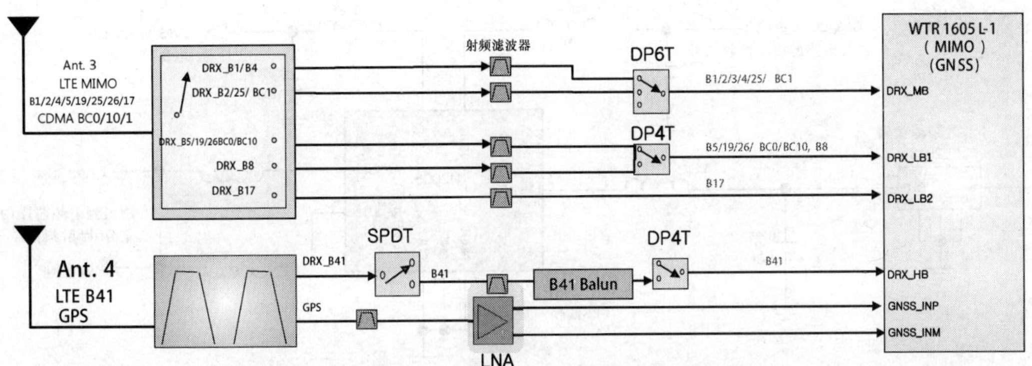

LG D820 手机射频电路方框图二

图 7.15

7.3 低噪声放大器

虽然现在的手机射频电路高度集成，但还是有可能在手机中见到低噪声放大器（LNA），特别是手机中的 GPS 射频通道更是如此。低噪声放大器（LNA）位于天线电路之后，是接收机的第一级放大电路。低噪声放大器主要是对天线感应到的微弱的射频信号进行放大，以满足混频器对输入信号幅度要求。采用低噪声放大器可改善接收机的总噪声系数。低噪声放大器具有一定的选频功能，抑制带外与镜像频率干扰，还防止 RXVCO 信号从天线路径辐射出去。

这里你不必想得太多，对于低噪声放大器，你如第 5 章介绍过的黑盒子法那样抓住其本质特点即可：位于天线电路之后，电路中的信号实际上就是相应接收频段内的射频信号，输出信号幅度比输入信号幅度大。

下面用一个实际的 LNA 电路来简单说明。图 7.16 所示的是 LG D820 手机中的 GPS 低噪

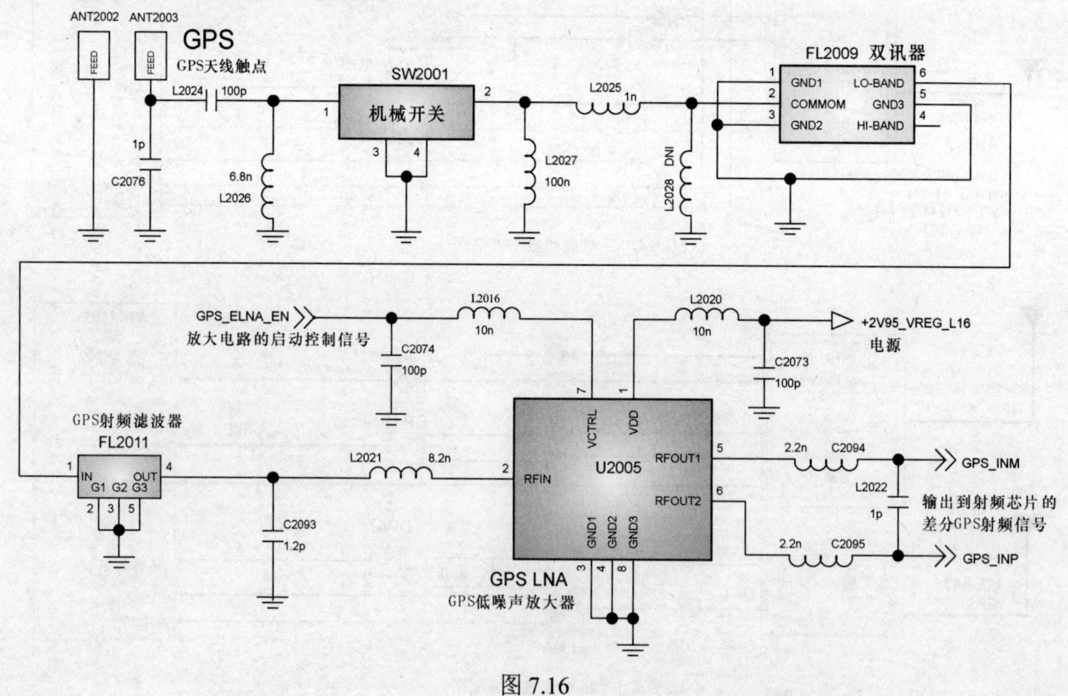

图 7.16

声放大器电路，电路图中主要的元器件、信号标注很清楚，这里无需多讲，你都应很容易明白：GPS天线感应接收到的GPS射频信号经SW2001、FL2009、FL2011到U2005的2脚，放大后的信号被分离成差分射频信号（频率相同、相位相差180°的两个信号），送到射频信号处理器做进一步的处理（参见图7.15所示的方框图）。

利用黑盒子法很容易分析该电路：U2005的2脚为输入端口，1、7脚为控制与电源端口，5、6脚为输出端口。若输出不正常，检查L2021处信号是否正常。若不正常，检查L2021及之前的元器件；若L2021处信号正常，检查L2020、L2016处的信号是否正常，若不正常，检查相应线路上的元器件是否有损坏，若元器件正常，检查相应的控制信号线路或相应的电源电路。若以上都正常，检查更换LNA芯片（U2005）。

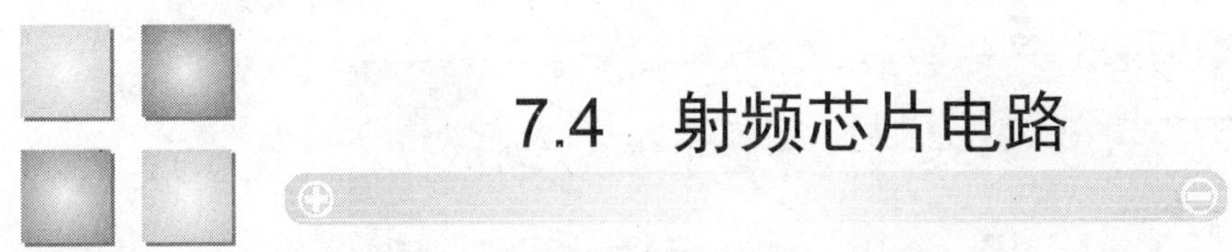

7.4 射频芯片电路

手机中的射频信号处理器（射频芯片）通常都集成了除功率放大器、天线电路的其他所有射频电路。更有一些新型的射频芯片将功率放大器与天线电路也集成到射频芯片内。整个手机的信号通道可用下面的方框图描述，射频芯片提供接收与发射射频信号的处理。如今手机内的射频集成电路（芯片）高度集成，芯片的信号端口多，外围电路元器件少。从快速学习的角度看，可如此简单地理解射频芯片电路：

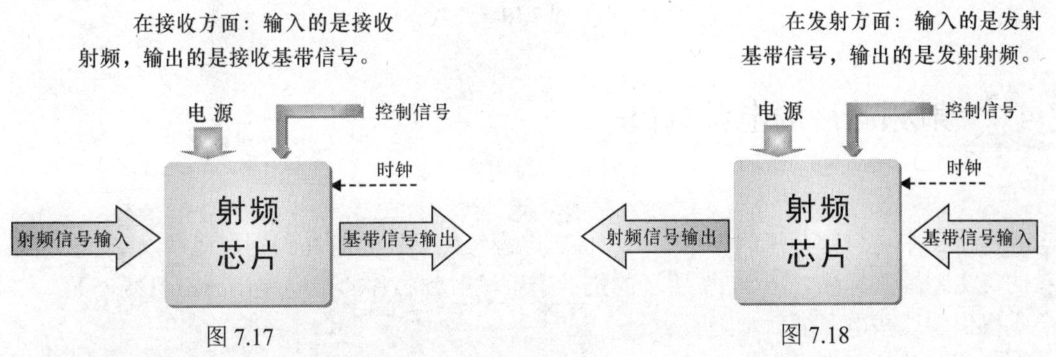

图7.17　　图7.18

初学者无需关注射频芯片内部电路的组成，应关注射频芯片信号端口线路。射频芯片的信号端口可分为三个方面：电源方面的端口、基带方向的端口、天线方向的端口。

天线方面的端口包含接收射频信号输入端口、发射射频信号输出端口。一些射频芯片可能输出天线开关电路与功率放大电路的一些控制信号。

电源方面的端口包含供电输入与接地。芯片的供电通常来自电源管理器或独立的电压调节器。

基带方面的端口包含接收与发射基带信号接口、控制信号接口、时钟信号接口。射频芯片旁的参考振荡电路信号通常为基带提供系统主时钟信号。

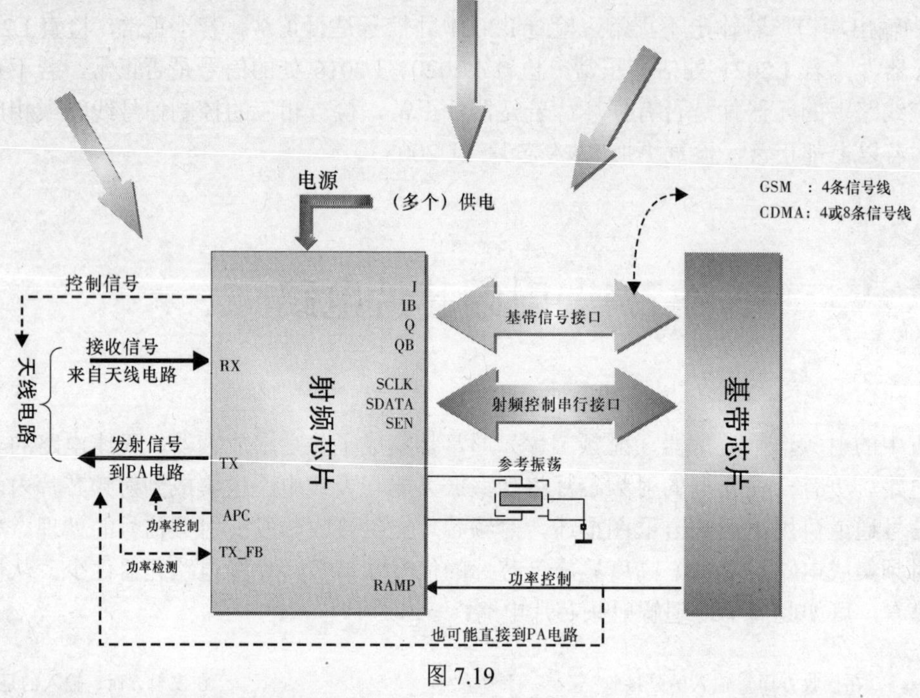

图 7.19

7.4.1 射频芯片的电源端口

电路图中，射频芯片的供电端口、供电电源线路都比较容易识别，通常以字母 V 开头的英文缩写来标注。图 7.20 所示的是一个手机射频芯片的供电端口图，观察一下，你会觉得识别这些电源端口难吗？

射频芯片的电源端口直接或经电阻连接到电源电路，其线路上通常仅有电阻（或电感）与电容。

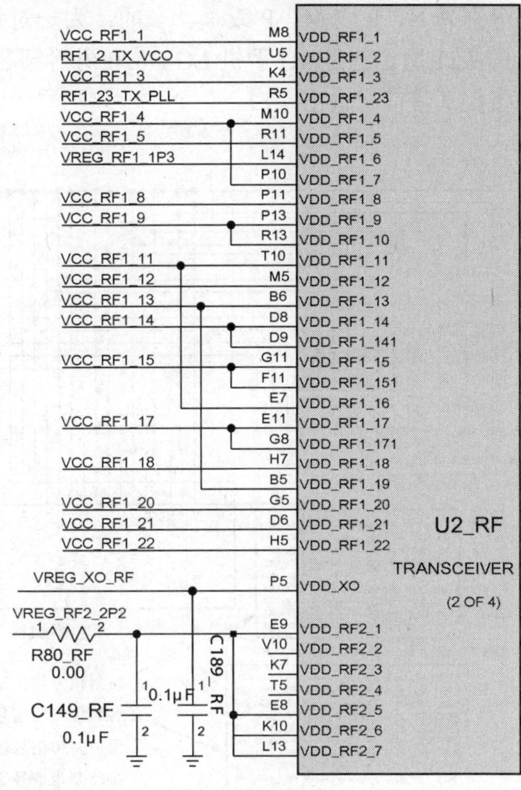

图 7.20

通常可用万用表或示波器在射频芯片供电线路上的旁路电容处检查，看某个电源是否正常。

如果检查到某个供电不正常，先检查该线路是否有对地短路。若有，检查该线路上的电容是否损坏。若电容正常，检查射频芯片。若没有短路现象，检查射频芯片与电压调节器之间的线路是否有断线情况。若没有，检查相应的电压调节器电路。

7.4.2　射频输入与基带输出

射频芯片通常会有多个射频信号输入端口，GSM900、GSM850、DCS1800 或 PCS1900、WCDMA2100、WCDMA900、CDMA2000、GPS、LTE 等，这些端口通过 RC、LC、RLC 或滤波器连接到天线电路。

查找识别射频芯片的这些射频输入端口很简单：这些端口的标注通常是相似的，这些标注中可能含 RX、LB、HB、GSM、DCS、PCS、WCDMA、USGSM 等。标注中前面相同、末尾分别为 N、P 或 M、P 或＋、－的，为一对差分射频信号。

图 7.21 所示的是 4G 手机 LG D820 内射频芯片电路，你可清晰地看到接收通道的射频输入、接收基带信号输出端口。

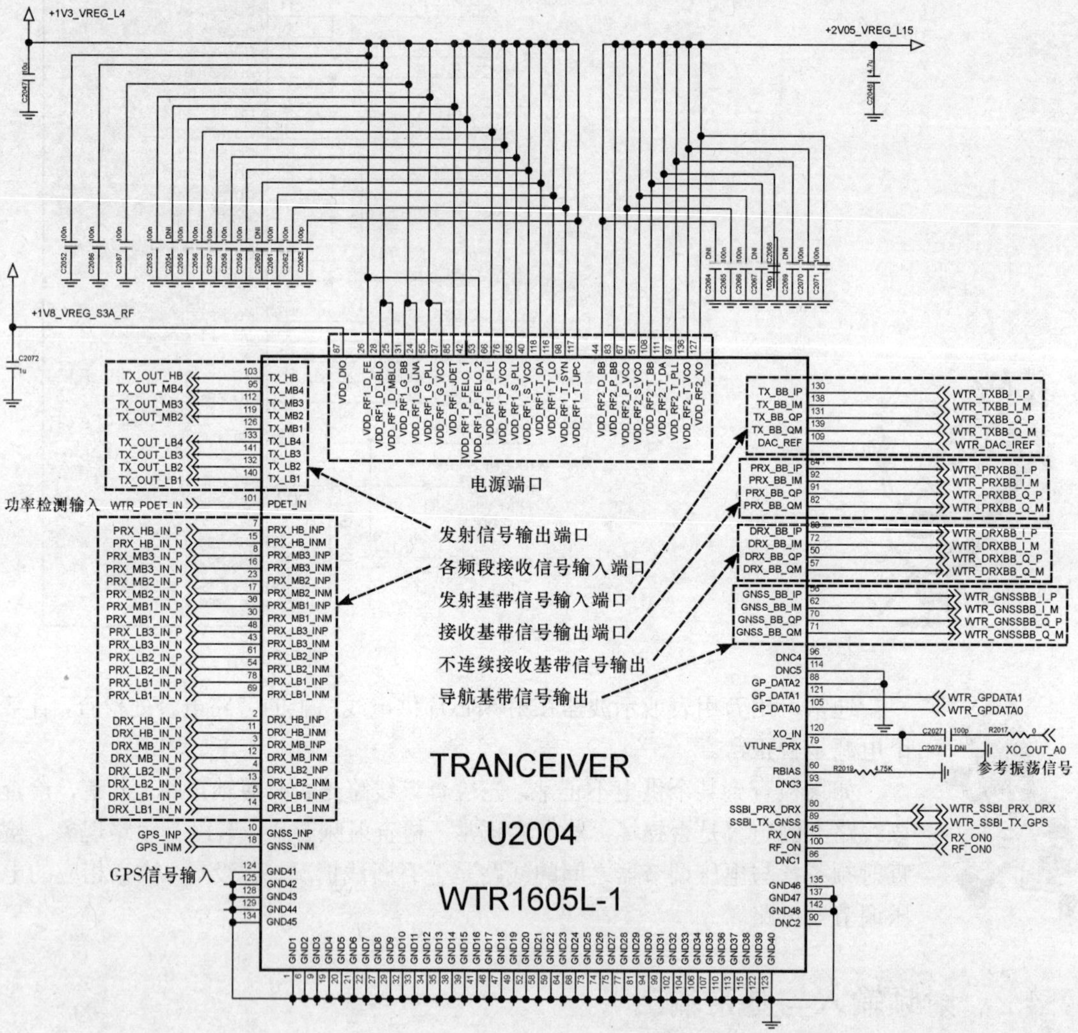

图 7.21

7.4.3 时钟与控制信号端口

系统时钟电路通常被设计在射频单元、靠近射频芯片。系统时钟电路可能采用独立的振荡器组件，也可能采用系统时钟晶体（参见前面相关的内容）。

射频芯片的控制信号端口主要是指射频控制串行接口，该接口通常有三条信号线：使能（或锁存）、数据、时钟。射频控制串行接口的信号来自数字基带，用以控制射频芯片内各单元电路的工作。

除射频控制串行接口外，某些射频芯片中连接到基带电路，端口标注中含字母 EN、ON、LE、STB、RAMP、PAC、APC 的也是控制信号端口。其中含 RAMP、PAC、APC 标注的仅用于射频芯片内发射机电路的控制。你能看看图 7.21 中哪些是射频芯片的控制信号端口吗？

图 7.22 所示的是一个示例电路，其他的手机射频芯片相关电路与之类似。

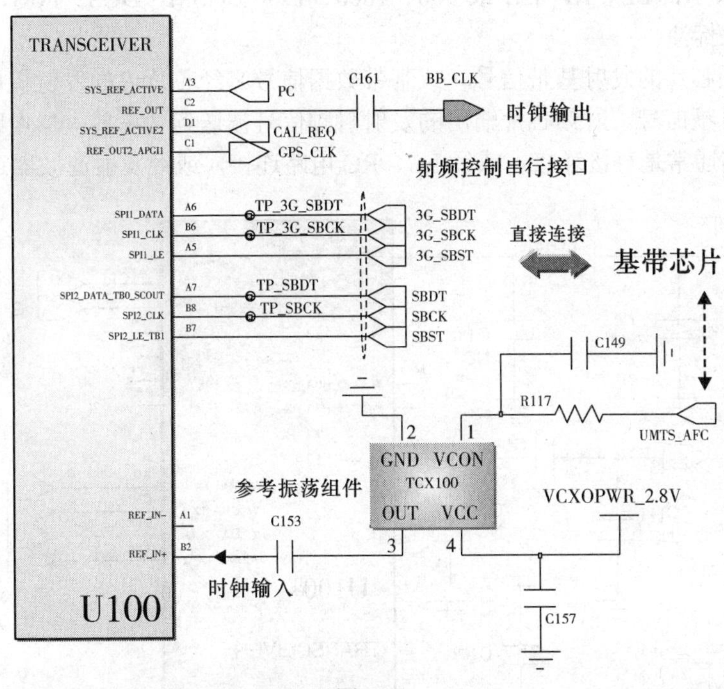

图 7.22

TCX100 输出的信号经 C153 到 U100 的 B2 脚。信号除用于 U100 内的射频电路外，还从 U100 的 C2 脚输出系统时钟信号（BB_CLK），经 C161 到基带芯片；从 U100 的 C1 脚输出 GPS_CLK 信号，到 GPS 电路。

从上图中可以看到，U100 有两个射频串行控制接口，一个是 U100 的 A6、B6、A5 脚，用于 WCDMA 射频电路控制；另一个是 U100 的 A7、B8、B7 脚，用于 GSM 射频电路的控制。其中的 SBDT 是数据信号，SBST 是选通信号（使能），SBCK 是时钟信号。

7.4.4 基带输入与射频输出

基带处理器输出的发射基带信号被送到射频芯片。发射基带信号经一系列处理后，射频芯片输出发射信号。射频芯片的发射基带信号输入端口很容易识别，芯片端口或信号线上通常用含字母 TX、I、Q 的英文缩写来标注（参见图 7.18、图 7.21）。

射频芯片基带信号输入线路很简单，基带芯片的基带信号输出端口通常直接连接到射频芯片的基带输入端口，或经 RC 电路连接到射频芯片的基带输入端口。

这里所说的射频芯片的输出端口是指发射射频信号输出端口。在电路图中，这些端口通常用含字母 TX、RF+LB、RF+HB 或 900、1800、1900、GSM、DCS、PCS、WCDMA、TD 等的英文缩写来标注。

输入到射频芯片的发射基带信号（或基带数据信号）经芯片内的发射机电路一系列处理后，输出发射射频信号。射频芯片输出的发射射频信号被送到功率放大器电路。射频芯片与功率放大器之间通常是直接连接，或经 LC、RC 电路连接，或经发射滤波器连接。

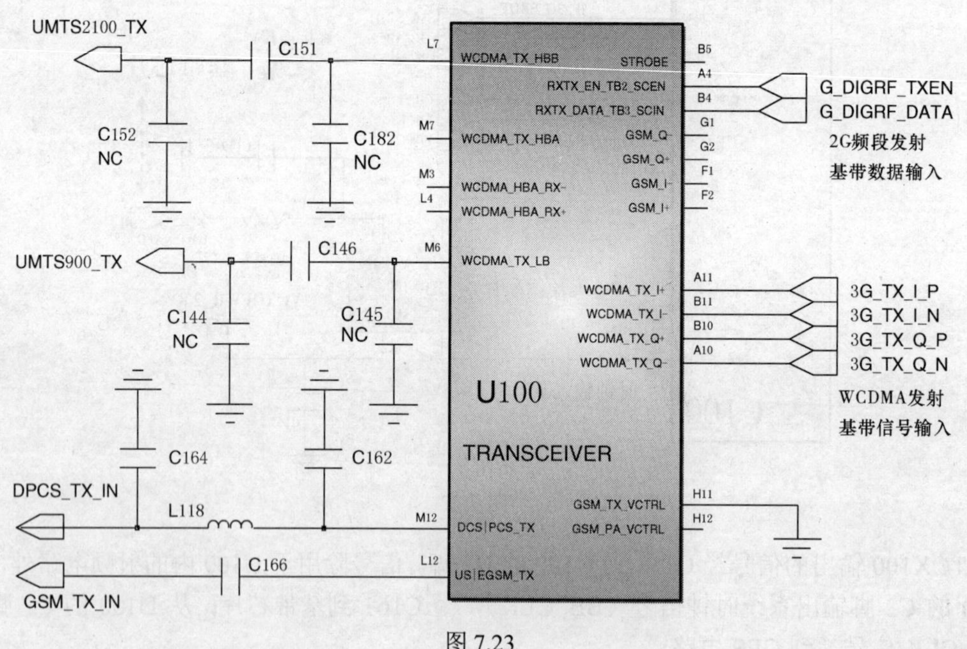

图 7.23

“黑盒子”法非常适用于射频芯片电路的检修：

❶ 供电：若某个供电不正常，检查相应供电信号线是否有对地短路现象。若有，检查该供电线路上的电容；若没有，检查相关的电源电路。

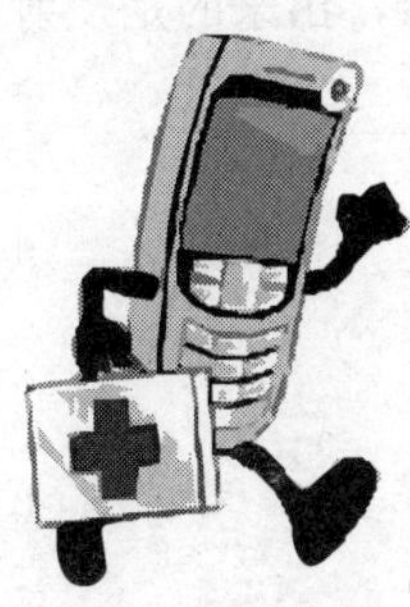

❷ 基带芯片到射频芯片的控制信号不正常：检查信号线上的元器件是否有损坏。若元器件正常，检查基带芯片。

❸ 射频芯片输出信号（天线方向：发射信号或控制信号）不正常：检查❶、❷项，若❶、❷项正常，检查射频芯片的外围元器件是否有损坏。若元器件正常，检查更换射频芯片。

❹ 射频芯片输出信号（基带方向：接收基带信号）不正常：检查天线到射频芯片射频信号输入端之间的线路是否正常。检查❶、❷项，若以上正常，检查更换射频芯片。

7.5　收发信机的基带电路

7.5.1　基带信号处理

基带部分包含数字基带与模拟基带两大部分，两个单元都会对接收信息进行处理。

送话器转换得到的模拟话音信号首先会经话音频带形成、放大、ADC 等处理，得到数字式的语音信号。若使用的数字送话器，就直接得到数字式的语音信号。

数字语音信号经加密、编码等一系列处理，得到发射基带信号。发射基带信号被送到射频单元的 IQ 调制电路。

以上所述仅仅是一个概念，怎么来看基带部分的发射电路呢？

基带芯片内部电路太复杂，还是利用“黑盒子”法吧。

从接收信号处理的角度来看，它就是一个加工厂——进去的是基带信号，出来的是话音电信号，如图 7.24 所示（参阅图 7.3、图 7.19）。

图 7.24

从发送信号处理的角度来看，它就是一个加工厂——进去的是语音信号，出来的是发射基带信号，如图 7.25 所示（参阅图 7.3、图 7.19）。

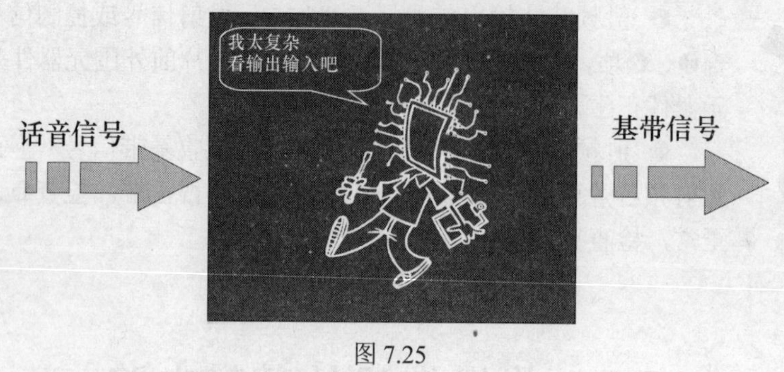

图 7.25

7.5.2 受话器音频电路

基带单元处理得到的话音电信号最终需要受话器或扬声器将话音电信号转化为声音信号。而手机中的接收话音处理电路通常都被集成在基带芯片或语音编译码器内，在电路图中能看见的通常只是受话器接口电路、扬声器接口电路。

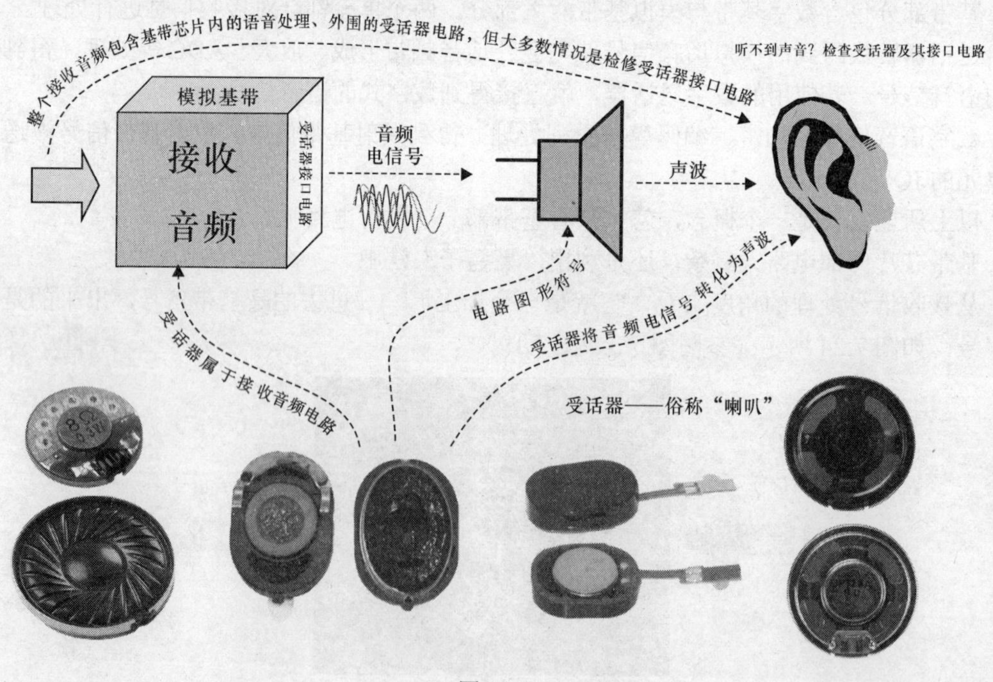

图 7.26

受话器音频电路是手机进行正常通话时的接收音频信号通道。基带芯片或语音编译码器输出的接收音频信号，直接或经 EMI 滤波器、RLC 电路到内接受话器（参见图 7.27）。受话器音频电路通常比较简单，即使没有相关机器的电路图，利用万用表，从内接受话器处反向跟踪，也可以找到内接受话器的音频线路。在受话器电路中，通常标注有 receiver、EAR、Ear Speaker、Earpiece 等。在部分手机中，EAR 也可能被用来标注耳机通道。

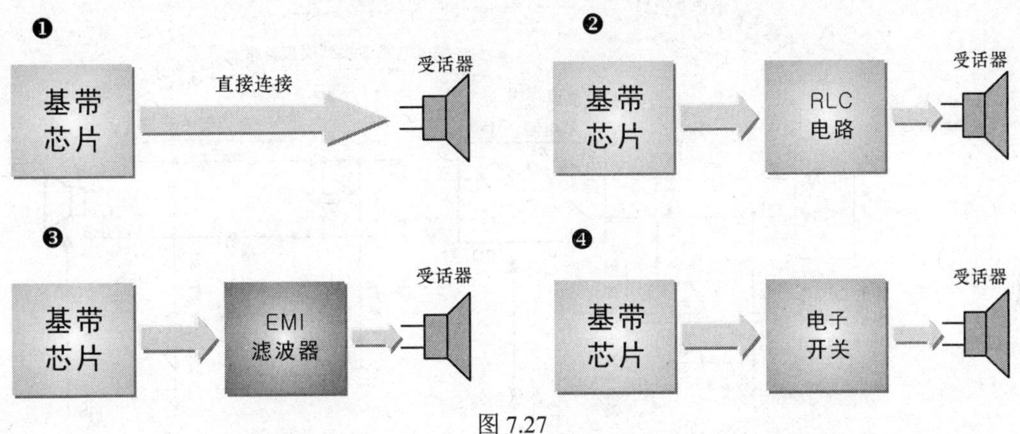

图 7.27

第一种情况非常简单，图 7.28 所示的就是这样一个电路，受话器（听筒）直接连接到基带处理器的接收话音信号输出端口，受话器与基带芯片之间无任何元器件。从图可以看出，检修这样的电路是非常简单的：检查受话器是否损坏。若没有损坏，检查相应基带芯片的焊接，或更换相应的基带芯片。

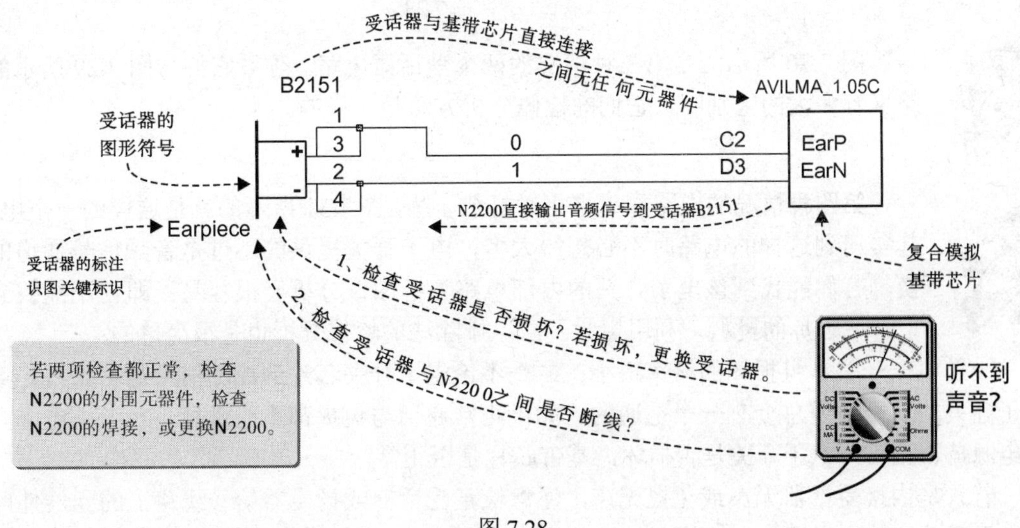

图 7.28

第二种也非常简单，图 7.29 所示的就是这样一个电路，受话器（听筒）经 RC 电路连接到基带处理器的接收话音信号输出端口。检修这样的电路是非常简单的：检查受话器是否损坏，检查电路中的电阻有无开路，电容有无短路，检查元器件焊接是否良好，有无断线情况，若以上都正常，检查基带芯片的焊接，或更换相应的基带芯片。

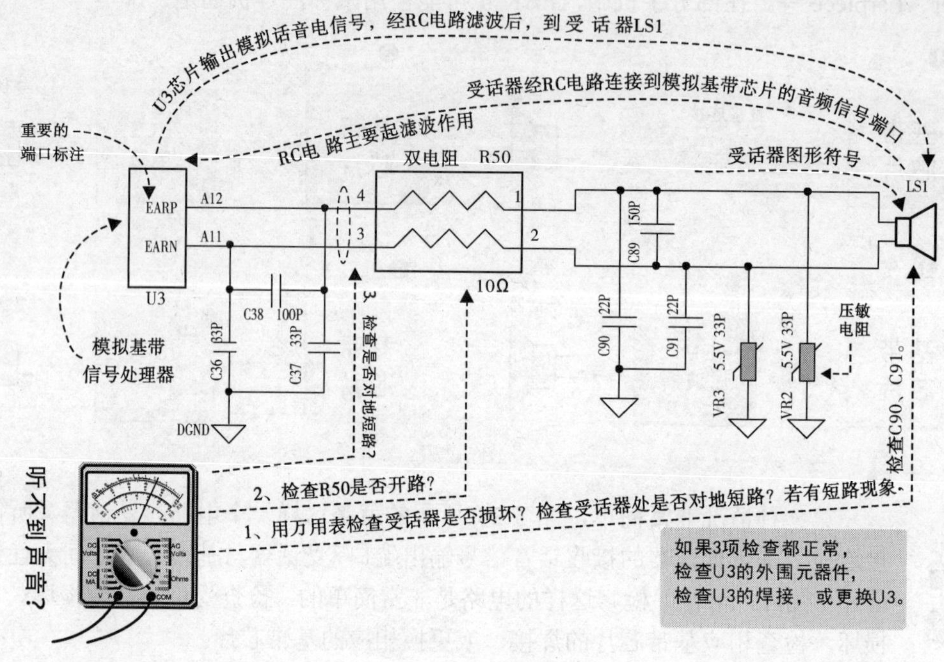

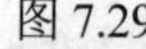
图 7.29

图 7.30 所示的是第三种情况的两个受话器电路，你看它们与图 7.29 所示的电路又有多大的区别呢？它们的检修分析方法是一样的。

第四种情况的电路看起来相对复杂一些，图 7.31 所示的就是这样的一个电路。其实遇到这样的电路时不必想得太多，电子开关提供的不过是音频信号通道的切换，若你能找到该电子开关的内部电路方框图，分析会很容易；即使不能找到电子开关芯片的资料，利用黑盒子法、排除法的检修分析也是很简单的：

一是电子开关本身损坏的概率很小；二是不论电子开关芯片的控制信号是否正常，类似电子开关的信号通道总会有一个是通的。如果正常通话与免提都不能进行，需考虑电子开关的电源是否正常，电子开关是否损坏，基带芯片是否正常。

若只是内接受话器无声或免提无声，注意检查受话器或扬声器信号线路上的元器件，检查电子开关的外围元器件，或检查基带芯片的焊接。

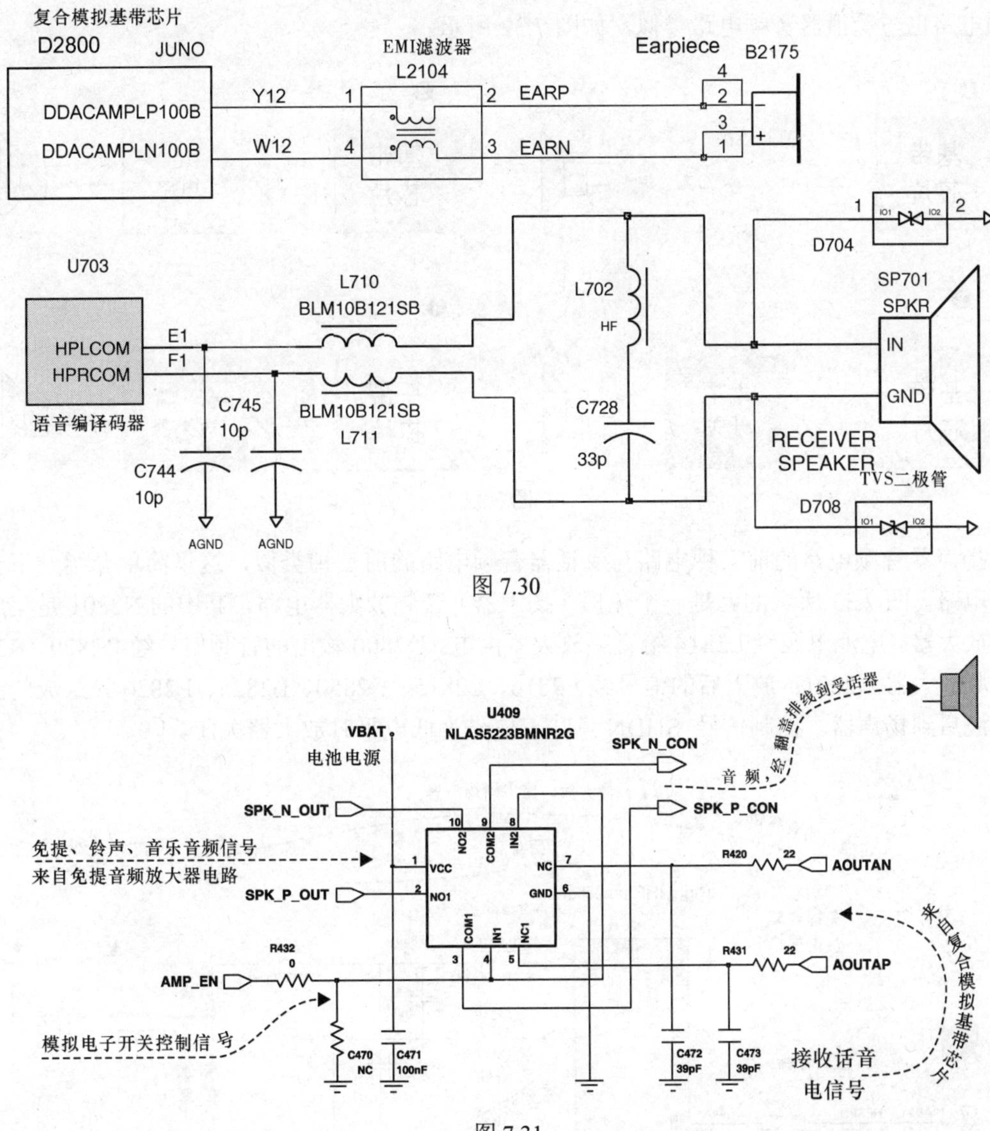

图 7.30

图 7.31

7.5.3　扬声器音频电路

扬声器的口径通常都比受话器大，比较容易识别。在手机中，扬声器用于免提通话、铃声与音乐播放。在免提音频电路中，通常有 SPK、Handfree、HF、Loudspeaker、IHF speaker 等标注。扬声器音频电路的检修可参阅受话器部分的相关内容。在手机中，扬声器（免提）

音频电路也与受话器音频电路类似，如图 7.32 所示。

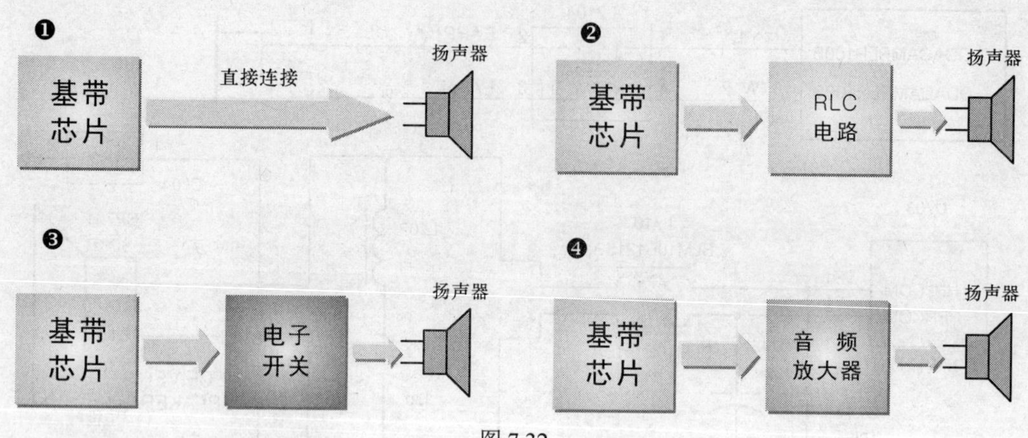

图 7.32

扬声器音频电路的前三种电路与受话器音频电路的前三种类似，这里简单介绍一下音频放大电路。图 7.33 所示的就是一个免提（扬声器）音频放大器电路，其中的 N2801 是集成的音频放大器。电池电源经 L2814 给音频放大器供电；D2800 输出的音频信号经 R2829、R2830 到音频放大器 N2801；放大后的信号经 L2816、L2815、C2850、L2825、L2826 等组成的滤波器滤波后到扬声器。控制信号_SHDN 意味着信号为低电平时放大器关闭。

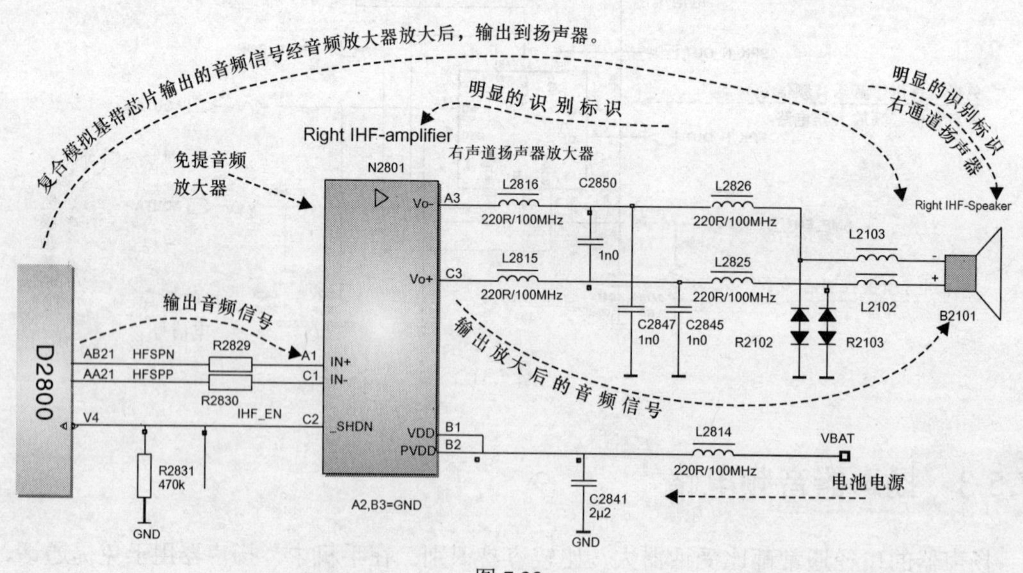

图 7.33

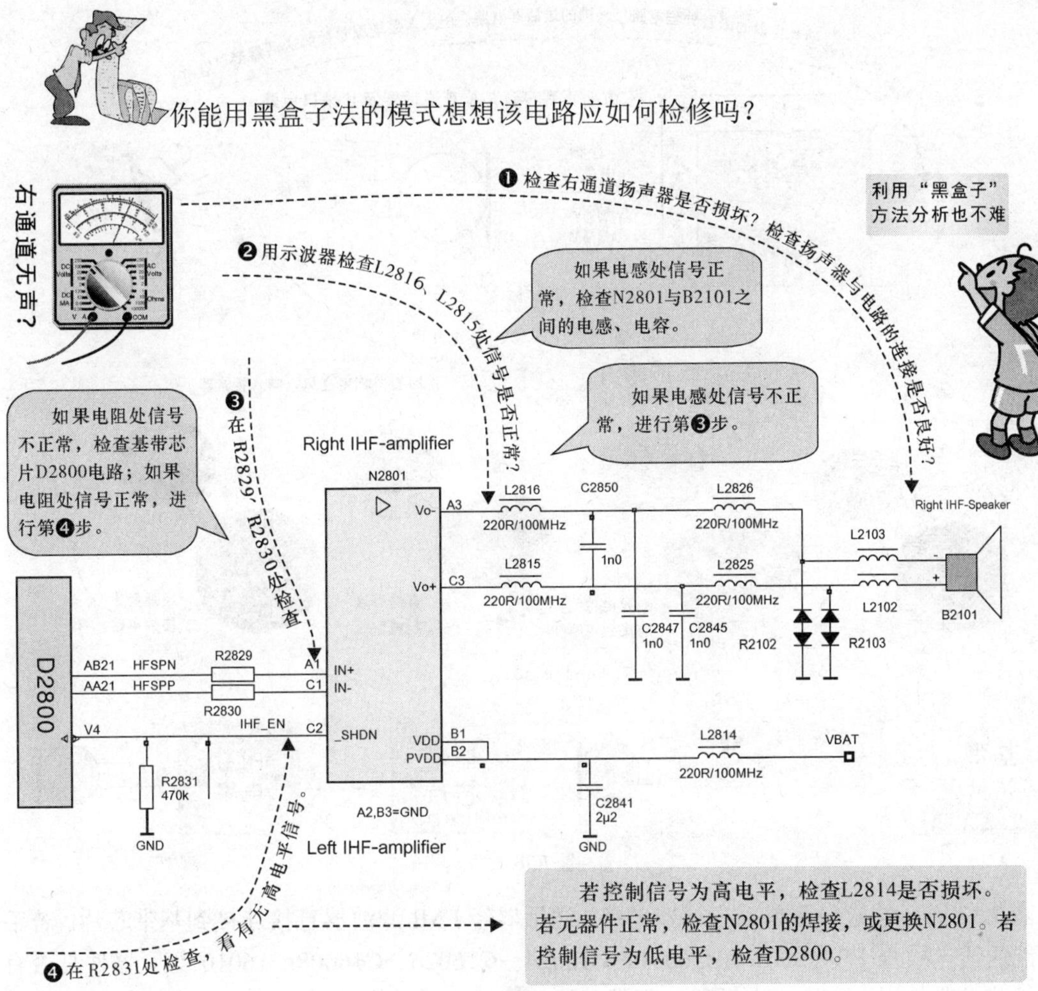

你能用黑盒子法的模式想想该电路应如何检修吗？

右通道无声？

❶检查右通道扬声器是否损坏？检查扬声器与电路的连接是否良好？

利用“黑盒子”方法分析也不难

❷用示波器检查L2816、L2815处信号是否正常？

如果电感处信号正常，检查N2801与B2101之间的电感、电容。

如果电感处信号不正常，进行第❸步。

❸在R2829、R2830处检查

如果电阻处信号不正常，检查基带芯片D2800电路；如果电阻处信号正常，进行第❹步。

❹在R2831处检查，看有无高电平信号。

若控制信号为高电平，检查L2814是否损坏。若元器件正常，检查N2801的焊接，或更换N2801。若控制信号为低电平，检查D2800。

图 7.34

7.5.4　送话器音频电路

送话器通常安装在手机底部。送话器电路通常会用含字母“MIC”英文缩写的标注，如 MICB1、MIC1P、MIC1N、MIC1N、MICBIAS、MICIP、MICINM、MICBIAS1 等。其中，含字母 MIC 与 B 的通常是指送话器的偏压。送话器接口电路有两种情况，如图 7.36 所示。

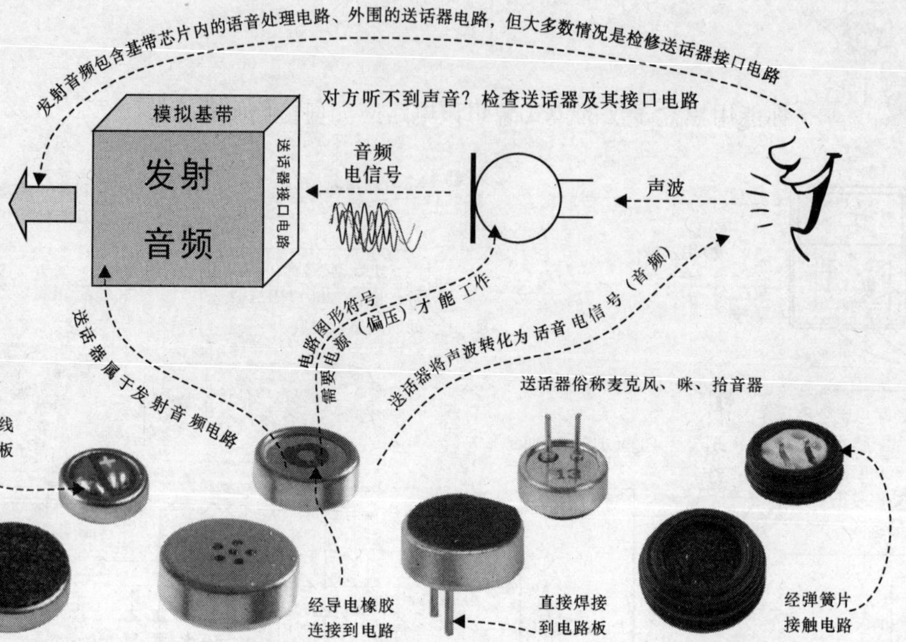

发射音频包含基带芯片内的语音处理电路、外围的送话器电路，但大多数情况是检修送话器接口电路
对方听不到声音？检查送话器及其接口电路
模拟基带
发射
音频
送话器接口电路
音频
电信号
声波
送话器属于发射音频电路
电路图形符号
需要电源（偏压）才能工作
送话器将声波转化为话音电信号（音频）
送话器俗称麦克风、咪、拾音器
焊接导线
到电路板
经导电橡胶
连接到电路
直接焊接
到电路板
经弹簧片
接触电路

图 7.35

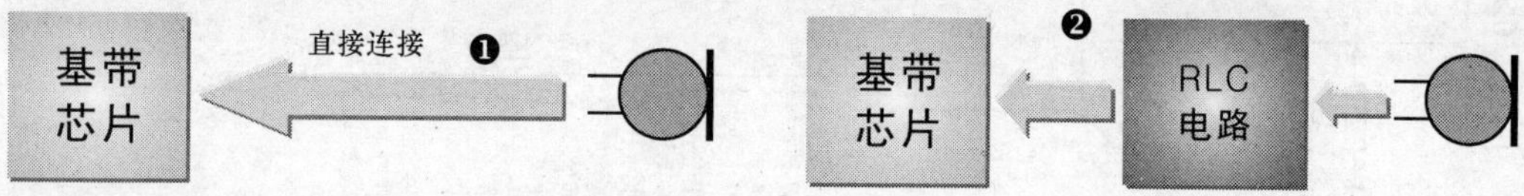

基带
芯片
直接连接
❶
❷
基带
芯片
RLC
电路

图 7.36

图 7.37 所示的是最简单的送话器电路，送话器经 EMI 滤波器直接连接到基带芯片。若手机不能送话，检查 FB16000、FB16001、C16024～C16026、C16008～16010 等元器件是否有损坏。若元器件正常，检查送话器、基带芯片的焊接，或更换送话器、基带芯片。

MAIN_MIC_P
MAIN_MIC_BIAS
MAIN_MIC_GND
FB16000
1800
FB16001
1800
O
4
G2
3
G1
2
P
1
MIC16000
Main MIC
DNI
C16024
33p
C16025
33p
C16026
D16008
D16009
D16010

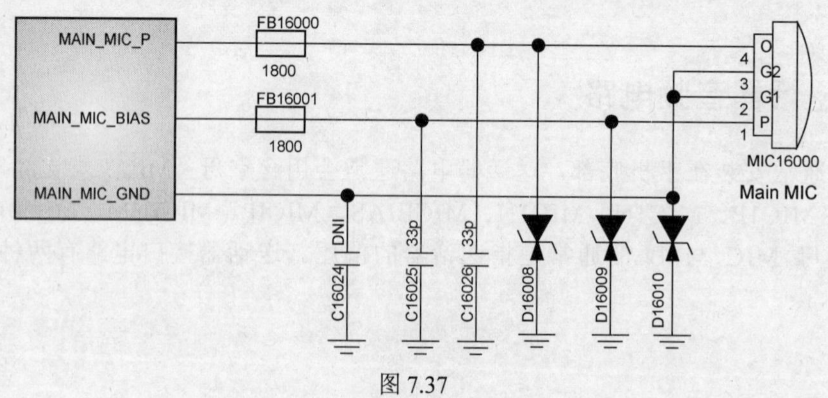

图 7.37

图 7.37 所示的电路中，送话器与音频管理器之间为 RC 电路。送话器的偏压（电源）通道为直流通道，送话器转换的语音电信号为交流通道，图中标注很清晰，自己分析应不难的。

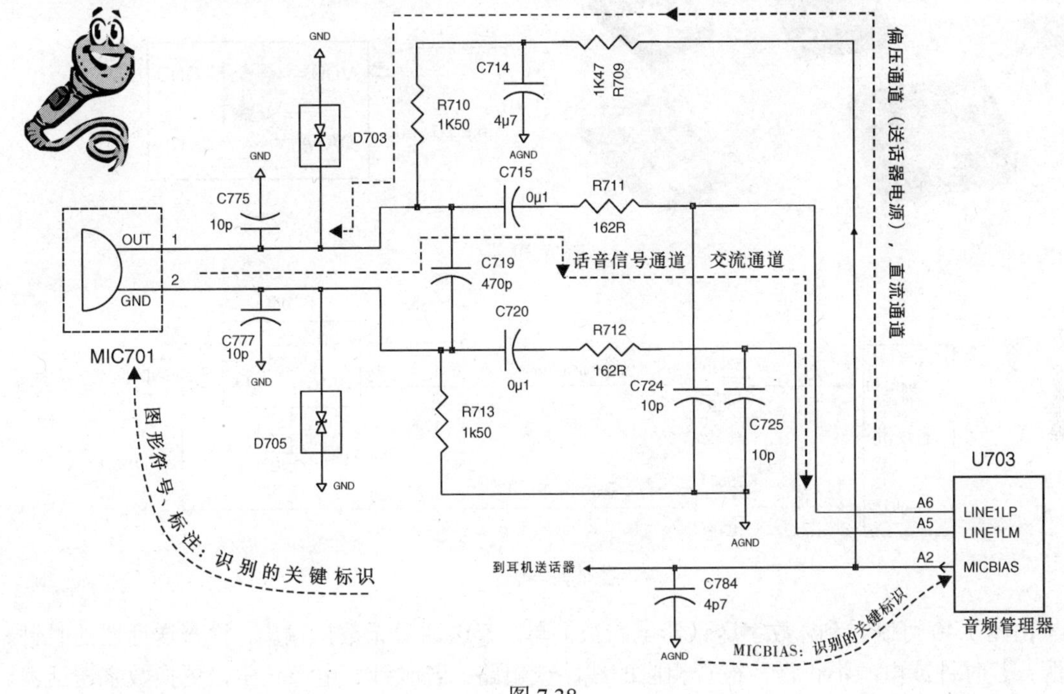

图 7.38

在一般手机中，通常只使用一个内置送话器。一些高档手机中使用两个送话器：一个主要用于通话声音拾取，另一个主要用于背景噪声拾取，以提高通话效果。整个发射音频处理包含 DBB、ABB 内的语音处理通道，以及外围的音频终端电路。对于维修人员来说，面对的大多为发射音频终端电路，即送话器电路。

在电路图中，通常用含字母“MIC”的英文缩写来标注送话器的相关线路或信号。送话器需要合适的工作电源才能正常工作，送话器电源也被称为送话器偏压（Bias）。偏压线路是直流通道。

7.5.5 数字送话器电路

一些新型的手机开始采用数字式的送话器（也称 MEMS 送话器、硅晶送话器）。数字式送话器比模拟送话器具有更好的信噪比、抗射频干扰和 EMI 干扰的能力。同时，数字式送话器输出的数字语音信号可直接用于数字基带的音频处理。与模拟送话器不同，数字送话器有电源、时钟、数据端口。数字送话器电路很简单，其外围电路就是一些 RC 或 LC 电路。图 7.39 所示的是数字送话器实物图及其电路图形符号，图 7.40 所示的是一个实际的数字送话器电路。

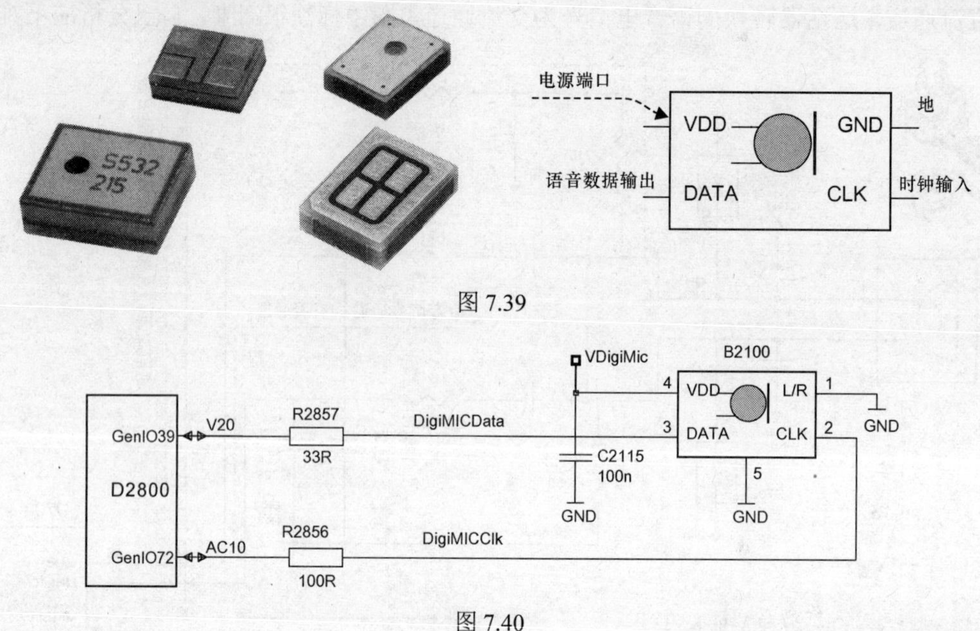

图 7.39

图 7.40

由图 7.40 可以看到，数字送话器电路很简单。若送话器无数据输出，检查送话器的时钟、电源，若时钟或电源不正常，检查相应的线路或电路；若时钟、电源正常，更换数字送话器。

送话器电路可能产生对方听不到声音，或对方听到的杂音大、电流声大等故障。

若对方听不到声音，应主要检查送话器偏压是否正常，送话器是否损坏，送话器与模拟基带芯片之间的音频信号通道是否有问题，此类故障通常出现在送话器电路。首先，应检查送话器是否正常。由于送话器电路多为 RC 电路，所以，在大多数情况下，可以在故障机不加电的情况下检修。若对方听到的杂音大、电流声大、干扰声大等，应主要检查送话器是否不良，送话器电路中的电容、ESD 元器件是否不良。

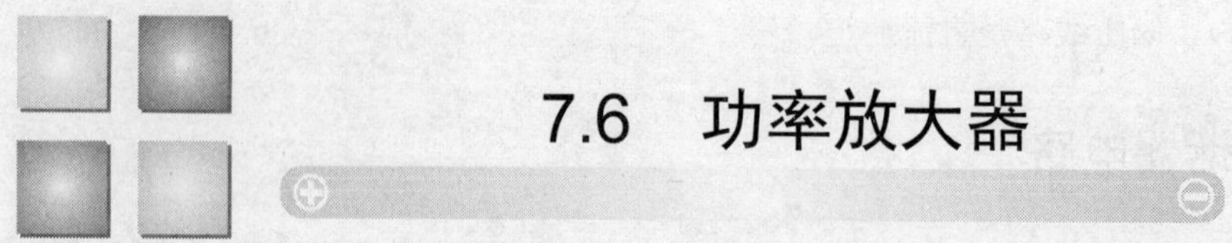

7.6 功率放大器

如今手机中的功率放大器（PA）电路非常简单，功率放大、功率控制、功率检测等电路都被集成在功率放大器模组（PAM）内。我们在电路图中看到的 PA 电路其实仅仅是功率放大器输入、输出信号线路，而这些信号线路通常是 R、L、C 电路。虽然 2G、3G、4G 系统对发射功率放大

器的技术要求各不相同，但从故障检修与 PAM 电路图上看，并没有什么本质的区别。4G 手机支持 2G、3G、4G 网络，这里你可通过几种不同制式功率放大器来了解功放电路的检修。

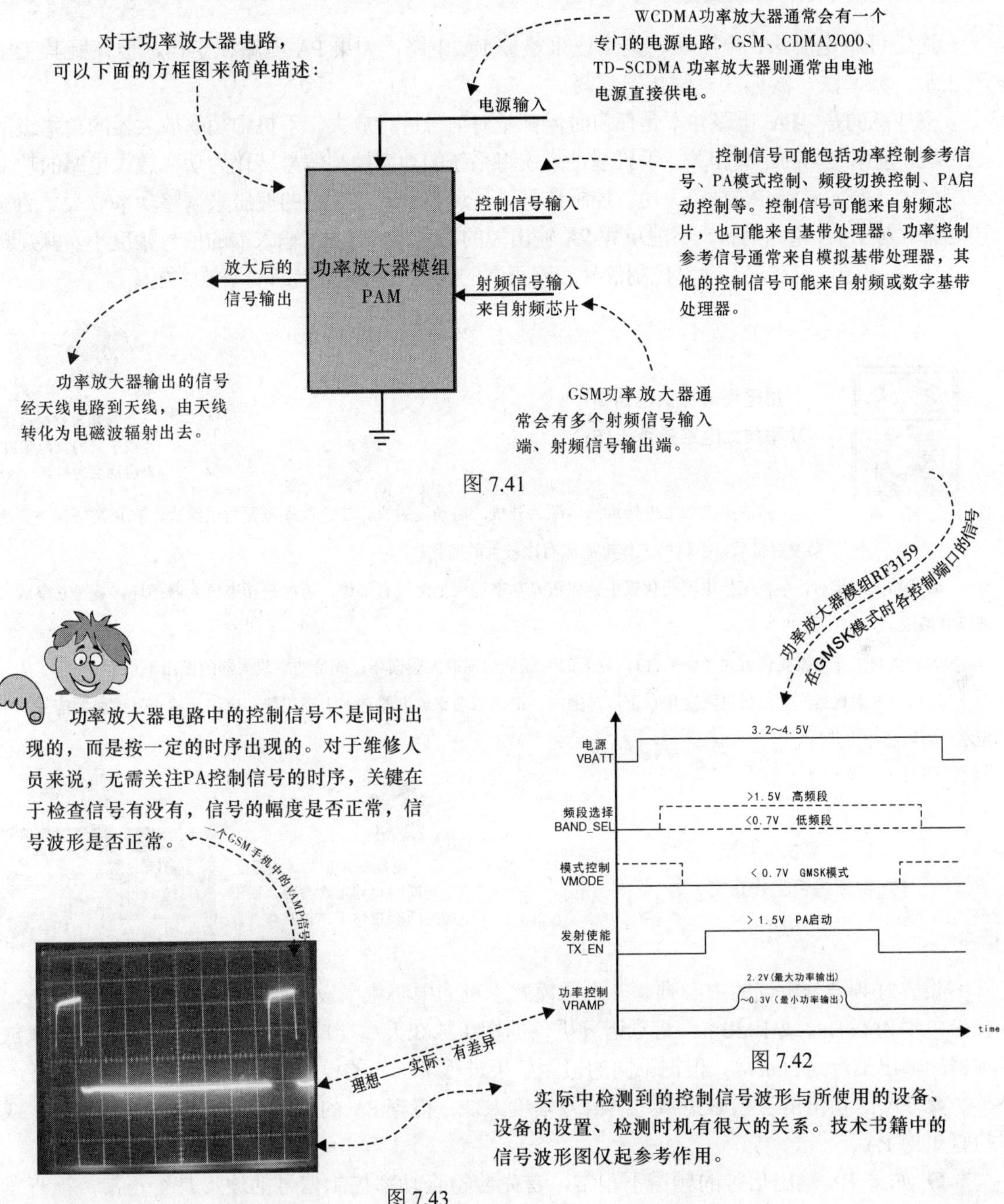

图 7.41

图 7.42

图 7.43

7.6.1 检修 PA 电路

通常可用电流法、电压法、波形法来检修 PA 电路，如果 PA 电路在工作，但怀疑其工作不正常，频谱法、波形法检修相对容易。

需注意的是，PA 电路并不是任何时候都是对信号进行放大。手机中功率放大器的功率级别与手机、基站之间的距离相关。手机基带系统将系统的功率控制信号转化为功率放大电路的功率控制信号（例如 RAMP 信号）。功率控制信号通过调整功率放大器的偏压来调整功率放大器的输出功率。对于 PA 电路而言，不能单凭 PA 输出端的信号幅度比 PA 输入端的信号幅度小，就判断 PA 电路有问题，应在确定功率控制信号线路正常的前提下来检查判断功率放大电路。

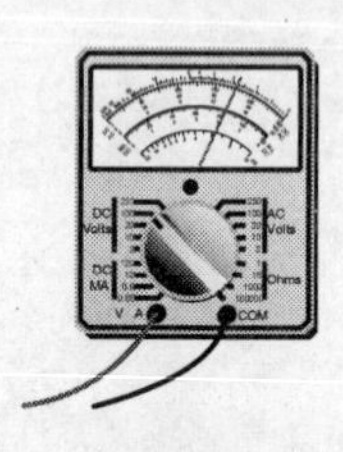

用电流法可快速判断功率放大电路是否工作：

利用维修测试软件或手机的紧急呼叫来启动发射机。

给故障机加上外接维修电源，开机。启动发射机，注意观察电源的电流表。在正常情况下，启动发射机后，手机的工作电流应有比较大的变化。

若启动发射机后，手机工作电流变化很小，应该是功率放大电路没有工作。可能是功率放大器损坏，或是功率放大器没有偏压。

若手机的工作电流变化很大（或关机），最大的可能是功率放大器损坏，或是功率放大器的偏压不正常。

若启动发射机后，发射机电流变化在正常范围内，则说明功率放大器基本上在工作，应注意检查发射机的信号产生电路（射频芯片电路）。

频谱法可快速判断 PA 电路是否工作正常？

电流法只能在某些程度上判断PA电路工作与否，而不能判断PA电路工作正常与否。

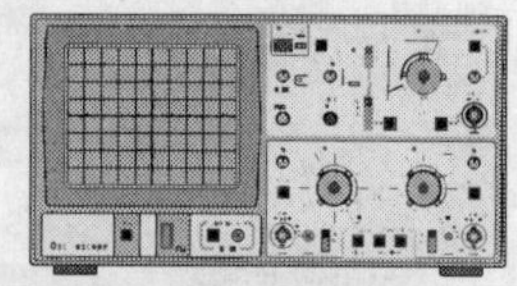

设置好频谱分析仪的中心频率（不同模式手机的中心频率设置不同），扫频宽度 25MHz，参考电平为 0dBm 或 10dBm。将频谱分析仪的探头放在天线端口或 PA 的输出端口，看功率放大器的输出信号是否正常。根据不同的检测结果进行下一步的检修，通常可参照如下的思路：

❶ PA 的输出信号频谱正常，但信号幅度太低：检查 PA 的偏压电路、输入信号线路，或检查更换 PA。

❷ 如果 PA 输出信号的频谱不正常，首先应检查功率控制信号的波形是否正常，检查发

射机的其他控制信号是否正常。比如诺基亚 GSM 手机中的 TXC、TXP 信号，具体的应参考相应机器的电路资料。若控制信号正常，检查更换功率放大器。

❸ 若输出信号频谱不正常，将 PA 取下，检查功率 PA 输入信号的频谱。若输入信号谱正常，更换 PA 模组或检查 PA 的控制信号线路。若输入信号频谱不正常，检查射频芯片电路。

7.6.2　PA 电路示例一

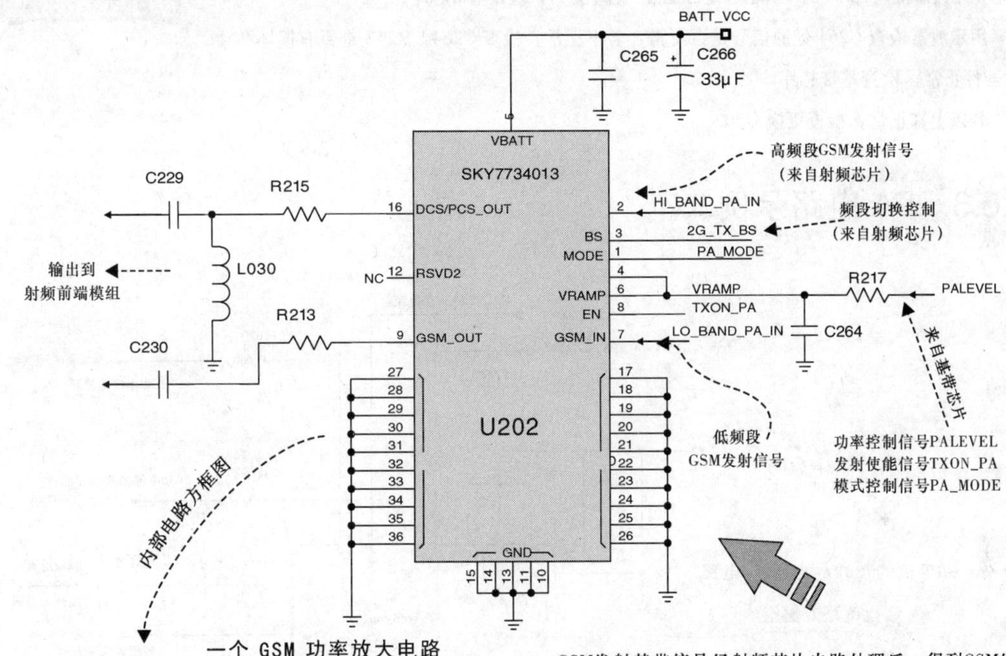

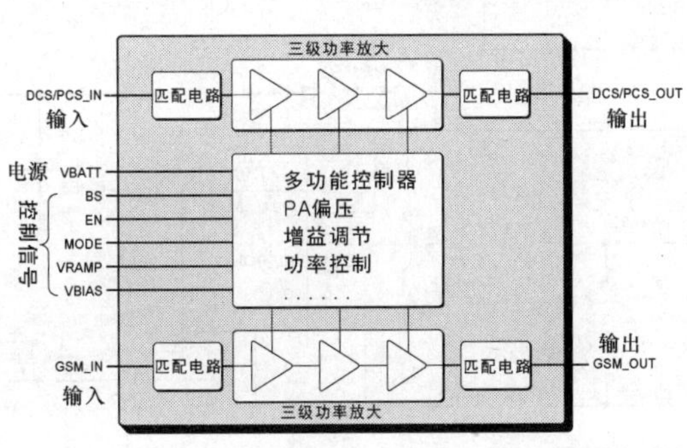

GSM发射基带信号经射频芯片电路处理后，得到GSM发射信号。低频段的GSM发射信号被直接送到功率放大器U202 的7脚。放大后的信号从U202的9脚输出，经R213、C230和射频前端模组到天线，由天线辐射出去。

高频段的GSM发射信号被直接送到功率放大器U202的2脚。放大后的信号从U202的16脚输出，经R215、C229和射频前端模组到天线，由天线辐射出去。

射频芯片输出频段切换控制信号，到U202的3脚，控制功率放大器电路的工作频段。

基带芯片输出功率控制信号，经R217到功率放大器U202 的6、4脚，控制功率放大器的输出功率。

基带芯片还输出发射使能信号，到功率放大器U202的8脚，控制启动功率放大电路；输出模式控制信号，到功率放大器U202的1脚，控制GSM功率放大器的工作模式。

图 7.44

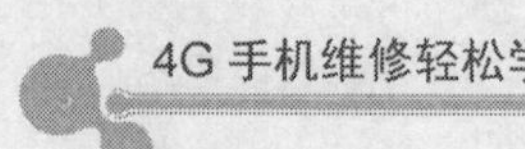

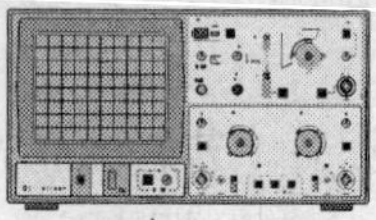

PA不工作

用示波器检查 U202 的 8 脚信号是否正常。若不正常，检查基带芯片。

用示波器检查 C264 处的信号是否正常。若不正常，检查 C264、R217 是否有损坏。若元器件正常，检查基带芯片。

若以上都正常，检查更换 U202。

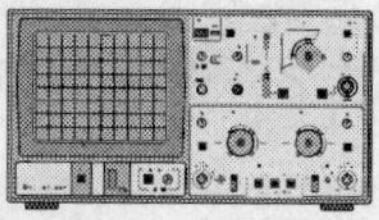

PA不正常

用示波器检查 U202 的 3 脚信号是否正常。若不正常，检查射频芯片。

用示波器检查 U202 的 1 脚信号是否正常。若不正常，检查基带芯片。

用示波器检查 C264 处的信号是否正常。若不正常，检查 C264、R217 是否有损坏？若元器件正常，检查基带芯片。

若以上都正常，检查更换 U202。

7.6.3 PA 电路示例二

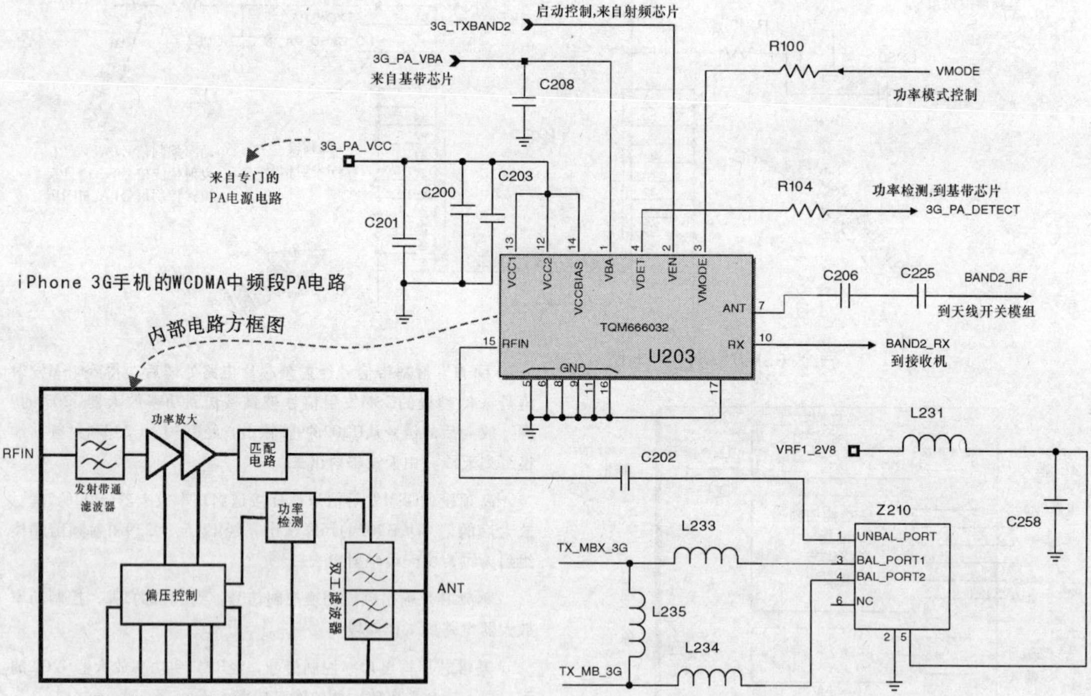

图 7.45

U203 的 RX 端口是 WCDMA 接收信号端口。专门的电源产生电路输出 3G_PA_VCC 电源，直接送到 U203 的 VCC1、VCC2、VCCB 端口，为功率放大器电路供电。

射频芯片输出双端平衡射频信号，经 Z210 电路转换后，得到单端非平衡发射信号，该信号经电容 C202 到功率放大器 U203 的 RFIN 端口，进入功率放大电路。

放大后的 WCDMA 发射信号经滤波后，从 U203 的天线端口（ANT）输出，经 C206、C225 到射频前端模组，然后输出到天线，由天线辐射出去。

U203 电路同时受射频芯片与基带芯片的控制。功率检测信号被送到基带芯片，基带芯片输出功率控制信号到 U203 的 VBA 端口。射频芯片则输出使能信号，到 U203 的 VEN 端口。

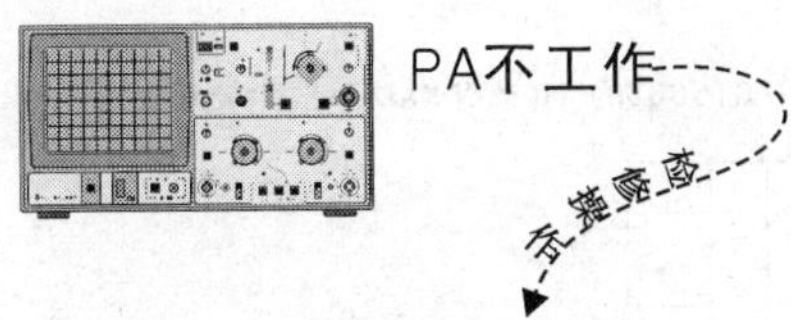

检查 C200 处的电压是否正常。若不正常，检查 3G_PA_VCC 电源线路上的电容是否有损坏。若元器件正常，检查 3G_PA_VCC 电源电路。

检查 U203 的 2 脚信号是否正常。若不正常，检查射频芯片。

若以上都正常，检查更换 U203。

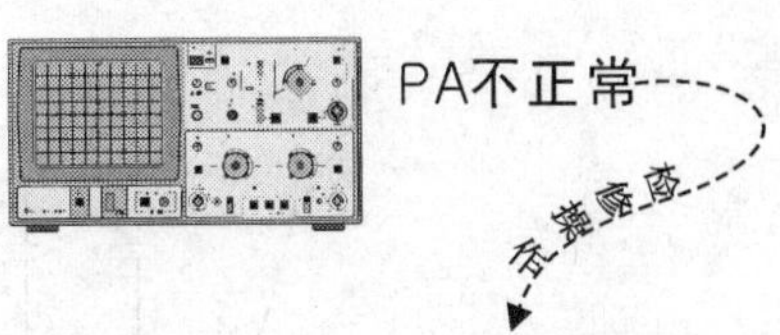

检查 R100、R104、C208 是否有损坏。

检查 L233、L234、C202 是否有损坏。

检查 L235 处的信号是否正常。若不正常，检查射频芯片。

若以上都正常，检查更换 U203，或检查基带芯片。

7.6.4　PA 电路示例三

发射基带信号经射频芯片电路处理后，输出 TD-SCDMA 发射信号。发射信号经 R124、C148 到功率放大器模组 U105 的 2 脚。

发射信号经 U105 电路放大后，从 U105 的 9 脚输出。发射信号经 C147、C146、发射滤波器 FL102、C145 到天线开关模组，然后输出到天线，由天线辐射出去。

U105 的 6 脚输出发射功率检测信号 LCR_PWDET。LCR_PWDET 信号被送到射频芯片。基带处理器输出 TD_PAEN、TD_PAMODE1 信号来控制功率放大器 U105 电路的工作。

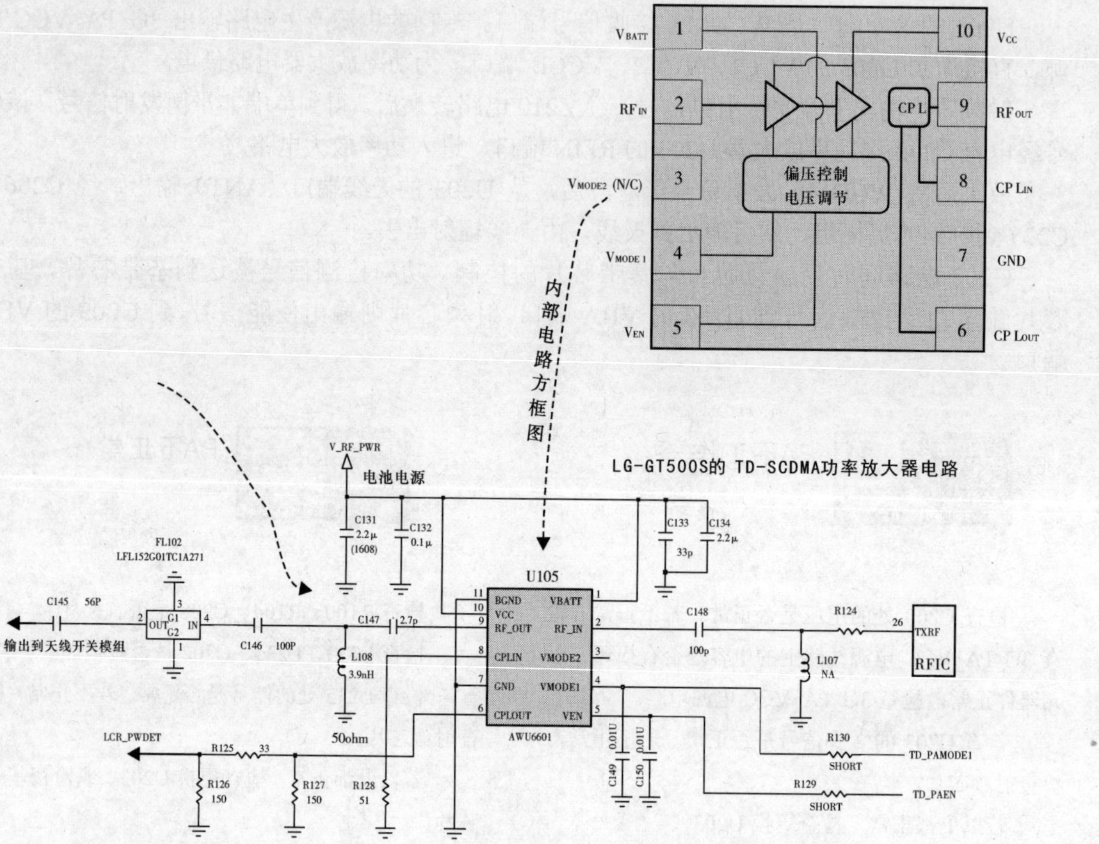

内部电路方框图

LG-GT500S的 TD-SCDMA功率放大器电路

图 7.46

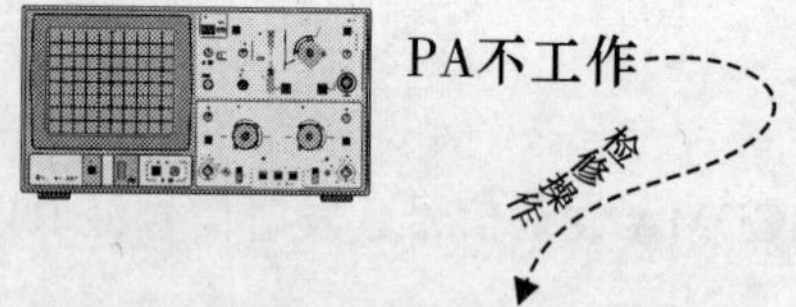

检查 C149 处的控制信号是否正常。若不正常，检查 C149、R130 是否有损坏。若元器件正常，检查基带芯片。

检查 C150 处的控制信号是否正常。若不正常，检查 C150、R129 是否有损坏。若元器件正常，检查基带芯片。

若以上正常，检查更换 U105。

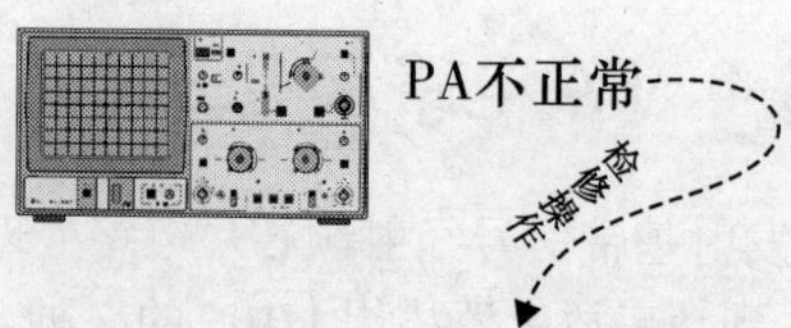

检查 C149 处的控制信号是否正常。若不正常，检查 C149、R130 是否有损坏。若元器件正常，检查基带芯片。

检查 R124～R128、C145～C148 是否有损坏。检查 R124 处信号是否正常。若信号不正常，检查射频芯片电路；若信号正常，检查更换 U105。

7.6.5 PA 电路示例四

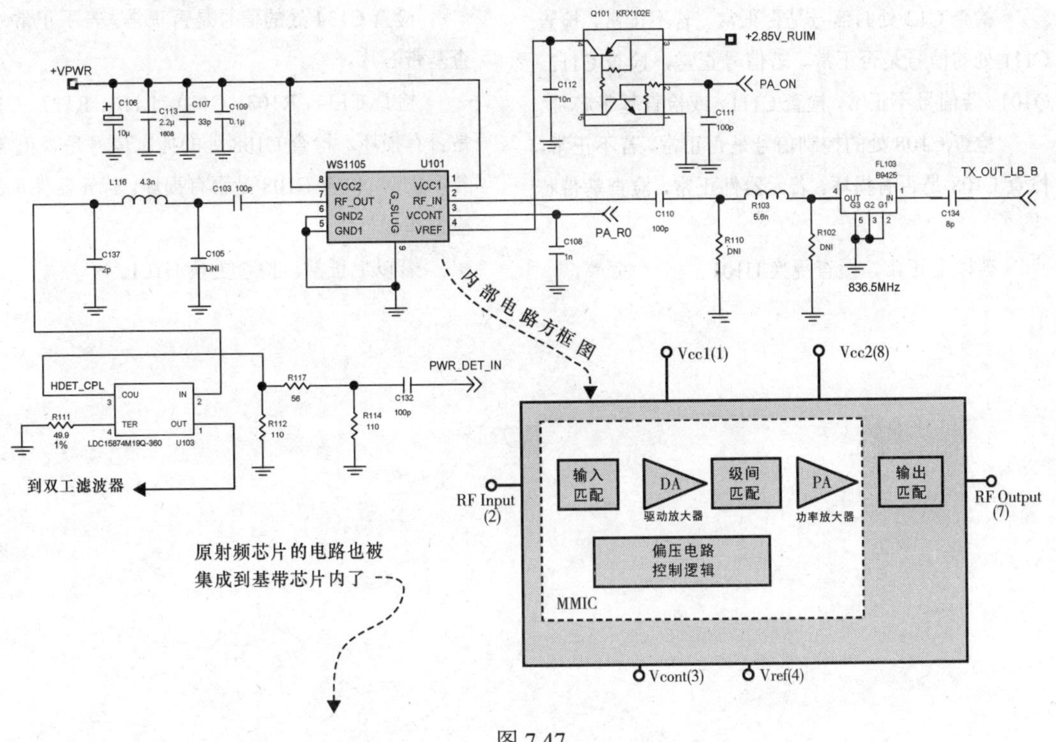

图 7.47

送话器输出的信号在基带芯片内经一系列处理后，基带芯片输出发射射频信号，经 C134、FL103、R103、C110 到功率放大器模组 U101 的 2 脚。

基带芯片输出 PA_ON 信号到 Q101 的 2 脚，Q101 的 3、4 脚导通，2.85V 的电源经 Q101 到 U101 的 4 脚，为功率放大器供电。电池电源+VPWR 也被直接送到 U101 电路。放大后的信号从 U101 的 7 脚输出，经 C103、L116、U103、FL101、FL104 到双工滤波器，然后由天线辐射出去。U103 是一个定向耦合器，U103 的 3 脚输出发射功率检测信号，经 R117、C132 到基带芯片。基带芯片输出 PA_R0 信号到 U101 的 3 脚，控制 U101 的输出功率。

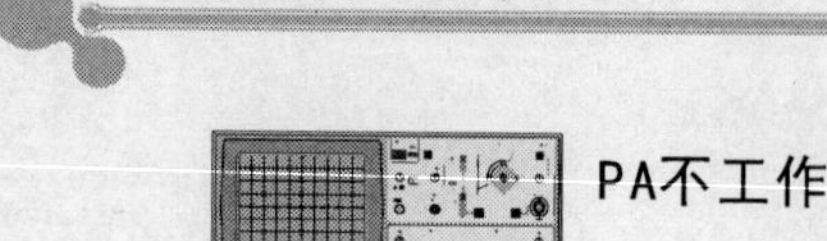

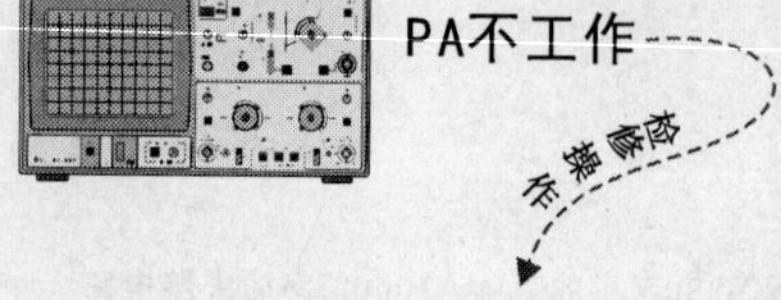

检查 C12 处的信号是否正常。若不正常，检查 C111 处的信号是否正常。若信号正常，检查 C112、Q101。若信号不正常，检查 C111，或检查基带芯片。

检查 C108 处的控制信号是否正常。若不正常，检查 C108 是否有损坏。若元器件正常，检查基带芯片。

若以上正常，检查更换 U101。

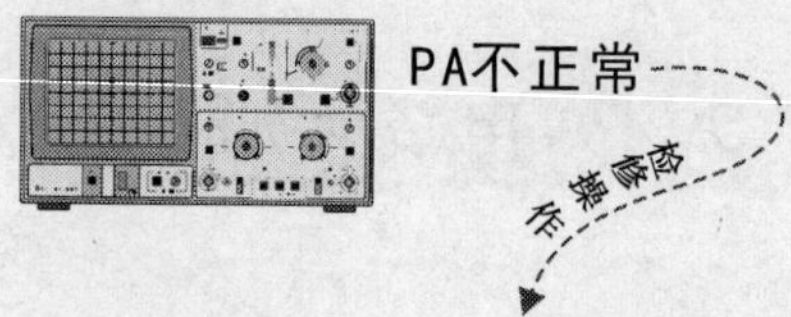

检查 C134 处的信号是否正常。若不正常，检查基带芯片。

检查 C134、R103、C110、L116、R117、C132 是否有损坏。检查 C108 处的控制信号是否正常。若不正常，检查 C108 是否有损坏。若元器件正常，检查基带芯片。

若以上正常，检查更换 U101。

CHAPTER

第8章

4G 手机接口电路

相对于手机收发电路，手机的接口电路才是维修人员需要经常面对的。希望通过本章你能了解掌握各种灯电路、各种卡电路、各种传感器电路，以及其他各种终端接口电路的分析与检修知识。

8.1 关于基带信号处理器

基带信号处理器其实包含模拟基带（ABB，Analog BaseBand）与数字基带（DBB，Ditigal BaseBand）两个方面。模拟基带与数字基带可能分别封装（两芯片方案），也可能集成在一起（单芯片方案）。

基带芯片内部很复杂，其信号端口很多，不要因此被迷惑。从维修的角度看，利用“黑盒子”法分析它即可。基带芯片就是一个加工厂：

- 从接收的角度看，进去的是接收基带信号，出来的是多媒体信号；
- 从发送的角度看，进去的是文字、语音、视频等信息，出来的是发射基带信号；
- 从控制的角度看，进去的是按键信号、传感器信号，出来的是控制信号。

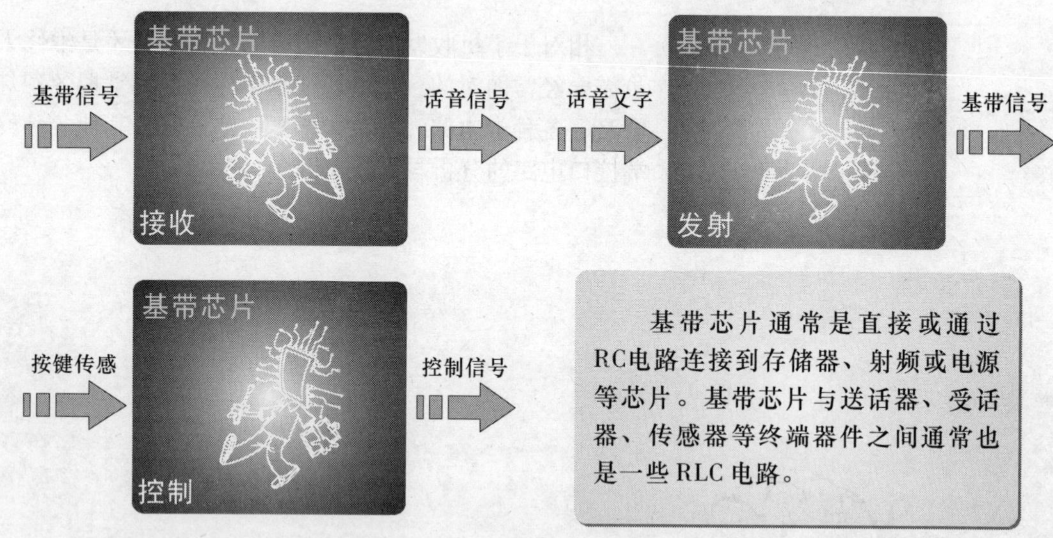

图 8.1

相同性质的一组信号端口组成一组总线接口。不同的电路图中基带芯片端口的标注可能不同，关键的是注意按键接口、地址与数据总线接口在同一个芯片上。

不要试图从维修类书籍中获取关于基带芯片的所有知识。在看基带芯片电路时要有所取舍。从芯片的外围电路向芯片看。对特定的故障，在外围电路处检查来自或到基带芯片的信号是否正常，若不正常，先查相关的外围元器件，然后检查芯片的焊接，或检查更换芯片。

基带芯片的信号端口很多，与许多电路单元相关联，很难仅根据某个信号端口信号来判断芯片是否损坏。检修基带芯片电路时，应：

❶ 注意基带芯片供电是否正常。若某个供电不正常，检查相应供电线路是否有对地短路现象。若有短路现象，检查相应供电线路上的旁路电容；若无短路现象，检查相应的电源电路。

❷ 检查输入的系统时钟是否正常。若不正常，检查参考振荡及其相关电路。检查输入的系统复位信号是否正常。若不正常，检查电源管理器。

❸ 检查输出的时钟与复位信号是否正常。若输入的时钟与复位正常，且输出线路无短路现象，一般检查更换基带芯片。

❹ 信号线直接相连（主要是地址线、数据线），信号线上没有任何元器件：注意芯片焊接是否良好，信号线是否断开。这一类的检查应放在最后一步。

❺ 信号端口为输入的，先检查外围电路。若外围电路正常，再检查基带芯片。例如，机器总是低压告警，或电池消耗快，通常应注意检查电池电压监测电路（示例电路图 8.2）：检查电阻 R301、R302 与电容 C315 是否有损坏。若元器件正常，检查基带芯片。

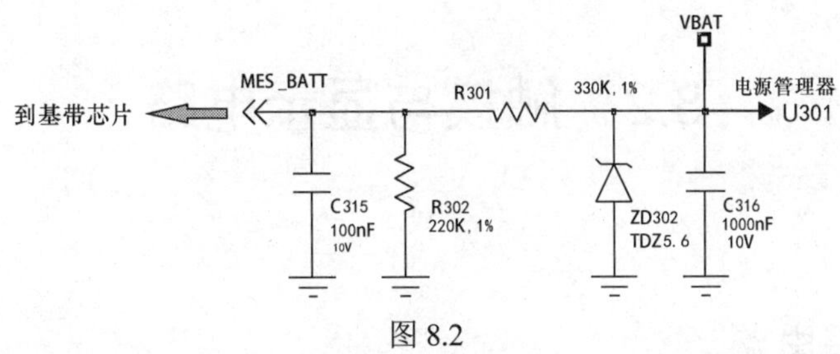

图 8.2

❻ 信号端口为输出的，检查输出信号线路是否有对地短路现象（信号线上若有旁路电容的话）。若有短路，先检查电容。若输出信号线无短路现象，检查基带芯片。

■　关于存储器

手机可以说是一个微型的计算机系统，存储器是单片机系统的主要部分，如果没有存储器，系统无法工作。在手机电路图中，存储器通常有许多地址线、数据线，有片选、复位以及其他一些存储器控制信号。存储器通常只与数字基带信号处理器连接。存储器电路图中通常会有 RAM、FLASH、DDR、SDRAM 或 NAND 等 标注。图 8.3 所示的是一个手机中存储器与基带处理器之间的连接。

存储器损坏或电路不正常会导致手机出现不开机或软件方面的故障。条件允许的话，可先对故障机进行不拆机的软件更新处理，看能否解决问题。在检修存储器电路时，主要是考虑存储器的供电是否正常，存储器的焊接是否良好，存储器与基带芯片之间的信号线是否有断线。若两个方面都没有问题，应考虑更换存储器。在更换某些存储器时，应注意焊接温度。

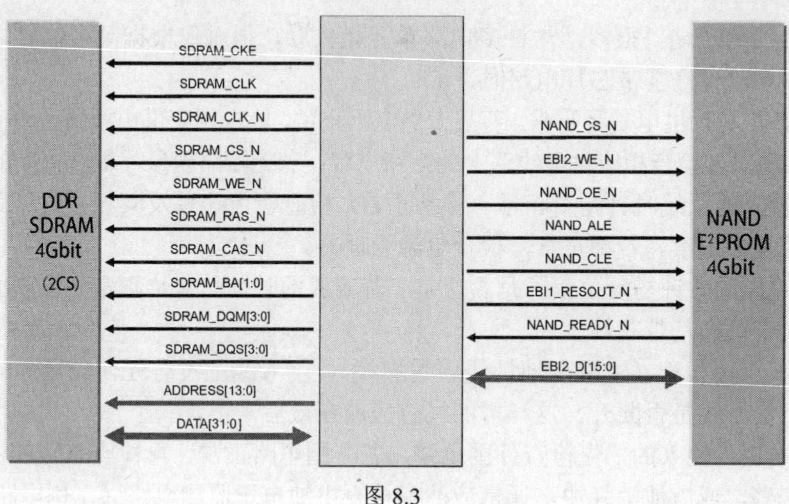

图 8.3

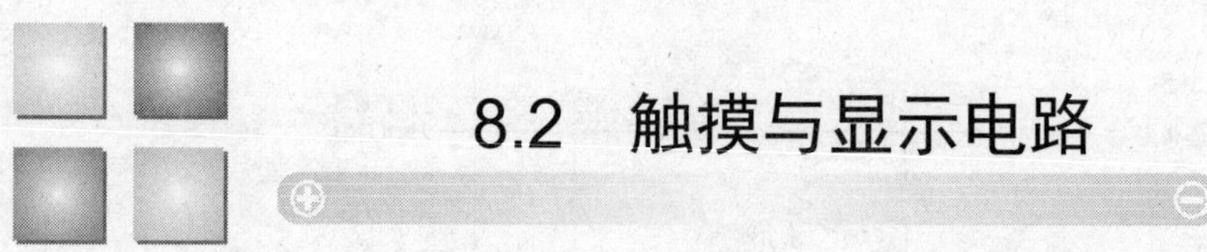

8.2 触摸与显示电路

8.2.1 触摸屏电路

手机用户常说的触摸屏并不是一整块液晶显示屏，而是由液晶显示屏和压力感应膜组成。在液晶屏的上层，会有一层压力感应膜，触摸的控制就是通过这块压力感应膜来实现的。通常人们都会说更换触摸屏，其实需要更换的只是触摸屏上面的压力感应膜。和液晶屏相比，压力感应膜的价格非常便宜。

在手机中，有一个专门的触摸屏控制器来处理器触摸屏输出的信号。基带处理器或应用处理器通过串行接口来设置触摸屏控制器内的寄存器，触摸屏控制器转换得到的数据也通过串行接口传输到基带处理器。触摸屏控制器的 X_+、X_-、Y_+、Y_-端口则连接到触摸屏，以获取触摸屏的信息。转换得到的触摸操作信息通过 I2C 串行接口输出到基带处理器或应用处理器。

手机触摸屏电路有两种情况：一是使用独立的触摸屏控制器，二是基带芯片或应用处理器、复合电源管理器直接提供触摸屏接口。

图 8.4 所示的就是一个独立的触摸屏控制器电路，电路很简单，除控制器芯片外，仅使用有限的几个电阻电容。

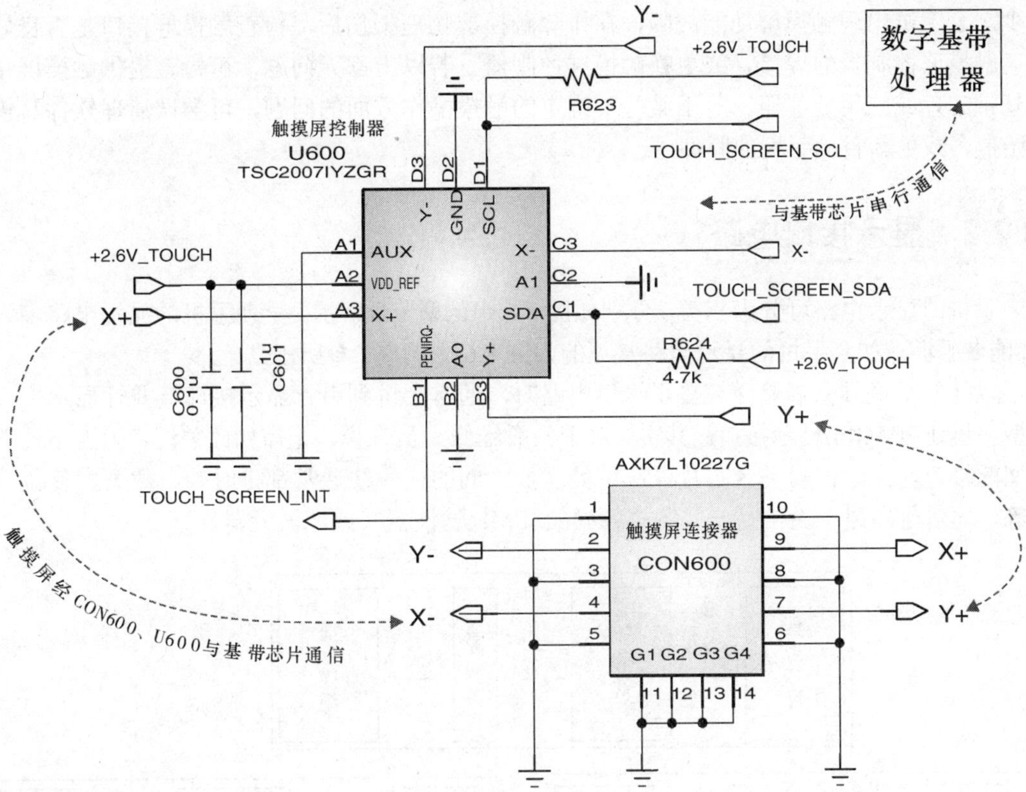

数字基带处理器
Y-
+2.6V_TOUCH
R623
触摸屏控制器
U600
TSC2007IYZGR
TOUCH_SCREEN_SCL
与基带芯片串行通信
+2.6V_TOUCH
X+
AUX
VDD_REF
X+
Y-
GND
SCL
X-
A1
SDA
PENIRQ
A0
Y+
X-
TOUCH_SCREEN_SDA
R624
4.7k
+2.6V_TOUCH
C600 0.1u
C601 1u
Y+
AXK7L10227G
TOUCH_SCREEN_INT
触摸屏连接器
CON600
Y-
X+
X-
Y+
G1 G2 G3 G4
触摸屏经 CON600、U600 与基带芯片通信

图 8.4

图 8.5 所示的触摸屏电路中，由基带处理器直接提供触摸屏接口，触摸屏经触摸屏接口 X1002 与 RC 电路直接连接到基带处理器。其中的 N1000 是一个电压调节器，为触摸屏线路提供上拉电源。

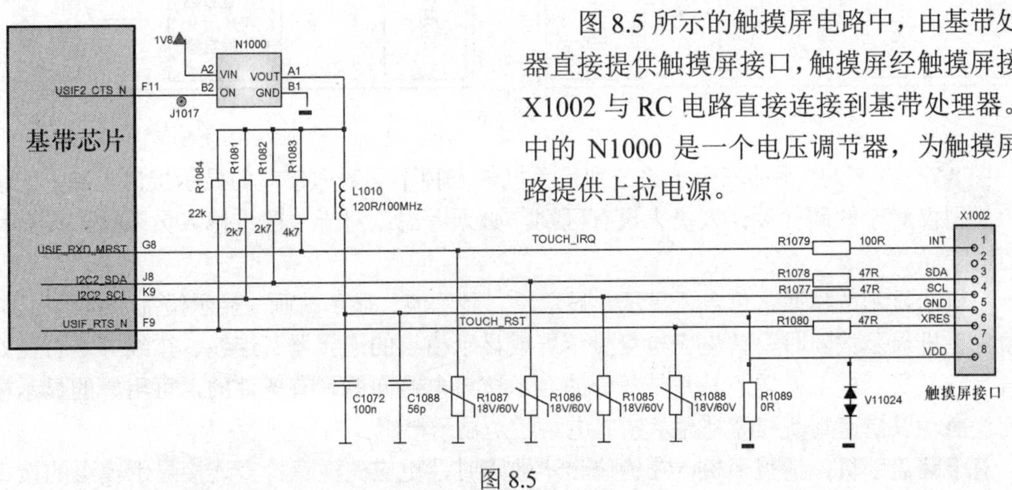

图 8.5

触摸屏故障以触摸屏物理损伤较多（参见前面第三章相关内容），触摸屏电路出现故障的

较少。若手机出现触摸屏功能故障，在排除触摸屏物理损伤后，检查触摸屏接口是否良好，检查触摸屏控制器的焊接，或更换触摸屏控制器。若以上都无问题，可检查提供触摸屏接口的基带芯片或应用处理器。对于某些不确定的触摸操作方面的问题，可尝试清理软件、恢复初始值，或更新目标手机的固件。

8.2.2 显示接口电路

手机的显示电路可分为三类，分别如图 8.6 中的❶～❸所示。早期手机的显示电路多为图 8.6 的❶所示，如今手机的显示电路常见的为图 8.6 中的❷、❸所示。

以往的手机维修书籍介绍显示接口电路时，通常会讲到串行显示接口、并行显示接口，新型手机还有 MIPI 显示接口。其实，对于一般维修人员来说，无需如此关注，因为不论哪种类型的接口，显示器与基带芯片或应用处理器之间的信号线通常都是时钟、数据、复位、片选等，而信号线路上通常是一些各式各样的 EMI 滤波器（或滤波元器件）。

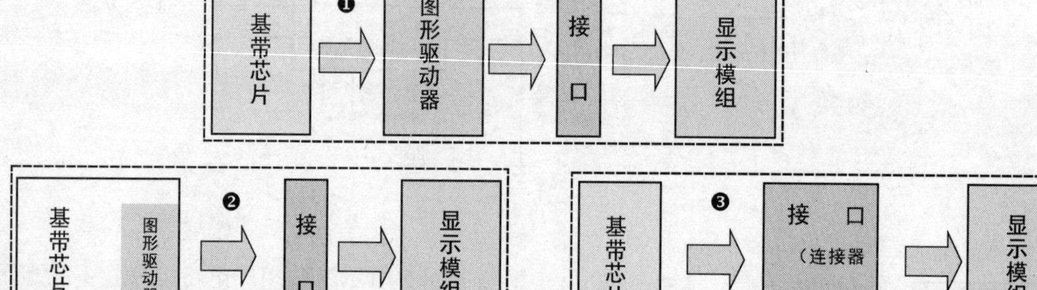

图 8.6

图 8.7～图 8.9 所示的三个电路分别是手机的三种不同数据接口的显示接口电路，它们的接口类型仅对于软硬件设计人员来说有区别，必须考虑；对于一般维修人员来说，没有什么实质的差异。

手机的显示故障通常包含无显示、显示黑、显示淡、显示缺画、显示错乱、显示白屏等。在检修手机显示故障时，首先应检查显示屏或显示模组的连接器、连线、排线等是否良好，检查判断是显示模组问题还是基带部分的显示接口电路问题。有条件的，可用好的显示模组进行代换，以快速判断故障是显示接口电路还是显示模组。

对于翻盖手机、滑盖手机，在检修显示故障时，更应先注意检查连接显示模组的接口、连线是否良好。

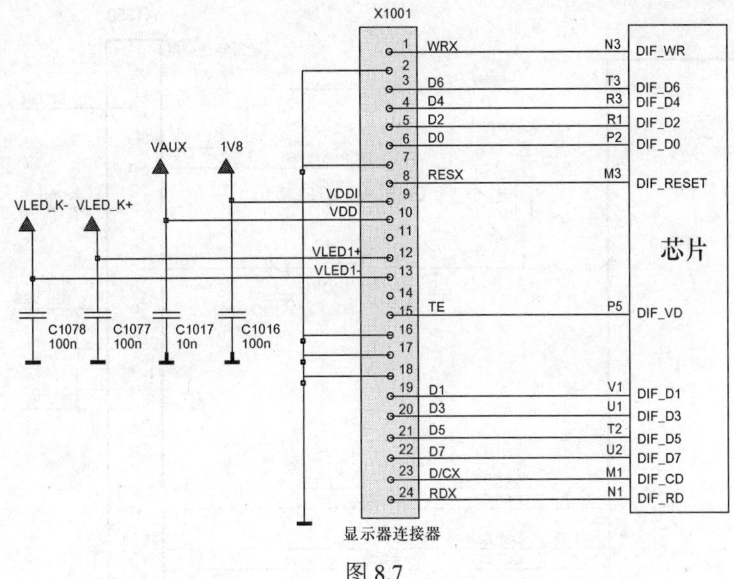

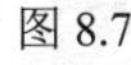
图 8.7

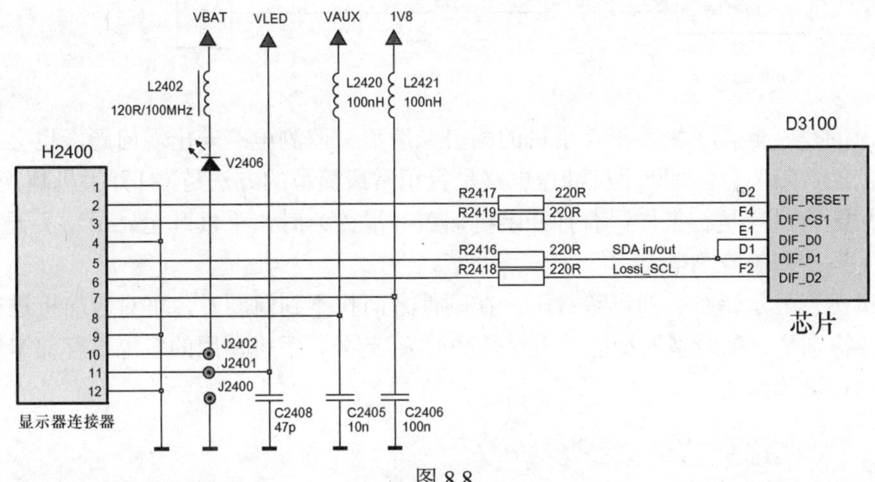

图 8.8

通常来说，如果手机显示出现问题，应检查连接显示模组的接口、连线；检查显示模组电路的工作电源；检查显示模组电路的信号，如片选、复位、时钟、数据等；检查基带电路，以及相关信号线路，及其线路上的电阻、电容、ESD 元器件等。若显示模组接口线路上的信号基本正常，更换显示模组。

不论是哪一类显示接口电路（特别是采用并行显示接口的），只要手机能开机，就说明基带处理器电路是基本正常的，即使检测到某个显示数据不正常，也应该只是 LCD 电路与基带处理器之间的线路问题（断线）。

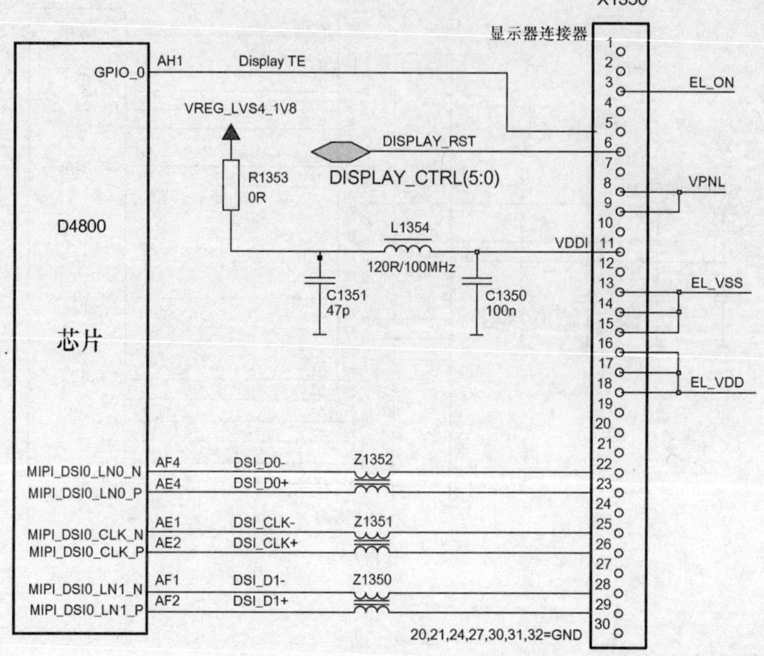

图 8.9

需注意的是，翻盖手机、滑盖手机的翻盖（滑盖）监测电路若出现问题，也会导致手机出现无显示的故障假象。判断手机翻盖电路是否正常最简单的方法是，打开手机翻盖（滑盖），看手机的按键背景灯是否工作。若打开手机翻盖（滑盖）时，手机既无显示，又无背景灯，应先检查手机的翻盖监测电路。

若手机出现显示错乱、白屏等故障，在硬件方面找不到问题时，可对故障机进行系统程序的更新（特别是一些新型的智能手机更是如此）。此外，手机使用的多媒体存储卡等附件也会引起显示白屏等问题。

8.3 各种灯电路

手机中的灯控制电路比较多，如按键背景灯、显示背景灯、信号指示灯、充电指示灯、照相机闪光灯等等。各灯电路使用的元器件可能不同，维修人员无需关注灯电路的种类，主要应抓住各相关驱动电路的特点。

手机中的灯电路可总结为两种：

一种灯控制电路其实是灯的电源电路，如图 8.10（A）所示。当控制信号有效时，灯的电源电路开始工作，为灯供电，灯开始工作；当控制信号无效时，灯的电源电路停止工作，灯也因此停止工作。

另一种是由电子开关电路控制，如图 8.10（B）所示。当控制信号有效时，灯电流通道闭合，灯开始工作；当控制信号无效时，灯电流通道断开，灯停止工作。这种灯控制电路可能是三极管电路或场效应管电路，也可能是被集成在电源管理器内。

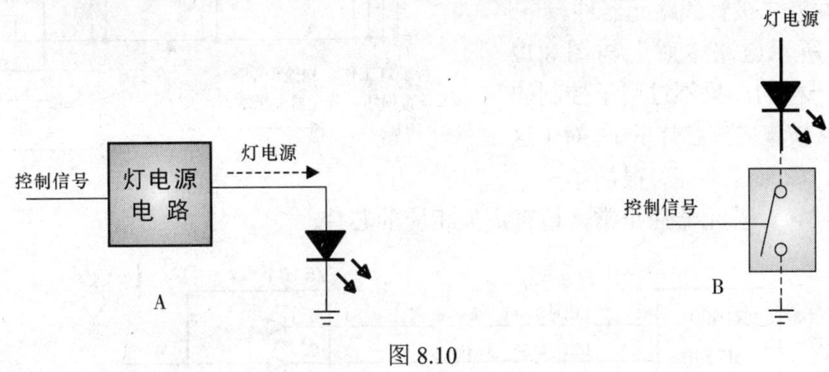

图 8.10

8.3.1　信号指示灯

常见的信号指示灯有充电指示灯、网络信号指示灯。

两种信号指示灯的电路很相似，指示灯的正极连接指示灯电源，另一端经限流电阻连接到电源管理器、基带芯片的指示灯控制端口。不过，如今的大多数手机都用网络信号指示条取代了网络信号指示灯。

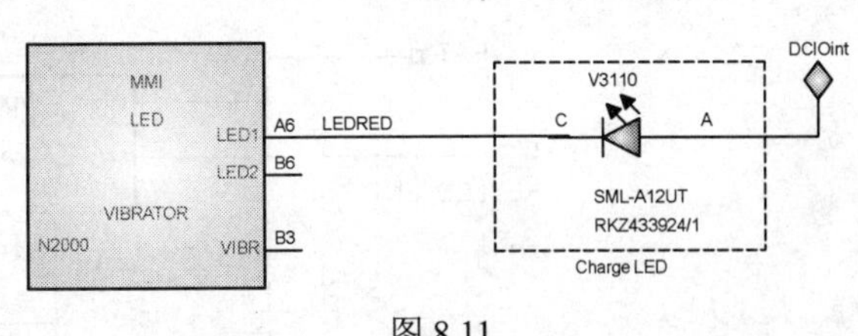

图 8.11

图 8.11 所示的是一个典型的充电指示灯电路，其他手机的充电指示灯、网络信号指示灯电路大都如此。图中的 DCIOint 是充电电源，V3110 是指示灯，N2000 是复合电源管理器。当 N2000 的 A6 脚为低电平时，充电指示灯开始工作。

8.3.2　按键背景灯

图 8.12 所示的是一个典型的按键背景灯电路，用于电路原理说明。U101 芯片的 A7 脚输

出高电平控制信号时，U602内左边的三极管饱和导通，为发光二极管提供一个电流通道，按键背景灯开始工作。

若全部背景灯不工作，检查R609处的控制信号是否正常。若不正常，检查基带芯片。若控制信号正常，检查三极管与电源供电线路。若某个灯不亮，检查相应的发光二极管线路元器件。

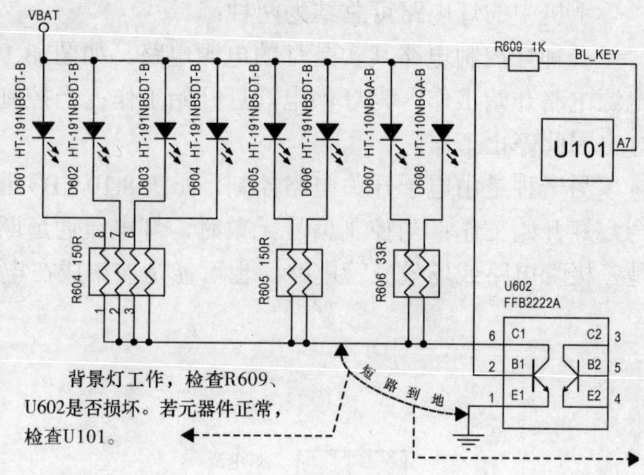

图8.12

图8.13所示电路本质上与图8.12所示电路是一样的，只不过用于控制的电子开关电路被集成到芯片里了。对于这样的灯电路，如果灯不亮，很简单——检查灯是否损坏。若元器件正常，检查更换相应的芯片。

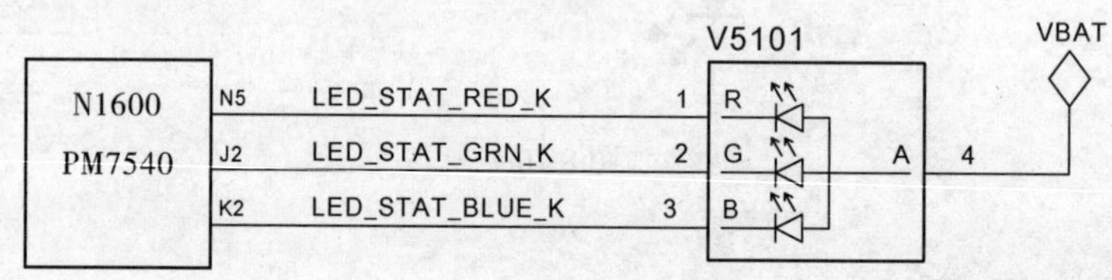

图8.13

图8.14所示的按键背景灯电路的结构如图8.10（A）所示，其中的U701是电压调节器，为按键背景灯提供工作电源。R727、R728是限流电阻，以防止电流过大而损坏背景灯。LED700与LED701是背景灯。

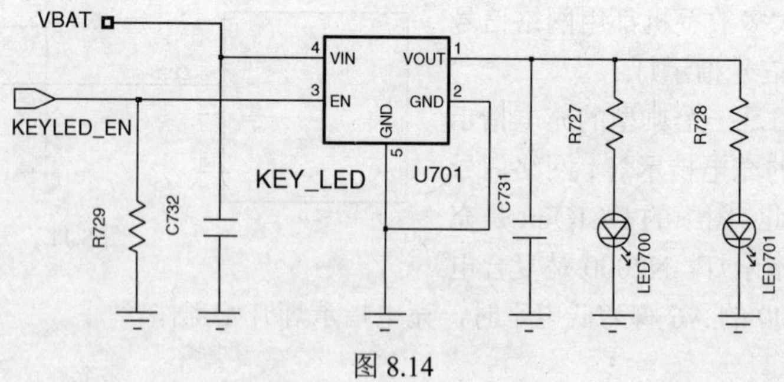

图8.14

当控制信号KEYLED_EN信号为高电平时，U701电路开始工作。U701的1脚输出背景灯电源，按键背景灯开始工作。

若该电路灯不工作，用万用表检查灯、电阻电容是否有损坏。若元器件正常，更换U701或检查输出 KEYLED_EN 信号的芯片。这里所述只是一种检修思路，你能想出其他的检修思路吗？

8.3.3　显示背景灯

手机显示背景灯驱动电路大致有三种情况：

❶ 电源管理器直接驱动，显示背景灯直接连接到电源芯片的背景灯控制端口。如今的手机常见于显示屏尺寸小的低端功能机。

❷ 电源芯片内的驱动电源与外部元器件一起组成一个背景灯升压（Boost）电源电路。

❸ 采用一个独立的直流变换器电路。大尺寸显示屏的背景灯多采用后两种。

在一些手机的显示背景灯电路中，可能没有明显的标注，通常需要借助含字母 LCD、LED 等的标注来分析识别，如 LCDBKL、LCMBKL、LCDPWR、LCD backlight、LCDBL 等。

若单从电路形式上看，大多数显示背景灯电路与前面介绍过的开关电源电路没什么不同。图 8.15 所示的就是一个显示背景灯电路。其中的 N1350 是电源芯片（为一个直流-直流变换器），X1350 是显示模组的连接器，N1350 电路输出的背景灯电源经 X1350 到显示背景灯。

EL_ON 为背景灯控制信号。可以看到，图 8.15 所示电路很简单，除电源芯片外，仅用了几个外接的电感与电容。如果背景灯不工作，可检查接口 X1350 是否良好。用万用表检查 N1350 的外围元器件是否有损坏。若以上都正常，检查更换 N1350，或检查显示模组。

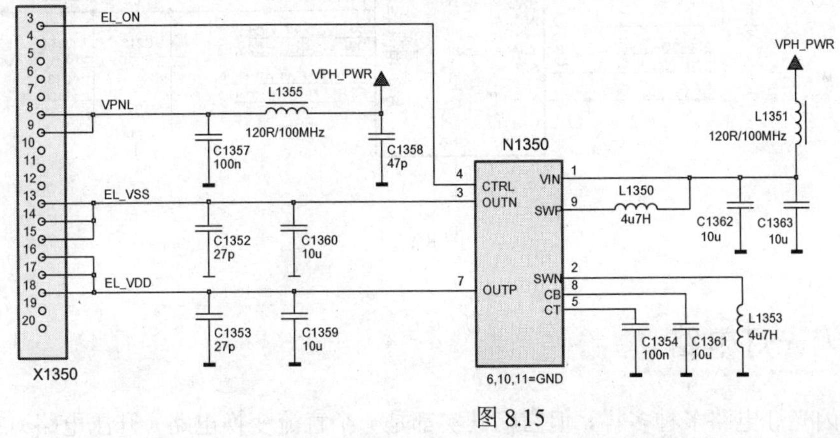

图 8.15

图 8.16、图 8.17 所示的两个电路都是显示背景灯电路，两个电路很相似，请结合前面的相关知识来分析这两个电路的检修吧。

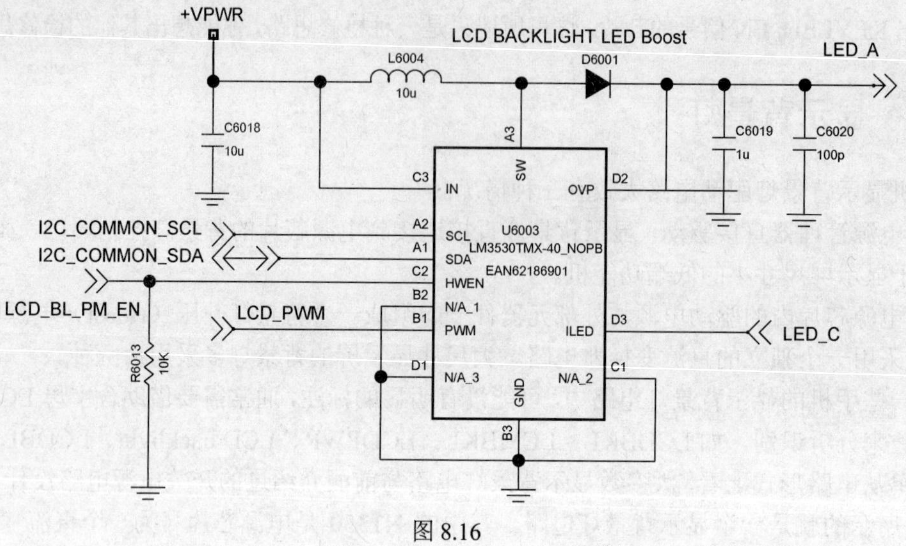

图 8.16

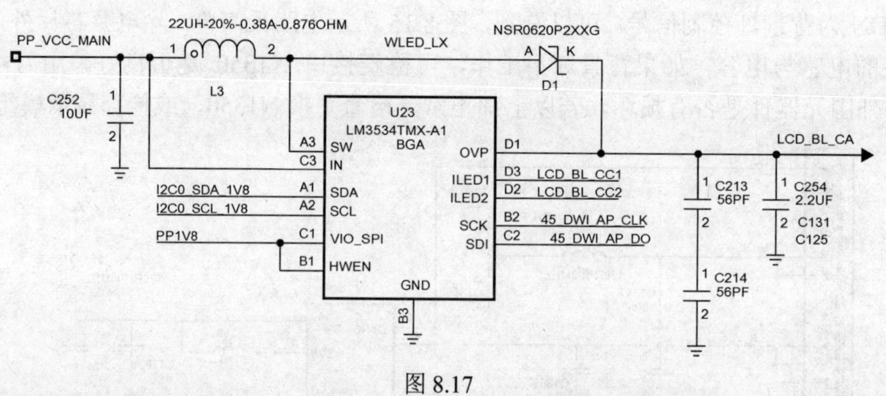

图 8.17

8.3.4 闪光灯电路

照相机闪光灯电路多种多样，但它们其实都是一个直流变换电路（升压电路）。不论是哪一类电路，都是受基带处理器或应用处理器输出信号的控制。

图 8.18 所示的电路中，D4800 是数字基带处理器，N1420 是直流变换芯片。N1420 与外部的 L1421、C1423、C1426 等组成闪光灯驱动电路。

电池电源 VPH_PWR 经 LC 电抗滤波器给 N1420 电路供电。数字基带处理器通过 I2C 总线与 Torch Enable、Flach_Ctl_En、TX Mask 等信号来控制 N1420 电路的工作。照相机模组也输出选通信号到 N1420 的 C3 脚。闪光灯则连接到 X1470、X1471 上。

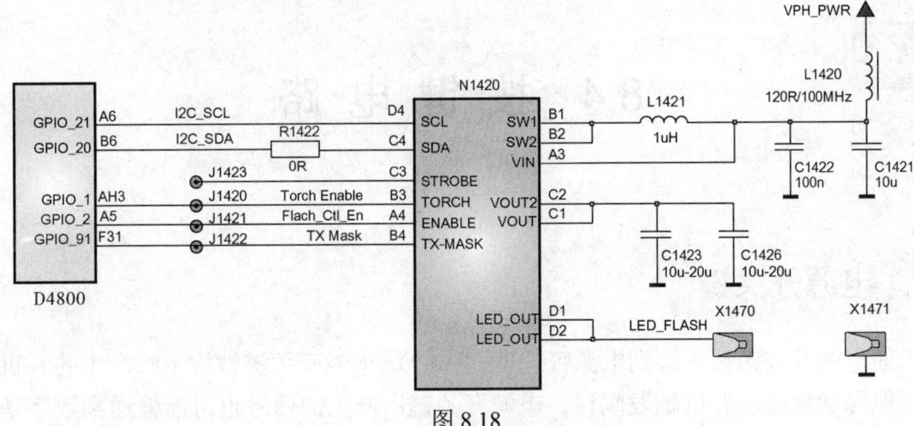

图 8.18

图 8.19 所示的闪光灯电路与图 8.18 所示的电路不同，它没有使用独立的直流变换芯片，除外部的电感 L606 外，其他所有的电路都被集成在复合电源管理器 U602 芯片内。闪光灯 LED500 也直接连接到 U602 的 C5、B4 端口。控制信号 CAM_FLASH_SET、CAM_FLASH_EN 都来自照相机模组。

闪光灯本身出问题的很少。大多数电源芯片都是 BGA 封装，不太好检测到控制信号，若闪光灯不工作，通常可检查电源芯片的外围元器件是否有损坏，闪光灯的连接是否良好。若以上正常，替换照相机模组，检查电源芯片或处理器芯片。

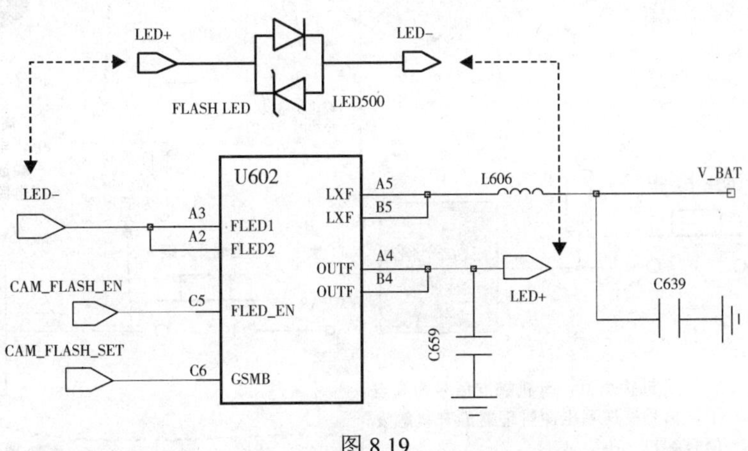

图 8.19

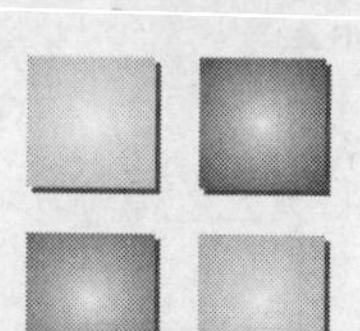

8.4 按键电路

8.4.1 电源开关键

手机的电源开关键被连接到电源管理器（PMU）。电源开关键被按下时产生的开机触发信号被送到电源管理器的开机触发端口。电源开关键所产生的信号也可能被送到数字基带或应用处理器电路，使电源开关键能实现挂机、退出菜单等功能操作。

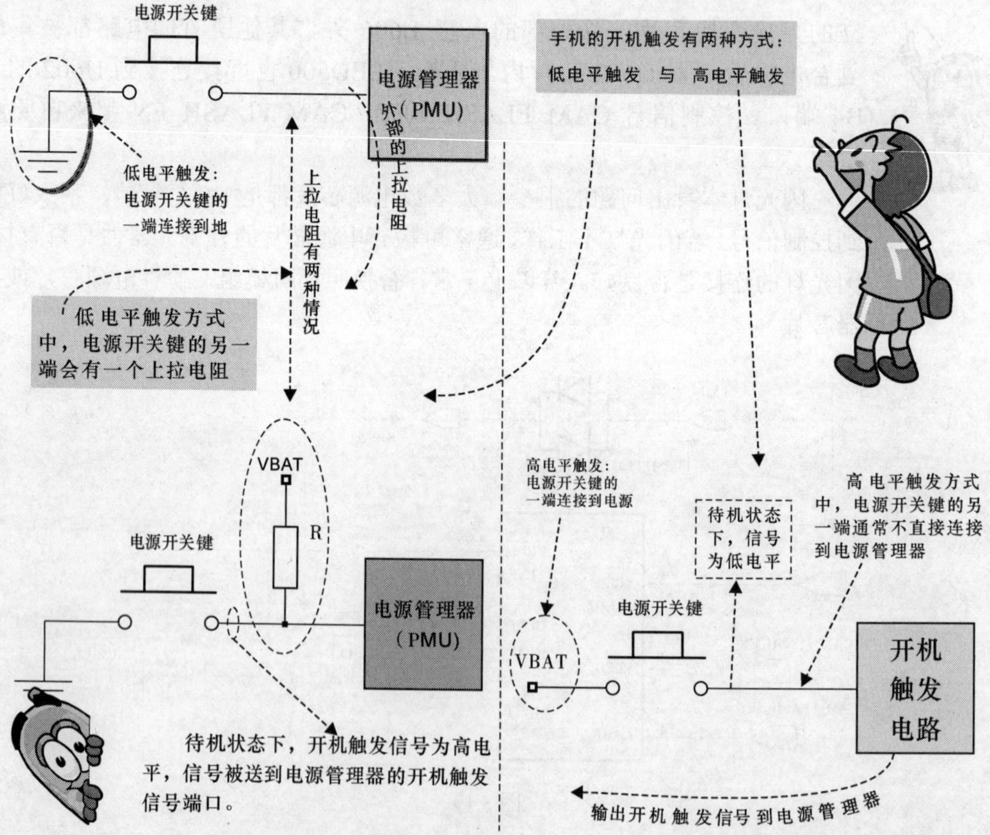

图 8.20

在手机电路图中，没有特定的表示电源开关键的图形符号。识别电源开关键信号线路时，主要是通过线路上的英文标注来识别，常见的英文标注有 ONSWAn、ONSWB、ONSWC、ON_SW、KPDPWR_N、ON_OFF、PWON、PWR_SW、ON_OFF_ENDb、POWERKEY、KEYON、POWERKEY、POWONKEY、PWRON POWERON_KEY、POWER_ON、ONKEY、ONKEYN、PWR_SW、PwrKey、KB_ON_OFF、PWRONX 等。若电源开关键信号线路不正常，会导致手机出现开机方面的故障，如不开机、自动开关机。

电源开关键信号线路出现问题会导致手机不开机、电源开关键不能挂机等故障。若手机出现不开机的故障，可通过以下方法来快速作一些判断：

（1）连接一个充电器到故障机，看手机能否开机。若手机开机，说明目标手机没有太大的问题，应着重检查电池供电与电源开关键信号线路。

（2）若手机开机，再按电源开关键，看手机能否关机。若手机能关机，说明电源开关键信号下线路没有问题，应注意检查电池供电线路。

（3）若手机开机，再按电源开关键时手机不能关机，应着重检查电源开关键信号线路，检查电源管理器的焊接，或更换电源管理器。

（4）按电源开关键时，注意观察维修电源的电流表。若电源开关键被按下时，电流表有电流显示，说明电源开关键信号线路基本正常。

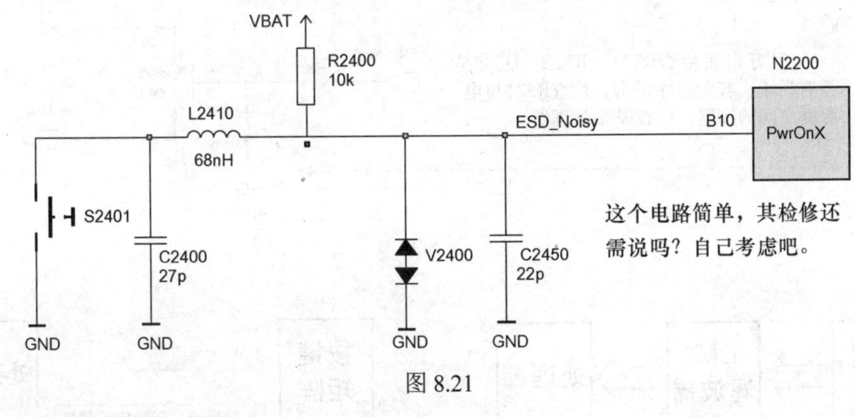

图 8.21

8.4.2　按键矩阵电路

手机的按键接口由数字基带处理器或应用处理器提供。按键电路是一个阵列，它通常提供手机的数字键与部分功能键。在手机中，按键阵列接在基带处理器的按键接口。按键接口

包含列地址线（COL）与行地址线（ROW），它们一个平常是高电平，一个是低电平。列地址线与行地址线有许多交叉点，当按键被按下时，该点所接的两条线的电平发生变化，基带电路检测到这种变化后，对照预设的程序进行确定是哪一个按键被按下，控制手机响应相应的功能。按键矩阵电路很简单，通常是通过 EMI 滤波器、RLC 电路连接到基带处理器或应用处理器按键接口。

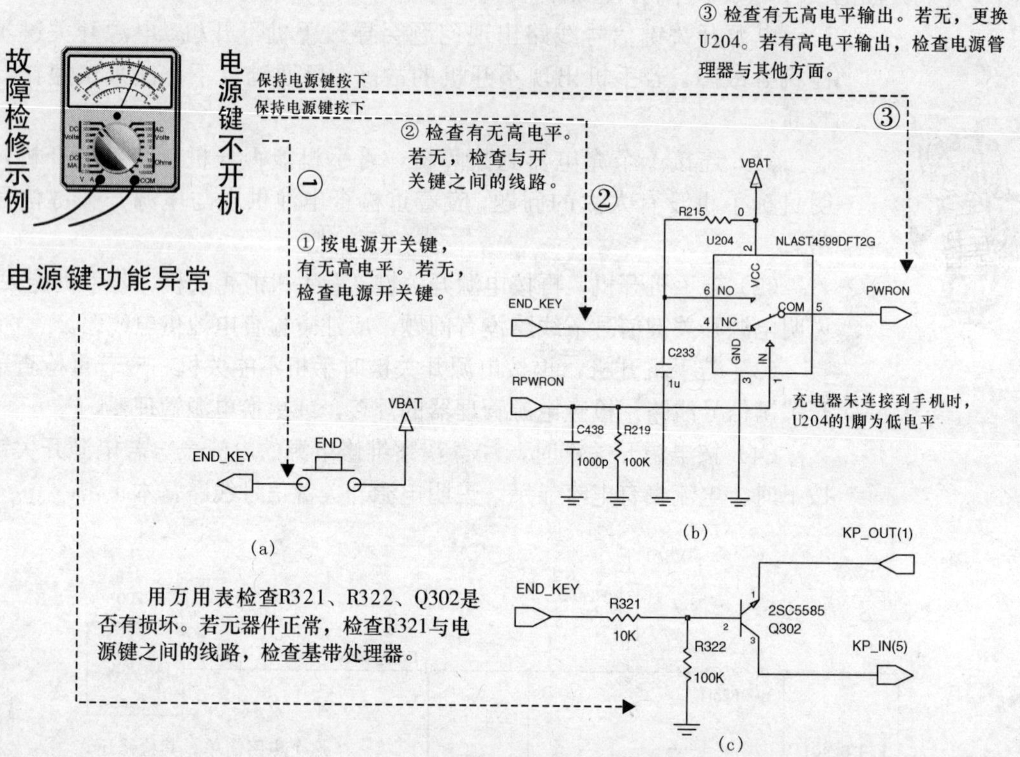

故障检修示例　电源键不开机

电源键功能异常

保持电源键按下

保持电源键按下

① 按电源开关键，有无高电平。若无，检查电源开关键。

② 检查有无高电平。若无，检查与开关键之间的线路。

③ 检查有无高电平输出。若无，更换U204。若有高电平输出，检查电源管理器与其他方面。

END_KEY　END　VBAT

(a)

R215　0　VBAT　U204　NLAST4599DFT2G　VCC　NO　NC　COM　PWRON　END_KEY　C233　1u　GND　IN　RPWRON　C438　1000p　R219　100K

充电器未连接到手机时，U204的1脚为低电平

(b)

用万用表检查R321、R322、Q302是否有损坏。若元器件正常，检查R321与电源键之间的线路，检查基带处理器。

END_KEY　R321　10K　R322　100K　2SC5585　Q302　KP_OUT(1)　KP_IN(5)

(c)

图 8.22

按键矩阵 → EMI滤波器 → 处理器　　按键矩阵 → 处理器（可能接一些防静电元器件）

图 8.23

图 8.24 所示的就是一个按键矩阵电路，其中的 Z2400 是一个 EMI 滤波器。在其他一些按键矩阵电路中，你可能会见到接地的压敏电阻或瞬态抑制二极管，也可能在一些按键信号线上见到上拉电阻。若按键矩阵中的所有按键无功能，通常应注意检查按键板是否有短路，检

查基带芯片（或应用处理器）与按键矩阵之间的线路，检查基带芯片或应用处理器。若只是某个、某列或某行按键无功能，检查相应按键的信号线，检查 EMI 滤波器元器件，检查相应芯片的焊接。

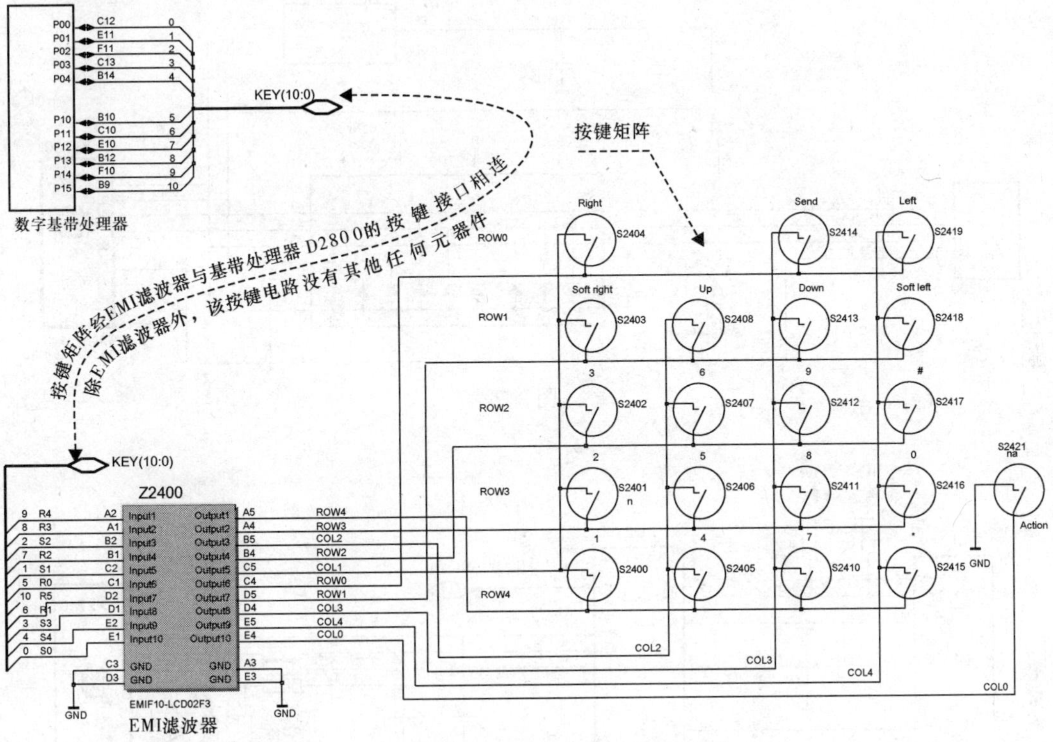

图 8.24

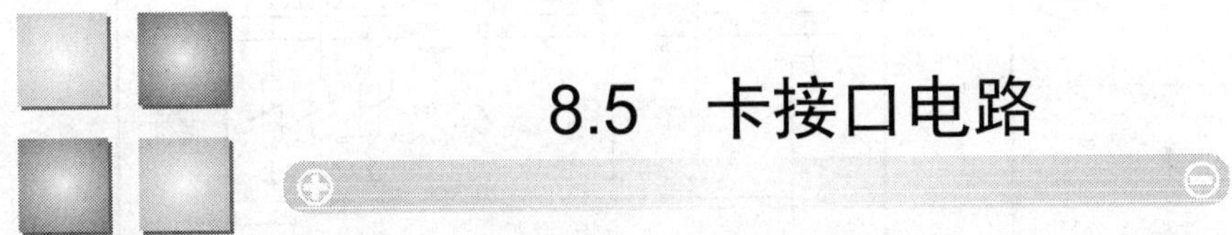

8.5 卡接口电路

8.5.1 SIM 卡接口电路

一部数字手机开机后，手机电路首先要做的就是与 SIM 卡进行通信，以获取相关的一些用户与服务信息，否则手机不能进入服务状态。SIM 卡有多个信号端口：VSIM 是 SIM 卡电

源，RST 是 SIM 卡复位，CLK 是 SIM 卡时钟，DATA 是 SIM 卡数据，VPP 是 SIM 卡编程电源，GND 是接地端。不论是单 SIM 卡接口电路，还是双 SIM 卡接口电路，电路其实都是很相似的。图 8.25、图 8.26 所示的分别就是单、双 SIM 卡接口电路。

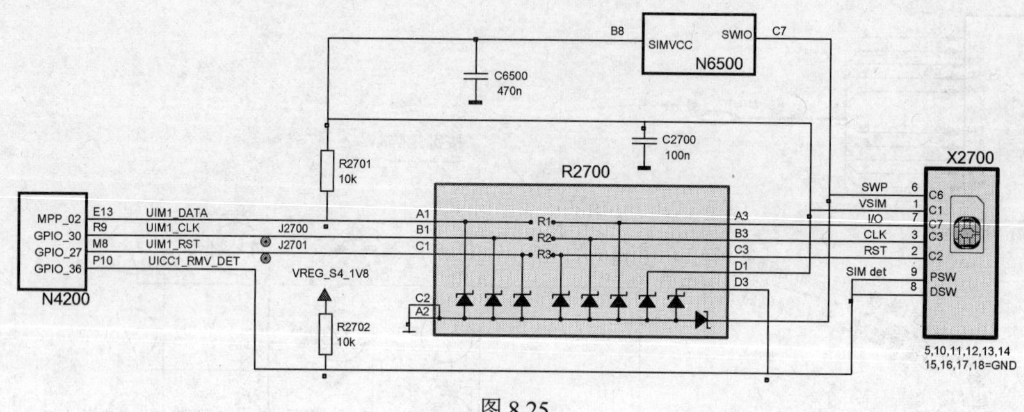

图 8.25

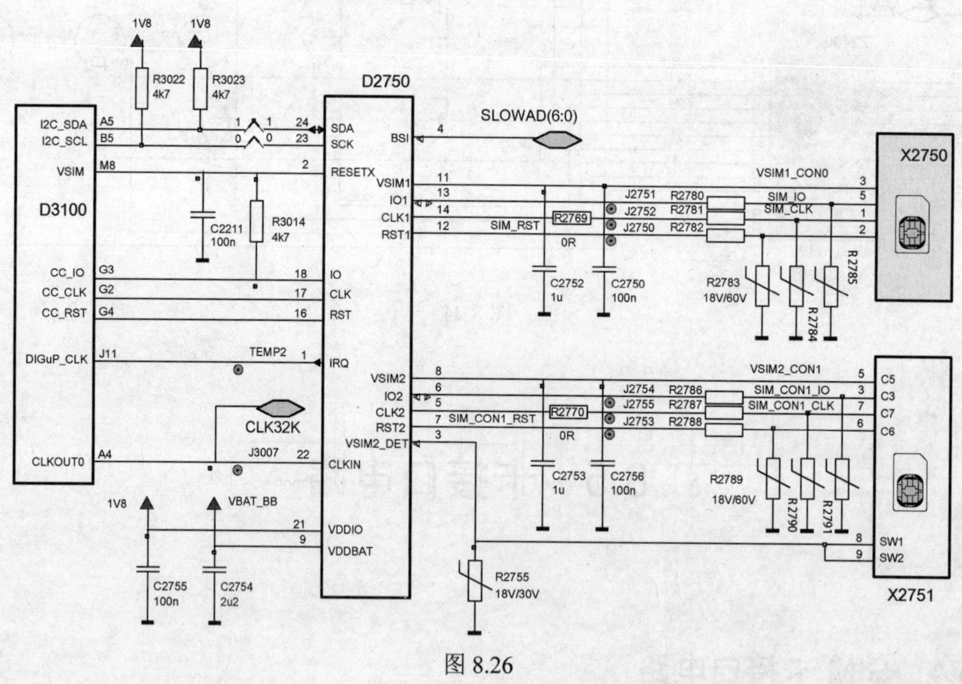

图 8.26

如果手机出现 SIM 卡故障，检查 SIM 卡卡座是否良好，检查 SIM 卡信号线路上的元器件是否有损坏。若元器件正常，更换 EMI 滤波器，或检查相应的基带处理器或应用处理器。

8.5.2　存储卡接口电路

手机中的存储卡接口电路不外乎两种情况：

❶ 基带处理器或应用处理器提供存储卡接口，存储卡的卡座直接或经 EMI 滤波器、RC 电路连接到基带处理器或应用处理器的存储卡接口。

❷ 基带处理器或应用处理器提供存储卡接口，但是，存储卡的卡座经一个接口芯片电路连接到基带处理器或应用处理器的存储卡接口。如今手机中的存储卡接口电路比较少见。存储卡接口电路中通常由含字母 MMC、SD 的英文缩写来标注。

图 8.27、图 8.28 所示的是两个典型的存储卡接口电路，它们其实与 SIM 卡接口电路类似。电路图中含 DAT 的标注是数据信号，含 CLK 的标注是时钟信号，含 DET 的标注是存储卡检测信号。图 8.27 中的 D7004、D7005 是瞬态抑制器，S7002 是存储卡卡座，U21001 是应用处理器。图 8.28 中的 R3200 是 EMI 滤波器，D2200 是单芯片处理器，X3200 是存储卡卡座。

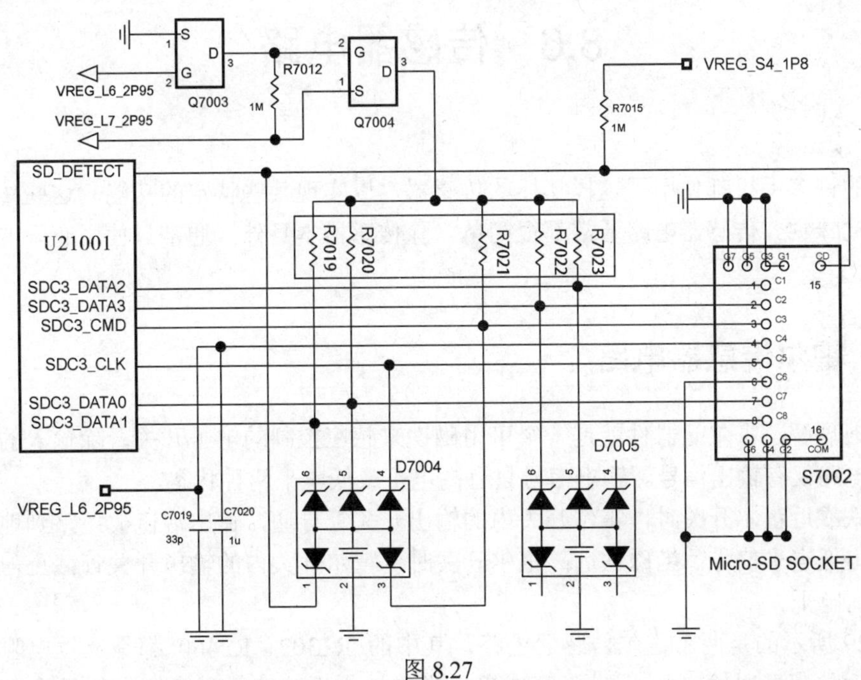

图 8.27

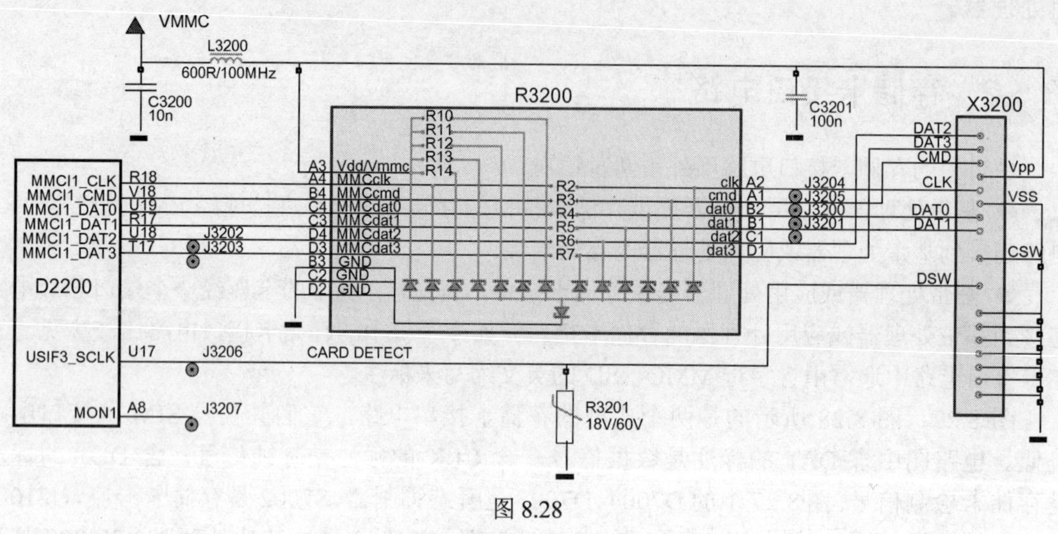

图 8.28

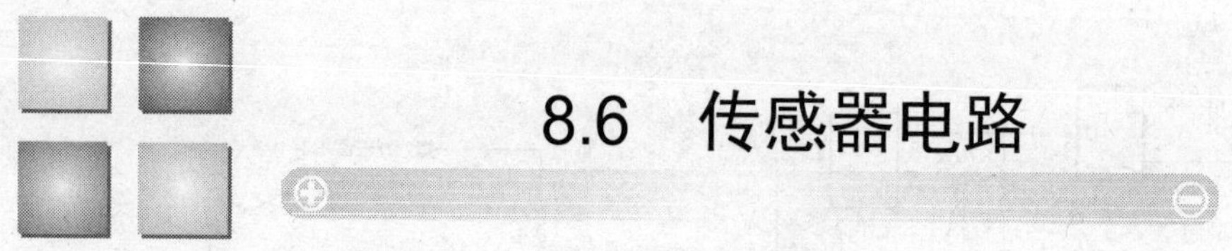

8.6 传感器电路

如今的许多手机都使用了这样那样的传感器，以实现某些特定的功能。这些传感器就好比人的触觉味觉。传感器电路通常都很简单，除传感器本身外，通常只使用有限的几个电阻电容。

8.6.1 霍尔传感器电路

简单地理解，霍尔元器件就是一个可用磁铁来感应控制的电子开关，除输入的电源外，霍尔开关电路仅有输出信号。输出信号只有高电平或低电平两种状态。

当磁铁靠近霍尔开关时，霍尔开关内的输出开关管导通，输出端口被短路到地，霍尔开关电路输出低电平信号；当磁铁远离霍尔开关时，霍尔开关内的输出开关管截止，霍尔开关电路输出高电平。

图 8.29 所示的是两个霍尔传感器电路，其中的 R1302、R2460 都是上拉电阻，以确保磁铁未靠近传感器时输出（out）为高电平。当磁铁靠近传感器时，输出信号由高电平变为低电平。

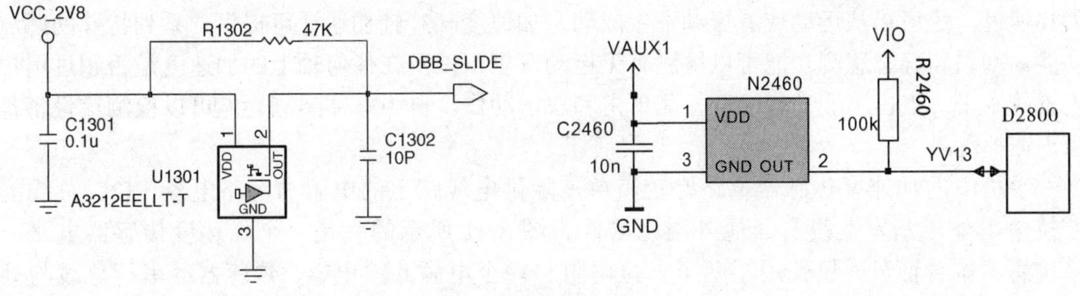

图 8.29

若霍尔元器件电路出现故障，先检查其供电是否正常。若供电不正常，检查供电线路。若供电正常，可用磁铁靠近霍尔元器件，用万用表检查传感器的输出端信号电平是否翻转。若信号电平翻转。检查霍尔元器件与基带芯片之间的连线，检查基带芯片电路。若信号电平没有翻转，检查更换霍尔元器件。

8.6.2　磁阻传感器电路

一些新型的手机中手机的翻盖、滑盖监测电路开始使用磁阻（MR）传感器。磁阻传感器是利用内部电阻值因外界磁力的改变产生变化，从而产生 ON/OFF 的数字信号输出。

磁阻传感器电路很简单，与霍尔传感器电路类似。图 8.30 所示的就是一个磁阻传感器电路，B2400 是磁阻传感器，其电源端口使用了一个旁路电容。当磁铁（磁场）靠近磁阻传感器时，磁阻传感器的输出为低电平。

磁阻传感器电路故障的检修与霍尔传感器电路的故障检修分析一样。

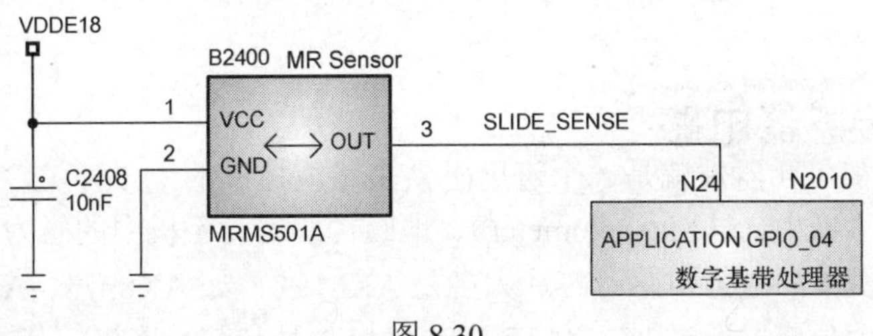

图 8.30

8.6.3　加速度传感器电路

加速度传感器（Accelerometer）也称三轴加速计，它可以在倾斜感测应用中测量静态重

力加速度，还可以从运动或者振动中生成动态加速度。3 轴加速计可提供一系列特殊的感测功能。动态和静态感测功能可以检测有无运动发生，以及在任何轴上的加速度是否超过用户设置的水平。点击感测功能可以检测单击和双击动作。自由落体感测功能可以检测该设备是否正在掉落。

手机中的加速度传感器电路比较简单，除供电线路上的电阻与旁路电容，I2C 总线的上拉电阻外，基本上没有其他外围元器件。图 8.31 所示的就是一个加速度传感器电路，除传感器本身而外，仅使用了两个上拉电阻与两个电源滤波电容。传感器经串行总线与处理器通信。

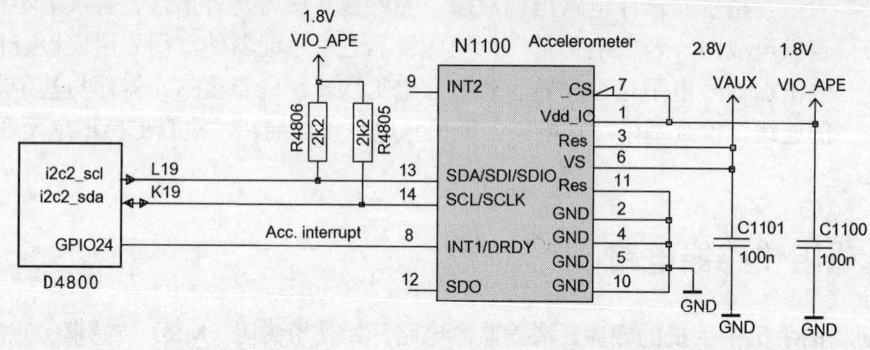

图 8.31

可用示波器来检修加速度传感器电路。用示波器检查传感器芯片的 INT 信号是否正常。在晃动电路板时检查 I^2C 数据是否有变化。若 INT 信号不正常，检查相关的基带芯片；若 I^2C 数据不正常，检查芯片的供电是否正常。若供电正常，检查更换传感器芯片。

8.6.4 磁力传感器电路

磁力传感器也称磁力计（Magnetometer）、地磁传感器。手机中的磁力传感器被用来实现电子罗盘功能。手机中的磁力传感器芯片大多是 AKM 的，如 AK8974、AK8973 等。

在手机中，磁力传感器通过 I^2C 接口或 SPI 接口与基带芯片连接，其电路比较简单。

可用示波器来检修磁力传感器电路。用示波器检查传感器芯片的控制信号是否正常，在变动电路板方位时检查 I^2C 数据是否有变化。若控制信号不正常，检查相关的基带芯片；若 I^2C 数据不正常，检查芯片的供电是否正常。若供电正常，检查更换传感器。

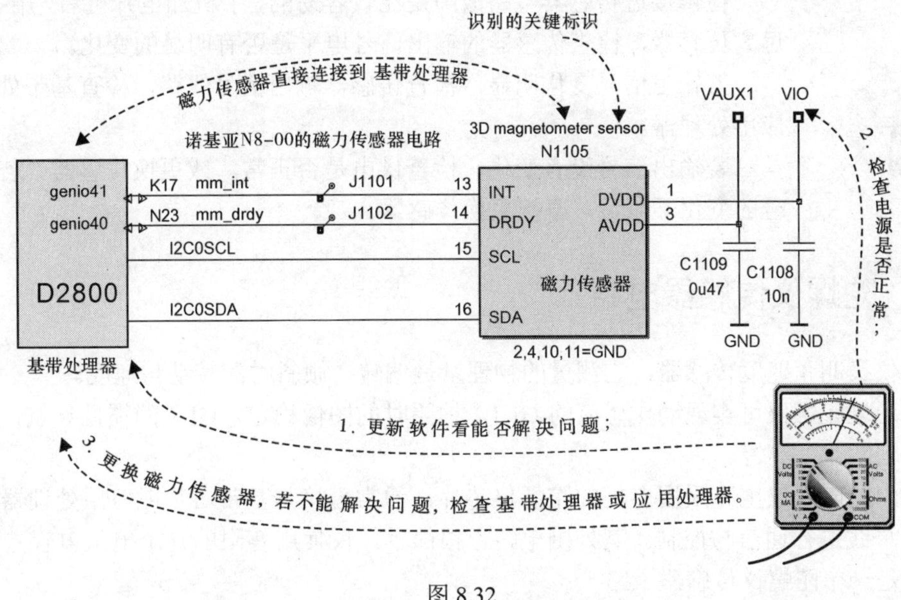

图 8.32

8.6.5 接近传感器电路

一些手机内置了接近传感器，以使手机能自动控制免提通话的某些功能。手机中的接近传感器集成了红外发射管、红外接收管，以及相关的数字电路。在通话时，手机基带电路根据人体反射回的红外线的强弱来启动相关的控制。

手机中的接近传感器通常被安装在面板上。传感器电路也很简单，除传感器芯片外，没有什么外围元器件，仅有供电输入与监测信号输出。图 8.33 所示的就是一个接近传感器电路。其中的 Proximity_int 就是接近传感器输出的信号，信号被送到数字基带电路。

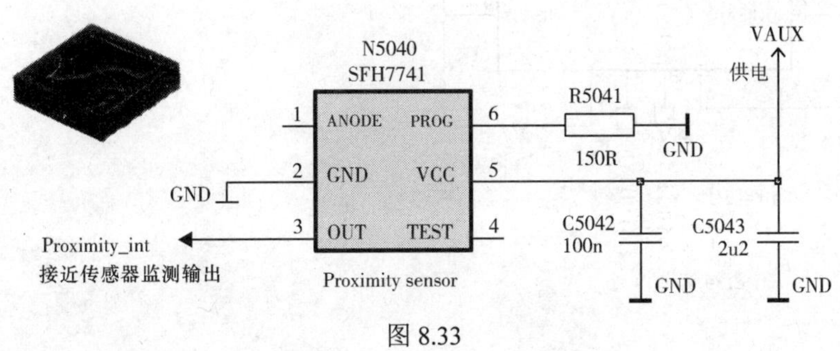

图 8.33

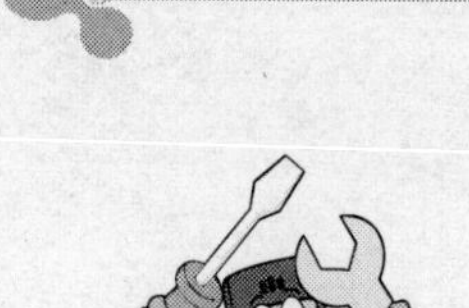

检修接近传感器电路故障是比较容易的，手机加电开机后，用手接近、远离传感器，检查传感器的输出信号电平是否有明显的变化。

若输出信号变化明显，检查传感器输出信号线路，检查基带处理器或应用处理器。

若输出信号没有变化，检查供电是否正常，或更换传感器。若输出信号的变化不明显，直接更换传感器。

8.6.6 陀螺仪传感器电路

陀螺仪又叫角速度传感器，它测量的物理量是偏转、倾斜时的转动角速度。

手机通过陀螺仪可实现动作感应的 GUI，拍照时的图像稳定，GPS 的惯性导航，通过动作感应控制游戏，等等。

手机中的陀螺仪电路采用专门的陀螺仪芯片，通常直接与基带芯片或应用处理器相连，通过 I^2C 总线进行通信与控制。其外围电路也很简单，仅使用有限的几个电阻电容。图 8.34 所示的就是一个陀螺仪传感器电路。

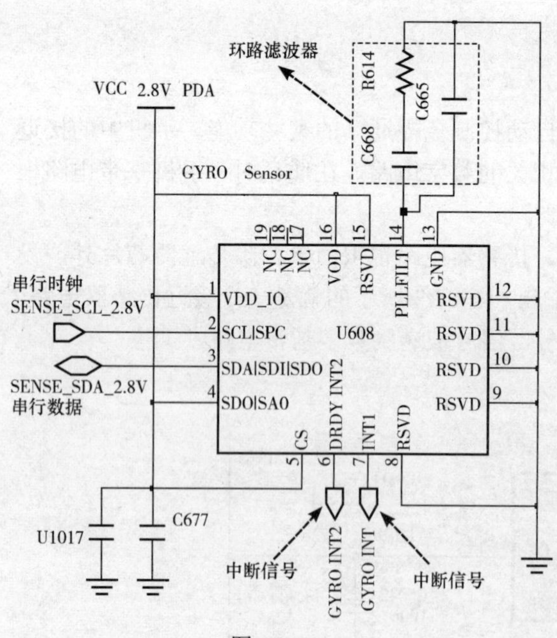

图 8.34

如果陀螺仪传感器的相关功能不正常，检查陀螺仪传感器外围的电阻电容是否有损坏。若元器件正常，更换陀螺仪，或检查相应的基带处理器（应用处理器）。

8.6.7　气压传感器电路

气压计（Barometer）传感器用来实现气压、海拔高度测量、增强 GPS 导航（航位推算，坡度检测等）、天气预报、垂直速度指示（上升/下沉速度）等。

气压计传感器电路也很简单，除传感器芯片、旁路电容与上拉电阻外，无其他任何外围元器件。图 8.35 所示的就是一个实际的气压计传感器电路。其中的 U606 是气压计传感器，通过 I^2C 总线直接连接到应用处理器。

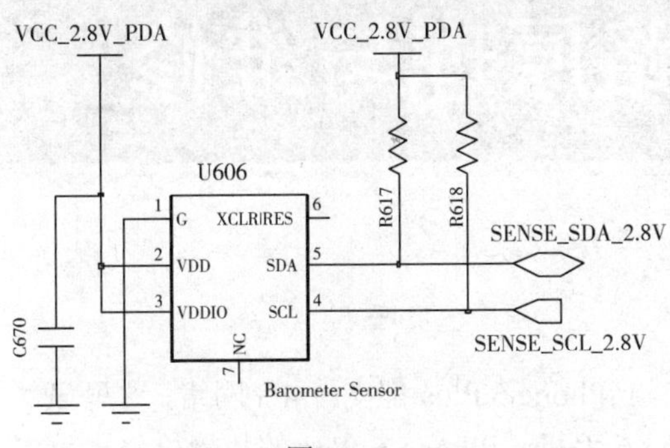

图 8.35

如果气压传感器的相关功能不正常，检查气压传感器外围的电阻电容是否有损坏。若元器件正常，更换气压传感器，或检查相应的基带处理器（应用处理器）。

CHAPTER

第9章 iPhone 6手机电路原理与维修

iPhone 6 与 iPhone 6 Plus 都支持 4G 网络，这里虽然介绍的 iPhone 6 手机，iPhone 6 Plus 的故障检修也可参阅本章内容。

iPhone 6 的原厂电路图纸多达 55 张，且比较分散，很不利于初学者阅读，基于书容量的限制与本书的目的，这里无法列出所有图纸，而是编译后选取了关键的部分，你可在网上很容易搜索到原始的图纸。

本章对 iPhone 6 手机电路的各单元电路做了必要的介绍，希望通过本章你能对该机电路有一定的了解，并通过本章了解掌握 4G 手机的基本电路分析与故障检修知识。

9.1 电源管理电路

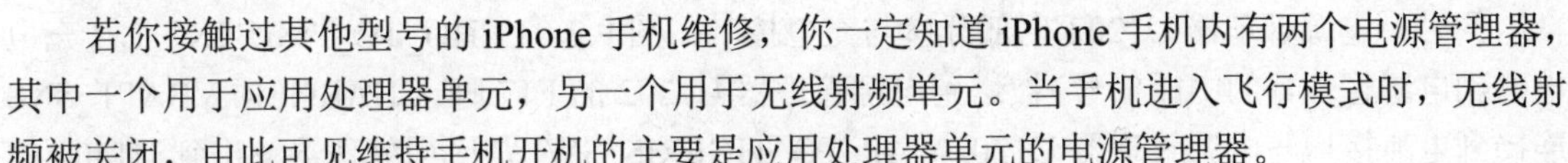

若你接触过其他型号的 iPhone 手机维修，你一定知道 iPhone 手机内有两个电源管理器，其中一个用于应用处理器单元，另一个用于无线射频单元。当手机进入飞行模式时，无线射频被关闭，由此可见维持手机开机的主要是应用处理器单元的电源管理器。

9.1.1 电池接口

图 9.1 是 iPhone 6 手机的电池接口电路，J2523 是电池接口，其中的 PP_BATT_VCC 是电池正极输出（即电池电源）。电池电源直接给振动器驱动电路、充电电路、扬声器放大器、GSM 功率放大器和部分天线开关电路供电，但并不直接给电源管理器供电（需要特别注意这一点）。

其中的 CHARGER_VBATT_SNS 是充电监测信号，连接到电源管理器 U1202 的 K10 脚、充电控制器 U1401 的 E1 脚。BATTERY_SWI 是电池监测，连接到充电控制器 U1401 的 F2 脚。

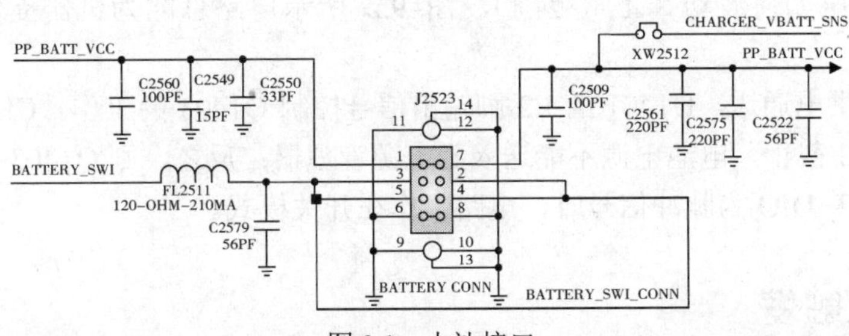

图 9.1　电池接口

9.1.2 电池供电与充电

以充电管理器 U1401 和开关管 Q1403 为核心，组成 iPhone 6 手机的供电与充电电路（参见图 9.2），为提供电池供电与充电控制。

在图 9.2 中，PP_BATT_VCC 连接到电池接口，PP_VCC_MAIN 是图 9.2 所示电路输出的主供电（相当于电池电源）。PP5V0_USB 是充电电源。AP_TO_I2C1_SCL 与 AP_TO_I2C1_SCL

为串行接口的时钟与数据。

应用处理器 U0201 通过串行接口来控制 U1401 电路的工作。当手机连接到充电器，或手机连接到电脑的USB接口，5V的充电电源经接口J1817送入手机。一旦充电电源被送到U1401电路，U1401 将输出 USB 接入检测信号 USB_VBUS_DETECT，该信号被送到应用处理器U0201。应用处理器系统将根据电池状态，通过串行总线来控制 U1401 电路进入合适的充电模式。

同时，电源管理器 U1202 也部分参与充电控制：图 9.2 的 CHG_TO_PMU_INT_L（充电电路到电源管理器的中断信号）被送到电源管理器 U1202 的 F17 脚。CHARGER_VBATT_SNS 连接到电池接口与电源管理器 U1202，AP_TO_TIGERIS_SWI 是应用处理器输出到 U1401 的信号。BATTERY_SWI 也连接到电池接口电路。

在图 9.2 中，PP1V8_ALWAYS 与 PP1V8_SDRAM 都是电源管理器 U1202 电路输出的应用处理器单元的电源，前者为中断信号线提供上拉电源，后者则相当于一个启动信号，即意味着电源管理器不正常（不能开机），则充电电路被禁止（不能充电）。CHARGER_LDO 是充电管理器的内部电压调节器，C1403、C1410 是外接的滤波电容。

如果输入的充电电压过高，过压保护将启动，U1401的F4脚输出信号到USB控制器U1700电路，以避免输入高电压损坏手机电路。

开关管 Q1403、储能电感 L1401 等与 U1401 内部分电路一起组成一个开关电源电路。如此，不论电池电压如何波动（正常范围），图 9.2 所示电路总能为机器提供稳定的主供电 PP_VCC_MAIN。

Q1403 提供供电通道。U1401 的 E2 脚输出信号控制 Q1403 的工作。CHG_ACT_DIO 为高电平时，Q1403 截止，电池电源不能送入到电源管理器；反之，则 Q1403 导通。

当 CHG_ACT_DIO 为脉冲信号时，电路工作在开关模式。

9.1.3 开机触发

iPhone 6 手机的电源开关键（电路图中被标注为 HOLD 键）可被用于开、关机操作，也可与【Home】一起配合，使手机进入固件升级所需要的恢复模式。iPhone 6 手机的电源开关键电路比较简单，如图 9.3 所示。电源开关键的一端连接到地，另一端经接口 J0801 的 2 脚连接到手机电路。电源管理器 U1202 输出的 PP1V8_ALWAYS 电源经 R0314 给电源开关键信号线路提供上拉电源。FL0809 是磁珠，DZ0810 是瞬态抑制二极管，它们与 C0810 一起组成的保护电路可防止电源开关键被按下时产生尖峰电压。

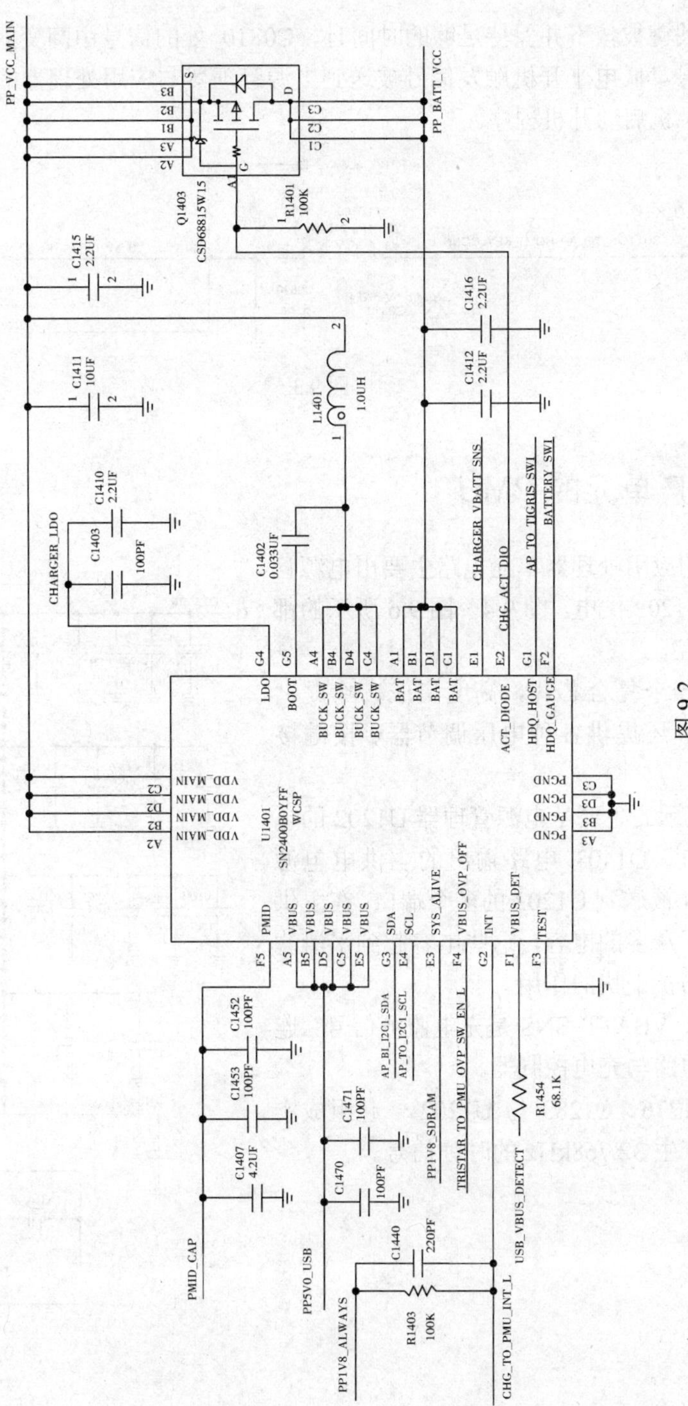

PP_VCC_MAIN
PP_BATT_VCC
Q1403
CSD68815W15
R1401
100K
C1415
2.2UF
C1411
10UF
L1401
1.0UH
C1416
2.2UF
C1412
2.2UF
C1410
2.2UF
C1403
100PF
CHARGER_LDO
C1402
0.033UF
CHARGER_VBATT_SNS
CHG_ACT_DIO
AP_TO_TIGRIS_SW1
BATTERY_SW1
U1401
SN2400B0YFF
WCSP
LDO
BOOT
BUCK_SW
BAT
ACT_DIODE
HDQ_HOST
HDQ_GAUGE
VDD_MAIN
PGND
PMID
VBUS
SDA
SCL
SYS_ALIVE
VBUS_OVP_OFF
INT
VBUS_DET
TEST
AP_BI_I2C1_SDA
AP_TO_I2C1_SCL
PP1V8_SDRAM
TRISTAR_TO_PMU_OVP_SW_EN_L
R1454
68.1K
C1452
100PF
C1453
100PF
C1407
4.2UF
C1471
100PF
C1470
100PF
C1440
220PF
R1403
100K
PMID_CAP
PP5V0_USB
PP1V8_ALWAYS
CHG_TO_PMU_INT_L
USB_VBUS_DETECT

图 9.2

当电源开关键被按下并保持足够的时间时，C0810 处的信号由高变低，产生一个低电平的开机触发信号。低电平开机触发信号被送到电源管理器与应用处理器的开机触发端口（参见图 9.3），使手机启动开机程序。

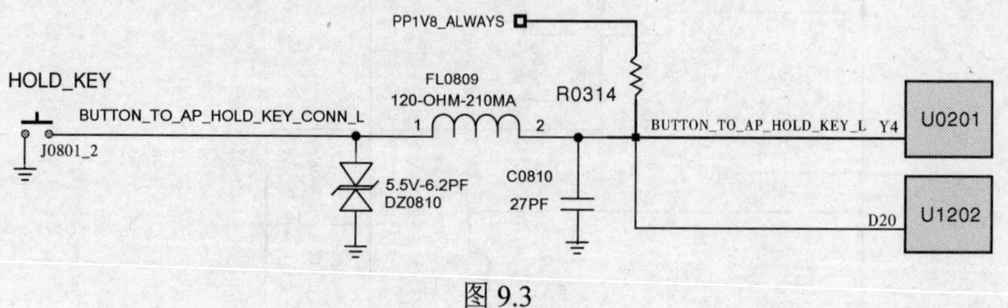

图 9.3

9.1.4 APP 单元的 PMU

iPhone 6 的应用处理器单元电路主要由电源管理器（PMU）U1202 供电。图 9.4～图 9.6 所示的都是 U1202 的电路。

U1202 是一个复合芯片，高度集成，除提供开关机控制外，还提供各种电压调节器、按键接口等。

图 9.4 中展示的主要是电源管理器 U1202 的电源接口。U1401、Q1403 电路输出的主供电电源 PP_VCC_MAIN 被送到 U1202 的多个端口，在主供电端口上并接了众多的电容，这些电容起到平滑滤波、稳定电压与抗干扰的作用。

CHARGER_VBATT_SNS 是充电监测信号，连接到电池接口电路与充电控制器。

Y1200、C1276、C1283 与 U1202 一起组成实时时钟电路，产生 32.768kHz 的时钟信号。

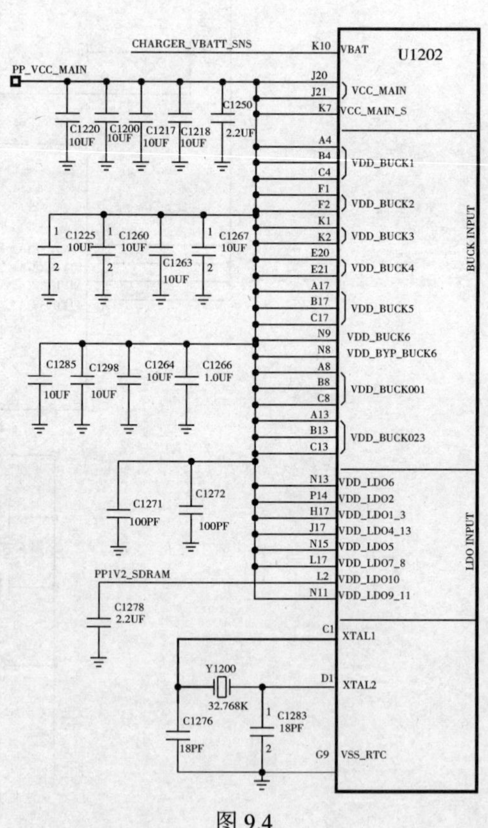

图 9.4

电源管理器 U1202 提供多路开关电源与多路 LDO 电压调节输出，如图 9.5 所示。图 9.5 中所看到的其实仅仅是这些电源电路输出线路的外围元器件，电路很简单（参见第六章相关内容）。

接有储能电感的输出电源都是降压开关电源（VBUCK），分别给应用处理器内核、显示内核、存储器等电路供电。

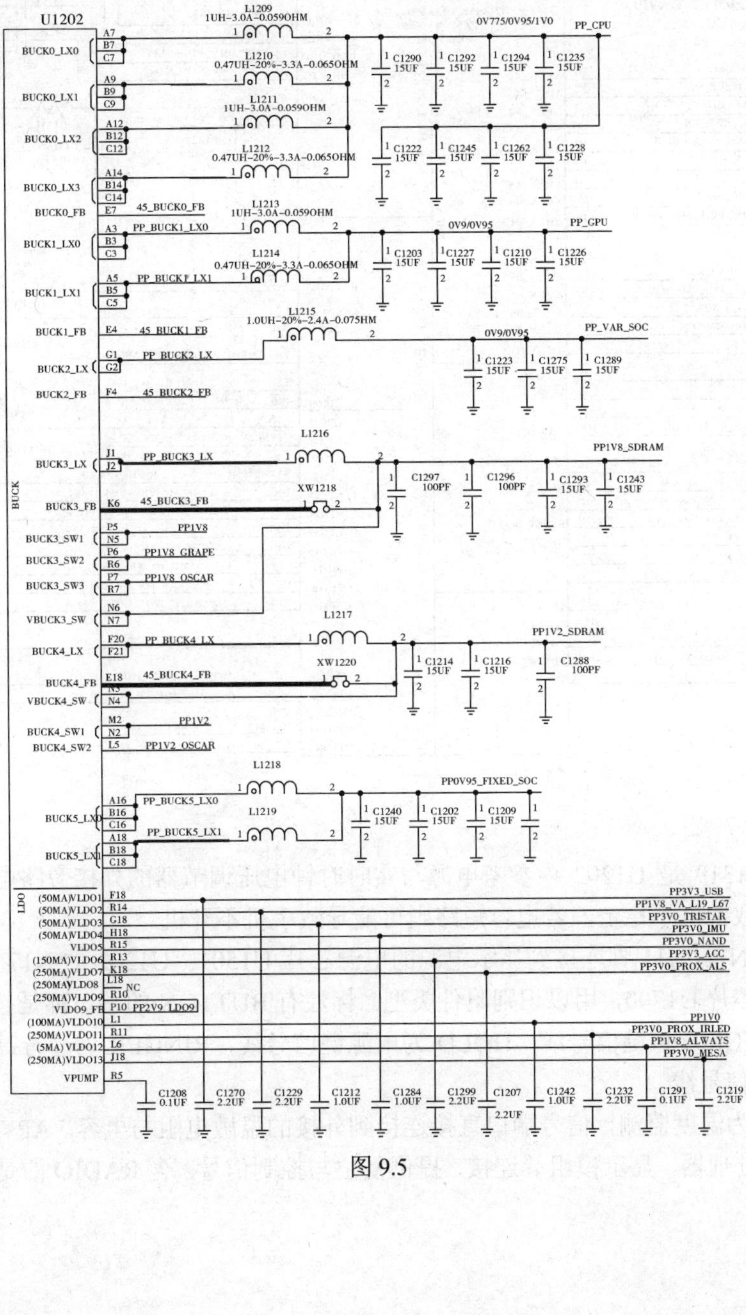

图 9.5

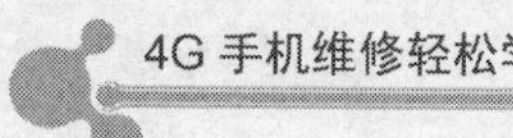

线性 LDO 电压调节器输出的电源则主要给外围电路供电，如传感器电路、附件电路等。图 9.6 所示的则是电源管理器 U1202 的另一部分电路，主要是各种输入输出接口。

大多数信号线都可通过标注识别。

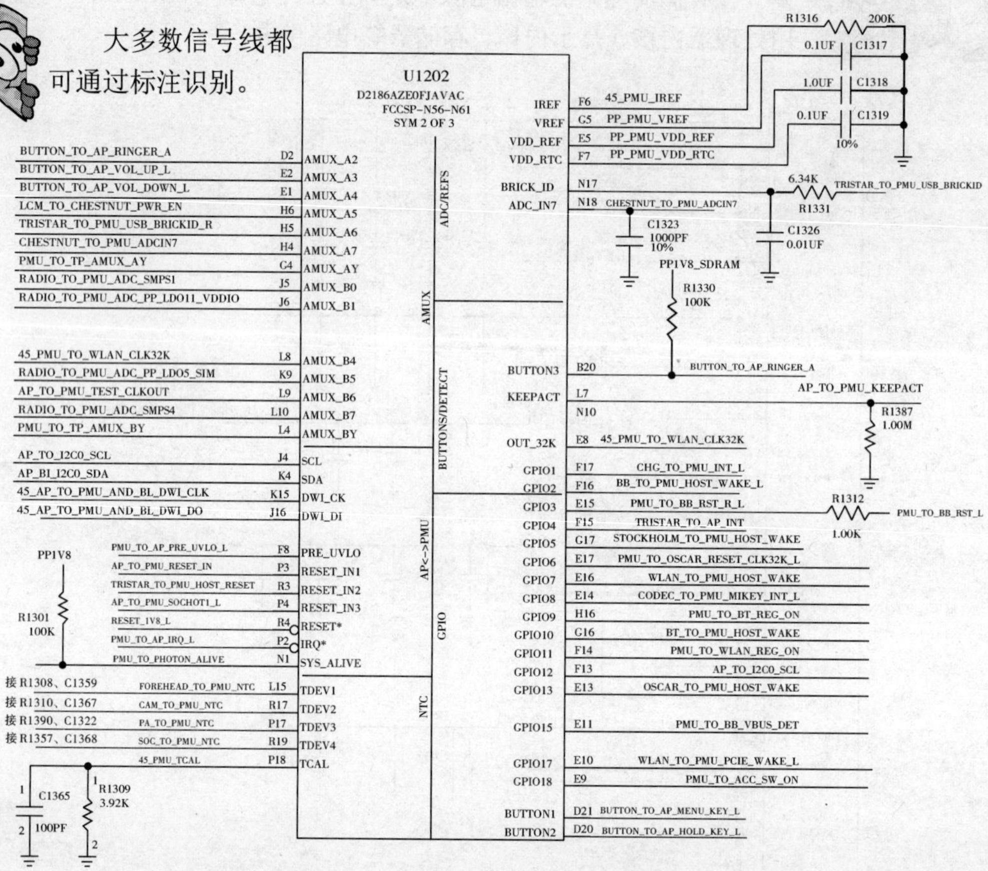

图 9.6

C1316～C1319 是 U1202 内参考电源与实时时钟电压调节器的外接旁路电容，若这些电容开路可能导致手机不稳定，若电容短路则可能导致手机不开机。

U1202 的 N18、H4 脚连接到显示电源的电源芯片 U1501。U1202 的 N17 脚经 R1331 连接到数据收发芯片 U1700，用以识别附件类型。标注有 BUTTON 的端口都是按键接口：其中的 MENU 为 HOME 按键信号线，HOLD 为电源键信号线，RINGER 为静音键信号线，两个 VOL 为音量键信号线。

NTC 区域为温度监测，信号端口直接连接到外接的温敏电阻与电容。AP<->PMU 部分的端口则与应用处理器、显示模组等连接，提供复位与控制信号。含 RADIO 的是连接到射频部

分的相关单元电路。U1202 的 L7 脚输出 32.768kHz 的时钟，用于 WLAN 电路。GPIO 部分端口则分别提供复位、唤醒、中断、启动控制、串行接口等。

虽然 U1202 连接众多电路，但在实际检修电路时无需想太多。电源管理器与应用处理器、其他单元电路之间的信号线通常无需理会，因为你比较难找到信号测试点；而且，在信号线指向性不明（即不知输入还是输出）时，比较难于判断到底是电源管理器还是其他电路的问题。对于电源管理器，检修时需要关注的是实时时钟电路、参考电源的外接元器件、各电压调节器的外接元器件（包括输出线路上的滤波电容）、复位与控制信号线上的其他外接元器件。相对而言，电源线出问题的可能性大些，其他类似复位、中断等控制信号线出问题的可能性小些。若控制信号线异常，通常应先考虑是否有断线、芯片焊接，以及信号线上的外接元器件。若以上都正常，可考虑检查更换电源管理器。若电压输出不正常，应首先考虑是否有滤波电容短路或漏电。

9.1.5　基带电源管理器

在 iPhone 6 的电路图纸上，射频部分的 PMU 被标注为基带电源管理器（Baseband PMU），元器件标号为 U_PMICRF，芯片为 PM8019。图 9.7、图 9.8 所示的都是基带电源管理器的电路，图 9.7 主要是基带系统主时钟与复位等，图 9.8 所示的则主要是电压调节器输出。

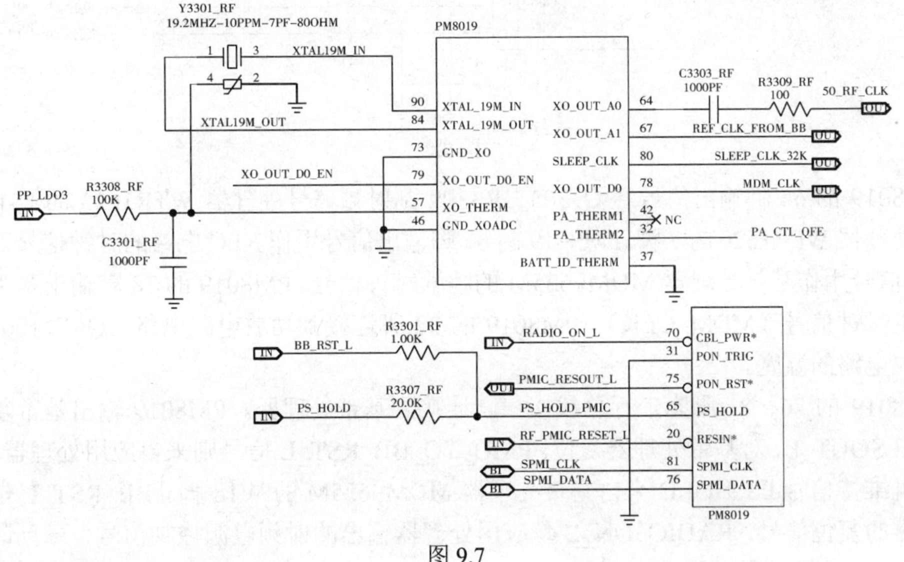

图 9.7

在图 9.7 中，Y3301 是 19.2MHz 的晶体振荡器，产生的信号经 PM8019 电路处理后，为射频系统提供时钟信号、参考振荡信号。19.2MHz 晶体旁安装了一个温敏电阻，用于基带系统对系统时钟电路提供温度补偿。PP_LDO3 是 PM8019 输出的数字电源。

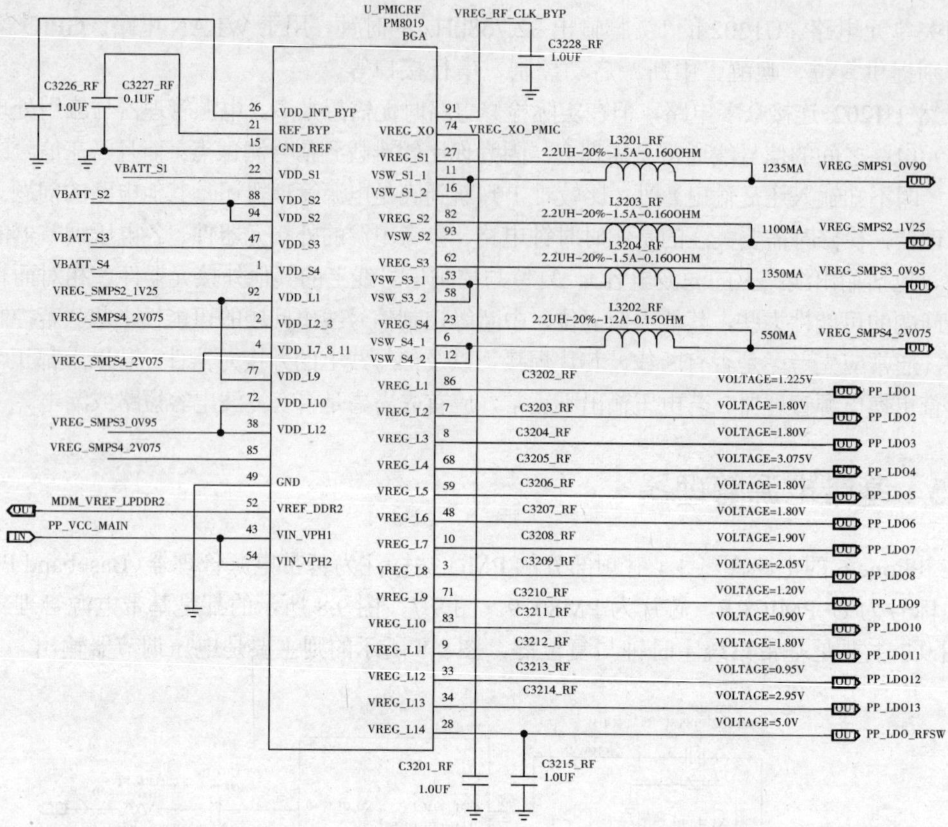

U_PMICRF
PM8019
BGA
VREG_RF_CLK_BYP
C3228_RF 1.0UF
C3226_RF 1.0UF
C3227_RF 0.1UF

左侧网络	引脚	左侧引脚名	右侧引脚名	引脚	右侧网络
	26	VDD_INT_BYP		91	
	21	REF_BYP	VREG_XO	74	VREG_XO_PMIC
	15	GND_REF	VREG_S1	27	L3201_RF 2.2UH-20%-1.5A-0.160OHM 1235MA VREG_SMPS1_0V90
VBATT_S1	22	VDD_S1	VSW_S1_1	11	
VBATT_S2	88	VDD_S2	VSW_S1_2	16	
	94	VDD_S2	VREG_S2	82	L3203_RF 2.2UH-20%-1.5A-0.160OHM 1100MA VREG_SMPS2_1V25
VBATT_S3	47	VDD_S3	VSW_S2	93	
VBATT_S4	1	VDD_S4	VREG_S3	62	L3204_RF 2.2UH-20%-1.5A-0.160OHM 1350MA VREG_SMPS3_0V95
VREG_SMPS2_1V25	92	VDD_L1	VSW_S3_1	53	
VREG_SMPS4_2V075	2	VDD_L2_3	VSW_S3_2	58	
	4	VDD_L7_8_11	VREG_S4	23	L3202_RF 2.2UH-20%-1.2A-0.150HM 550MA VREG_SMPS4_2V075
VREG_SMPS4_2V075	77	VDD_L9	VSW_S4_1	6	
	72	VDD_L10	VSW_S4_2	12	
VREG_SMPS3_0V95	38	VDD_L12	VREG_L1	86	C3202_RF VOLTAGE=1.225V PP_LDO1
VREG_SMPS4_2V075	85		VREG_L2	7	C3203_RF VOLTAGE=1.80V PP_LDO2
	49	GND	VREG_L3	8	C3204_RF VOLTAGE=1.80V PP_LDO3
MDM_VREF_LPDDR2 (OUT)	52	VREF_DDR2	VREG_L4	68	C3205_RF VOLTAGE=3.075V PP_LDO4
PP_VCC_MAIN (IN)	43	VIN_VPH1	VREG_L5	59	C3206_RF VOLTAGE=1.80V PP_LDO5
	54	VIN_VPH2	VREG_L6	48	C3207_RF VOLTAGE=1.80V PP_LDO6
			VREG_L7	10	C3208_RF VOLTAGE=1.90V PP_LDO7
			VREG_L8	3	C3209_RF VOLTAGE=2.05V PP_LDO8
			VREG_L9	71	C3210_RF VOLTAGE=1.20V PP_LDO9
			VREG_L10	83	C3211_RF VOLTAGE=0.90V PP_LDO10
			VREG_L11	9	C3212_RF VOLTAGE=1.80V PP_LDO11
			VREG_L12	33	C3213_RF VOLTAGE=0.95V PP_LDO12
			VREG_L13	34	C3214_RF VOLTAGE=2.95V PP_LDO13
			VREG_L14	28	VOLTAGE=5.0V PP_LDO_RFSW

C3201_RF 1.0UF
C3215_RF 1.0UF

图 9.8

PM8019 的 64 脚输出信号经 C3303、R3309 到射频信号处理器 WTR1625 的 131 脚、射频信号处理器 WFR1620 的 7 脚。PM8019 的 67 脚输出信号用作 NFC 电路的时钟信号。PM8019 的 80 脚信号用作基带处理器 MDM9625M 的睡眠时钟信号。PM8019 的 78 脚输出基带处理器的系统主时钟信号（MDM_CLK）。PM8019 的 32 脚连接到功放电源电路（QFE1100），用以监测功放电路的温度。

PM8019 的 76、81 脚为串行总线接口，连接到基带处理器。PM8019 输出基带复位信号 PMIC_RESOUT_L，对基带处理器复位。PMU_TO_BB_RST_L 信号则来自应用处理器 U1202。

开机维持信号 PS_HOLD 来自基带处理器 MDM9625M 的 W18 脚。BB_RST_L 是应用处理器输出的复位信号；RADIO_ON_L 是应用处理器输出的射频电源控制信号，一旦该信号为低电平，则 PM8019 停止工作，手机进入飞行模式。

图 9.8 中的 VBATT_S1～VBATT_S4 其实都是电池供电与充电电路输出的主供电源。C3226、C3227、C3228 都是 PM8019 内部电压调节器的外接旁路电容。图中所示有四个开关电源输出，标注相同的几个信号线其实是连接在一起的。开关电源电路很简单，除电源芯片外，仅使用了

四个外接的储能电感。当然，开关电源输出线上还接有多个平滑滤波电容。VREG_SMPS1_0V90 线上接 C3229、C3231、C3233、C3235、C3249、C3251、C3259；VREG_SMPS2_1V25 线上接 C3237、C3239、C3242、C3244、C3253、C3255、C3258、C3261、C3262；VREG_SMPS4_2V075 线上接 C3238、C3240、C3241、C3243、C354、C3256；VREG_SMPS3_0V95 电源线上 C3230、C3232、C3234、C3236、C3250、C3252。基于版面的原因，图 9.8 中 LDO 电源输出线上的旁路电容也给省略了，你可通过原厂图纸来查找那些电容。

图 9.9 中的 BOARD_ID 是 iPhone 6 电路板的版本号，不同版本的电路板会使用不同阻值的 R3305、R3306，相应版本的 BOARD_ID 信号电压如下表所示。PM8019 的 18、35、14 脚连接到基带处理器，30 脚连接到 NFC 电路。

BOARD_ID	版本
0.00V	N61 PROTO_MLB1
0.50V	N61 DEV3
0.70V	N61 DEV4
0.90V	N61 PROTO_MLB2
1.10V	N61/N56 PROTO1
1.30V	N61/N56 PROTO2
1.40V	N61/N56 EVT1
1.50V	N61/N56 EVT2(CARRIER)
1.60V	N61/N56 DVT
1.70V	N61/N56 PVT

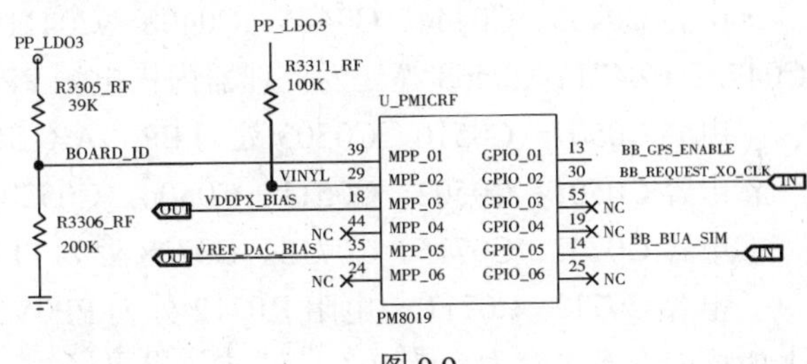

图 9.9

与电路主板版本号相关的还有图9.10所示的电路，其中标注有 NOSTUFF 的意为未使用。

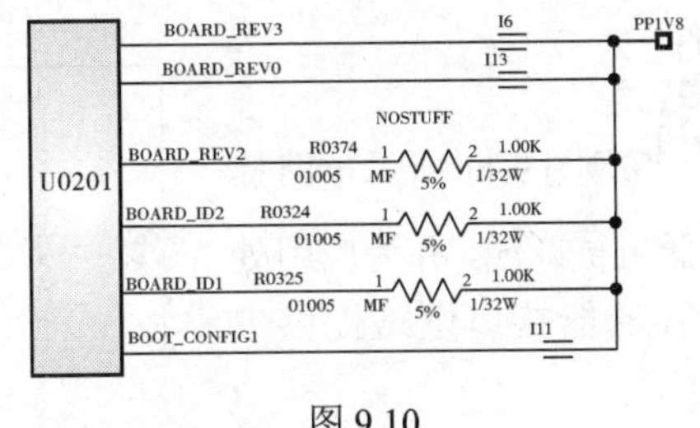

图 9.10

9.2　应用处理器单元

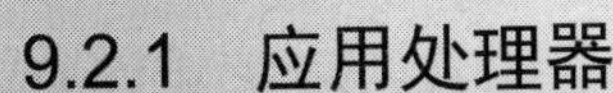

9.2.1　应用处理器

应用处理器 U0201 是整个手机的控制核心，不论是无线通信还是功能应用与整机控制，都离不开应用处理器。

应用处理器 U0201 的端口很多，这里的电路图仅涉及部分端口的信号线路，那些直接连通且无外围元器件的大多数端口被忽略，众多的接地端口也被忽略。对于电源端口，这里仅给出电源端口的相关旁路滤波电容及相关的电源：

电容 C0402、C0422、C0401、C0429 处是应用处理器的 1.2V 供电（PP1V2_SDRAM）。

电容 C0450～C0452 为 PP1V8_SDRAM 电源供电。

电容 C0431、C0467、C0432、C0426、C0425、C0430 处为 PP1V2 电源供电。

C0435、C0438、C0439、C0404、C0405、C0476、C0406、C0478 处为 PP0V95_FIXED_SOC 电源供电。

电容 C0442、C0445、C0448、C0418～C0420、C0475 处为显示内核电源 PP_GPU 供电。

电容 C0443、C0444、C0446、C0408～C0411、C0413～C0415、C0447、C0465、C0449、C0472、C0471、C0468 等处为处理器内核电源 PP_CPU 供电。

电容 C0507～C0510、C0503 处为 PP_VAR_SOC 电源供电。

电容 C0501、C0502、C0511、C0506、C0520、C0701、C0714 处为 1.8V 的电源供电。

电容 C0702、C0715、C0713、C0708 处为 PP1V0 电源供电。

电容 C0712、C0711 与电阻 R0712 处为 PP0V95_FIXED_SOC 电源供电。需注意的是，以上所述的许多电容为穿芯电容，滤波效果更好。

图 9.11 所示电路提供存储器阻抗匹配，并为应用处理器的存储器接口电路提供参考电压。

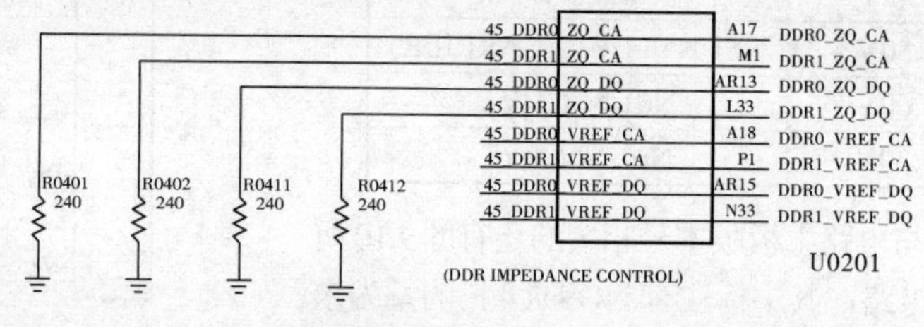

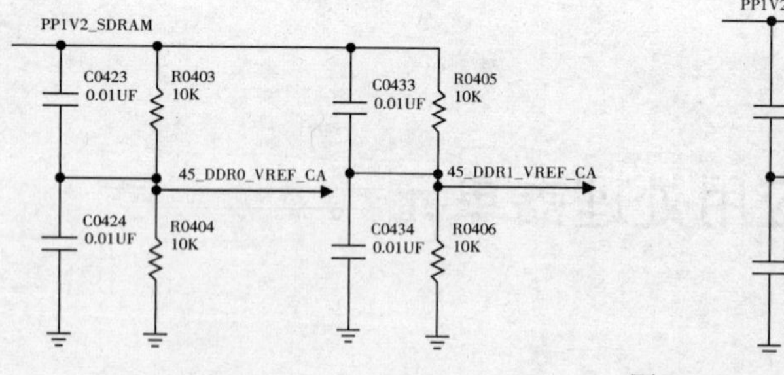

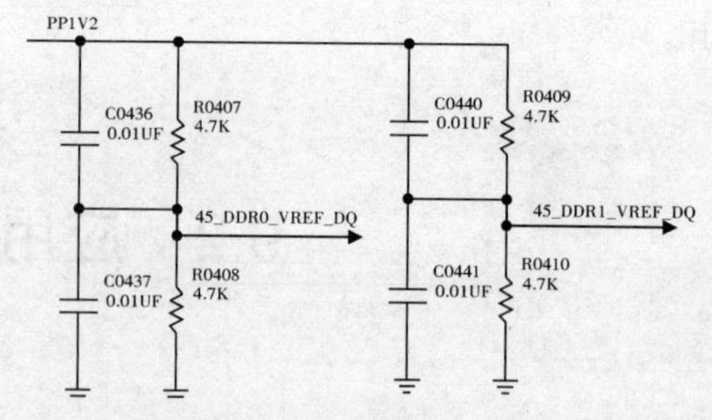

图 9.11

图 9.12 所示的是应用处理器 U0201 的大部分有外围元器件的信号线路，在检修应用处理器电路时，应多注意这些外围元器件。

图 9.13 所示的是应用处理器 U0201 的 USB 通信接口部分的电路，当然，这里能看到的

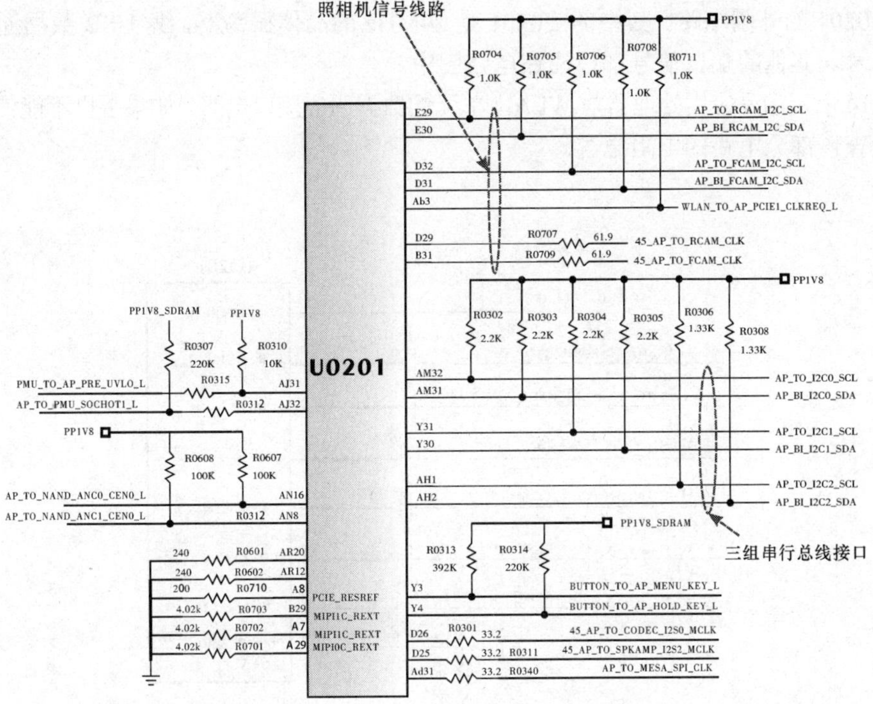
照相机信号线路
PP1V8
R0704 1.0K
R0705 1.0K
R0706 1.0K
R0708 1.0K
R0711 1.0K
E29
E30
D32
D31
Ab3
AP_TO_RCAM_I2C_SCL
AP_BI_RCAM_I2C_SDA
AP_TO_FCAM_I2C_SCL
AP_BI_FCAM_I2C_SDA
WLAN_TO_AP_PCIE1_CLKREQ_L
D29
B31
R0707 61.9
R0709 61.9
45_AP_TO_RCAM_CLK
45_AP_TO_FCAM_CLK
PP1V8
R0302 2.2K
R0303 2.2K
R0304 2.2K
R0305 2.2K
R0306 1.33K
R0308 1.33K
PP1V8_SDRAM
PP1V8
R0307 220K
R0310 10K
U0201
PMU_TO_AP_PRE_UVLO_L
R0315
AJ31
AP_TO_PMU_SOCHOT1_L
R0312
AJ32
AM32
AM31
AP_TO_I2C0_SCL
AP_BI_I2C0_SDA
PP1V8
Y31
Y30
AP_TO_I2C1_SCL
AP_BI_I2C1_SDA
R0608 100K
R0607 100K
AH1
AH2
AP_TO_I2C2_SCL
AP_BI_I2C2_SDA
AP_TO_NAND_ANC0_CEN0_L
AN16
AP_TO_NAND_ANC1_CEN0_L
R0312
AN8
PP1V8_SDRAM
三组串行总线接口
R0313 392K
R0314 220K
240 R0601 AR20
240 R0602 AR12
200 R0710 A8
4.02k R0703 B29
4.02k R0702 A7
4.02k R0701 A29
PCIE_RESREF
MIPI1C_REXT
MIPI1C_REXT
MIPI0C_REXT
Y3
Y4
BUTTON_TO_AP_MENU_KEY_L
BUTTON_TO_AP_HOLD_KEY_L
D26
R0301 33.2
45_AP_TO_CODEC_I2S0_MCLK
D25
33.2 R0311
45_AP_TO_SPKAMP_I2S2_MCLK
Ad31
33.2 R0340
AP_TO_MESA_SPI_CLK

图 9.12

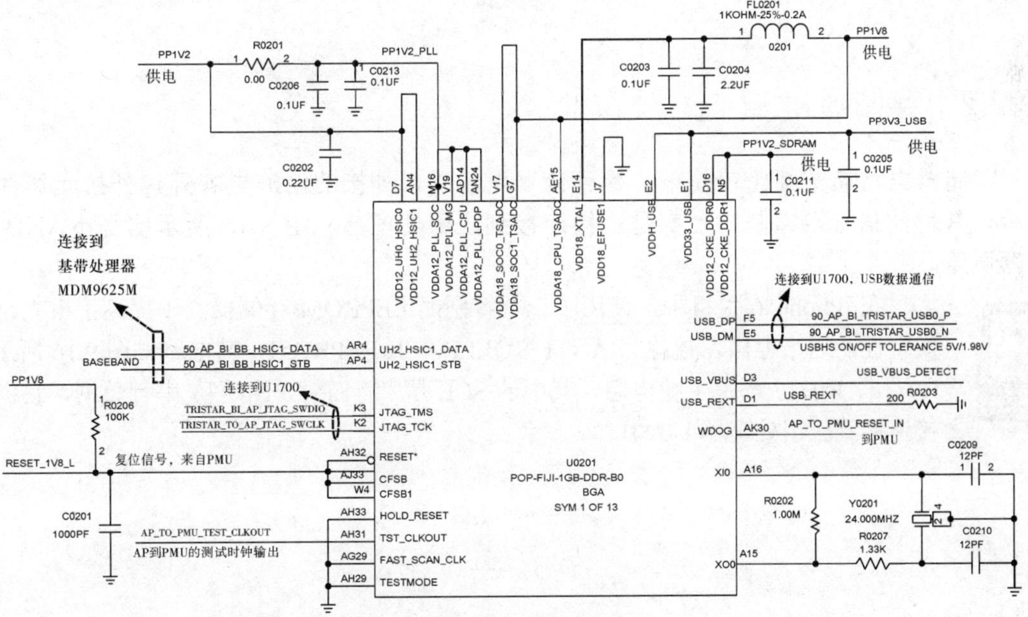
FL0201
1KOHM-25%-0.2A
0201
PP1V8
供电
PP1V2
供电
R0201
0.00
C0206 0.1UF
PP1V2_PLL
C0213 0.1UF
C0203 0.1UF
C0204 2.2UF
PP3V3_USB
供电
C0202 0.22UF
PP1V2_SDRAM
供电
C0205 0.1UF
C0211 0.1UF
D7 AN4 M16 V19 AD14 AN24 V17 G7 AE15 E14 J7 E2 E1 D16 N5
VDD12_UH0_HSIC0
VDD12_UH2_HSIC1
VDDA12_PLL_SOC
VDDA12_PLL_MG
VDDA12_PLL_CPU
VDDA12_PLL_LPDP
VDDA18_SOC0_TSADC
VDDA18_SOC1_TSADC
VDDA18_CPU_TSADC
VDD18_XTAL
VDD18_EFUSE1
VDDH_USB
VDD33_USB
VDD12_CKE_DDR0
VDD12_CKE_DDR1
连接到
基带处理器
MDM9625M
连接到U1700，USB数据通信
USB_DP F5 90_AP_BI_TRISTAR_USB0_P
USB_DM E5 90_AP_BI_TRISTAR_USB0_N
USBHS ON/OFF TOLERANCE 5V/1.98V
BASEBAND
50_AP_BI_BB_HSIC1_DATA AR4 UH2_HSIC1_DATA
50_AP_BI_BB_HSIC1_STB AP4 UH2_HSIC1_STB
USB_VBUS D3 USB_VBUS_DETECT
USB_REXT D1 USB_REXT 200 R0203
PP1V8
R0206 100K
连接到U1700
TRISTAR_BI_AP_JTAG_SWDIO K3 JTAG_TMS
TRISTAR_TO_AP_JTAG_SWCLK K2 JTAG_TCK
WDOG AK30 AP_TO_PMU_RESET_IN
到PMU
RESET_1V8_L
复位信号，来自PMU
AH32 RESET*
AJ33 CFSB
W4 CFSB1
U0201
POP-FIJI-1GB-DDR-B0
BGA
SYM 1 OF 13
XI0 A16
C0209 12PF
R0202 1.00M
Y0201 24.000MHZ
R0207 1.33K
C0210 12PF
XO0 A15
C0201 1000PF
AP_TO_PMU_TEST_CLKOUT
AP到PMU的测试时钟输出
AH33 HOLD_RESET
AH31 TST_CLKOUT
AG29 FAST_SCAN_CLK
AH29 TESTMODE

图 9.13

仅仅是 U0201 的外围电路。其中的 Y0201 是 24MHz 的晶体振荡器，为 USB 数据通信电路提供时钟信号。其他的端口信号都标注在电路图中。

图 9.14 所示的是应用处理器与 WLAN 单元的数据通信接口电路。如果手机不能使用 Wi-Fi，应注意检查该部分电路的电阻电容。

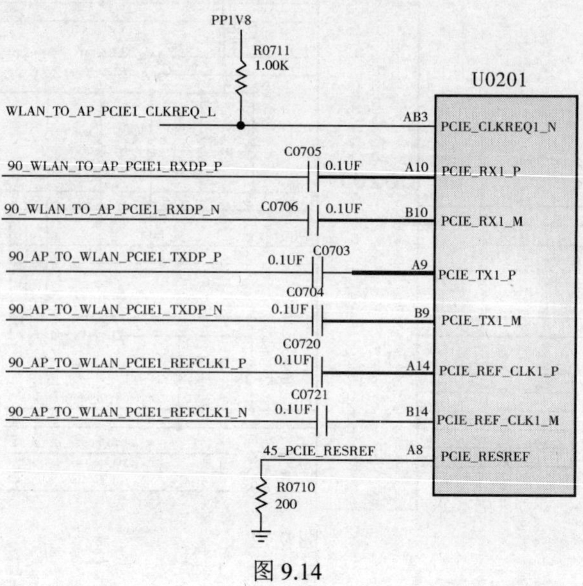

图 9.14

9.2.2 存储器

存储器电路通常都比较简单，除存储器电源端口外接的滤波电容外，外接元器件非常少，其他的信号端口基本上都是直接连接到应用处理器。图 9.15 所示的是 NAND 存储器电路。

在 iPhone 6 手机中，使用了一个特别的 EEPROM 存储器，以提高手机支付的安全性，这个存储器被称为 ANTI_ROLLBACK EEPROM，其电路如图 9.16 所示。R0316、R0317 都是上拉电阻，其中的 SCL 是串行时钟，SDA 是串行数据，它们直接连接到应用处理器 U0201。

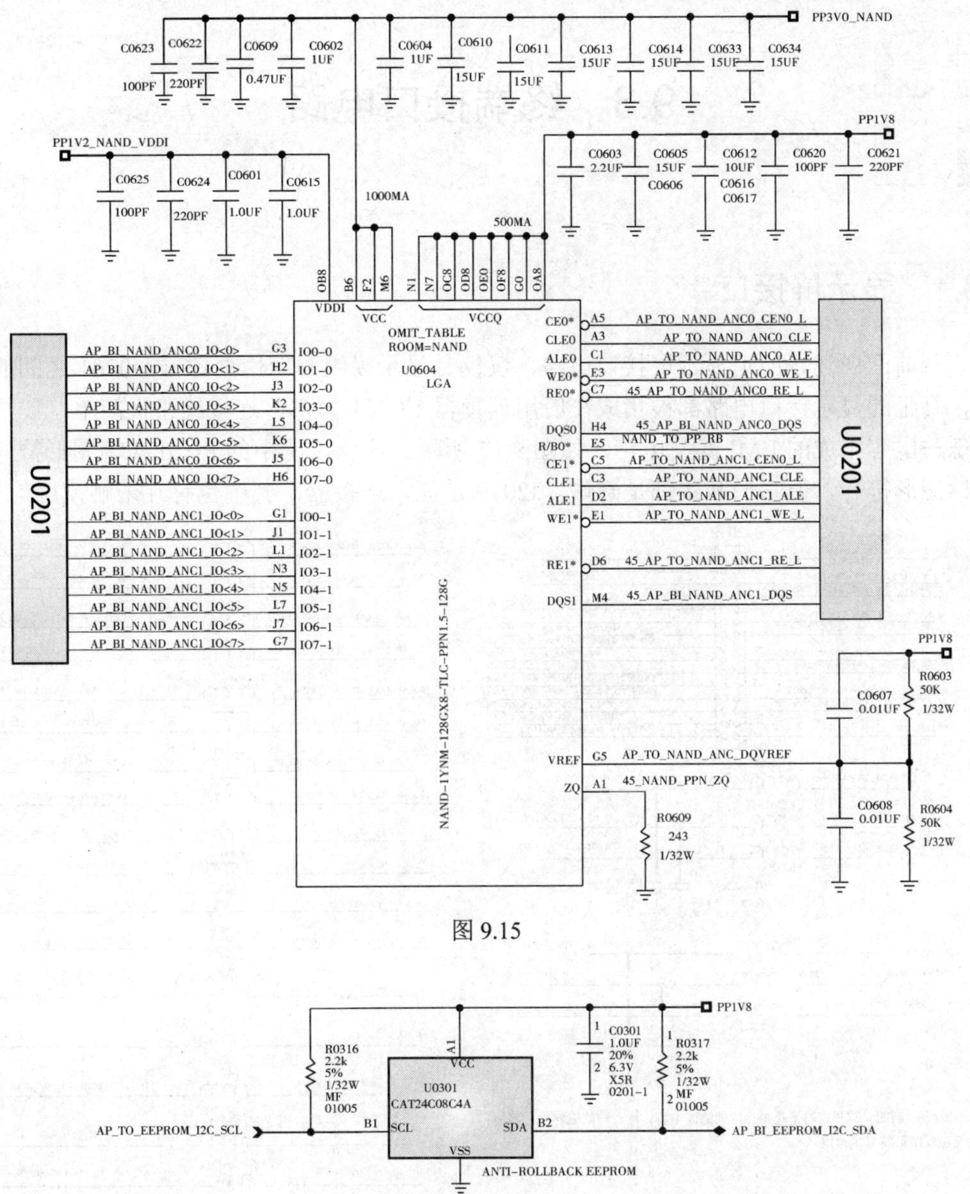

PP3V0_NAND
C0623
100PF
C0622
220PF
C0609
0.47UF
C0602
1UF
C0604
1UF
C0610
15UF
C0611
15UF
C0613
15UF
C0614
15UF
C0633
15UF
C0634
15UF
PP1V8
C0603
2.2UF
C0605
15UF
C0606
C0612
10UF
C0616
C0617
C0620
100PF
C0621
220PF
PP1V2_NAND_VDDI
C0625
100PF
C0624
220PF
C0601
1.0UF
C0615
1.0UF
1000MA
500MA
OB8
B6
F2
M6
N1
N7
OC8
OD8
OE0
OF8
G0
OA8
VDDI
VCC
VCCQ
OMIT_TABLE
ROOM=NAND
U0604
LGA
NAND-1YNM-128GX8-TLC-PPN1.5-128G
U0201
AP_BI_NAND_ANC0_IO<0> G3 IO0-0
AP_BI_NAND_ANC0_IO<1> H2 IO1-0
AP_BI_NAND_ANC0_IO<2> J3 IO2-0
AP_BI_NAND_ANC0_IO<3> K2 IO3-0
AP_BI_NAND_ANC0_IO<4> L5 IO4-0
AP_BI_NAND_ANC0_IO<5> K6 IO5-0
AP_BI_NAND_ANC0_IO<6> J5 IO6-0
AP_BI_NAND_ANC0_IO<7> H6 IO7-0
AP_BI_NAND_ANC1_IO<0> G1 IO0-1
AP_BI_NAND_ANC1_IO<1> J1 IO1-1
AP_BI_NAND_ANC1_IO<2> L1 IO2-1
AP_BI_NAND_ANC1_IO<3> N3 IO3-1
AP_BI_NAND_ANC1_IO<4> N5 IO4-1
AP_BI_NAND_ANC1_IO<5> L7 IO5-1
AP_BI_NAND_ANC1_IO<6> J7 IO6-1
AP_BI_NAND_ANC1_IO<7> G7 IO7-1
CE0* A5 AP_TO_NAND_ANC0_CEN0_L
CLE0 A3 AP_TO_NAND_ANC0_CLE
ALE0 C1 AP_TO_NAND_ANC0_ALE
WE0* E3 AP_TO_NAND_ANC0_WE_L
RE0* C7 45_AP_TO_NAND_ANC0_RE_L
DQS0 H4 45_AP_BI_NAND_ANC0_DQS
R/B0* E5 NAND_TO_PP_RB
CE1* C5 AP_TO_NAND_ANC1_CEN0_L
CLE1 C3 AP_TO_NAND_ANC1_CLE
ALE1 D2 AP_TO_NAND_ANC1_ALE
WE1* E1 AP_TO_NAND_ANC1_WE_L
RE1* D6 45_AP_TO_NAND_ANC1_RE_L
DQS1 M4 45_AP_BI_NAND_ANC1_DQS
U0201
PP1V8
C0607
0.01UF
R0603
50K
1/32W
VREF G5 AP_TO_NAND_ANC_DQVREF
ZQ A1 45_NAND_PPN_ZQ
R0609
243
1/32W
C0608
0.01UF
R0604
50K
1/32W

图 9.15

PP1V8
R0316
2.2k
5%
1/32W
MF
01005
A1
VCC
U0301
CAT24C08C4A
SCL
SDA
VSS
B1
B2
C0301
1.0UF
20%
6.3V
X5R
0201-1
R0317
2.2k
5%
1/32W
MF
01005
AP_TO_EEPROM_I2C_SCL
AP_BI_EEPROM_I2C_SDA
ANTI-ROLLBACK EEPROM

图 9.16

9.3　终端接口电路

9.3.1　显示屏接口

正如前面所述，所谓显示屏接口电路，仅仅是显示模组与应用处理器 U0201 之间的连接线路，真正的显示接口电路都被集成在应用处理器 U0201 内部。连接线路很简单，仅是由一些磁珠与电容组成的 EMI 滤波电路，如图 9.17 所示。注意，图中的 FL2024 等图形符号虽然是电感图形符号，但它们其实都是磁珠。J2019 是显示连接器，其中也有几个触摸屏信号线。

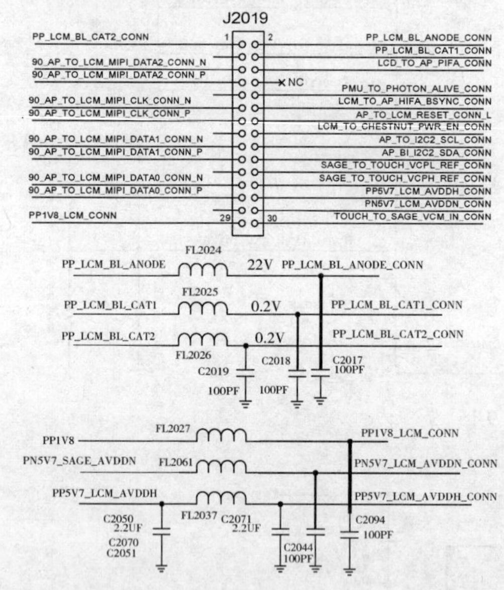

为方便制图，这里省略了几个接地的滤波电容，被省略的电容标号都标注在磁珠图形符号的两边。

图 9.17

9.3.2　触摸屏接口与驱动

在 iPhone 6 手机中，使用了两个专门的触摸屏驱动芯片——U2401、U2402。U2401 通过

串行总线与应用处理器 U0201 进行数据通信，U2402 与 U2401 相互连接，它们的大部分端口经接口 J2401 直接连接到触摸屏。驱动芯片电路很简单，除旁路、去耦电容外，外围元器件很少。图 9.18 所示的是驱动芯片 U2402 电路。

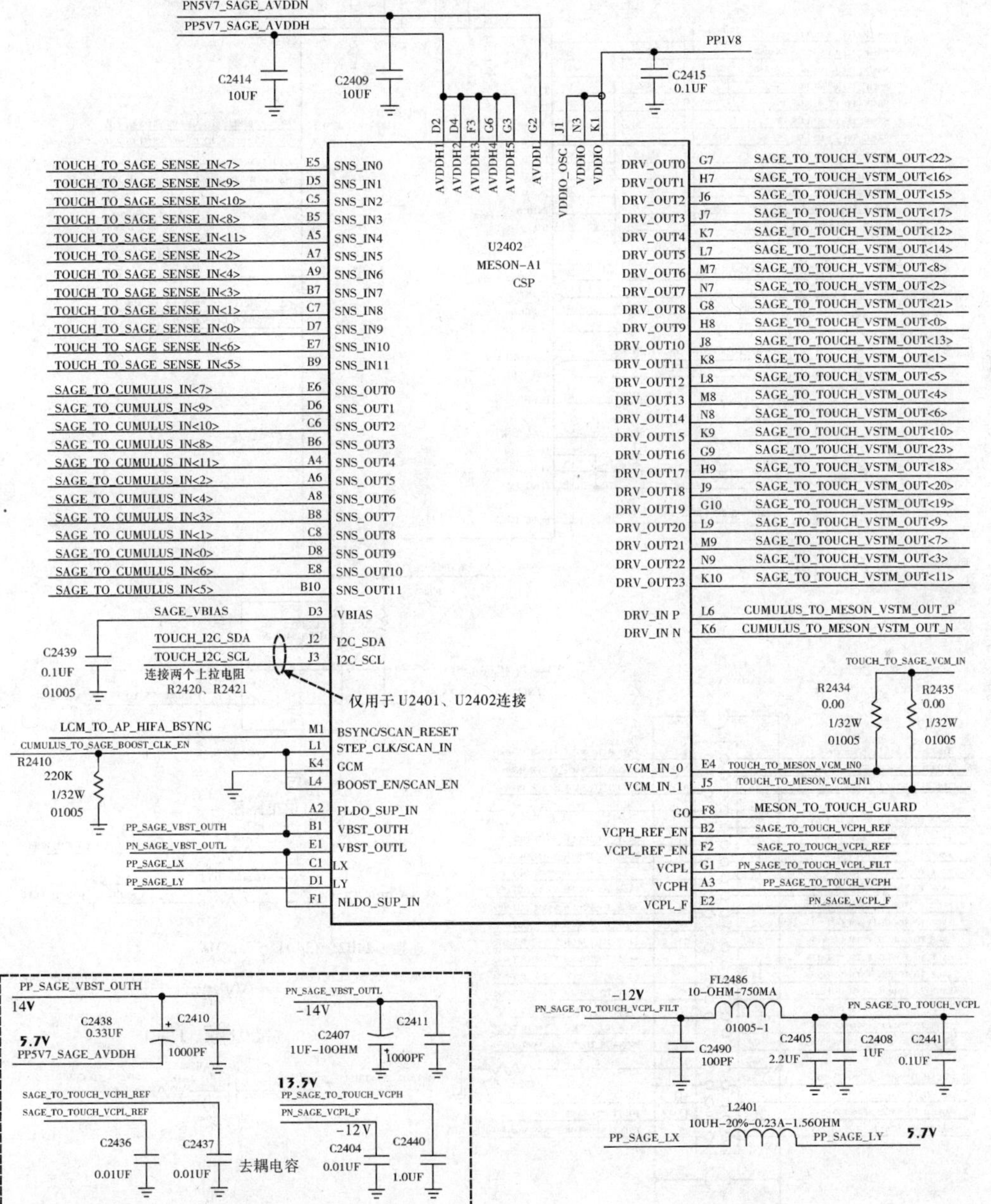

图 9.18

图 9.19 所示的是触摸屏驱动器 U2401 与触摸屏连接器 J2401 电路，总的来看电路很简单。

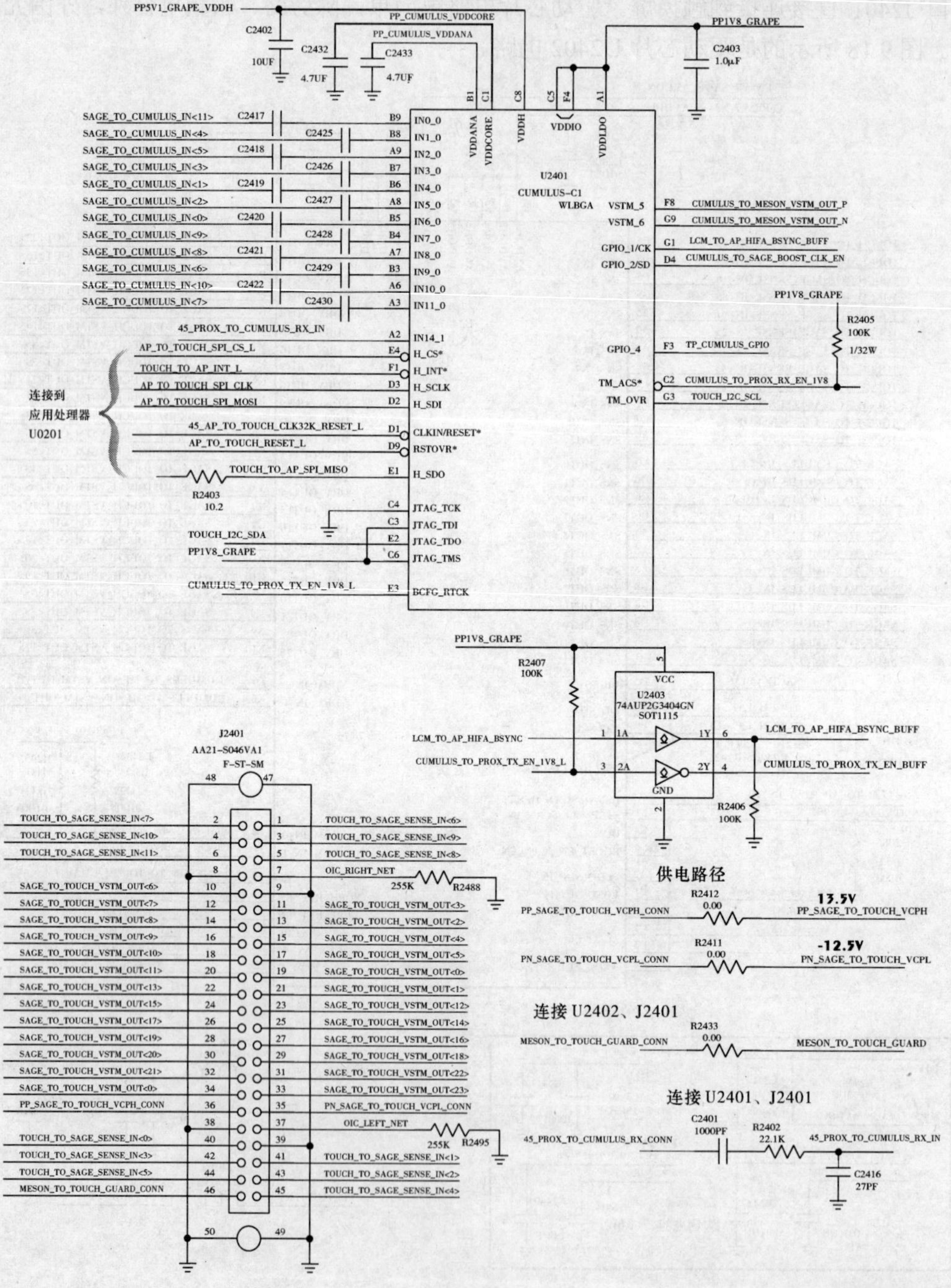

图 9.19

其中的 U2403 是一个缓冲器，连接在应用处理器 U0201、U2401、U2402 之间，从信号标注（含字母 LCM）上看，它还与显示相关。U2401 连接电容 C2417~C2430 的几个端口为触摸屏数据信号端口，这几个信号线连接到驱动器 U2402。其余的信号端口要么连接到应用处理器，要么连接到驱动器 U2402。

9.3.3　显示与背景灯电源

iPhone 6 手机的显示电路由一个专门的开关电源电路供电，该电路如图 9.20 所示。电路很简单，其中的 U1501 是电源控制器，与外接的储能电感 L1519、C1554、C1529、C1502 等组成开关电源电路，为显示电路提供 5.1V、5.7V 的开关电源。其他的几个电容为去耦滤波电容。

LCM_TO_CHESTNUT_PWR_EN 是启动控制信号，来自应用处理器，该信号被送到显示模组。U1501 的 D2、D3 脚为串行总线接口，连接到应用处理器。RESET_1V8_L 是复位信号，来自电源管理器 U1202。CHESTNUT_TO_PMU_ADCIN7 端口则同时连接到电源管理器 U1202 与应用处理器 U0201。

U1501 输出的电源同时给显示电路与触摸屏驱动器 U2401、U2402 电路供电。

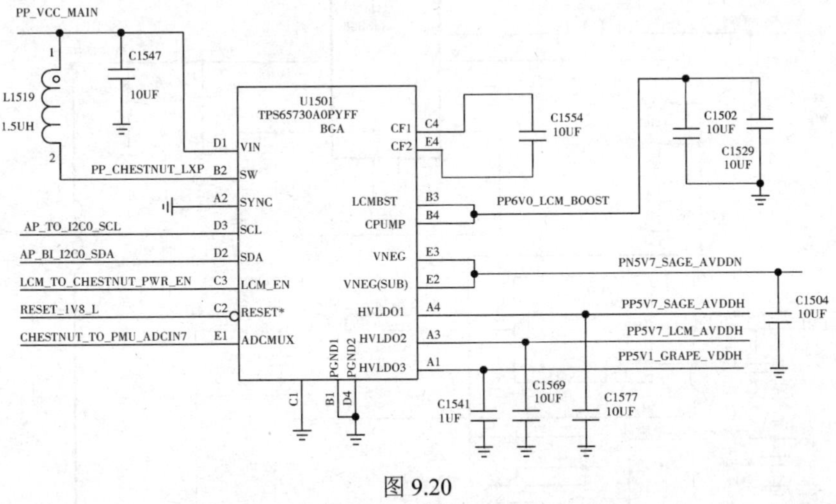

图 9.20

显示背景灯由一个独立的开关电源电路供电，电源电路如图 9.21 所示。整个电路由电源芯片 U1502 与外接的存储电脑感 L1503、续流二极管 D1501 和几个去耦滤波电容组成。

PP1V8_SDRAM 电源被用作该电路的硬件启动控制信号。U1502 的 A1、A2 脚与 B2、C2 脚都为串行总线，连接到应用处理器、电源管理器等单元。电源电路对主供电源 PP_VCC_MAIN 进行升压，得到 22V 的背景灯电源，经接口 J2019 到显示背景灯。

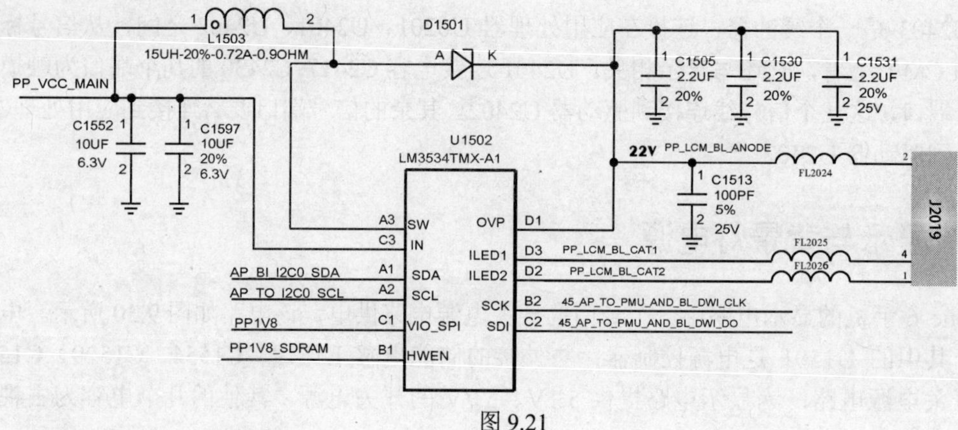

图 9.21

9.3.4 指纹传感器接口

iPhone 6 手机提供指纹识别功能，图 9.22 所示的是指纹识别传感器电路，指纹识别器模块经连接器 J2118 连接到主机电路。指纹识别器数据信号被送到应用处理器 U0201，U0201

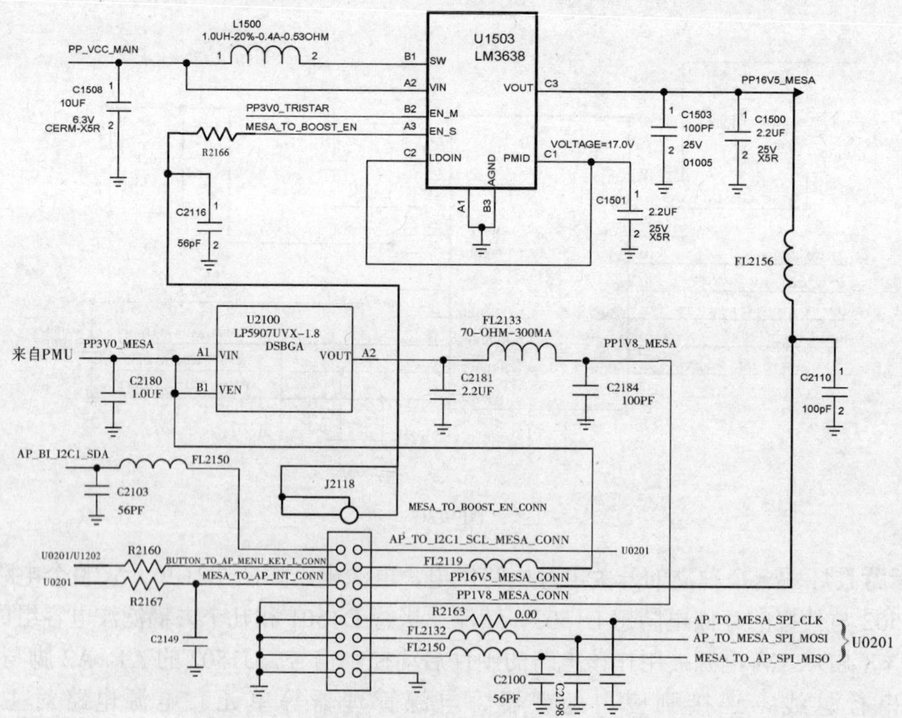

图 9.22

通过串行总线来控制指纹识别器的工作。信号线路很简单，仅是几个 RC 或 LC 滤波电路。

指纹识别器接口电路使用两个独立的电压调节器，一个是 U1503，提供 16.5V 的高压；另一个是 U2100，提供 1.8V 的低压。

9.3.5　照相机接口电路

iPhone 6 手机提供前后两个照相机。应用处理器 U0201 提供照相机驱动接口，电路图中能看到的仅仅是照相机模组到应用处理器之间的连接线路。

整个连接线路都很简单。前面板上的照相机模组经连接器 J1111 连接到应用处理器电路单元（参见图 9.23）。连接器 J1111 还用于受话器、环境光传感器、接近传感器的连接。

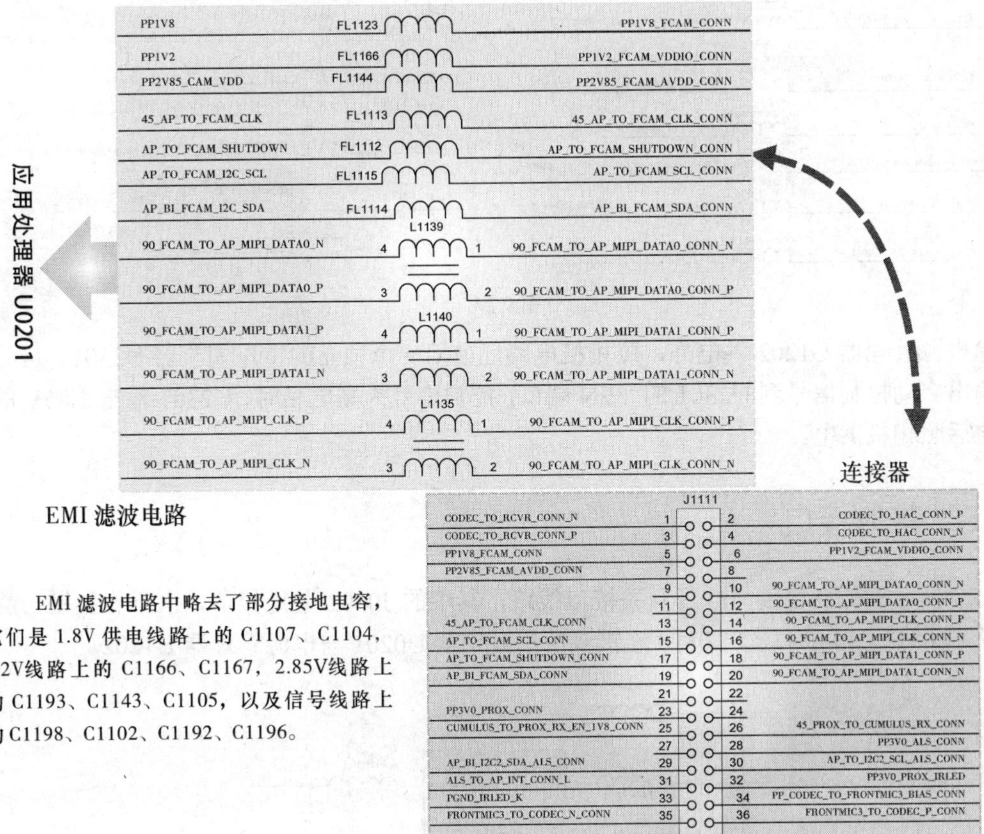

EMI 滤波电路中略去了部分接地电容，它们是 1.8V 供电线路上的 C1107、C1104，1.2V线路上的 C1166、C1167，2.85V线路上的 C1193、C1143、C1105，以及信号线路上的 C1198、C1102、C1192、C1196。

图 9.23

手机后部的主照相机连接器电路也很简单，如图 9.24 所示。其中的 J2321 为照相机连接器，

L2333、L2334、L2336～L2338 为共模抑制器，L2318、L2322、L2343、L2322、L2328～L2331 是高频抑制效果好的磁珠。照相机经 J2321 与共模抑制器、磁珠连接到 U0201 的照相机接口。

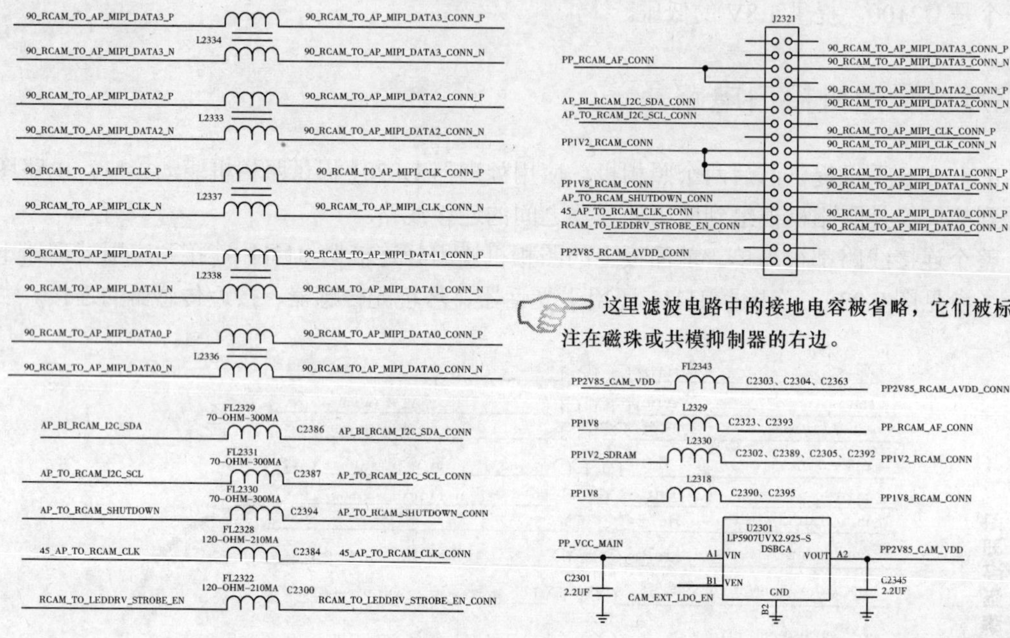

图 9.24

除电源管理器 U1202 供电外，照相机电路还使用一个独立的电压调节器 U2301。应用处理器输出启动控制信号到 U2301 的 VEN 端口，控制信号为高电平时，U2301 输出 2.85V 的电源给前后照相机供电。

9.3.6 其他接口

9.25 所示的是音量键与静音开关接口线路，其中的 J0802 是连接器，上下音量键与静音开关经 FL0812、FL0811、FL0810 连接到应用处理器 U0201 与电源管理器 U1202。

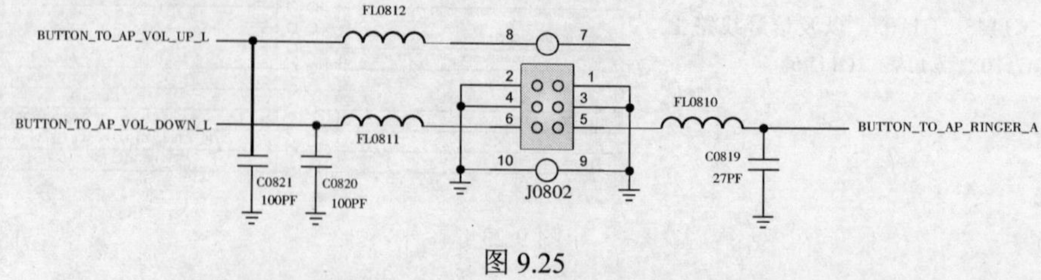

图 9.25

图 9.26 所示的电路用于电源开关键与闪灯连接。标注有 HOLD 的为电源开关键信号线。

其中的 U1602 是电源芯片，与 L1605、C1694、C1696 等组成 5V 的开关电源电路。U1602 所接的其他几个电容为去耦滤波电容。应用处理器与基带处理器都有信号控制 U1602 电路的工作。

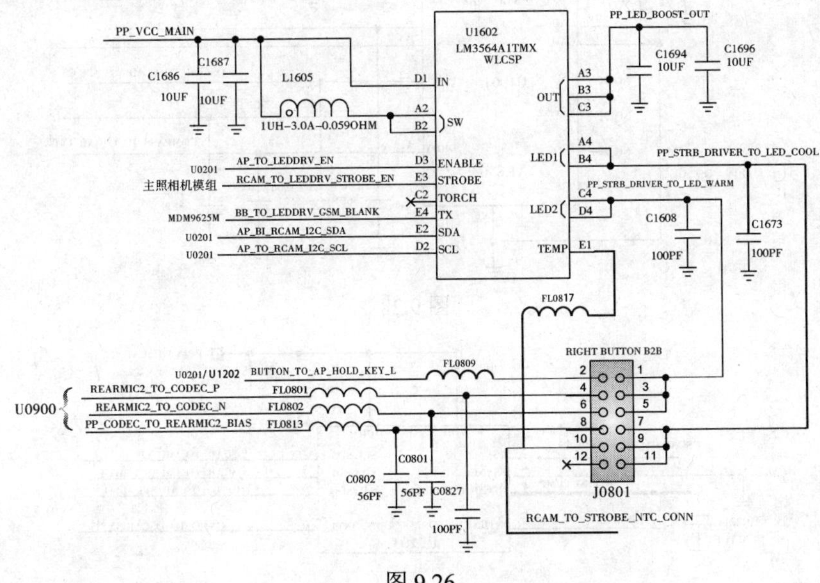

图 9.26

连接器 J0801 的 4、6、8 脚则连接到语音编译码器 U0900 电路，用于连接防止通话噪声的手机后部送话器。

图 9.27 所示的是振动器驱动电路，控制信号来自应用处理器 U0201。U1400 的 A3、C3 脚经 FL1819、FL1820 与接口 J1817 连接到振动器。

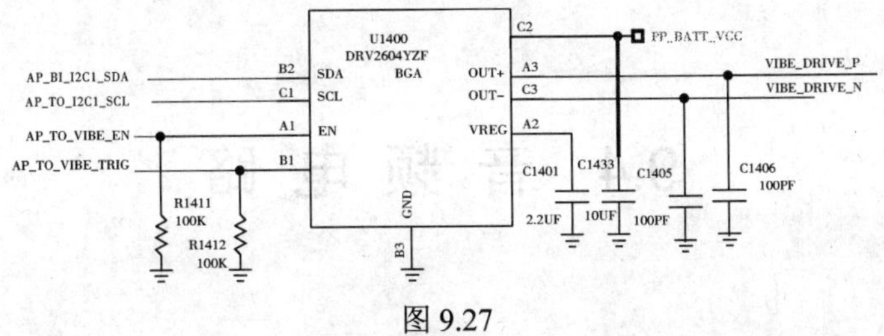

图 9.27

图 9.28 所示的是指南针电路，U1901 是磁力传感器。整个电路很简单，除滤波电容外，无其他任何外围元器件。传感器直接连接到微处理器 U2201。

图 9.29 中的 U2203 是一个复合传感器，集成了陀螺仪与加速度传感器，电路很简单，U2203 直接连接到微处理器 U2201。

U2204 则是一个气压传感器，直接连接到微处理器 U2201，除供电线路上的去耦电容外，无任何外围元器件。

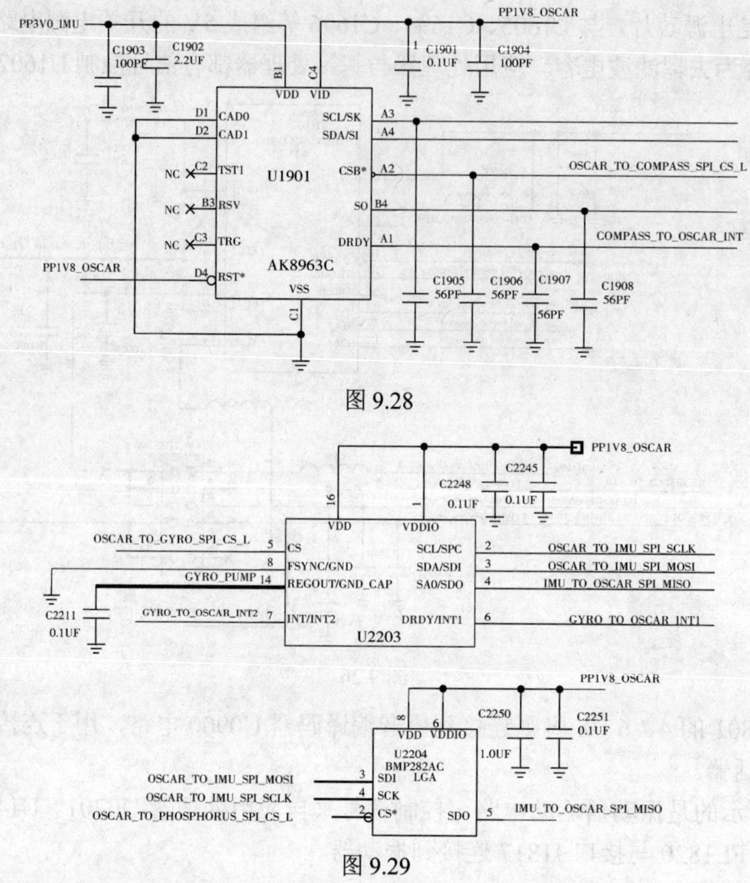

图 9.29

9.4 音 频 电 路

9.4.1 音频编译码器

iPhone 6 手机内使用了一个专门的音频编译码器（U0900），图 9.30、图 9.31 所示的就是音频编译码器 U0900 的主要电路。整个电路并不复杂，图 9.30 所示的是音频输入输出信号线路，图 9.31 所示的是音频编译码器的供电与外围元器件电路。在检修无声、无送话等音频故障时，若信号通道无问题，就应检查 U0900 的外围元器件、供电，若外围元器件与供电正常，检查更换 U0900。

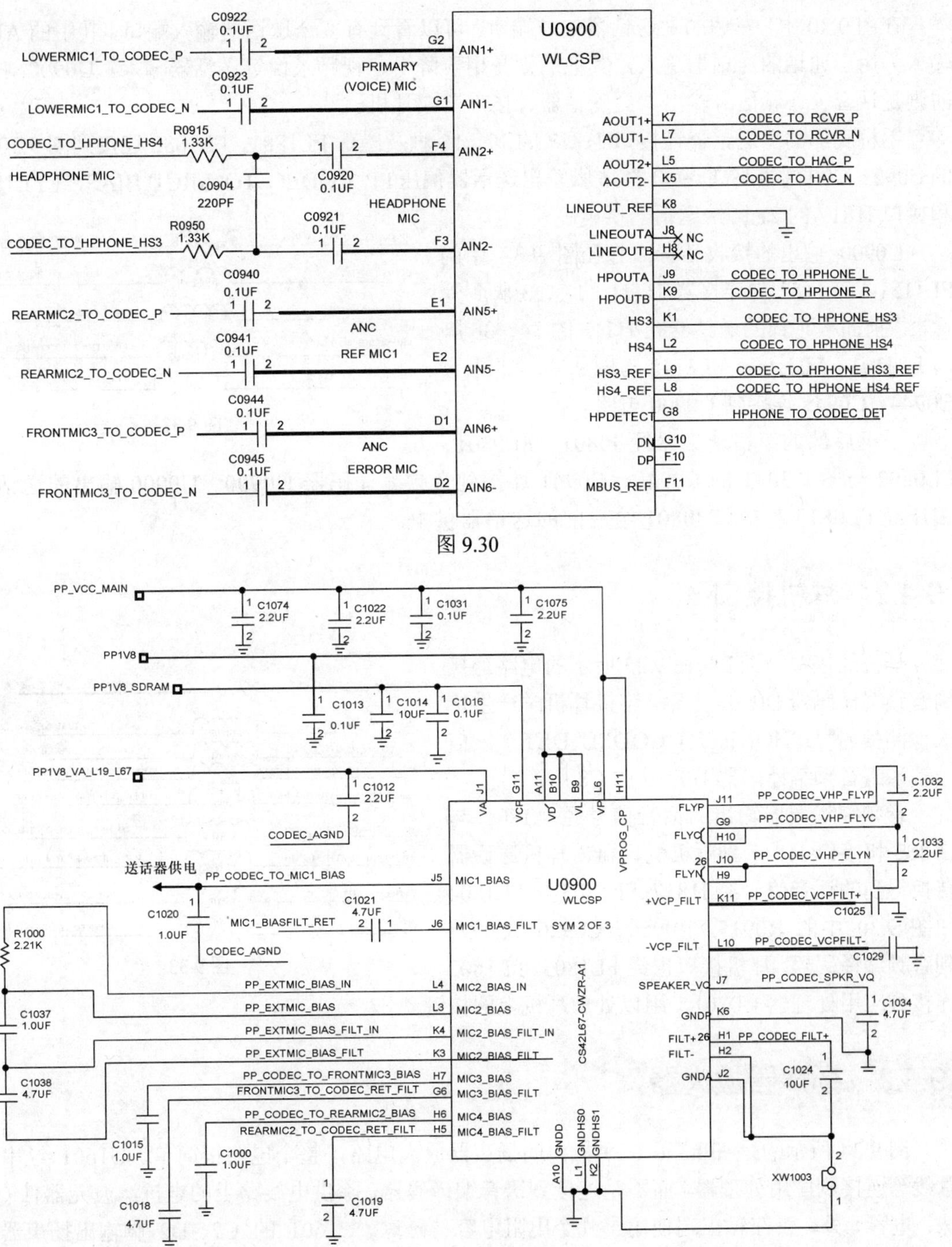
U0900
WLCSP
C0922
0.1UF
LOWERMIC1_TO_CODEC_P
G2
AIN1+
PRIMARY
(VOICE) MIC
C0923
0.1UF
LOWERMIC1_TO_CODEC_N
G1
AIN1-
CODEC_TO_HPHONE_HS4
R0915
1.33K
HEADPHONE MIC
C0904
220PF
C0920
0.1UF
F4
AIN2+
HEADPHONE
MIC
C0921
0.1UF
R0950
1.33K
CODEC_TO_HPHONE_HS3
F3
AIN2-
C0940
0.1UF
REARMIC2_TO_CODEC_P
E1
AIN5+
ANC
REF MIC1
C0941
0.1UF
REARMIC2_TO_CODEC_N
E2
AIN5-
C0944
0.1UF
FRONTMIC3_TO_CODEC_P
D1
AIN6+
ANC
ERROR MIC
C0945
0.1UF
FRONTMIC3_TO_CODEC_N
D2
AIN6-
AOUT1+ K7 CODEC_TO_RCVR_P
AOUT1- L7 CODEC_TO_RCVR_N
AOUT2+ L5 CODEC_TO_HAC_P
AOUT2- K5 CODEC_TO_HAC_N
LINEOUT_REF K8
LINEOUTA J8 NC
LINEOUTB H8 NC
HPOUTA J9 CODEC_TO_HPHONE_L
HPOUTB K9 CODEC_TO_HPHONE_R
HS3 K1 CODEC_TO_HPHONE_HS3
HS4 L2 CODEC_TO_HPHONE_HS4
HS3_REF L9 CODEC_TO_HPHONE_HS3_REF
HS4_REF L8 CODEC_TO_HPHONE_HS4_REF
HPDETECT G8 HPHONE_TO_CODEC_DET
DN G10
DP F10
MBUS_REF F11
PP_VCC_MAIN
C1074 2.2UF
C1022 2.2UF
C1031 0.1UF
C1075 2.2UF
PP1V8
PP1V8_SDRAM
C1013 0.1UF
C1014 10UF
C1016 0.1UF
PP1V8_VA_L19_L67
C1012 2.2UF
CODEC_AGND
J1 G11 A11 B10 B9 L6 H11
VA VCP VD VL VP VPROG_CP
送话器供电
PP_CODEC_TO_MIC1_BIAS
J5 MIC1_BIAS
C1020 1.0UF
C1021 4.7UF
MIC1_BIASFILT_RET
J6 MIC1_BIAS_FILT
CODEC_AGND
U0900
WLCSP
SYM 2 OF 3
CS42L67-CWZR-A1
R1000 2.21K
C1037 1.0UF
C1038 4.7UF
PP_EXTMIC_BIAS_IN L4 MIC2_BIAS_IN
PP_EXTMIC_BIAS L3 MIC2_BIAS
PP_EXTMIC_BIAS_FILT_IN K4 MIC2_BIAS_FILT_IN
PP_EXTMIC_BIAS_FILT K3 MIC2_BIAS_FILT
PP_CODEC_TO_FRONTMIC3_BIAS H7 MIC3_BIAS
FRONTMIC3_TO_CODEC_RET_FILT G6 MIC3_BIAS_FILT
PP_CODEC_TO_REARMIC2_BIAS H6 MIC4_BIAS
REARMIC2_TO_CODEC_RET_FILT H5 MIC4_BIAS_FILT
C1015 1.0UF
C1000 1.0UF
C1018 4.7UF
C1019 4.7UF
A10 GNDD
L1 GNDHS0
K2 GNDHS1
FLYP J11 PP_CODEC_VHP_FLYP
C1032 2.2UF
G9 PP_CODEC_VHP_FLYC
FLYC H10
C1033 2.2UF
J10 PP_CODEC_VHP_FLYN
FLYN H9
+VCP_FILT K11 PP_CODEC_VCPFILT+
C1025
-VCP_FILT L10 PP_CODEC_VCPFILT-
C1029
SPEAKER_VQ J7 PP_CODEC_SPKR_VQ
C1034 4.7UF
GNDP K6
FILT+ H1 PP_CODEC_FILT+
FILT- H2
C1024 10UF
GNDA J2
XW1003

图 9.30

图 9.31

在图 9.30 中，左边的是送话器信号端口，可以看到有多个送话器输入端口，其中的 AIN1 输入为用于通话的送话器输入，其他的则是用于降噪、视频录像等送话器输入。U0900 右边的则是话音、音频信号输出，到受话器、扬声器或耳机。

手机底部的主送话器经接口 J1817 的 17、18 脚及磁珠 FL1881、FL1882 连接到图 9.30 中的 C0922、C0923 线路。U0900 的 J5 脚输出送话器偏压 PP_CODEC_TO_MIC1_BIAS，经 FL1855 和接口 J1817 的 21 脚给送话器供电。

U0900 输出的接收话音信号经图 9.32 中的 FL1151、FL1152 与连接器 J1111 的 1、3 脚到受话器。前面板顶部的送话器经 J1111 的 34～36 脚与 FL1101、FL1103、FL1148 与图 9.30 中的电容 C0944、C0945 连接到 U0900 电路。

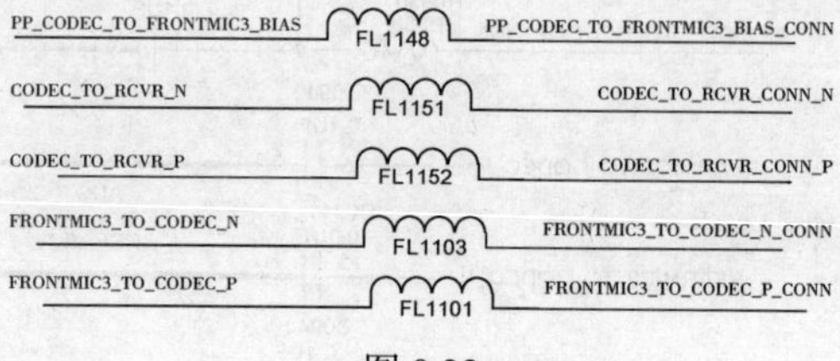

PP_CODEC_TO_FRONTMIC3_BIAS　FL1148　PP_CODEC_TO_FRONTMIC3_BIAS_CONN
CODEC_TO_RCVR_N　FL1151　CODEC_TO_RCVR_CONN_N
CODEC_TO_RCVR_P　FL1152　CODEC_TO_RCVR_CONN_P
FRONTMIC3_TO_CODEC_N　FL1103　FRONTMIC3_TO_CODEC_N_CONN
FRONTMIC3_TO_CODEC_P　FL1101　FRONTMIC3_TO_CODEC_P_CONN

图 9.32

手机后部的纠错送话器经 J0801、FL0801、FL0802 与图 9.30 中的 C0940、C0941 连接到音频编译码器 U0900。U0900 输出的送话器偏压经 FL0813 与接口 J0801 给后部的送话器供电。

9.4.2 耳机接口

耳机经接口 J1817 与图 9.33 所示的电路连接到音频编译码器 U0900 电路。连接耳机时产生接入检测信号 HPHONE_TO_CODEC_DET，该信号被送到音频编译码器 U0900 的 C8 脚。

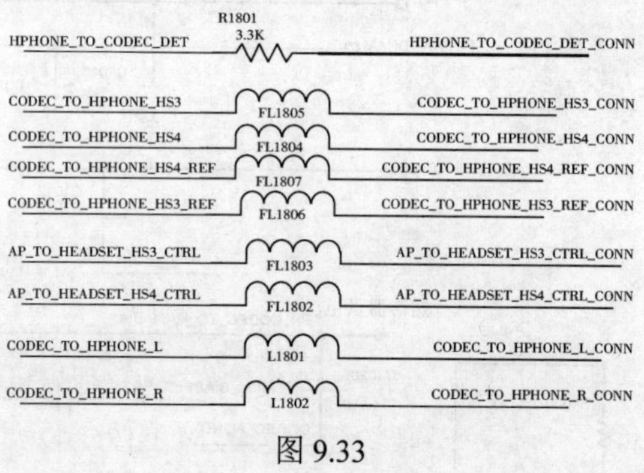

图 9.33

音频编译码器输出的话音信号经 L1801 与 L1802 和接口 J1817 到耳机受话器。耳机送话器转换得到的话音信号经 J1817、FL1805 与 FL1804 和图 9.30 中的 R0915、R0950、C0920、C0921 到音频编译码器。耳机接口也经 FL1803、FL1802 连接到应用处理器 U0201，用以处理耳机上的按键动作。

9.4.3 扬声器放大器

图 9.34 所示的是 iPhone 6 手机内的扬声器放大电路，整个电路很简单，U1601 经串行总线等连接到应用处理器，而不是连接到语音编译码器，除供电线路上的电抗滤波元器件（磁珠、电容）外，仅在输出端使用了几个电阻电容与磁珠。U1601 的 C2、D2 脚输出扬声器音频，经接口 J1817 的 1、2 脚连接到扬声器。

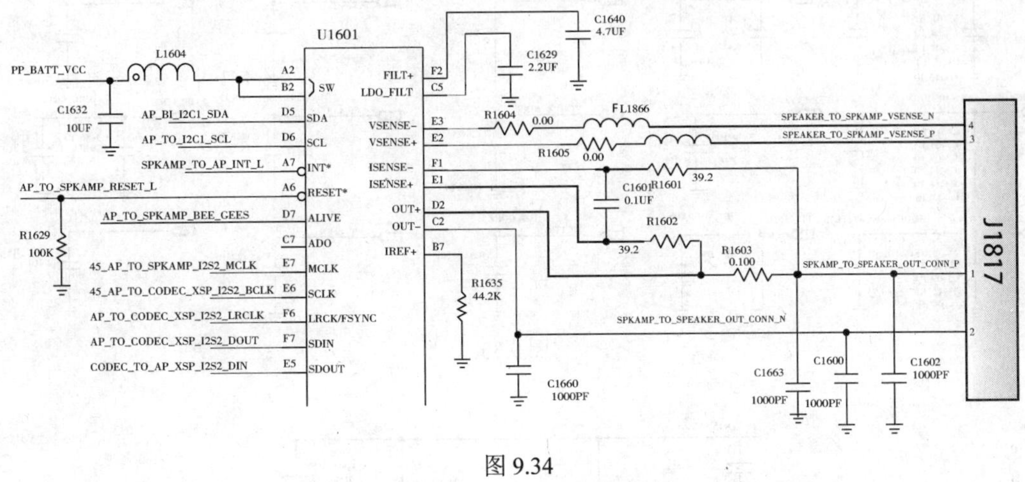

图 9.34

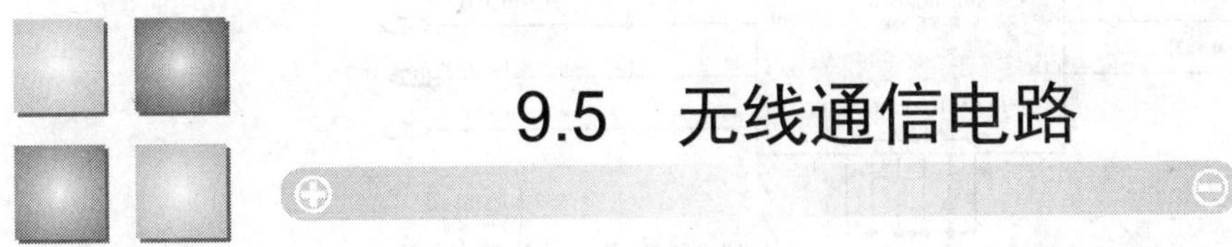

9.5 无线通信电路

9.5.1 基带处理器单元

iPhone 6 的无线通信部分采用的是高通的基带信号处理器 MDM9625M，在电路图中，该芯片没有传统方式的标号，仅用 U_BB_RF 标识。基带处理器一方面直接连接到应用处理器 U0201，另一方面又连接到各相关射频单元。

基带处理器 MDM9625M 的外围元器件较少，电路图中能看到的外围元器件大多属于其供电端口的外接滤波电容，如图 9.35 所示。

除电源滤波电容外，在电路图中能看到的基带处理器的外围元器件大约有 15 个，它们是一个串行存储器（U_EEP_RF），一个模拟电子开关（U_JTAGRF），一个缓冲器（U_BUFFER），以及电阻电容 R3507_RF、R3508_RF、R3501_RF、R3502_RF、R3505_RF、R3506_RF、R3602_RF、R3601_RF、C3501、C3602～C3604。

图 9.36 所示的是 SIM 卡卡座电路，其中的 J3101 直接连接到基带处理器，DZ3102 与 VR3101 是瞬态抑制器，R3101 为上拉电阻，BB_SIM_DETECT 是 SIM 卡接入检测信号，4FE_SIM_SWP 信号则经电阻 R5505 到 NFC 电路。

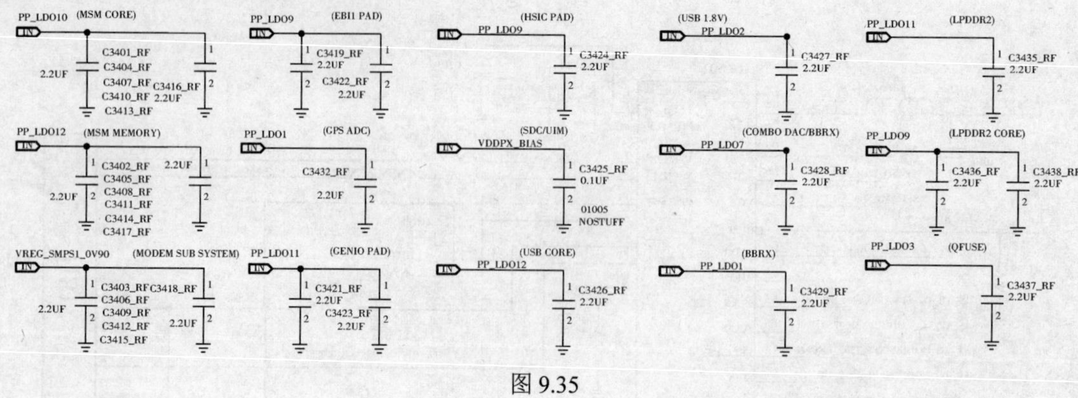

图 9.35

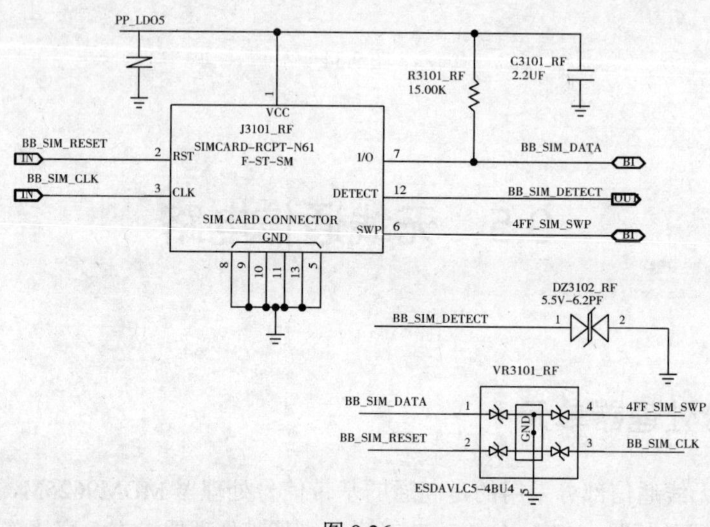

图 9.36

9.5.2 射频信号处理器

iPhone 6 手机的射频单元使用两个高度集成的射频信号处理器，一个是 WTR1625，另一个是 WFR1620。WTR1625 是复合的收发器，提供多个频段的接收发射信号处理，图 9.37 所示的是该芯片的信号端口简图。WFR1620 仅是一个单向接收器，图 9.38 所示的是其信号端口图。两个射频芯片的电路很简单，除供电线路的滤波电容外，几乎无其他外围元器件。

射频芯片一方面直接连接到基带信号处理器 MDM9625M，接收来自基带处理器的控制信号、各种发射基带信号，同时又输出接收基带信号（I/Q）到基带信号处理器。

芯片端口的信号标注很明显，例如 50_B7_PRX_WTR_IN 指的就是 B7 频段的接收射频信号，到 WTR1625 射频芯片。

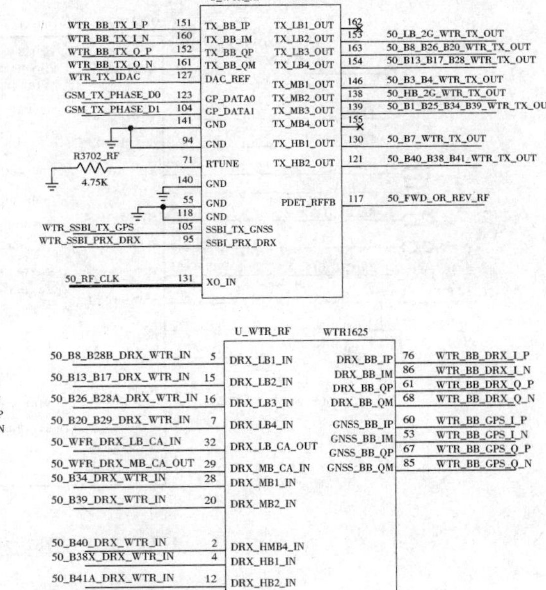

图 9.37

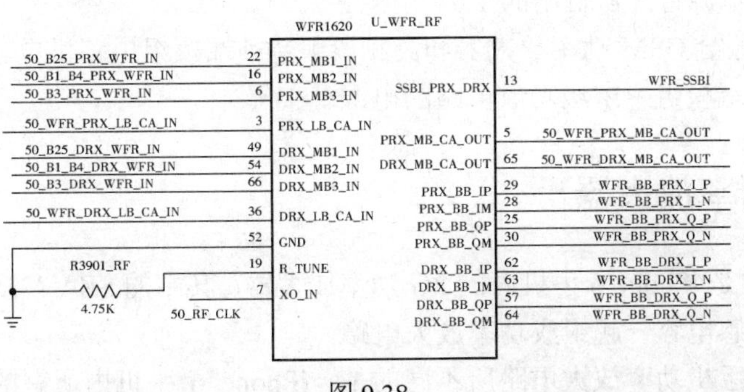

图 9.38

9.5.3 射频开关电源

无线射频部分使用了一个专门的射频开关电源电路，用以给射频部分的功率放大器等电

路供电，其电路如图 9.39 所示。QFE1100 是电源芯片。PP_VCC_MAIN 是充电与供电开关电路输出的主供电源（电池电源）。VBATT_SW 其实就是电池电源，连接到 PP_VCC_MAIN。

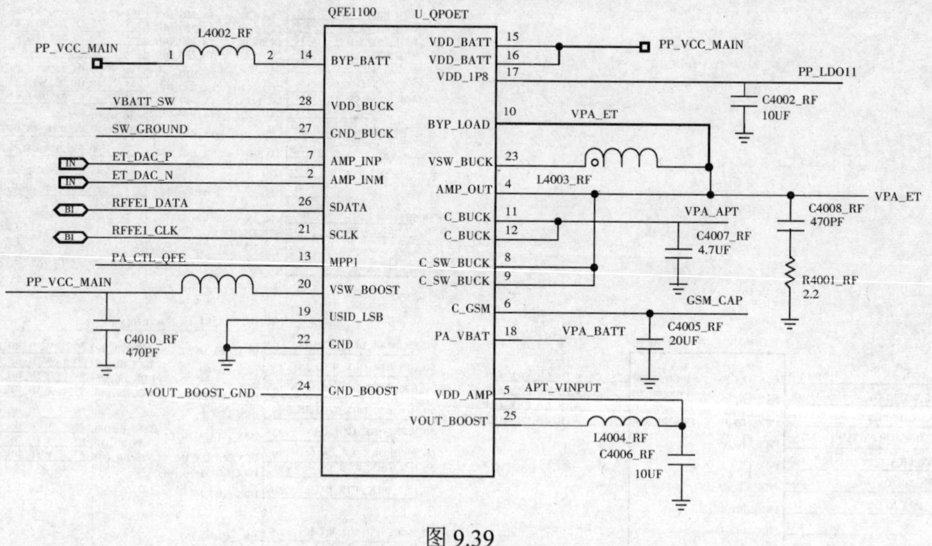

图 9.39

VPA_ET 电源给四个不同频段的功率放大（射频前端模组）的 VCC1、VCC2 端口供电。

ET_DAC_P、ET_DAC_N 是基带信号处理器输出的控制信号。RFFE1_DATA、RFFE1_CLK 是串行总线，连接到基带处理器与几个射频前端模组，基带处理器通过串行总线来控制射频电源与射频前端电路的工作。PA_CTL_QFE 连接到基带电源管理器 PM8019 的 32 脚。PP_LDO11 是基带电源管理器输出的 1.8V 电源。

VPA_APT 电源给 GSM 功率放大器和高频段射频前端模组电路供电。VPA_VBATT 是四个不同频段射频前端模组中末级功放电路的电源。

9.5.4 2G 功率放大器

图 9.40 所示的是 iPhone 6 手机内的 2G 功率放大器，其中的 SKY77356-11 是功率放大器模组，与外接的电感电容一起组成功率放大电路。

与以往介绍的手机功率放大电路所不同的是，iPhone 6 手机内所有的功率放大器、射频前端模组都是受基带信号处理器 MDM9625M 的串行总线控制。REFFE_VIO 是 1.8V 的电源，为功率放大器模组内的控制电路供电。电池电源会直接给 2G 功率放大器供电，同时，QFE1100 电路也输出 VPA_APT 电源给功率放大器模组供电。

WTR1625 的 138 脚输出高频段的 2G 发射信号，50_HB_2G_WTR_TX_OUT，经 C4103 到功率放大器。放大后的信号经 L4102 输出到天线开关模组 RF5159 的 12 脚，然后由 RF5159

输出到天线，由天线辐射出去（参见图 9.41）。

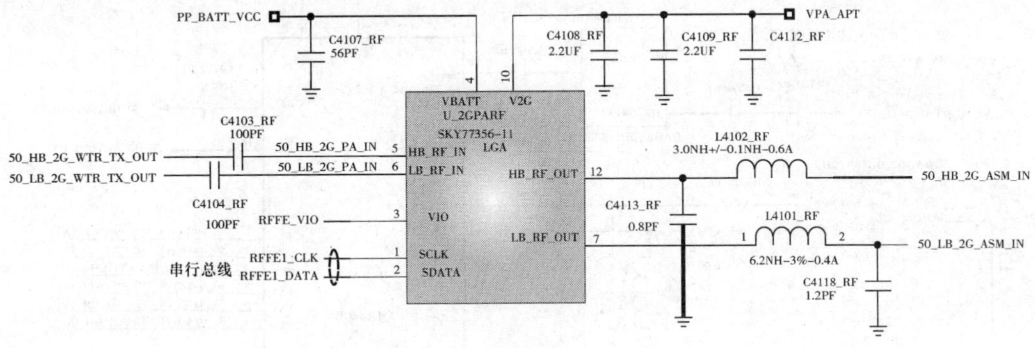

图 9.40

WTR1625 的 153 脚输出低频段的 2G 发射信号 50_LB_2G_WTR_TX_OUT，经 C4103 到功率放大器。放大后的信号经 L4102 输出到天线开关模组 RF5159 的 14 脚。

9.5.5　天线开关模组

图 9.41 与图 9.42 所示的都是天线开关模组电路，在 iPhone 6 手机电路中，图 9.41 所示的电路被定义为天线开关（ANTENNA SWITCH），所用模组为 RF5159；而图 9.42 所示的电路被定义为高频段开关（HIGH BAND SWITCH），所用模组是 CXM3652UR。

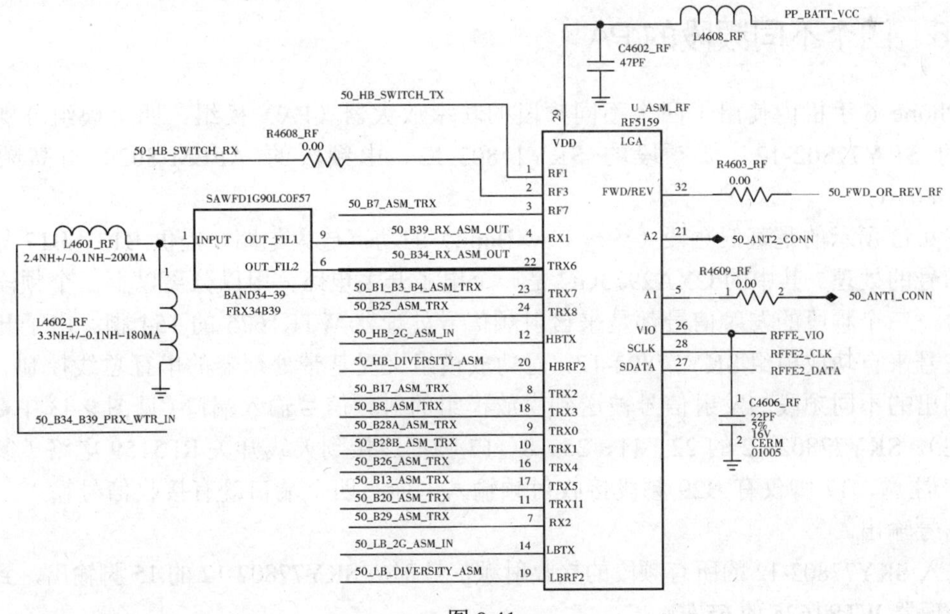

图 9.41

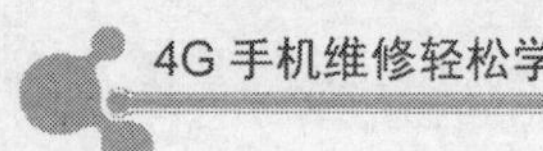

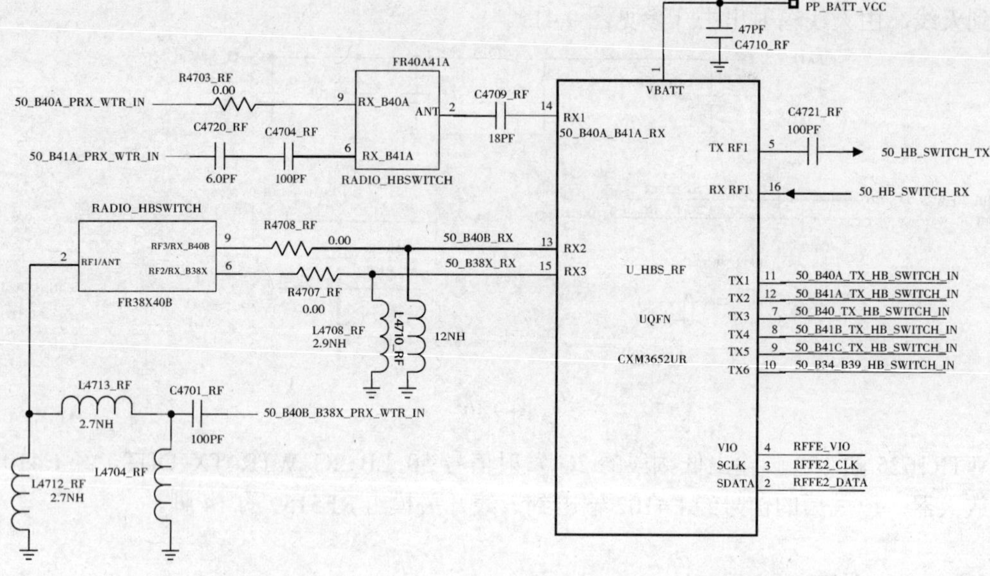

图 9.42

基带信号处理器 MDM9625M 通过串行总线来控制两个开关电路的工作。两个天线开关提供不同的信号通道，它们分别连接到不同的功率放大器、射频前端模组电路（参见各相关电路）。

9.5.6 四个不同频段的 PA

iPhone 6 手机内使用了四个不同频段的功率放大器（PA）模组。四个模组分别是甚低频的 SKY77802-12、低频段的 SKY11803-12、中频段的 AFEM-8020 与高频段的 AFEM-8010。

图 9.43 所示的是甚低频段（Very Low Band）的功率放大电路，提供 B13、B17 与 B28 频道信号的处理。其中的 CXA2973GC 是一个电子开关电路，用以分离以上三个频段的发射信号。三个频段的发射信号都是来自射频信号处理器 WTR1625 的 154 脚。电子开关的控制信号来自功放模组 SKY77802-12，而功放模组又受基带处理器的串行总线控制。电子开关输出的不同频段的发射信号被送到功放模组的射频信号输入端口（见图 9.43 中❶～❸的标注）。SKY77802-12 的 22、11、25、8、17 脚都连接到天线开关 RF5159 电路（参见图 9.41）。注意，17 脚仅有 B29 频段接收射频输入，而另四个端口既有接收信号输入，又有发射信号输出。

进入 SKY77802-12 的所有频段的接收射频信号都从 SKY77802-12 的 15 脚输出，到射频信号处理器 WTR1625 的 65 脚。

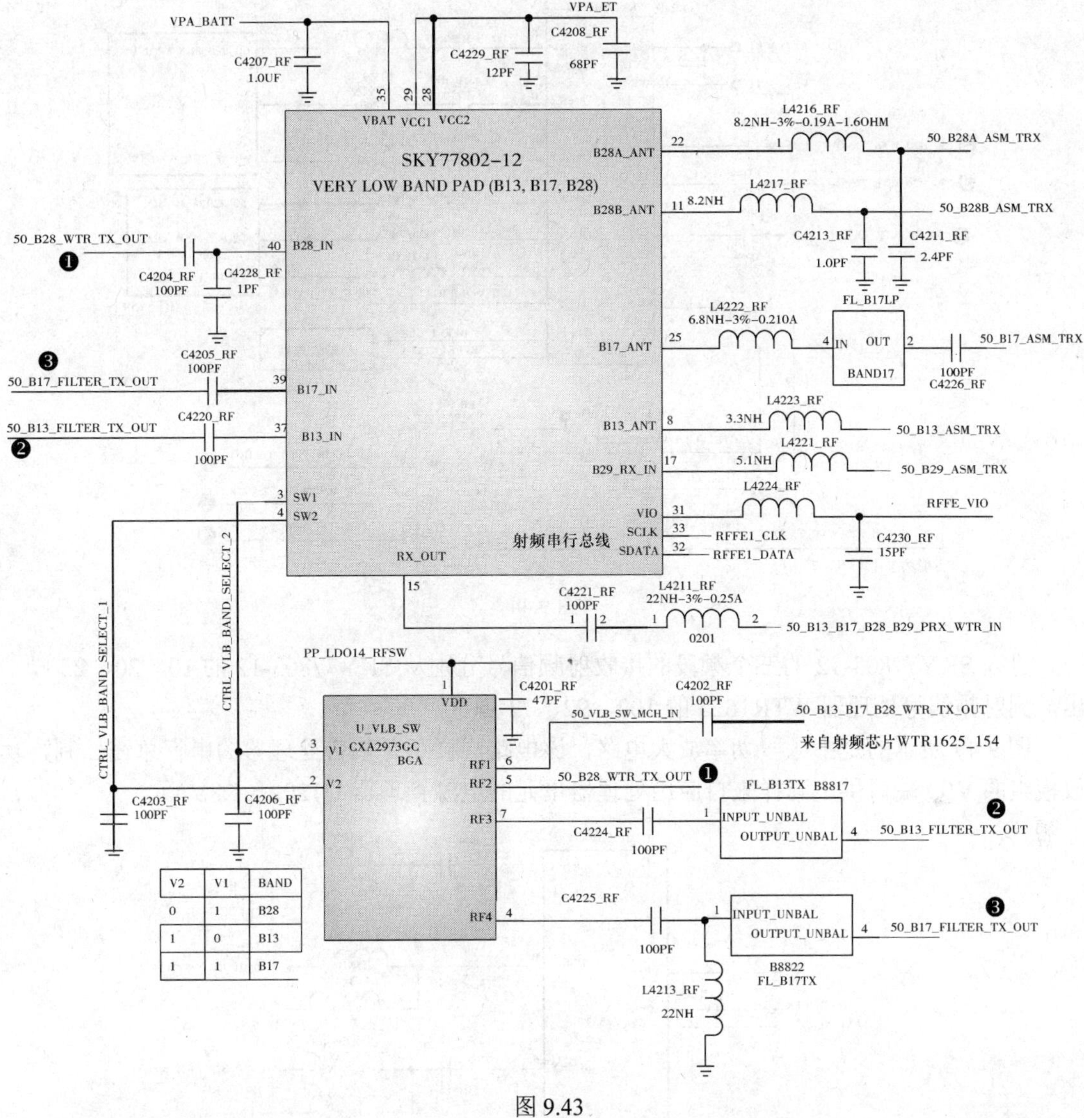

图 9.43

图 9.44 所示的是低频段（Low Band）的功率放大电路，提供 B8、B20 与 B26 频道信号的处理。其中的 CXA2973GC 是一个电子开关电路，用以分离以上三个频段的发射信号。三个频段的发射信号都是来自射频信号处理器 WTR1625 的 163 脚。电子开关的控制信号来自功放模组 SKY77803-12，而功放模组又受基带处理器的串行总线控制。电子开关输出的不同频段的发射信号被送到功放模组的射频信号输入端口（见图 9.44 中❶～❸的标注）。SKY77803-12 的 14、17、22 脚都连接到天线开关 RF5159 电路（参见图 9.41）。

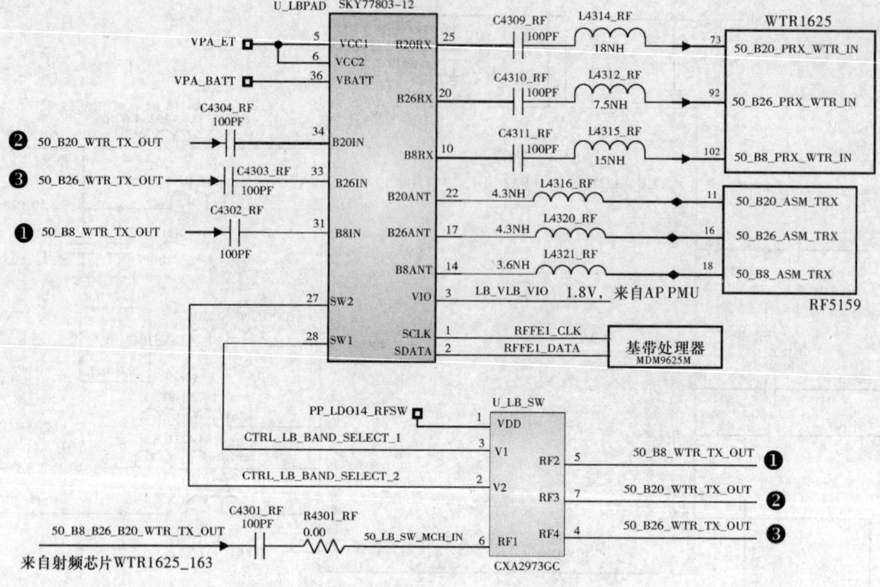

图 9.44

进入 SKY77803-12 的三个频段的接收射频信号分别从 SKY77803-12 的 10、20、25 脚输出，到射频信号处理器 WTR1625 的 102、92、73 脚。

图 9.45 所示的是中频段功率放大电路，该电路同样是受基带处理器的串行总线控制，功放模组的 VIO 端口供电同样来自应用处理器单元的电源管理器 U1202（1.8V）。

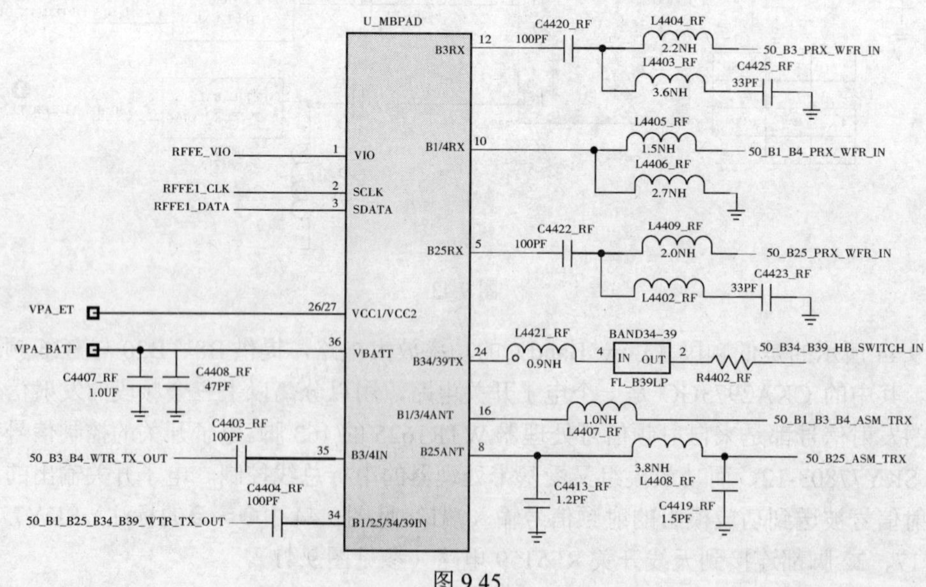

图 9.45

射频信号处理器 WTR 的 139、146 脚输出几个频段的发射信号，经 C4403、C4404 到功放模组的发射信号输入端（见图 9.45）。

功放模组的 8、16 脚为天线端口，24 脚仅仅是发射信号输出端口。放大后的信号从功放模组的 8、16、24 脚输出，到天线开关电路。其中，8、16 脚输出的发射信号被送到天线开关 Rf5159 的 23、24 脚，然后由 Rf5159 输出到天线，辐射出去；B34、B39 频道的发射信号则被送到高频段天线开关 CXM3652UR 的 10 脚。

进入到图 9.45 所示电路的 B1、B3、B4、B25 频道的接收射频信号在功放模组内被分离，分别从模组的 5、10、12 脚输出，经 LC 电路到射频信号处理器 WFR1620 的 6、16、22 脚。

图 9.46 所示的是高频段功率放大电路，其中的 U_HBPAD 是功放模组，FT40A41A 是双讯器，

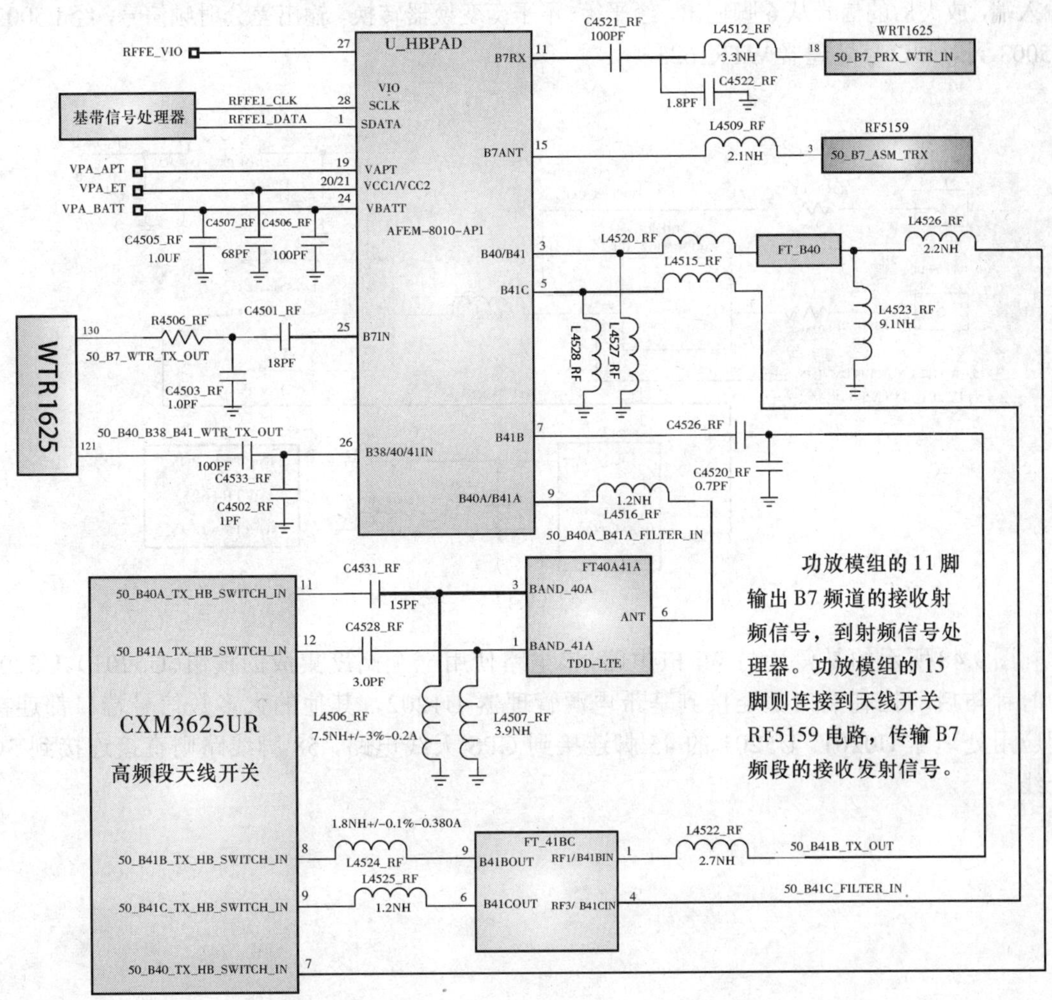

图 9.46

FT_41BC 是滤波器。基带信号处理器 MDM9625M 通过串行总线控制该部分电路的工作。射频信号处理器 WTR1625 输出的发射信号被送到功放模组的 25、26 脚，放大后的发射信号从功放模组的 3、5、7、9 脚输出，经滤波电路到高频段天线开关电路，然后从 CXM3625UR 输出。

9.5.7 GPS 电路

图 9.47 所示的是 iPhone 6 手机的 GPS 天线与 GPS 低噪声放大器电路。SKY65746-14 是射频信号放大器，电源管理器 PMU8019 为该电路供电。放大器芯片的 3 脚接 GPS 射频信号输入端，放大后的信号从 6 脚输出，经平衡-不平衡变换器转换，输出差分射频信号，经 L5002、L5003 到射频信号处理器 WTR1625。

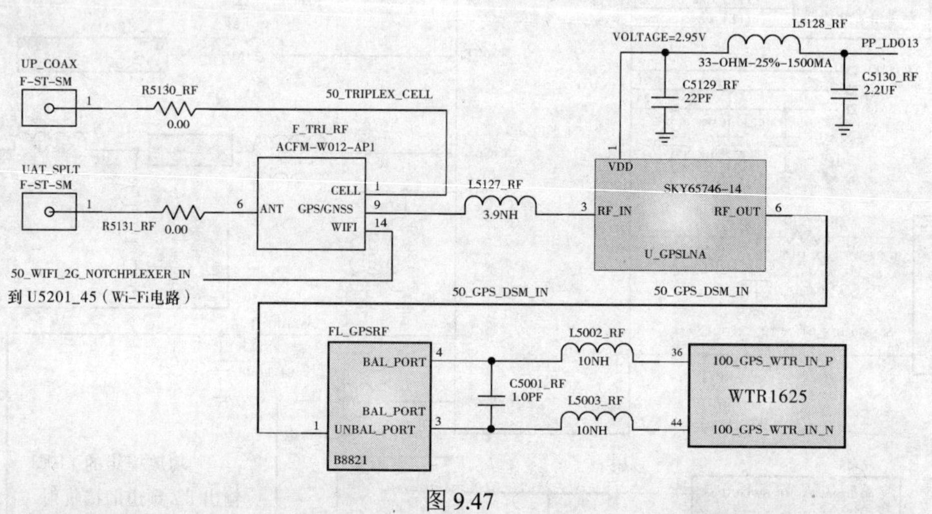

图 9.47

图 9.48 所示的是蓝牙与 Wi-Fi 电路，该电路使用一个高度集成的模组（U5201）。U5201 的时钟与启动控制端口都连接到基带电源管理器 U1202，其他的大多数信号端口都连接到应用处理器 U0201。U5201 的 45 脚连接到 GPS 天线电路，58 脚线路则直接连接到 5G 天线。

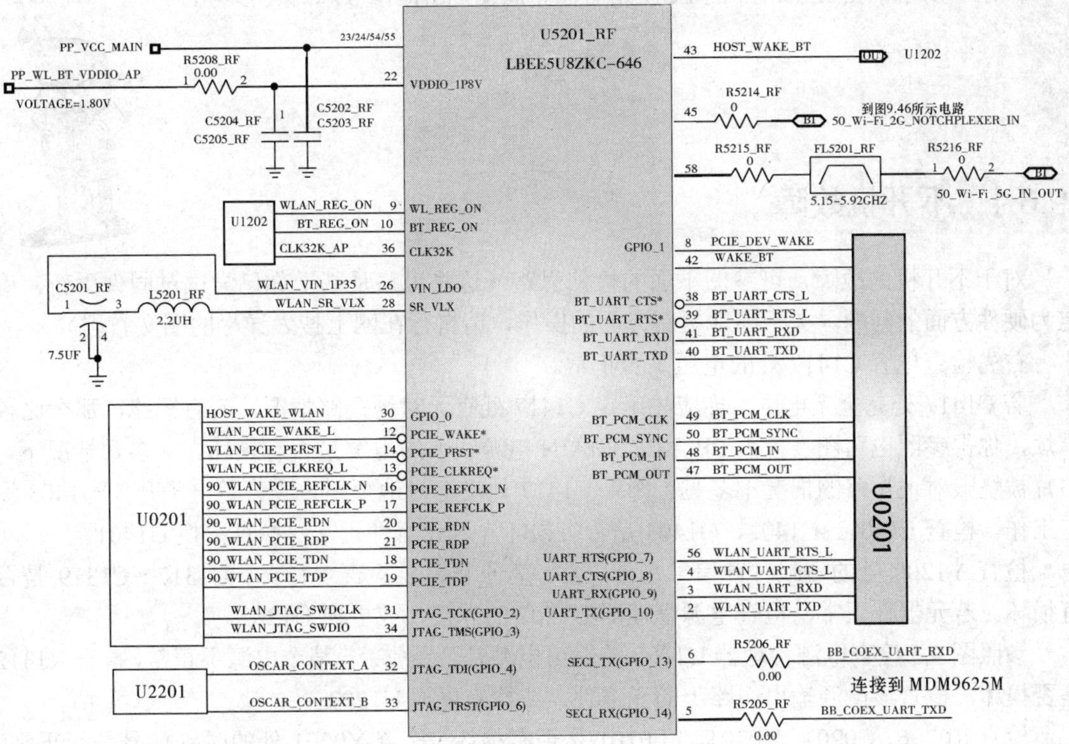

图 9.48

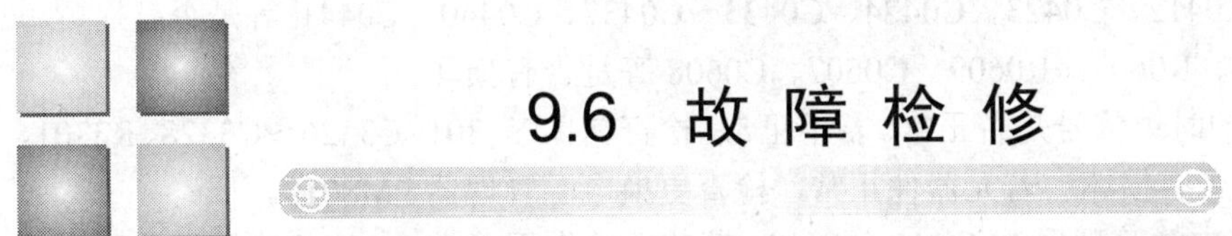

9.6 故障检修

相对而言，如今手机中的元器件都比较成熟，较少出现如早期手机那样因某个元器件质量问题导致某一常见故障。除一些终端、传感器故障外，开机与射频方面的故障都有某些不确定性的因素存在，涉及的故障范围往往比较广。在硬件故障检修方面，绝大多数技术书籍介绍的检修思路都属于假设性的、程式化的，因此，你应能据实际情况调整思路。就如开车：我们学车时，教练要求逐步减挡，但在实际中，是经常有可能从五挡直接减到二挡的。以上本无需多说，但又觉着有必要啰嗦一下。

附录一所示的是 iPhone 6 的 PCB 元器件布局图，在检修故障时可参考它。

9.6.1　不开机故障

对于不开机的故障，可参阅下面的检修思路（这些思路是基于你已尝试过固件更新，确定为硬件方面的问题。关于固件更新方面的操作，请自行在网上搜索详尽的图文教程）：

首先检查电容 C1417 处的电压是否正常。

若 C1417 处完全无电压，你应先确定 C1417 处有无对地短路情况。若有短路，那么比较麻烦，你得参照电路图，检查 PP_VCC_MAIN 电源线上的电容是否有损坏。大多数情况下，芯片被烧毁对地短路的情况不多见。如果 C1417 处没有对地短路，应该是电子开关 Q1403 没有工作。检查 L1401、C1402、Q1403 是否有损坏。若元器件正常，检查更换 U1401。

检查 Y1200 处的睡眠时钟信号是否正常。若不正常，检查 R1316、C1317～C1319 是否有损坏。若元器件正常，检查电源管理器 U1202 的焊接，或更换 U1202。

参照图 9.5 检查电源管理器 U1202 的输出电源是否正常。若某个电源不正常，检查 R1312 是否损坏，检查该电源输出线路上的元器件，或检查更换 U1202。

检查 R0206、C0201、R0201、FL0201 是否有损坏。检查 Y0201 处的时钟信号是否正常。若不正常，检查 C0209、R0202、R0207、C0210、晶体 Y0201 是否有损坏，或检查应用处理器。

检查 R0401～R0412、C0423、C0424、C0433～C0437、C0440、C0441 等是否有损坏。检查 R0601～R0604、R0607～R0609、C0607、C0608 等是否有损坏。

检查 Y3301 处的时钟信号是否正常。若不正常，检查晶体 Y3301、C3326～C3328、R3301、R3307、R3311 等是否有损坏。若元器件正常，检查更换电源管理器 PM8019。

参照图 9.8 检查电源管理器 PM8019 的输出，若某个输出不正常，检查相应输出线路上的元器件，或检查更换 电源管理器。

若以上都正常，参照电路图，依次检查应用处理器、应用处理器单元的存储器与电源管理器，检查基带单元的电源管理器与基带信号处理器。

9.6.2　关于射频故障

4G 手机射频电路复杂了些，射频故障的检修是不是就相应更复杂了呢？答案是否定的。正因为多了射频通道，给射频故障的检修判断带来了便利。

4G 手机通常都支持 2G、3G、4G，或者说通常都至少会支持两个运营商，如果所有网络都不能使用，通常应该是无线通信的公共部分发生故障，例如射频电源、射频信号处理器、基带信号处理器；如果仅是电信或联通不能使用，则应着重检修 B3、B41、B40 频道信号通道。对于国内使用的苹果手机来说，检修时可忽略射频部分的 B1、B4、B7、B17、B20 信号通道（因为不使用它们）。从这个意义上说，大多数时候，在检修射频故障时无需理会射频信号处理器 WFR1620 电路，因为该部分电路主要是处理 B1、B3、B4、B25 频道的信号。

对于 iPhone 6 手机的射频故障，可参阅下面的检修思路：

如果所有网络都不能使用：

先检查射频信号处理器 WTR2625 的外围元器件（特别是摔过的手机更是如此）。检查 L3801、R3702、R3801～R3803、R3806～R3808 等是否有损坏。

检查射频信号处理器 WTR1625 的供电是否正常。若某个供电不正常，检查相应供电线路上的元器件，或检查更换基带电源管理器 PM8019，检查基带信号处理器 MDM9625M。

检查射频开关电源（图 9.39）电路是否正常。若不正常，检查开关电源芯片的外围元器件是否有损坏。若外围元器件正常，检查更换开关电源芯片，或检查基带信号处理器。

参照图 9.41、图 9.42 检查天线开关的外围元器件，或检查更换天线开关。

若以上都正常，仔细检查射频信号处理器、基带信号处理器的外围元器件，或检查更换它们。如果手机不能在 GSM 网络（2G 模式）使用，着重检查 2G 功率放大器电路（具体检修方法可参阅第七章的相关内容）。检查 C4104、C4103、L4102、L4101 是否有损坏。若元器件正常，更换 2G 功放，或检查射频信号处理器 WTR1625、天线开关 RF5159。

如果手机不能在电信或联通网络工作，着重检修 B40、B41 信号通道，某些地方可能需要检修 B3 信号通道。从电路图上看，射频部分应着重检修图 9.46 所示的高频段功率放大器电路，而且，其中的 B7 信号通道可无需理会。检修方法当然是先检查电源，然后检查功放模组的外围元器件，若以上都正常，检查更换相应的功放模组、高频段天线开关，最好检查射频信号处理器。

如果是手机不能在移动网络工作，除了检修图 9.46 所示电路外，还应注意检修图 9.45 所示的中频段功放电路（主要是其中的 B39 信号通道）。由以上分析可知，不论哪种情况，通常无需检修图 9.42、图 9.43 所示的电路。

9.6.3　音频故障

如果所有音频都不正常，检查 R0301～R0306、R0308、R0311 等是否有损坏。参照图 9.30、图 9.31 检查语音编译器电路。检查 U0900 的工作电源是否正常：若不正常，检查相应的电源电路；若供电正常，检查 U0900 的外围元器件是否有损坏。若外围元器件正常，检查更换语音编译码器 U0900，或检查应用处理器。

若扬声器无声：检查扬声器是否良好，检查电路连接器 J1817 是否良好。参照图 9.34 检查音频放大器 U1601 电路。检查 U1601 的供电与外围元器件，若都正常，更换 U1601 或检查语音编译码器。

仅受话器无声：检查连接器 J1111 是否良好，检查 FL1151、FL1152、DZ1116、DZ1117 是否有损坏，若元器件正常，检查更换语音编译码器。

手机不能检测到耳机接入：检查 FL1801、C1816 是否有损坏。若元器件正常，检查语音编译码器。

仅耳机无声：检查连接器 J1817 是否良好，检查 L1801、L1802、FL1804～FL1807、DZ1809～DZ1811、DZ1807、DZ1803、DZ1804 是否有损坏。若元器件正常，检查语音编译码器。

仅耳机无送话：检查连接器 J1817 是否良好，检查 R0915、R0950、C0920、C0921、C0904、FL1904、FL1807、FL1804、FL1805 等是否有损坏。若元器件正常，检查语音编译码器。

手机无送话：检查连接器 J1817 是否良好，检查 FL1882、FL1881、FL1855、C0922、C0923、C1889、C1890、C1855、C1020、C1021 是否有损坏。若元器件正常，检查语音编译码器。

通话噪声大、录制视频无声：检查 U0900 外接的电阻电容与电感是否有损坏。检查连接器 J0801、J1111 是否良好，前后两个送话器是否良好，检查 FL0813、FL0801、FL0802、FL1101、FL1103、FL1148、C0827、C0801、C0802、C0940、C0941、C0944、C0945 等是否有损坏。若以上正常，检查语音编译码器。

9.6.4 其他故障

电源开关键故障：检查连接器 J0801，检查 FL0809、C0810、R0314、DZ0810 是否有损坏。若元器件正常，检查电源管理器 U1202 与应用处理器。

Home 键故障：检查连接器 J2118，检查 R2160、C2167、R0313 是否有损坏。若元器件正常，检查电源管理器 U1202 与应用处理器。

静音开关故障：检查连接器 J0802，检查 R1330、C0819、FL0810、DZ0811 是否有损坏。若元器件正常，检查电源管理器 U1202 与应用处理器。

音量键故障：检查连接器 J0802，检查 FL0811、FL0812、C0821、C0820、DZ0812、DZ0813 是否有损坏。若元器件正常，检查电源管理器 U1202 与应用处理器。

闪灯故障：检查连接器 J0801 是否良好。参照图 9.26 检查 U1602 的输出是否正常。若不正常，检查 L1605、C1694、C1696、C0822、C0824～C0826、C0828 是否有损坏。检查 FL0817、R0803。若以上都正常，检查闪灯，或检查更换 U1602。

前面板照相机故障：参照图 9.23 所示电路，检查信号线路上的元器件是否有损坏、连接器是否良好、照相机模组是否良好。若以上都正常，检查应用处理器。

后部主照相机故障：参照图 9.24 所示电路，检查信号线路上的元器件是否有损坏、连接器是否良好、照相机模组是否良好。若以上都正常，检查应用处理器。

不能充电：检查连接器 J1817 是否良好，检查 R1454、R1201、R1403 是否有损坏。若元器件正常，检查更换 U1401，或检查电源管理器 U1202。

振动器故障：检查连接器 J1817 是否良好，检查 C1401、C1433、C1405、C1406 是否有损坏。若元器件正常，检查更换 U1400，或检查应用处理器。

无显示背景灯：检查 C1513 处电压是否正常。若不正常，参照电路图 9.21，检查 U1502 的外围元器件是否有损坏。若元器件正常，检查更换 U1502，或检查应用处理器。若 C1513 处电压正常，检查 FL2024～FL2026、C2017～C2019 是否有损坏、连接器 J2019 及显示模组上的背景灯。

显示故障：检查图 9.20 所示电路的输出是否正常。若不正常，检查图 9.20 所示电路；若输出正常，检查连接器 J2019 是否良好，检查 FL2027、FL2061、FL2037、L2041～L2044、FL2034、C2039、C2040、C2044、C2070、C2051、C2050、C2071 等是否有损坏。若元器件正常，检查显示模组与应用处理器。

指纹识别故障：参照图 9.22 所示电路，检查 C1500 处的电压是否正常。若不正常，检查 U1503 的外围元器件是否有损坏。若元器件正常，检查更换 U1503，或检查应用处理器。若 C1500 处电压正常，检查电压调节器 U2100 电路。若以上都正常，检查连接器 J2118 与应用处理器之间的线路与元器件、指纹识别模组及应用处理器。

指南针故障：检查 U1901 及其外围元器件，或检查 U2201。

触摸屏故障：检查触摸屏是否良好，检查连接器 J2401 是否良好。参照图 9.18、图 9.19 所示电路检查驱动器 U2402 的外围元器件是否有损坏。若元器件正常，检查更换 U2402。

CHAPTER

第10章

LG-D820 手机电路原理与维修

本章介绍了 LG D820 手机电路的各方面知识，LG Nexus 5 手机也可参阅本章进行分析检修。

希望通过本章你能对 4G 手机电路及电路故障检修的相关知识有进一步的了解与理解。

10.1　电源管理电路

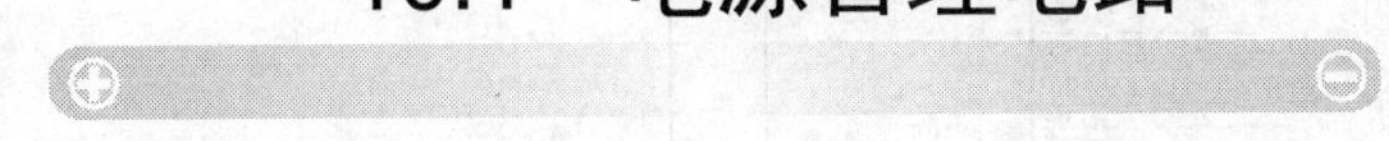

D820 手机内有两个电源管理器，其中一个用于应用处理器单元，另一个用于无线射频单元。当手机进入飞行模式时，无线射频被关闭，由此可见维持手机开机的主要是应用处理器单元的电源管理器。

10.1.1　电池接口与供电

图 10.1 所示的是电池连接器电路，看起来有点复杂，但如果厘清关系，电路也很简单。其中的 CN8000 是电池连接器，GND_GAUGE 连接到电池电量监测器 U8001 电路。U8001 则经串行总线连接到基带信号处理器 U3000。

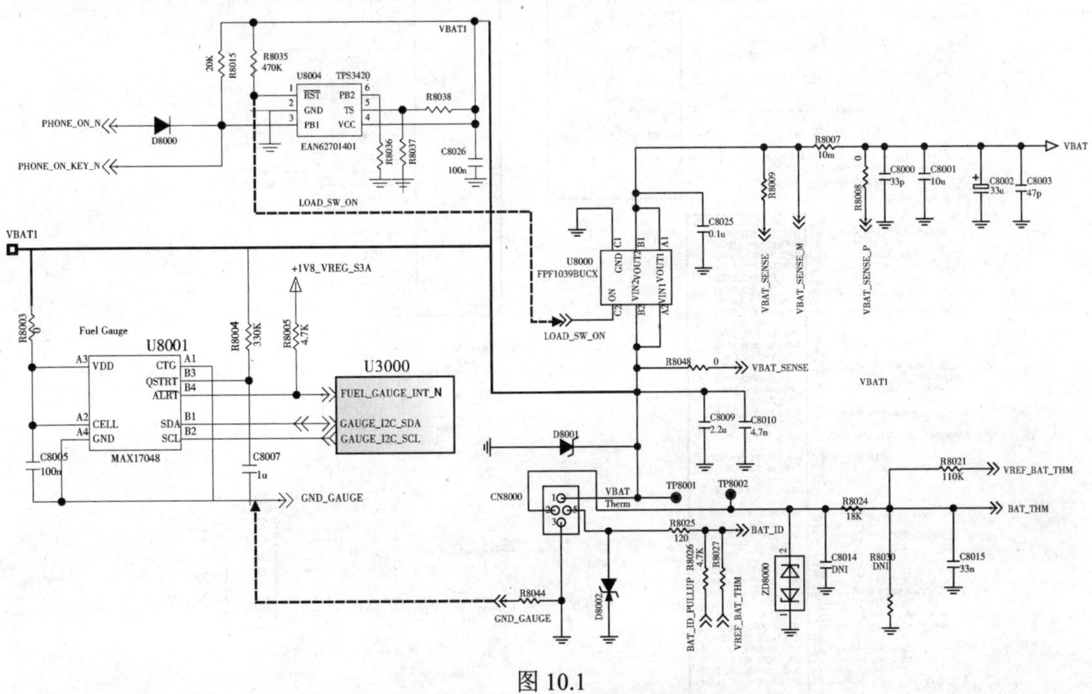

图 10.1

VBAT1 是电池电源，该电源仅给按钮复位控制器 U8004 电路与 NFC 电路供电。

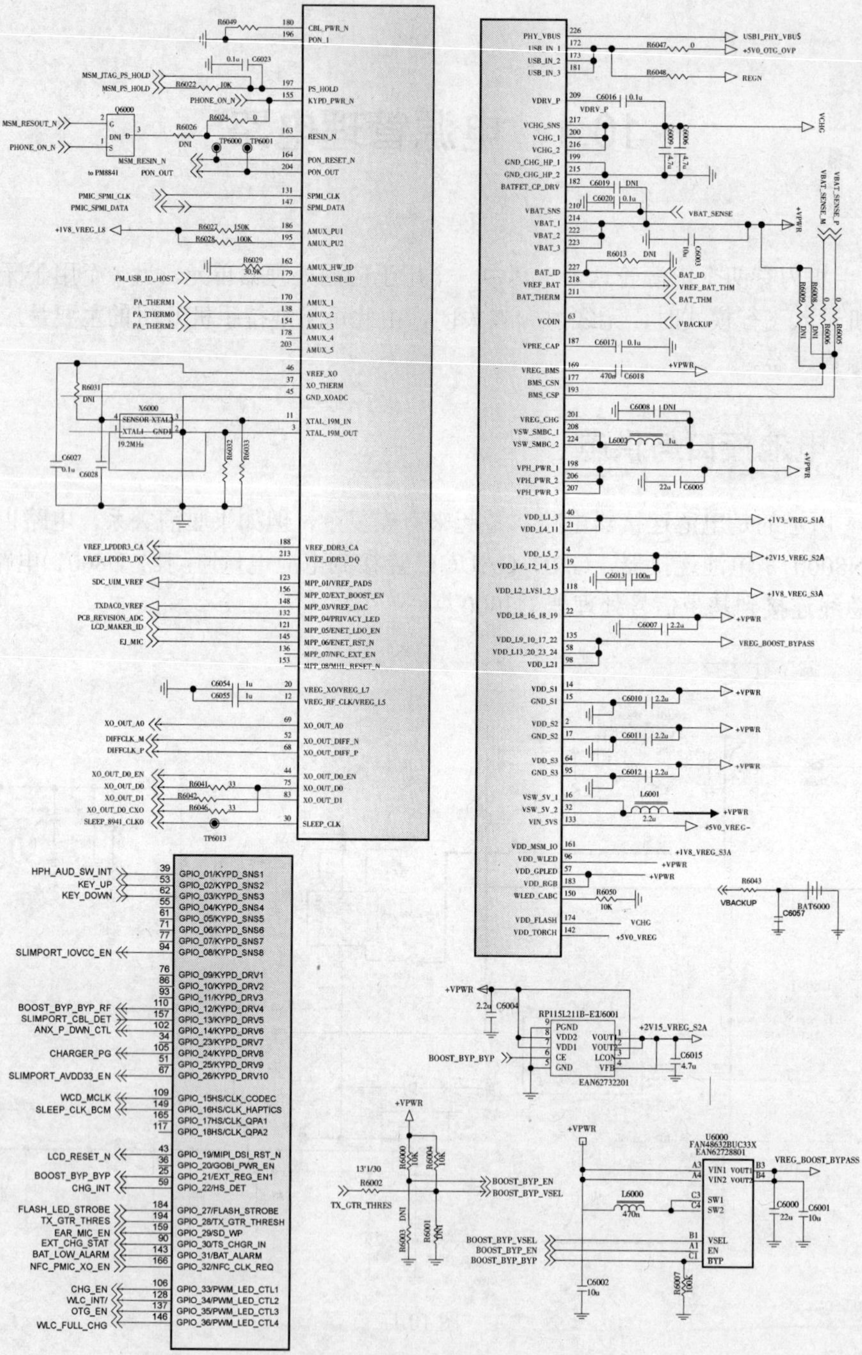
CBL_PWR_N
PON_1
MSM_JTAG_PS_HOLD
MSM_PS_HOLD
PS_HOLD
PHONE_ON_N
KYPD_PWR_N
MSM_RESOUT_N
Q6000
RESIN_N
MSM_RESIN_N
to PM8841
PON_OUT
PON_RESET_N
PMIC_SPMI_CLK
PMIC_SPMI_DATA
SPMI_CLK
SPMI_DATA
+1V8_VREG_L8
AMUX_PU1
AMUX_PU2
AMUX_HW_ID
PM_USB_ID_HOST
AMUX_USB_ID
PA_THERM1
PA_THERM0
PA_THERM2
AMUX_1
AMUX_2
AMUX_3
AMUX_4
AMUX_5
VREF_XO
XO_THERM
GND_XOADC
X6000
19.2MHz
XTAL_19M_IN
XTAL_19M_OUT
VREF_LPDDR3_CA
VREF_LPDDR3_DQ
VREF_DDR3_CA
VREF_DDR3_DQ
SDC_UIM_VREF
TXDAC0_VREF
PCB_REVISION_ADC
LCD_MAKER_ID
EJ_MIC
MPP_01/VREF_PADS
MPP_02/EXT_BOOST_EN
MPP_03/VREF_DAC
MPP_04/PRIVACY_LED
MPP_05/ENET_LDO_EN
MPP_06/ENET_RST_N
MPP_07/NFC_EXT_EN
MPP_08/MHL_RESET_N
VREG_XO/VREG_L7
VREG_RF_CLK/VREG_L5
XO_OUT_A0
DIFFCLK_M
DIFFCLK_P
XO_OUT_DIFF_N
XO_OUT_DIFF_P
XO_OUT_D0_EN
XO_OUT_D0
XO_OUT_D1
XO_OUT_D0_CXO
SLEEP_8941_CLK0
SLEEP_CLK
TP6013
PHY_VBUS
USB_IN_1
USB_IN_2
USB_IN_3
USB1_PHY_VBUS
+5V0_OTG_OVP
REGN
VDRV_P
VCHG_SNS
VCHG_1
VCHG_2
GND_CHG_HP_1
GND_CHG_HP_2
BATFET_CP_DRV
VCHG
VBAT_SNS
VBAT_1
VBAT_2
VBAT_3
VBAT_SENSE
+VPWR
VBAT_SENSE_P
VBAT_SENSE_M
BAT_ID
VREF_BAT
BAT_THERM
VREF_BAT_THM
BAT_THM
VCOIN
VBACKUP
VPRE_CAP
VREG_BMS
BMS_CSN
BMS_CSP
VREG_CHG
VSW_SMBC_1
VSW_SMBC_2
VPH_PWR_1
VPH_PWR_2
VPH_PWR_3
VDD_L1_3
VDD_L4_11
+1V3_VREG_S1A
VDD_L5_7
VDD_L6_12_14_15
+2V15_VREG_S2A
VDD_L2_LVS1_2_3
+1V8_VREG_S3A
VDD_L8_16_18_19
VDD_L9_10_17_22
VDD_L13_20_23_24
VDD_L21
VREG_BOOST_BYPASS
VDD_S1
GND_S1
VDD_S2
GND_S2
VDD_S3
GND_S3
VSW_5V_1
VSW_5V_2
VIN_5VS
+5V0_VREG
VDD_MSM_IO
VDD_WLED
VDD_GPLED
VDD_RGB
WLED_CABC
VDD_FLASH
VDD_TORCH
+5V0_VREG
BAT6000
HPH_AUD_SW_INT
KEY_UP
KEY_DOWN
SLIMPORT_IOVCC_EN
BOOST_BYP_BYP_RF
SLIMPORT_CBL_DET
ANX_P_DWN_CTL
CHARGER_PG
SLIMPORT_AVDD33_EN
WCD_MCLK
SLEEP_CLK_BCM
LCD_RESET_N
BOOST_BYP_BYP
CHG_INT
FLASH_LED_STROBE
TX_GTR_THRES
EAR_MIC_EN
EXT_CHG_STAT
BAT_LOW_ALARM
NFC_PMIC_XO_EN
CHG_EN
WLC_INT/
OTG_EN
WLC_FULL_CHG
GPIO_01/KYPD_SNS1
GPIO_02/KYPD_SNS2
GPIO_03/KYPD_SNS3
GPIO_04/KYPD_SNS4
GPIO_05/KYPD_SNS5
GPIO_06/KYPD_SNS6
GPIO_07/KYPD_SNS7
GPIO_08/KYPD_SNS8
GPIO_09/KYPD_DRV1
GPIO_10/KYPD_DRV2
GPIO_11/KYPD_DRV3
GPIO_12/KYPD_DRV4
GPIO_13/KYPD_DRV5
GPIO_14/KYPD_DRV6
GPIO_23/KYPD_DRV7
GPIO_24/KYPD_DRV8
GPIO_25/KYPD_DRV9
GPIO_26/KYPD_DRV10
GPIO_15HS/CLK_CODEC
GPIO_16HS/CLK_HAPTICS
GPIO_17HS/CLK_QPA1
GPIO_18HS/CLK_QPA2
GPIO_19/MIPI_DSI_RST_N
GPIO_20/GOBI_PWR_EN
GPIO_21/EXT_REG_EN1
GPIO_22/HS_DET
GPIO_27/FLASH_STROBE
GPIO_28/TX_GTR_THRESH
GPIO_29/SD_WP
GPIO_30/TS_CHGR_IN
GPIO_31/BAT_ALARM
GPIO_32/NFC_CLK_REQ
GPIO_33/PWM_LED_CTL1
GPIO_34/PWM_LED_CTL2
GPIO_35/PWM_LED_CTL3
GPIO_36/PWM_LED_CTL4
RP115L211B-E2/6001
PGND
VDD2
VDD1
CE
GND
VOUT1
VOUT2
LCON
VFB
EAN62732201
BOOST_BYP_BYP
BOOST_BYP_EN
BOOST_BYP_VSEL
TX_GTR_THRES
U6000
FAN48632BUC33X
EAN62728801
VIN1
VIN2
VOUT1
VOUT2
SW1
SW2
VSEL
EN
BYP
VREG_BOOST_BYPASS
L6000
470n

图 10.2

电池电源 VBAT 并不直接给手机电路供电。U8000 是一个负载开关。一旦给手机加上电池电源，复位控制器 U8004 的 1 脚（ON 端）为高电平，U8000 的 A2/B2 与 A1/B1 通道导通，电池电源 VBAT 被送到外接充电管理器 U8002 电路（参见图 10.5）。

电池监测信号 VBAT_SENSE 与电池温度信号 BAT_THM 都被送到复合电源管理器 U6002（PM8941）。VREF_BAT_THM 是电源管理器 U6002 输出的电池接口电路的参考电源。

电池型号信息 BAT_ID 被送到基带信号处理器 U3000。BAT_ID_PULLUP 也连接到基带信号处理器 U3000。图 10.2、图 10.3 所示的是电源管理器 U6002（PM8941）电路，图 10.4 所示的是电源管理器 U7000（PM8841）电路，在阅读后面的内容时可参考它们。

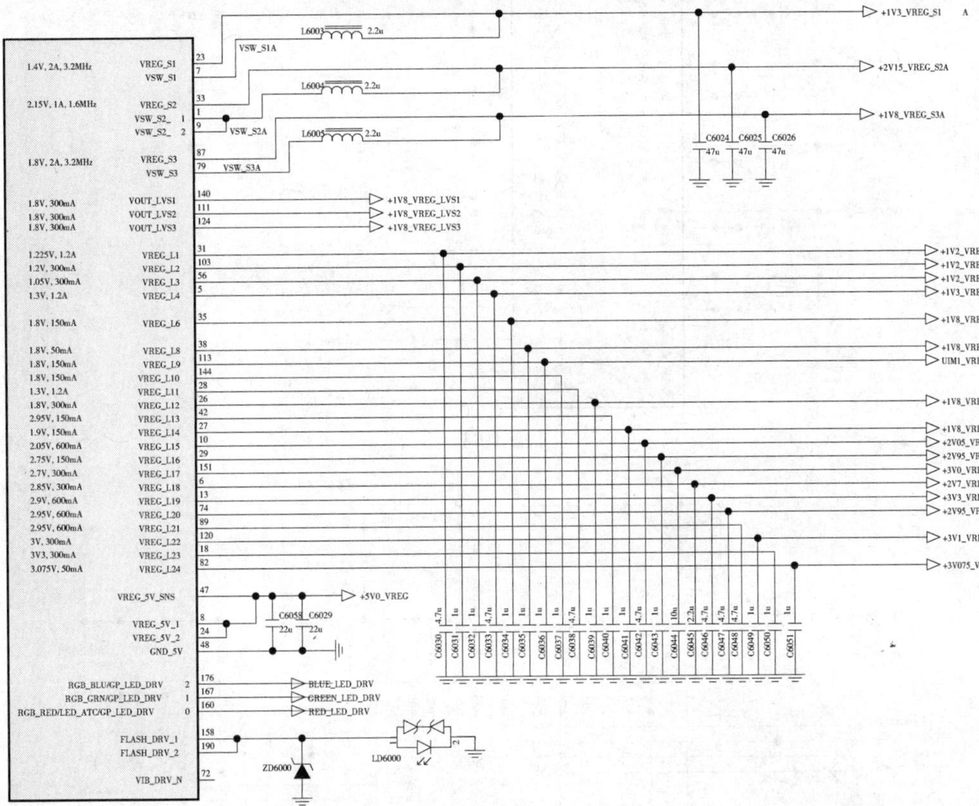

图 10.3

图 10.5 所示的电路其实是供电与充电兼顾。负载开关 U8000（见图 10.1）电路输出的电池电源 VBAT 被送到图 10.5 的电路。没有充电电源输入时，U8002 电路将电池电源转换成系统主供电+VPWR，给手机内的各单元电路供电。+VPWR 属于开关电源输出，即使电池电压较低，它也能维持在一个特定的电压水平，保证手机电路的正常工作。

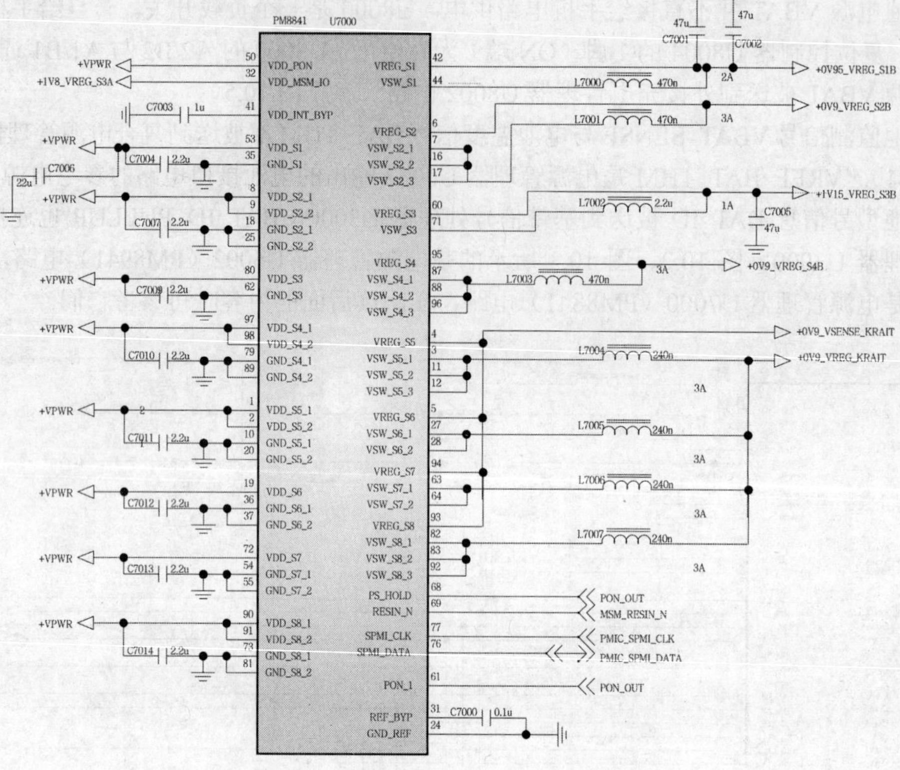
PM8841
U7000
+VPWR
+1V8_VREG_S3A
VDD_PON
VDD_MSM_IO
C7003
1u
VDD_INT_BYP
C7004
2.2u
VDD_S1
GND_S1
C7006
22u
VDD_S2_1
VDD_S2_2
GND_S2_1
GND_S2_2
C7007
VDD_S3
GND_S3
C7009
VDD_S4_1
VDD_S4_2
GND_S4_1
GND_S4_2
C7010
VDD_S5_1
VDD_S5_2
GND_S5_1
GND_S5_2
C7011
VDD_S6
GND_S6_1
GND_S6_2
C7012
VDD_S7
GND_S7_1
GND_S7_2
C7013
VDD_S8_1
VDD_S8_2
GND_S8_1
GND_S8_2
C7014
VREG_S1
VSW_S1
VREG_S2
VSW_S2_1
VSW_S2_2
VSW_S2_3
VREG_S3
VSW_S3
VREG_S4
VSW_S4_1
VSW_S4_2
VSW_S4_3
VREG_S5
VSW_S5_1
VSW_S5_2
VSW_S5_3
VREG_S6
VSW_S6_1
VSW_S6_2
VREG_S7
VSW_S7_1
VSW_S7_2
VREG_S8
VSW_S8_1
VSW_S8_2
VSW_S8_3
PS_HOLD
RESIN_N
SPMI_CLK
SPMI_DATA
PON_1
REF_BYP
GND_REF
C7000
0.1u
47u
C7001
C7002
L7000
470n
2A
+0V95_VREG_S1B
L7001
470n
3A
+0V9_VREG_S2B
L7002
2.2u
1A
+1V15_VREG_S3B
C7005
47u
L7003
470n
3A
+0V9_VREG_S4B
+0V9_VSENSE_KRAIT
L7004
240n
+0V9_VREG_KRAIT
3A
L7005
240n
L7006
240n
L7007
240n
PON_OUT
MSM_RESIN_N
PMIC_SPMI_CLK
PMIC_SPMI_DATA
PON_OUT

图 10.4

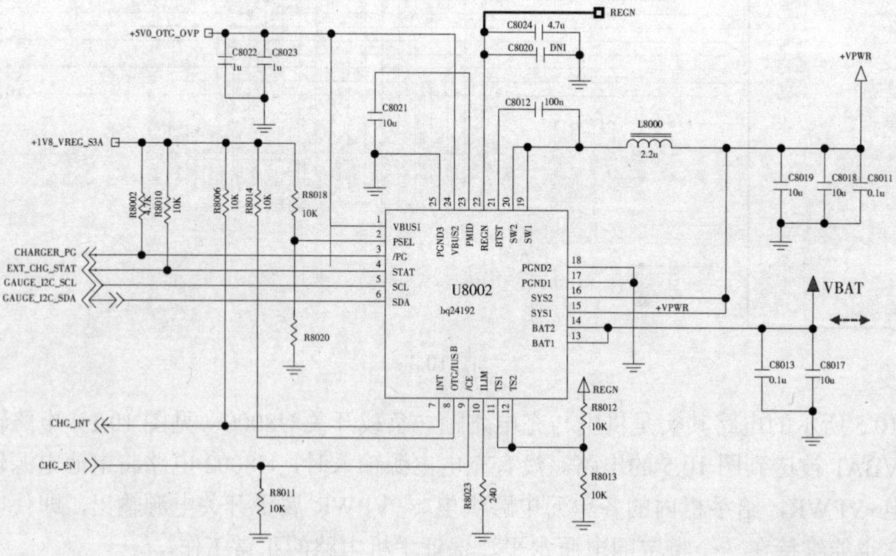
+5V0_OTG_OVP
C8022
1u
C8023
1u
C8021
10u
C8024
4.7u
C8020
DNI
REGN
C8012
100n
L8000
2.2u
+VPWR
C8019
10u
C8018
10u
C8011
0.1u
+1V8_VREG_S3A
R8002
R8010
10K
R8006
10K
R8014
10K
R8018
10K
CHARGER_PG
EXT_CHG_STAT
GAUGE_I2C_SCL
GAUGE_I2C_SDA
R8020
VBUS1
PSEL
/PG
STAT
SCL
SDA
PGND3
VBUS2
PMID
REGN
BTST
SW2
SW1
U8002
bq24192
PGND2
PGND1
SYS2
SYS1
BAT2
BAT1
+VPWR
VBAT
C8013
0.1u
C8017
10u
INT
OTG/IUSB
/CE
ILIM
TS1
TS2
REGN
R8012
10K
R8013
10K
CHG_INT
CHG_EN
R8011
10K
R8023
240

图 10.5

10.1.2　有线充电与无线充电

图 10.6 所示的是 USB 接口及过压保护电路。当手机连接到电脑的 USB 端口，或连接到充电器时，充电电源 VBUS_USB_IN_PM 经滤波器 FL16003 进入手机电路。VBUS_USB_IN_PM 电源经由过压保护 U8003 电路，以防止充电电压过高而损坏手机电路。U8003 电路输出最终的充电电源+5V0_OTG_OVP。+5V0_OTG_OVP 经电路连接器 CN8002、CN15002 到电源管理器 U6002 与图 10.5 所示的充电控制器电路。

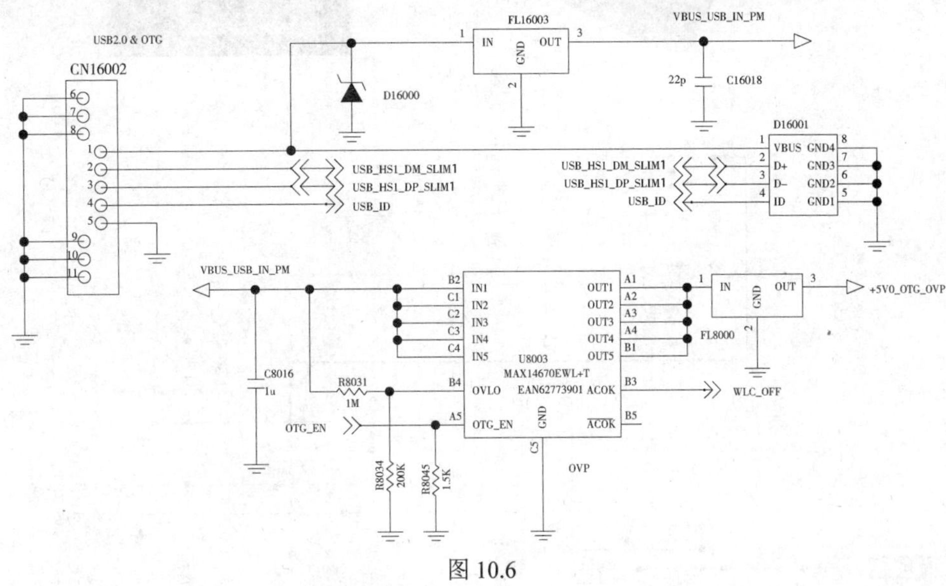

图 10.6

充电电压被送到充电控制器 U8002 的 1、24 脚。如果充电电源电压正常，U8002 的 3 脚输出低电平的指示信号到电源管理器 U6002。U6002 输出 CHG_EN 信号，控制器充电电路开始工作。U8002 的 7 脚输出中断数据信号到电源管理器，告知充电状态。如果电路处于充电进程，U8002 的 4 脚为低电平；若 4 脚为高电平信号，则说明充电完成，或充电被禁止。基带信号处理器通过串行总线来控制充电控制器 U8002 电路的工作。

与其他手机不同的是，D820 手机还提供无线充电功能，即充电器与手机无需电缆连接也可充电。无线充电其实是利用了变压器耦合的原理：在充电器端，将输入的 50Hz、220V 交流电转化为高频低压交流电，例如 100～200kHz、19V 的交流电作充电电源。在手机端，由一个专门的线圈将高频交流电感应输入到手机内的无线充电电路，经无线充电控制器电路处理，得到 5V 左右的直流电，用以给手机电池充电。图 10.8 所示的就是 D820 手机的无线充电接口电路。

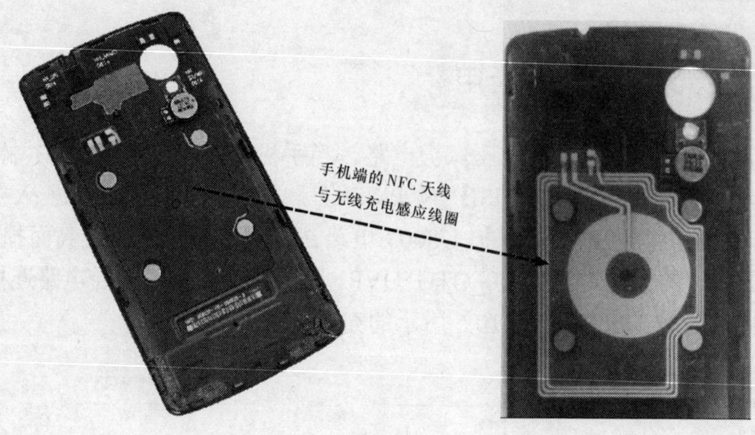

图 10.7

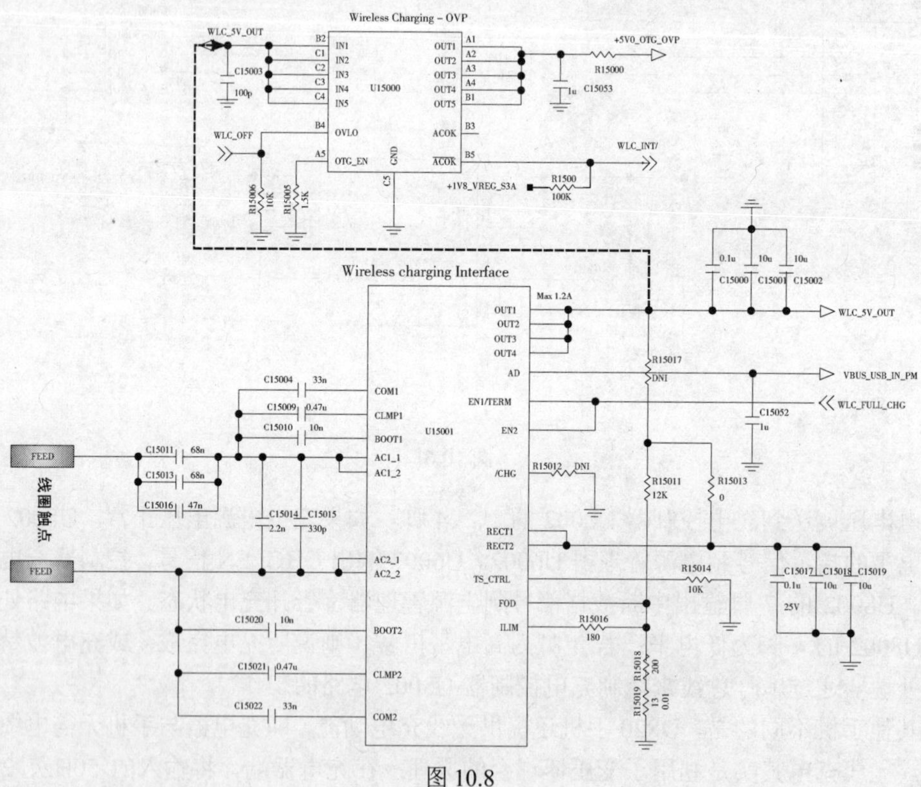

图 10.8

感应线圈感应到的高频交流信号经 C15011、C15009、C15011、C15013、C15016、C15020 等电容输入到无线充电控制器 U15001。在 C15011 处应可以检测到 19V、100kHz～200kHz 的交流信号。从图 10.8 中可以看到，U15001 电路几乎无需其他任何控制信号，一旦充电感应线圈感应到交流充电电源，电路即开始工作。如果检测到有 USB 电源输入（VBUS_USB_IN_PM），无线充电功能即停止。U15001 电路将输入的高频交流信号转化为 4.8V～5V 的直流电源，从芯片的 OUT1～OUT4 端口输出。

U15001 电路转化输出的 WLC_5V_OUT 电源被送入过压保护 U15000 电路，以防止高电压损坏手机电路。U15000 电路输出+5V0_OTG_OVP 电源，送入图 10.5 所示的充电电路，给手机电池充电。你是否注意到：USB 充电时送入到图 10.5 电路的电源也是 +5V0_OTG_OVP。

一旦充电完成，电源管理器 U6002 将输出 WLC_FULL_CHG 信号到 U15000，U15001 电路即停止工作。

10.1.3 开机触发

D820 手机的电源开关键连接比较奇怪，它连接到一个按钮复位控制器上。图 10.9 所示的是电源开关键线路，电路很简单，电源开关键一端接地，另一端经 R11010 直接连接到按钮复位控制器 U8004 电路（参见图 10.1 所示电路）。电池电源经电阻 R8035 给电源开关键信号线提供上拉电源，即电源键未按下时，C11009 处应有高电平。

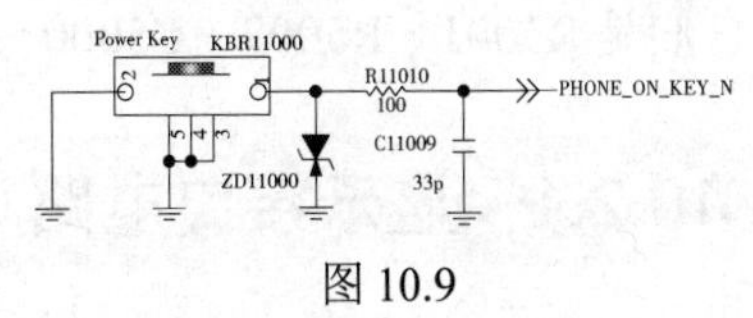

图 10.9

电源开关键被按下并保持足够的时间时，产生一个低电平开机触发信号，该信号经二极管 D8000 到电源管理器 U6002 的按键开机触发端口（KYPD_PWR_N）。

开机触发信号同时会经 R6024 到 U6002，对电源管理器复位。U6002 的开机控制逻辑电路开始工作，启动各种电压调节器，输出时钟与复位信号到基带处理器，系统启动开机程序，手机开机。

在开机状态下，当电源开关键被按下并保持足够的时间时，产生一个低电平关机触发信号，按钮复位控制器 U8004 的 1 脚信号变低，导致负载开关停止导通，主供电电源不能送入手机电路，手机关机。若电源开关键是被短时间触碰，由于 U8004 的延时作用，并不会导致负载开关截止；而手机系统会根据工作状态执行相应的功能操作。

10.1.4 两个电源管理器

D820 手机使用了两个电源管理器，电源管理器 U6002 的电路如图 10.2、图 10.3 所示，电源管理器 U7000 电路如图 10.4 所示。

两个电源管理器电路都很简单。电源管理器 U6002 与外接的晶体振荡器 X6000 组成的时钟电路为手机系统提供 19.2MHz 的信号。除开关电压调节器的储能电感、电源输出的滤波电容外，很少其他外围元器件，这与第九章介绍的 iPhone 6 中的电源管理器电路类似，这里无需多讲。

而电源管理器 U7000 则主要提供开关电源，它就是一个放大版的独立开关电源电路（参

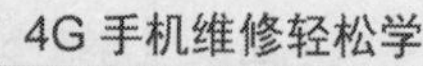

见第六章相关内容）。

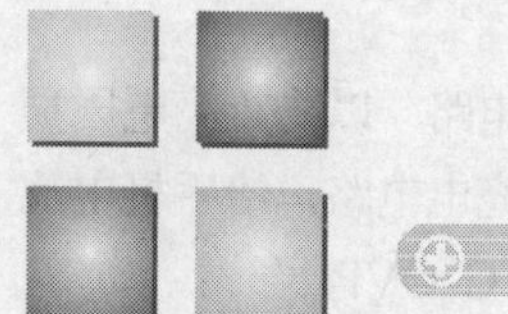

10.2 基带单元

D820 手机采用了高通的高度集成的 4G 基带信号处理器——MSM8974-1_V2.2，但没有使用专门的应用处理器。除供电端口的滤波电容外，基带处理器 U3000 的外围元器件非常少，信号端口大都是直接连接到其他单元电路，因此没有必要专门讲述 U3000 电路，从原厂电路图上也看不出 U3000 是什么电路。本节内容着重介绍基带单元的各种接口电路。另外，D820 手机使用两个存储器，U5001 与 U5003，电路图上能看到的外围元器件仅有几个电阻电容，它们是 R5001～R5009、C5000～C5005。

10.2.1 显示接口电路

D820 手机的显示接口电路很简单，基带信号处理器直接提供显示接口，显示模组经电路连接器 CN16001 与 CN 8001 直接连接到基带处理器。图 10.10 所示的就是 CN16001 电路，

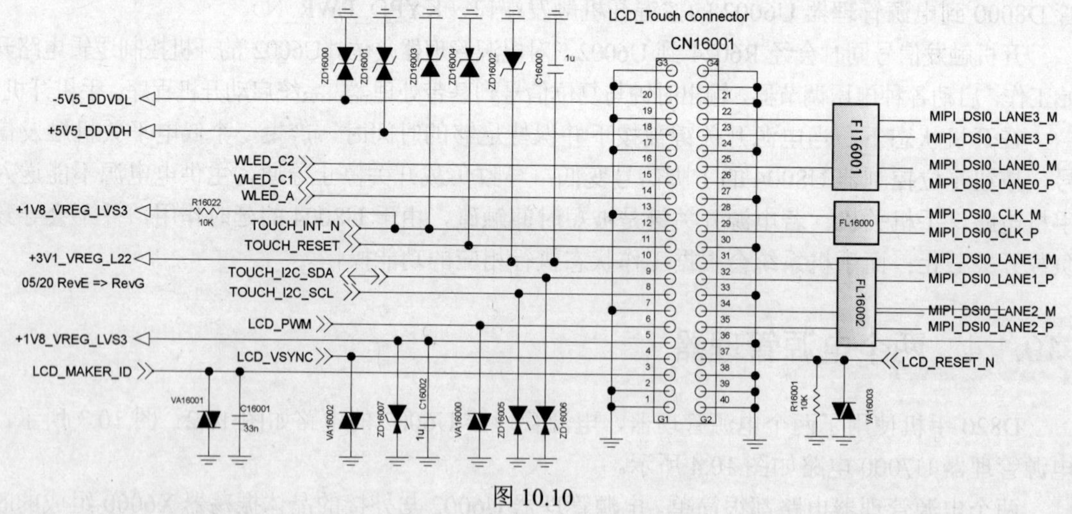

图 10.10

图 10.11 所示的则是显示背景灯电源（驱动）与显示电源电路。其中标注有 MIPI 的是显示数据信号线、电源管理器 U6002 输出显示电路的复位信号 LCD_RESET_N，垂直同步信号 LCD_VSYNC 则来自基带信号处理器。

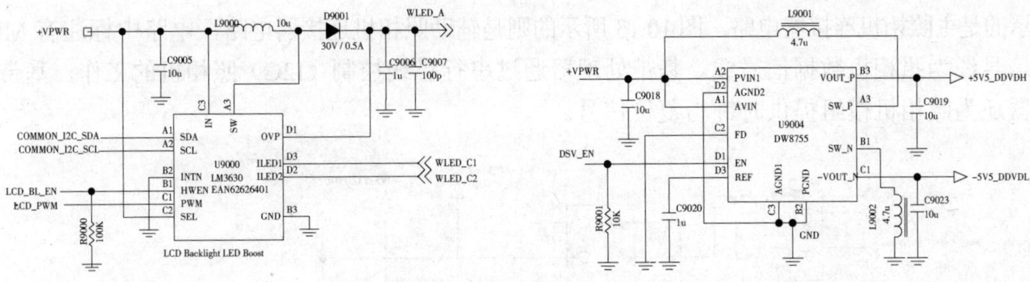

图 10.11

U9004 是对称双输出开关电源控制器。U3000 输出控制信号 DSV_EN，控制 U9004 电路的工作。U9004 电路输出正负 5V 电源，经电路连接器 CN16001 给显示模组与触摸屏电路供电。

U9000 电路则用于显示背景灯驱动，该电路同样是一个开关电源电路。基带信号处理器通过串行总线控制该电路的工作。启动控制信号 LCD_BL_EN 自基带信号处理器 U3000，脉冲宽度控制信号 LCD_PWM 来自显示模组。

10.2.2 照相机接口电路

D820 手机提供两个照相机，一个是手机背部的 800 万像素主照相机，另一个是前面板的 130 万像素视频通话（辅助）照相机。两个照相机的接口电路都很简单，基带信号处理器提供照相机接口电路，照相机模组经电路连接器、EMI 滤波器直接连接到基带信号处理器的照相机接口。图 10.12

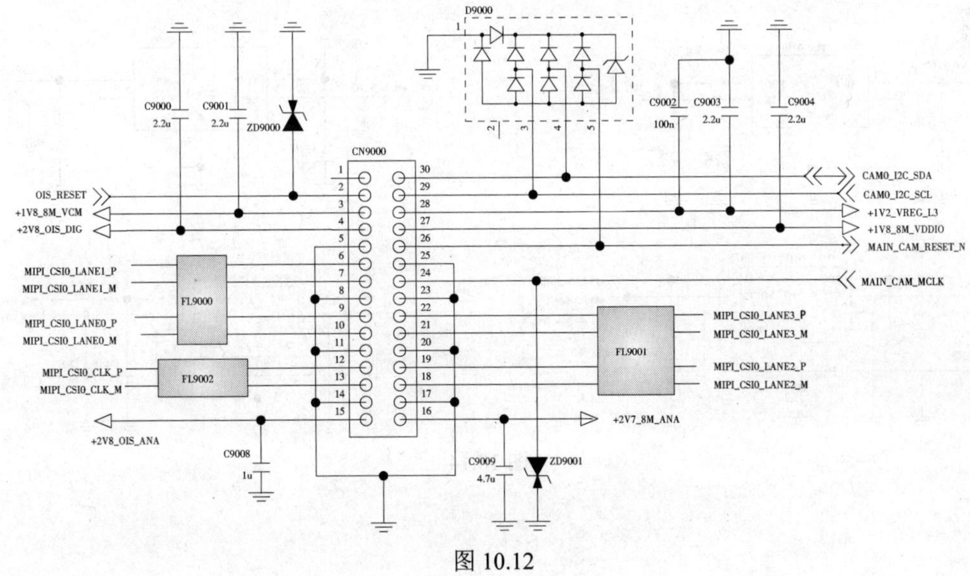

图 10.12

所示的是主照相机连接器电路，图 10.13 所示的则是辅助照相机连接器电路，电路中标注有 MIPI 的信号线为照相机数据信号线。基带处理器通过串行总线控制（I2C）照相机的工作，基带处理器还为照相机模组提供时钟与复位信号。

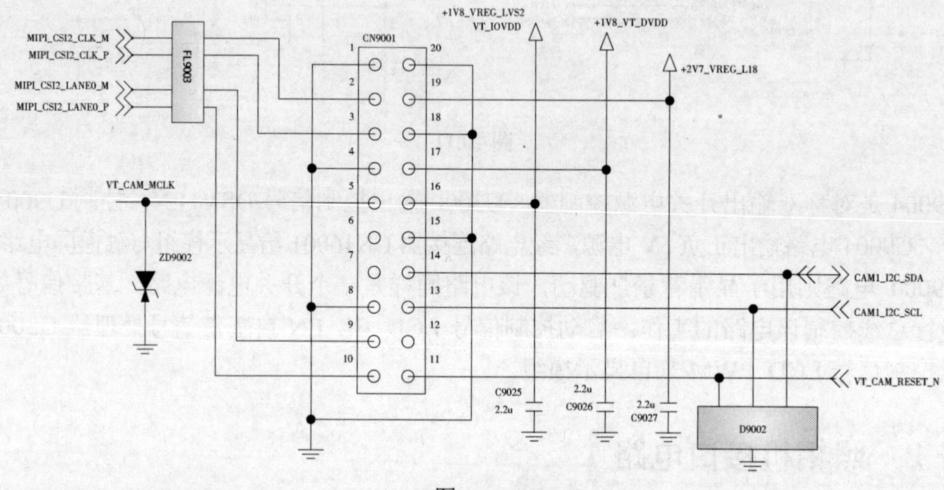

图 10.13

在 D820 手机中，照相机使用多个独立的 LDO 电压调节器，如图 10.14 所示。几个电压调节器的启动控制信号都是来自基带信号处理器 U3000，当控制信号为高电平时，电压调节器开始工作。

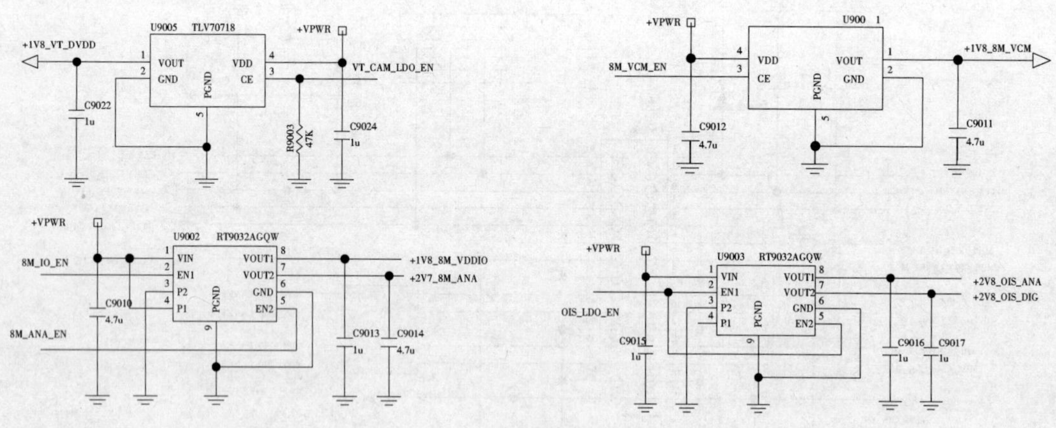

图 10.14

10.2.3　音频电路

■ 语音编译码器

D820 手机使用了一个专门的语音编译码器，其电路如图 10.15 所示。语音编译码器 U10000 高度集成，外围元器件很少，送话器、受话器、扬声器等音频终端几乎是直接连接到语音编译码器 U10000。U10000 通过数字音频接口（I2S）连接到基带信号处理器 U30000，用以传输数字音频信号。从图 10.15 所示的电路可以看到，语音编译码器的外围元器件很少，除电源滤波电容外，仅有 10 个外围的电阻电容。

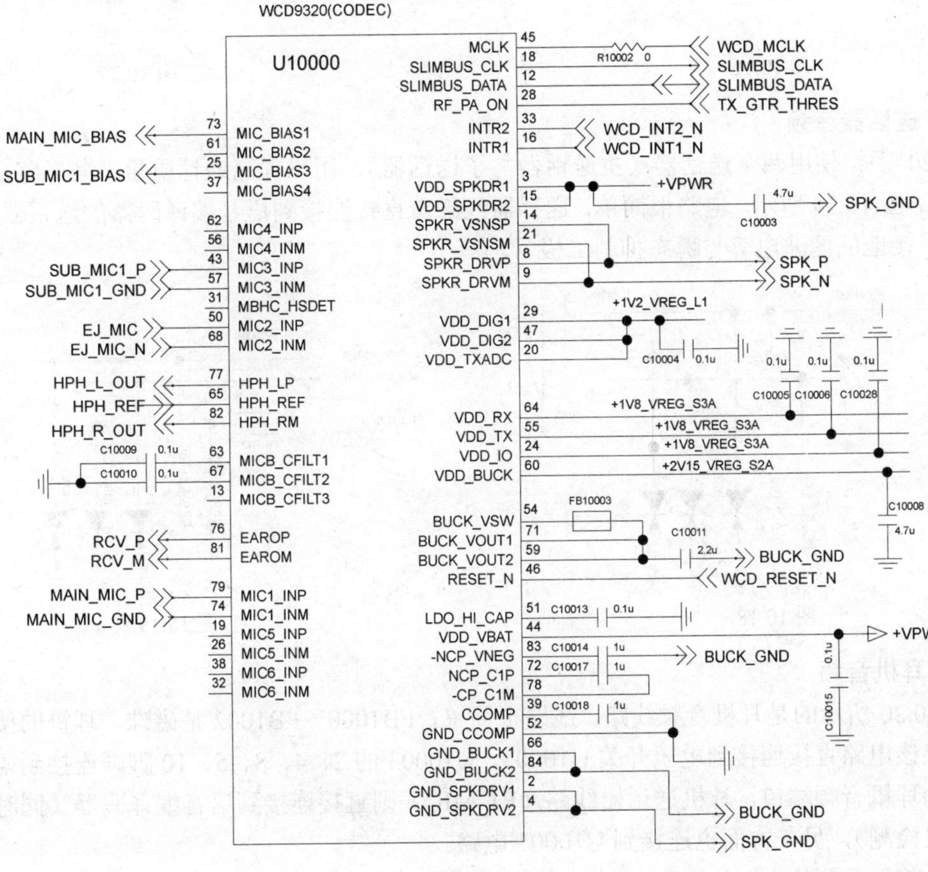

图 10.15

■ 受话器音频

语音编译码器 U10000 的 76、81 脚输出接收话音信号(RCV_P、RCV_M)，然后经 L10001、

L10002 与连接器 CN10000 到受话器（参见图 10.16）。

■ **扬声器音频**

语音编译码器 U10000 内集成了扬声器放大器，U10000 的 8、9、14、21 脚输出扬声器话音信号（SPK_P、SPK_N），然后经 L16000、L16001 与连接器 CN8001、CN16000 到扬声器（参见图 10.17）。

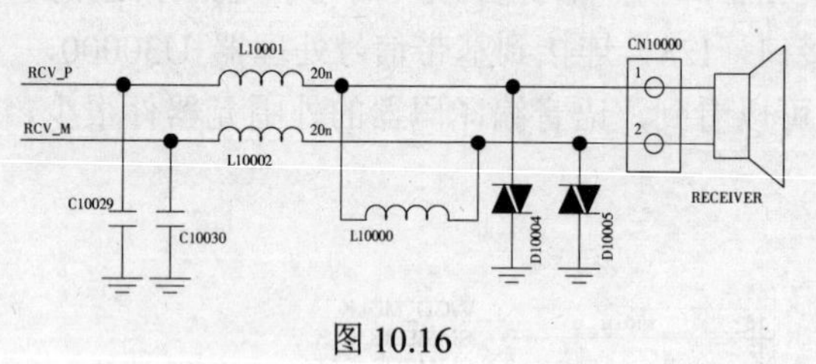

图 10.16

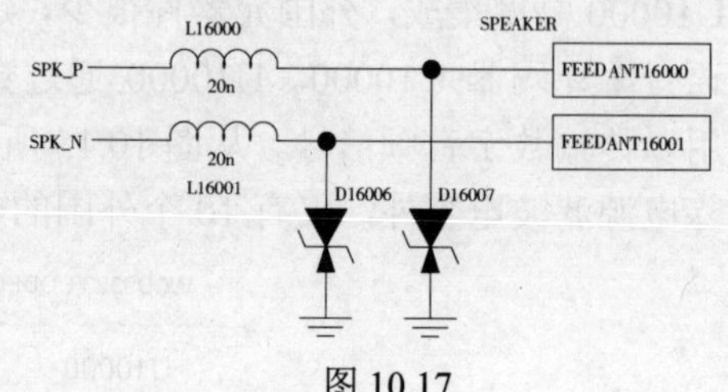

图 10.17

■ **送话器音频**

D820 手机使用两个送话器（主送话器与子送话器），用以提高通话质量，其电路分别如图 10.18、图 10.19 所示。电路很简单，送话器经磁珠直接连接到语音编译码器的送话器接口，仅使用了接地的滤波电容与瞬态抑制二极管。

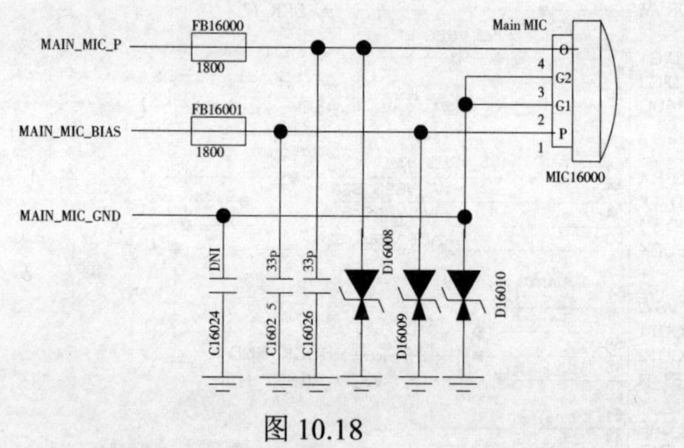

图 10.18

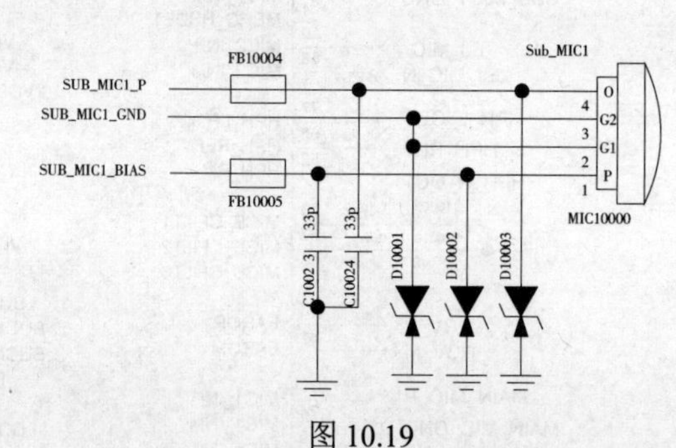

图 10.19

■ **耳机音频**

图 10.20 所示的是耳机音频线路，线路很简单，FB1000～FB1002 是磁珠，耳机的接收音频端口经该电路直接连接到电子开关 U10003，U10003 的 2、4、8、5、10 脚则连接到语音编译码器的耳机音频端口。耳机送话器线路（EJ_MIC）则直接连接到语音编译码器（同时也是耳机接入检测），另一方面也连接到 U10001 电路。

耳机接入检测信号 EARJACK_DETECT 被送到单刀双掷开关 U10002 的 3 脚。当耳机接入手机时，比较器 U10004 的 1 脚输出高电平，信号一方面被送到基带处理器 U3000，另一方面经 U10002、U10001 电路处理，输出耳机监测信号 EAR_SENSE_N 到基带处理器。如果基带系统检测到的是耳机接入，耳机音频通道被打开。

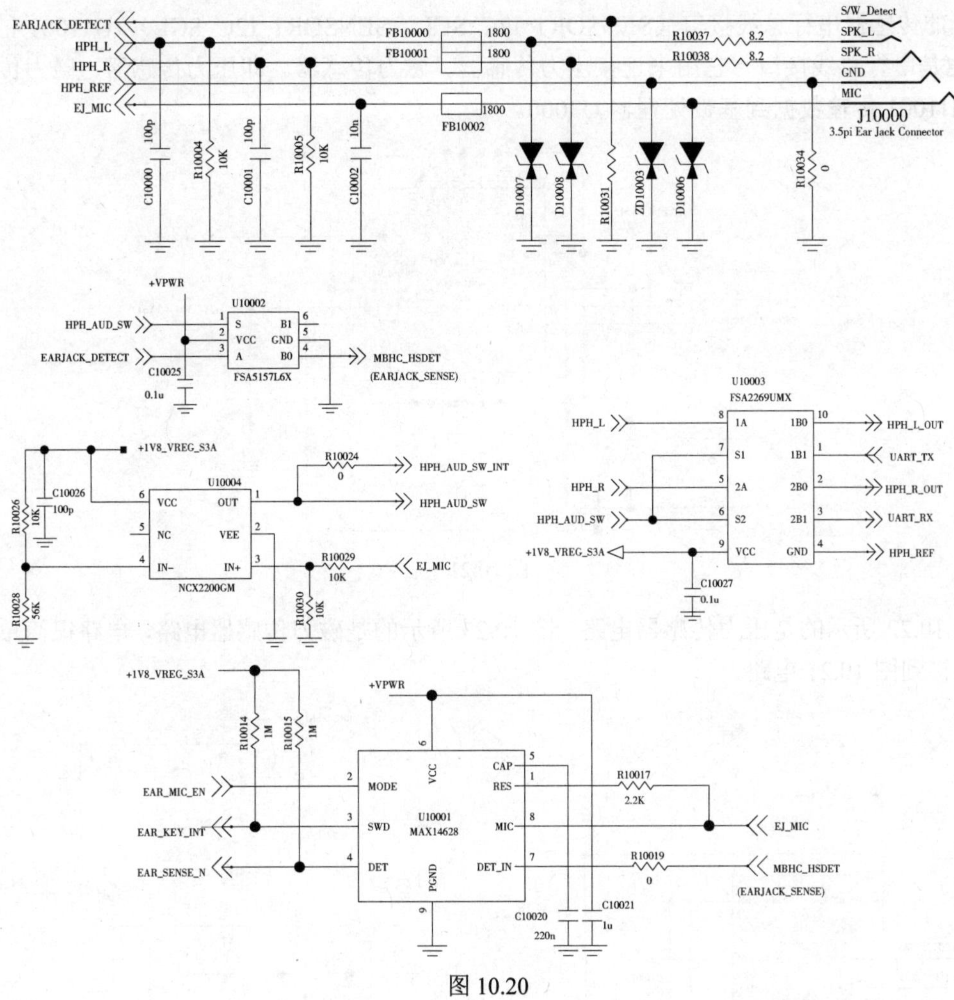

图 10.20

耳机接口也用于工程调试，U10003 的 1、3 脚连接到基带处理器的数据接口。如果基带系统检测到接入耳机插孔的是特定的数据附件，将控制 U10003 通道指向数据通道。

耳机上的按键开关动作则由 U10001 电路检测，按键动作产生的中断信号 EAR_KEY_INT 被送到基带信号处理器 U3000，基带系统根据手机的状态执行相应的操作。

10.2.4　几个传感器

U11001 是一个传感器模组，用以实现陀螺仪与加速度传感器作用，电路很简单，仅有一个旁路电容、两个滤波电容、两个上拉电阻（图 10.21）。U11001 直接连接到基带信号处理器

U3000 的传感器串行总线接口（SENSOR1_I2C_SCL、SENSOR1_I2C_SCL）。U11001 的 8、20 脚也是串行总线接口，它用来连接压力传感器、磁力传感器。即压力传感器、磁力传感器通过 U11001 传输数据到基带处理器 U3000。

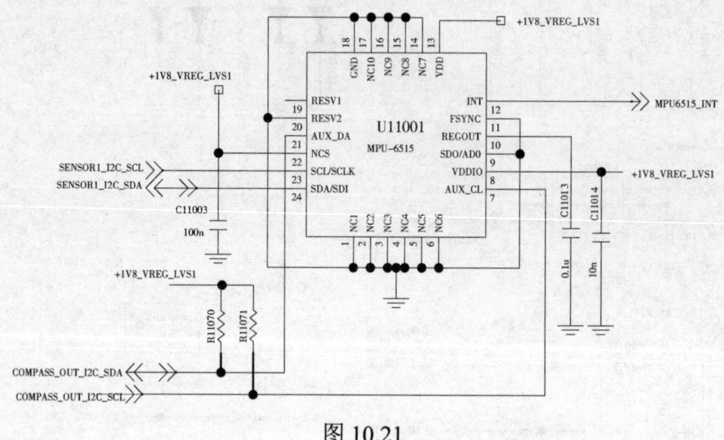

图 10.21

图 10.22 所示的是压力传感器电路，图 10.23 所示的是磁力传感器电路，电路很简单，它们都连接到图 10.21 电路。

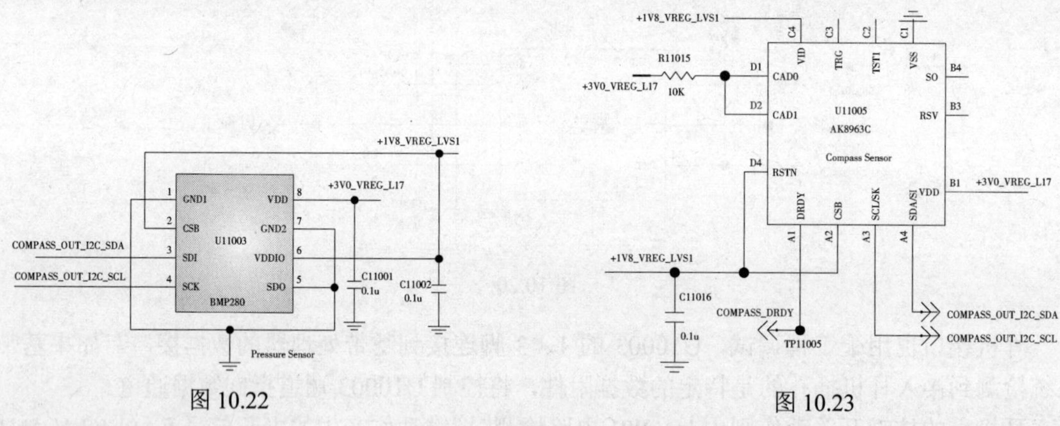

图 10.22

图 10.23

10.2.5 NFC 电路

D820 手机提供 NFC 支持，图 10.24 所示的是 NFC 射频电路，采用的是高度集成的 NFC 模块 U15004。U15004 的数据端口与控制信号端口直接连接到基带信号处理器 U3000。该部分电路使用一个独立的 26MHz 晶体振荡器。U15004 的 28、29 脚经一个 LC 匹配电路连接到 NFC 天线。NFC 天线与无线充电感应线圈制作在一起。

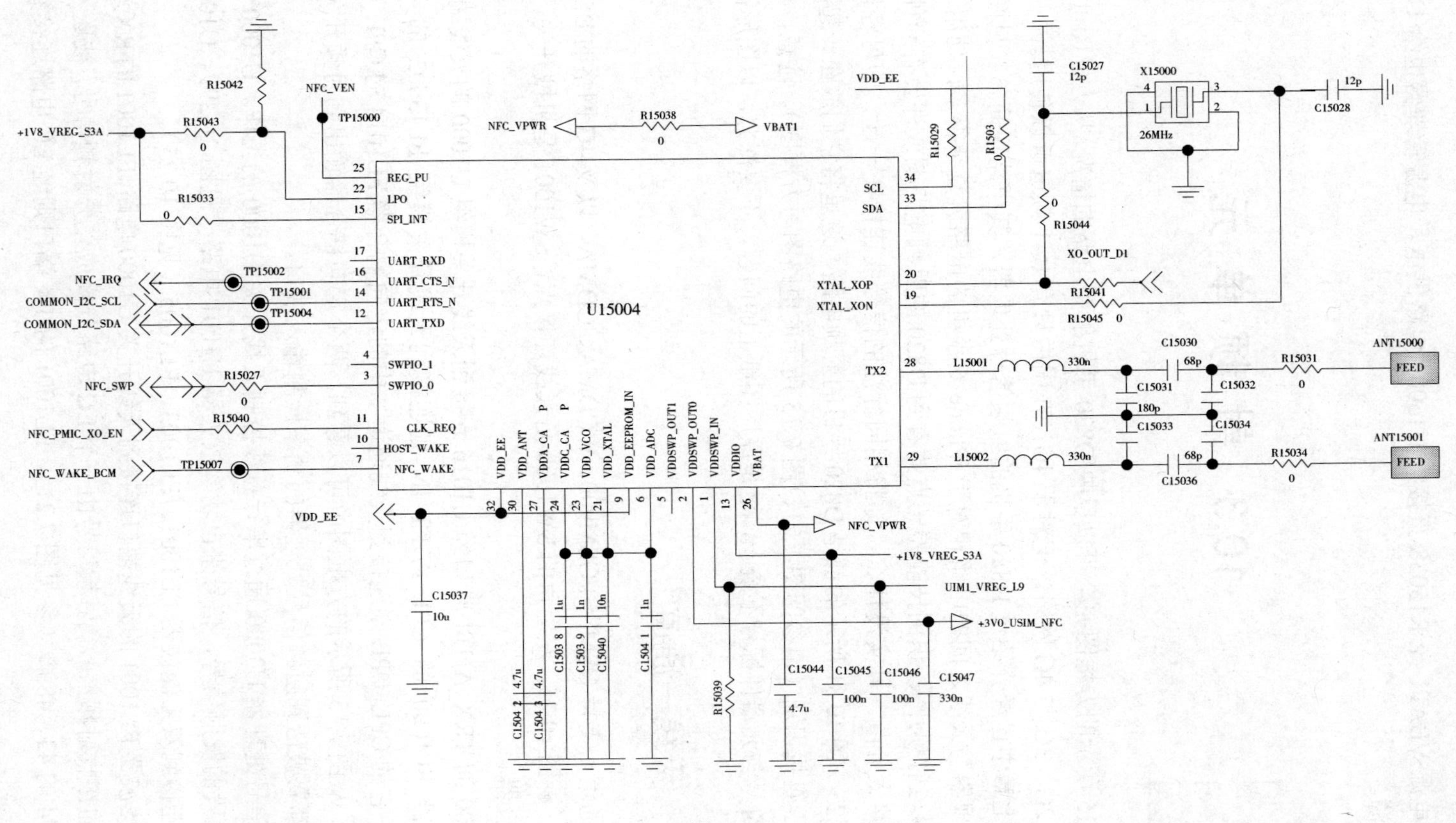
U15004
ANT15000
ANT15001
FEED
FEED
X15000
26MHz
C15028
12p
C15027
12p
R15044
XO_OUT_D1
R15041
R15045
R15031
R15034
C15030
68p
C15032
C15034
C15031
180p
C15033
C15036
68p
L15001
330n
L15002
330n
R1503
R15029
VDD_EE
SCL
SDA
XTAL_XOP
XTAL_XON
TX2
TX1
NFC_VPWR
+1V8_VREG_S3A
UIM1_VREG_L9
+3V0_USIM_NFC
C15047
330n
C15046
100n
C15045
100n
C15044
4.7u
R15039
VBAT
VDDIO
VDDSWP_IN
VDDSWP_OUT0
VDDSWP_OUT1
VDD_ADC
VDD_EEPROM_IN
VDD_XTAL
VDD_VCO
VDDC_CA
VDDA_CA
VDD_ANT
VDD_EE
C15037
10u
VBAT1
R15038
NFC_VPWR
REG_PU
LPO
SPI_INT
UART_RXD
UART_CTS_N
UART_RTS_N
UART_TXD
SWPIO_1
SWPIO_0
CLK_REQ
HOST_WAKE
NFC_WAKE
NFC_VEN
TP15000
TP15002
TP15001
TP15004
TP15007
R15042
R15043
R15033
R15027
R15040
VDD_EE
+1V8_VREG_S3A
NFC_IRQ
COMMON_I2C_SCL
COMMON_I2C_SDA
NFC_SWP
NFC_PMIC_XO_EN
NFC_WAKE_BCM

图 10.24

电池电源 VBAT1 经 R15038 直接给 U15004 电路供电。电源管理器也给 U15004 提供多个调节电源。

10.3 射频单元

图 7.15 所示的方框图完全可以反映 D820 手机射频电路的情况。从方框图可以看到，D820 手机支持 2G、3G 与 4G 网络，但对于 4G，在国内只有 B41 频道可以使用。

在第七章中已经介绍过 D820 手机的射频信号处理器，其电路很简单（见图 7.21）。但射频信号处理器与天线之间的电路相对于 iPhone 6 手机的电路就复杂得多，使用了太多的双工器、双讯器与射频开关，识图技能差一点的看到 D820 的射频电路图或许会有一种眩晕的感觉，各单元电路太分散。其实没什么，你将相同标注的信号线连接在一起，即可轻松理清电路关系。图 10.25～图 10.31 所示的都是 D820 手机的射频电路，这里将它们放在一起，而不是分散开，以便于查找识别（请参阅图 7.21、图 7.15 所示的电路图与方框图）。注意，许多地方的元器件图形符号与元器件标号不统一，这是原厂图纸上的问题，不要深究，以图形符号为准。

10.3.1 天线一通道

天线通道一支持 GSM850/GSM900、WCDMA、CDMA，以及 4G 网络的 B5、B17、B19、B26 频道。看图 10.25，左上角的 SW1000 是天线连接点，SW1001 是机械开关，FL1000 是射频定向耦合器。

FL1000 的 TRX_ANT1 端口经 C1016 连接到天线开关模组 U1000 的天线端口（ANT）。定向耦合器 FL1000 的 CPL_PDET_IN 则连接到天线开关模组 FL13002 的天线端口（见图 10.26），它的 CPL_CPL 则连接到天线通道二中的定向耦合器 FL1014 的 CPL_CPL 端口（见图 10.26）。从图 7.15 所示的方框图中可以看到，两个定向耦合器输出到射频开关 FL13002 的信号最终都要被送到射频信号处理器的功率检测输入端口。

基带信号处理器 U3000 通过串行总线控制天线开关 U1000 的工作。U1000 的 19 脚输入 GSM 低频段的发射信号，信号来自功率放大器 U1001 电路（见图 10.29）。U1000 的 11～13 脚则分别连接到双工滤波器 FL1001、FL1003、FL1005（见图 10.25）。

双工滤波器 FL1001 的天线端口连接到天线开关 U1000 电路。FL1001 的 RX 端口输出 B5、B26 频道的接收射频信号。射频信号由一个 LC 电路分离成差分射频信号，被送入射频信号处理器 U2004 的 43、48 脚（参见图 7.21）。FL1001 的 TX 端口则经 LC 电路连接到功率放大器

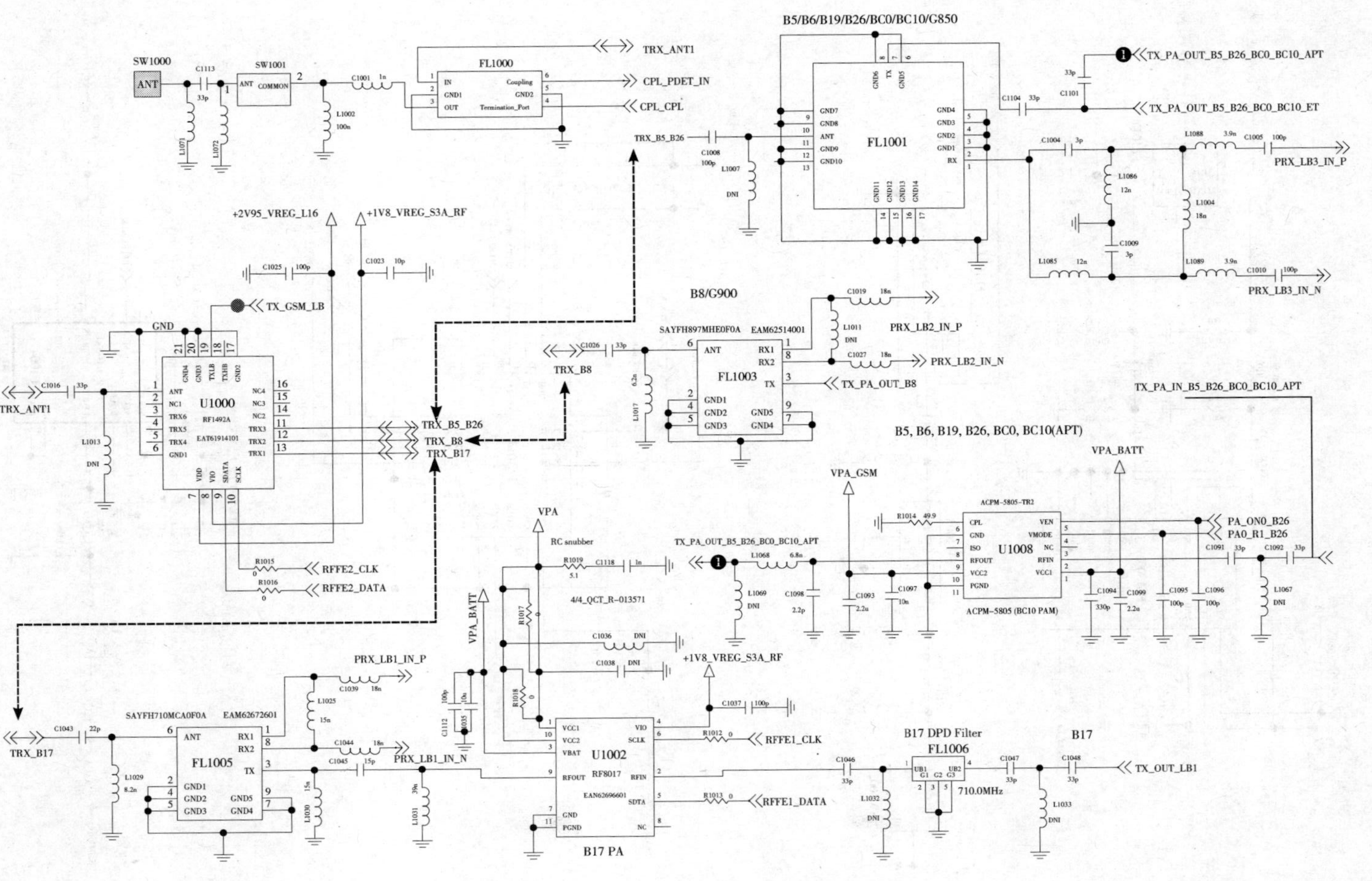

SW1000
ANT
SW1001
FL1000
TRX_ANT1
CPL_PDET_IN
CPL_CPL
B5/B6/B19/B26/BC0/BC10/G850
FL1001
TRX_B5_B26
TX_PA_OUT_B5_B26_BC0_BC10_APT
TX_PA_OUT_B5_B26_BC0_BC10_ET
PRX_LB3_IN_P
PRX_LB3_IN_N
+2V95_VREG_L16
+1V8_VREG_S3A_RF
TX_GSM_LB
GND
U1000
RF1492A
EAT61914101
TRX_B5_B26
TRX_B8
TRX_B17
B8/G900
SAYFH897MHE0F0A
EAM62514001
FL1003
PRX_LB2_IN_P
PRX_LB2_IN_N
TX_PA_OUT_B8
TX_PA_IN_B5_B26_BC0_BC10_APT
B5, B6, B19, B26, BC0, BC10(APT)
VPA_BATT
VPA_GSM
ACPM-5805-TR2
U1008
ACPM-5805 (BC10 PAM)
PA_ON0_B26
PA0_R1_B26
VPA
RC snubber
4/4_QCT_R-013571
RFFE2_CLK
RFFE2_DATA
PRX_LB1_IN_P
PRX_LB1_IN_N
SAYFH710MCA0F0A
EAM62672601
FL1005
TRX_B17
U1002
RF8017
EAN62696601
B17 PA
RFFE1_CLK
RFFE1_DATA
B17 DPD Filter
FL1006
710.0MHz
B17
TX_OUT_LB1

图 10.25

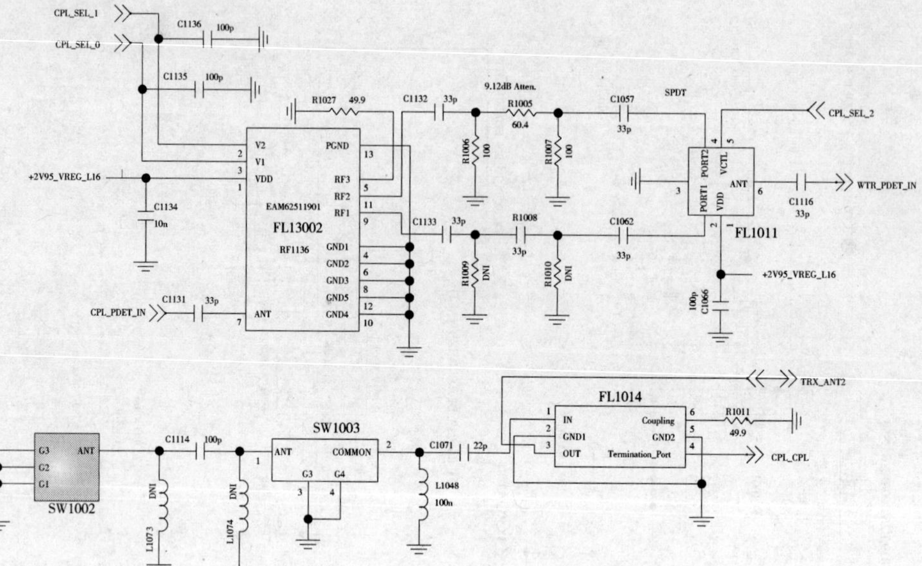
CPL_SEL_1
CPL_SEL_0
C1136 100p
C1135 100p
R1027 49.9
C1132 33p
9.12dB Atten.
R1005 60.4
C1057 33p
SPDT
CPL_SEL_2
+2V95_VREG_L16
V2
V1
VDD
PGND
RF3
RF2
RF1
EAM62511901
FL13002
RF1136
GND1
GND2
GND3
GND5
GND4
ANT
C1134 10n
CPL_PDET_IN
C1131 33p
R1006 100
R1007 100
C1133 33p
R1008 33p
C1062 33p
R1009 DNI
R1010 DNI
PORT1 PORT2 VCTL
VDD
ANT
FL1011
C1116 33p
WTR_PDET_IN
+2V95_VREG_L16
100p C1066

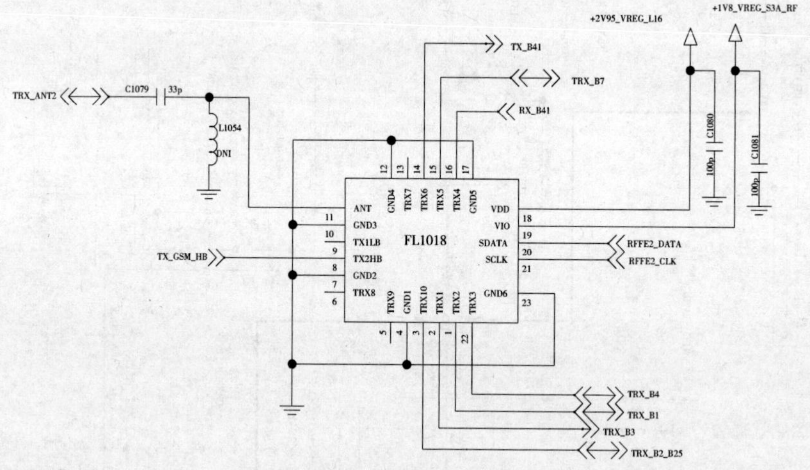
TRX_ANT2
FL1014
IN
GND1
OUT
Coupling
GND2
Termination_Port
R1011 49.9
CPL_CPL
SW1002
G3 G2 G1 ANT
C1114 100p
SW1003
ANT
COMMON
G3 G4
C1071 22p
L1048 100n
DNI L1073
DNI L1074
+2V95_VREG_L16
+1V8_VREG_S3A_RF
TX_B41
TRX_B7
RX_B41
TRX_ANT2
C1079 33p
L1054 DNI
C1080 100p
C1081 100p
FL1018
ANT
GND3
TX1LB
TX2HB
GND2
TRX8
GND4 TRX7 TRX6 TRX5 TRX4 GND5
VDD
VIO
SDATA
SCLK
GND6
TRX9 GND1 TRX10 TRX1 TRX2 TRX3
TX_GSM_HB
RFFE2_DATA
RFFE2_CLK
TRX_B4
TRX_B1
TRX_B3
TRX_B2_B25

图 10.26

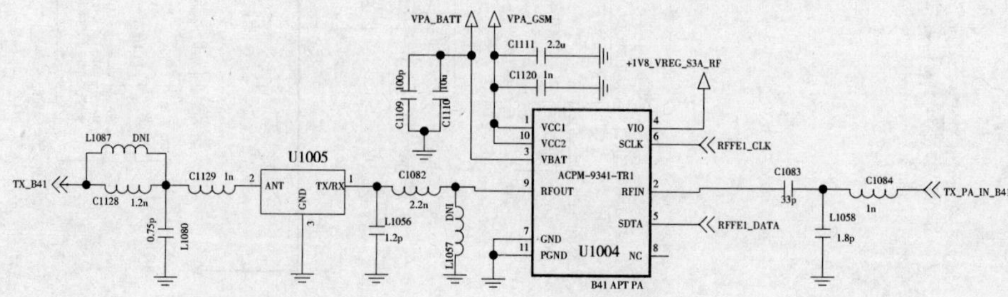
VPA_BATT
VPA_GSM
C1111 2.2u
C1120 1n
+1V8_VREG_S3A_RF
C1109 100p
C1110 10u
VCC1
VCC2
VBAT
RFOUT
GND
PGND
VIO
SCLK
ACPM-9341-TR1
RFIN
SDTA
NC
U1004
B41 APT PA
RFFE1_CLK
RFFE1_DATA
L1087 DNI
TX_B41
C1128 1.2n
C1129 1n
U1005
ANT
GND
TX/RX
0.75p L1080
C1082 2.2n
L1056 1.2p
DNI L1057
C1083 33p
L1058 1.8p
C1084 1n
TX_PA_IN_B41

C1050 1.2p
C1051 100p
PRX_MB1_IN_N
5.6n
L1036
6.8n
L1060
DNI
Balun
L1062
1.2p
C1088
B2/B25/BC1/G1900
TRX_B2_B25
C1053
2.7n
L1037
ANT
RX
TX
Fl1008
L1061 5.6n
C1055 100p
PRX_MB1_IN_P
TX_PA_OUT_B2_B25
C1059 1p
C1060 100p
PRX_MB2_IN_N
L1041
5.6n
C1064
1p
L1042 15n
L1043 15n
B3/G1800
TRX_B3
C1067 1n
L1046
FL1013
L1044 5.6n
C1068
100p
PRX_MB2_IN_P
TX_PA_OUT_B3
VPA_GSM
VPA_GSM
C1119
R1022
VPA_BATT
C1107
RX_B7
C1069
C1070
L1047
C1108
C1106 DNI
R1021
B7 PA
+1V8_VREG_S3A_RF
VCC1
VCC2
VBAT
RFOUT
GND
PGND
VIO
SCLK
RFIN
SDTA
NC
U1003
RFFE1_CLK
RFFE1_DATA
TRX_B7
C1073
L1050
FL1015
B7
C1074
DNI
L1051
L1052
C1075
L1053
TX_PA_IN_B7
C1076
B7_B41_SEL
RX_B7
FL1017
PORT1
PORT2
VCTL
VDD
FL1016
UNBAL
BALAN1
BALAN2
C1090 10p
33p
L1064
PRX_HB_IN_N
L1065
8.2n
L1066
DNI
C1089 10p
L1063 33p
PRX_HB_IN_P
B41 Balun add
+2V95_VREG_L16
B41 Saw add
RX_B41
C1105 1.8n
U1007
TX/RX
L1070
0.5p
C1078
100p
TX_PA_IN_B7
B7_B41_SEL
SPDT
FL1019
C1085 33p
C1086 33p
B7, B41
TX_OUT_HB
L1059
+2V95_VREG_L16
TX_PA_IN_B41
C1087
100p

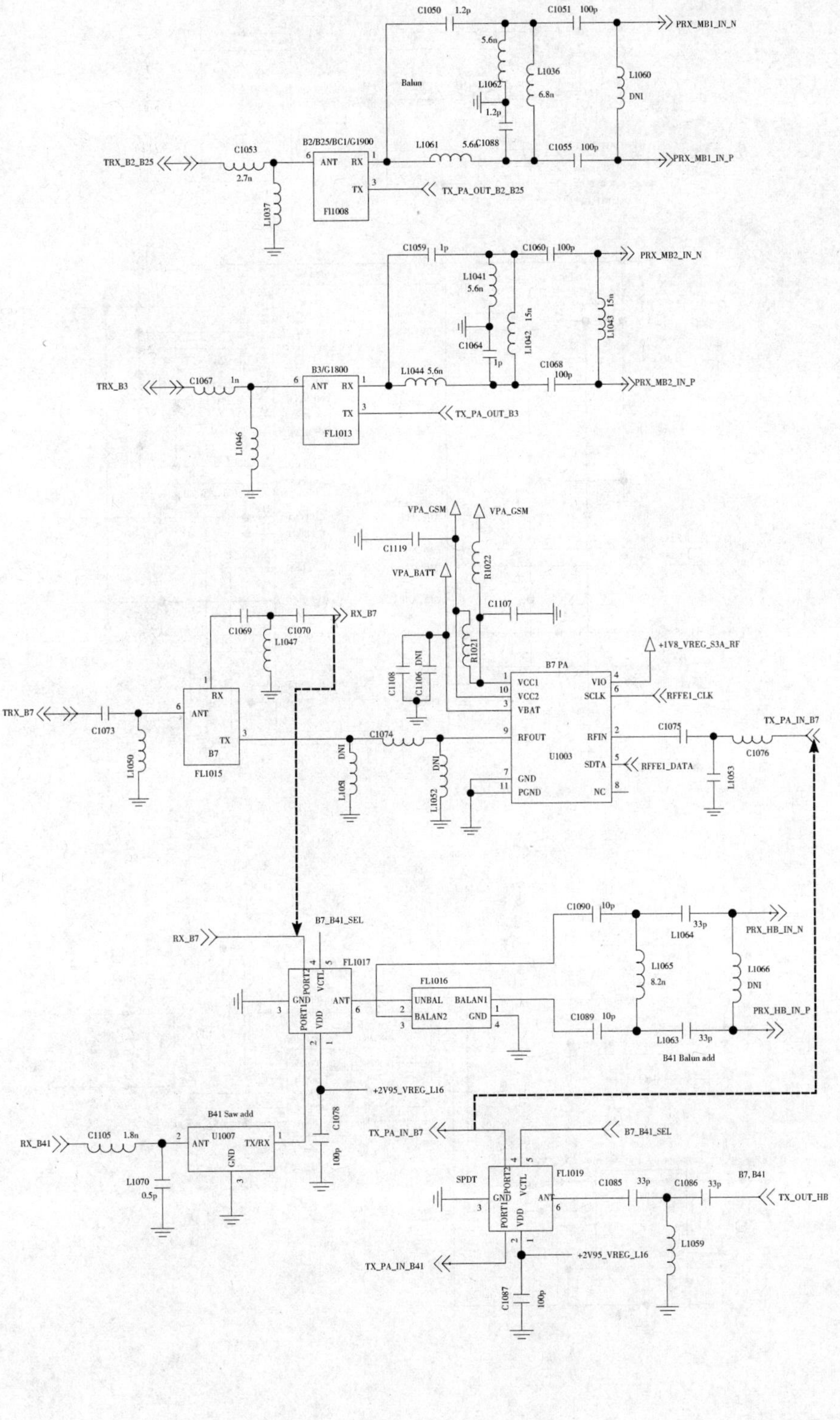

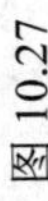

图 10.27

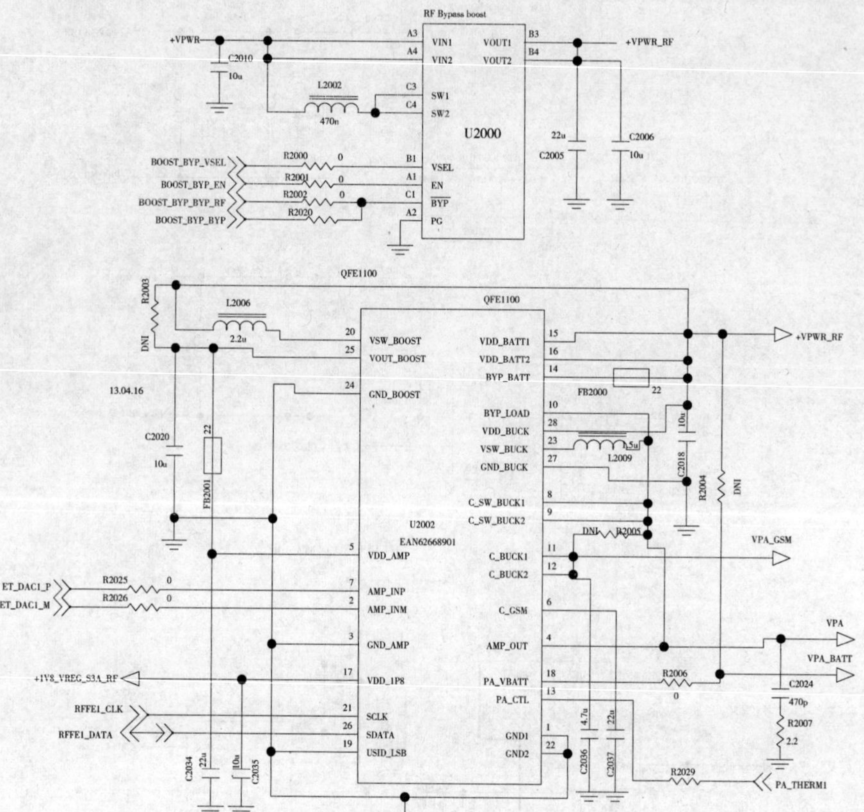

RF Bypass boost
+VPWR
C2010
10u
A3
A4
VIN1
VIN2
VOUT1
VOUT2
B3
B4
+VPWR_RF
L2002
470n
C3
C4
SW1
SW2
U2000
22u
C2005
C2006
10u
BOOST_BYP_VSEL
BOOST_BYP_EN
BOOST_BYP_BYP_RF
BOOST_BYP_BYP
R2000
R2001
R2002
R2020
B1
A1
C1
A2
VSEL
EN
BYP
PG
QFE1100
R2003
DNI
L2006
2.2u
VSW_BOOST
VOUT_BOOST
GND_BOOST
13.04.16
C2020
FB2001
VDD_BATT1
VDD_BATT2
BYP_BATT
FB2000
BYP_LOAD
VDD_BUCK
VSW_BUCK
GND_BUCK
L2009
C2018
R2004
C_SW_BUCK1
C_SW_BUCK2
U2002
EAN62668901
R2005
VPA_GSM
C_BUCK1
C_BUCK2
VDD_AMP
ET_DAC1_P
ET_DAC1_M
R2025
R2026
AMP_INP
AMP_INM
C_GSM
GND_AMP
AMP_OUT
VPA
VPA_BATT
+1V8_VREG_S3A_RF
VDD_1P8
PA_VBATT
PA_CTL
R2006
C2024
470p
R2007
2.2
RFFE1_CLK
RFFE1_DATA
SCLK
SDATA
USID_LSB
GND1
GND2
C2034
C2035
C2036
4.7u
C2037
R2029
PA_THERM1

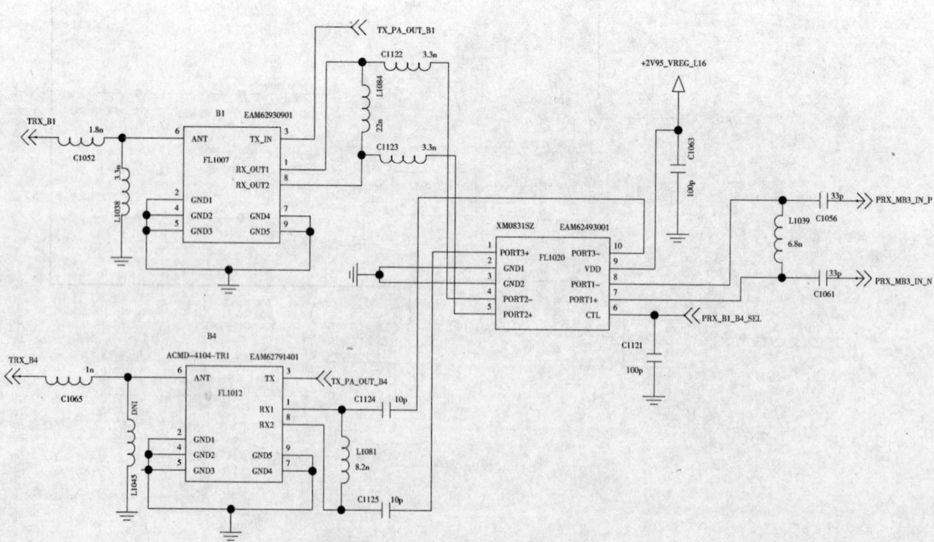

TX_PA_OUT_B1
C1122
3.3n
L1084
22n
C1123
TRX_B1
1.8n
C1052
B1
EAM62930901
ANT
TX_IN
FL1007
RX_OUT1
RX_OUT2
L1038
GND1
GND2
GND3
GND4
GND5
+2V95_VREG_L16
C1063
100p
XM0831SZ
EAM62493001
PORT3+
PORT3-
GND1
GND2
FL1020
VDD
PORT1-
PORT1+
PORT2-
PORT2+
CTL
L1039
6.8n
C1056
33p
PRX_MB3_IN_P
C1061
PRX_MB3_IN_N
PRX_B1_B4_SEL
C1121
100p
B4
ACMD-4104-TR1
EAM62791401
TRX_B4
1n
C1065
FL1012
TX
TX_PA_OUT_B4
RX1
RX2
C1124
10p
L1045
DNI
L1081
8.2n
C1125

图 10.28

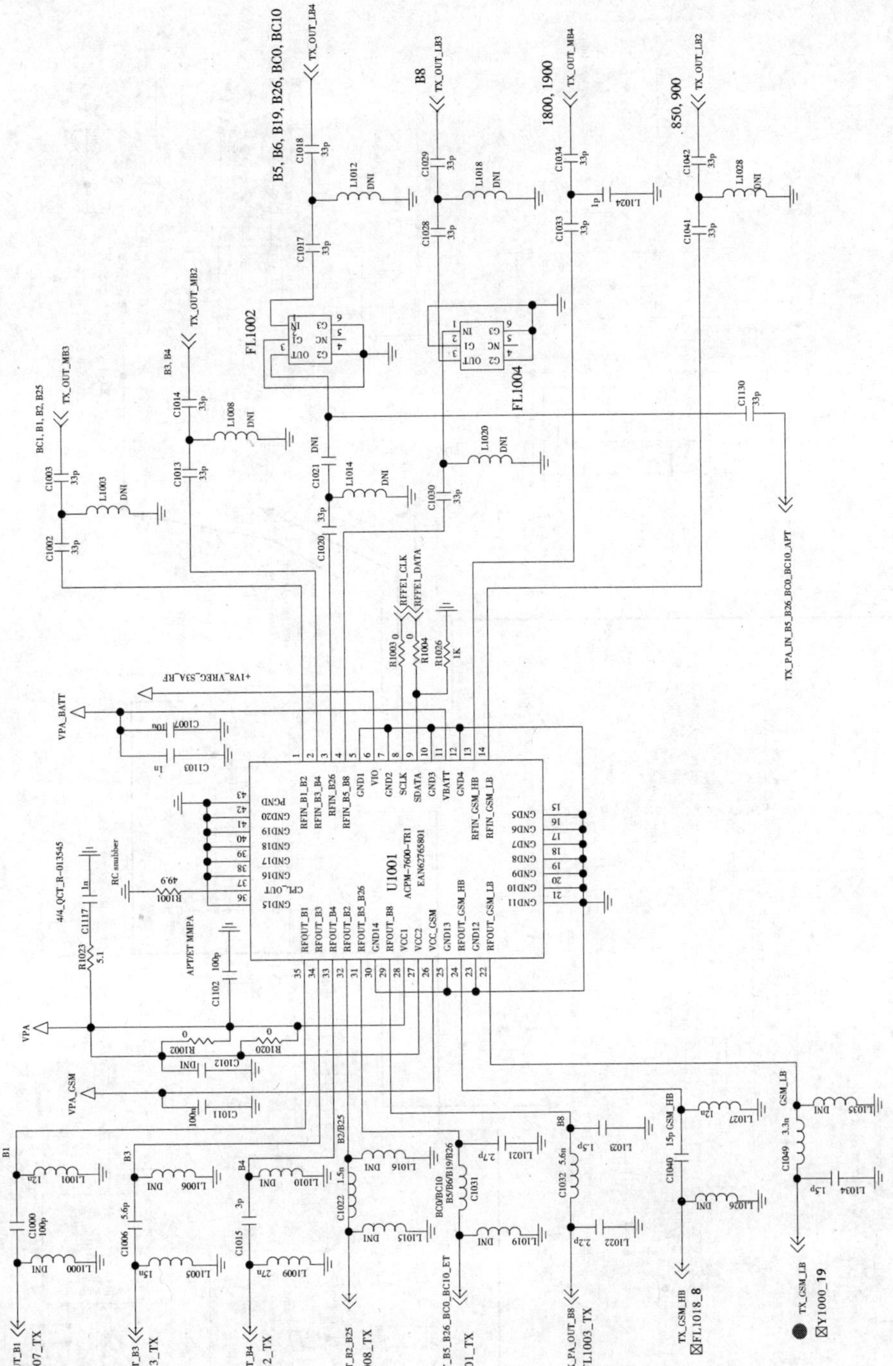
U1001
ACPM-7600-TR1
EAN62765801
FL1002
FL1004
B5, B6, B19, B26, BC0, BC10
B8
1800, 1900
850, 900
B3, B4
BC1, B1, B2, B25
TX_OUT_LB4
TX_OUT_LB3
TX_OUT_MB4
TX_OUT_LB2
TX_OUT_MB2
TX_OUT_MB3
TX_PA_IN_B5_B26_BC0_BC10_APT
RFFE1_CLK
RFFE1_DATA
+1V8_VREG_S3A_RF
VPA_BATT
VPA
VPA_GSM
APT/ET MMPA
RC snubber
4/4_QCT_R-013545
TX_PA_OUT_B1
FL1007_TX
TX_PA_OUT_B3
FL1013_TX
TX_PA_OUT_B4
FL1012_TX
TX_PA_OUT_B2_B25
FL1008_TX
TX_PA_OUT_B5_B26_BC0_BC10_ET
FL1001_TX
TX_PA_OUT_B8
FL1003_TX
TX_GSM_HB
FL1018_8
TX_GSM_LB
Y1000_19

图 10.29

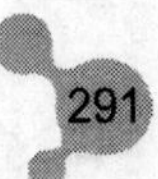

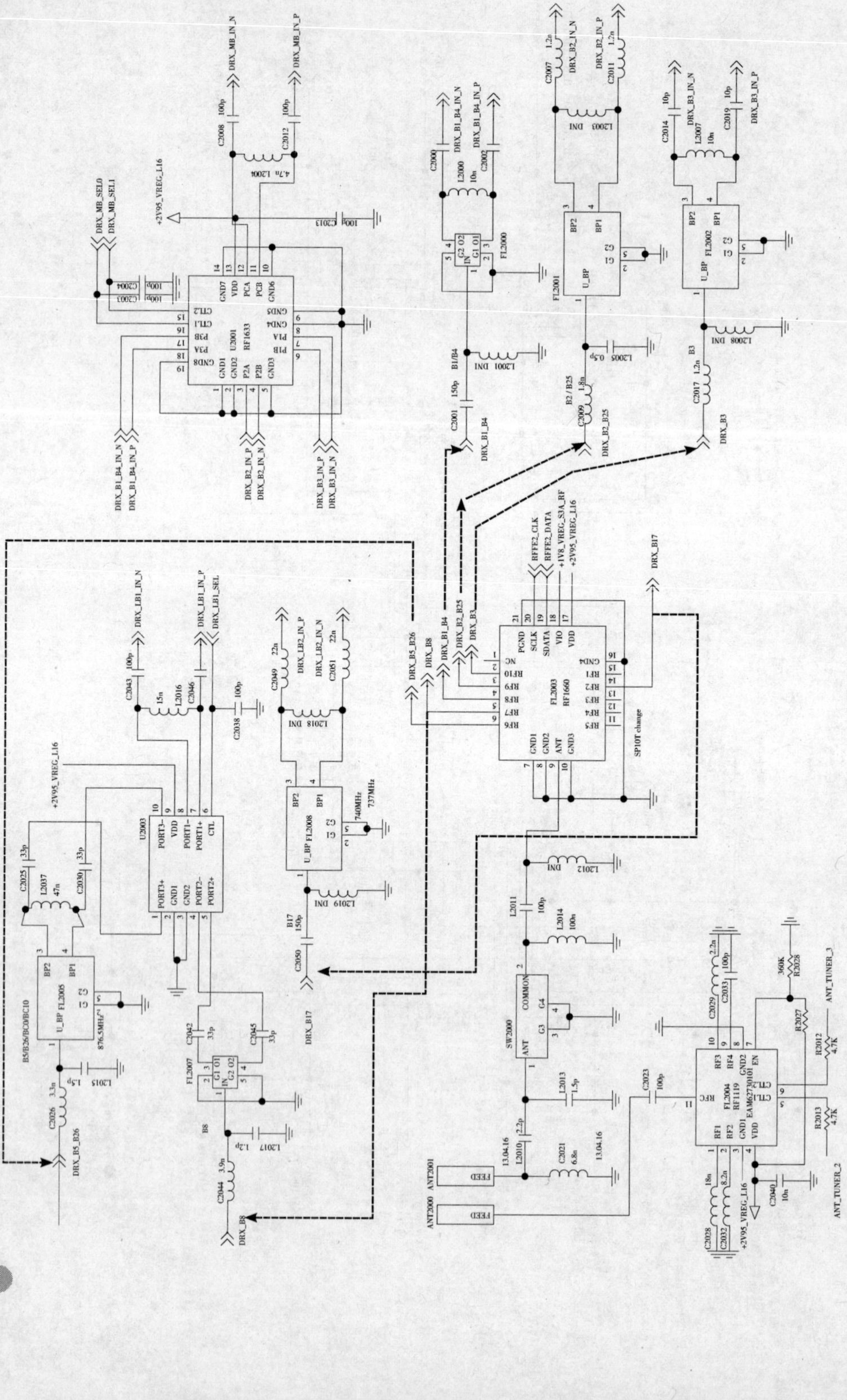

图 10.30

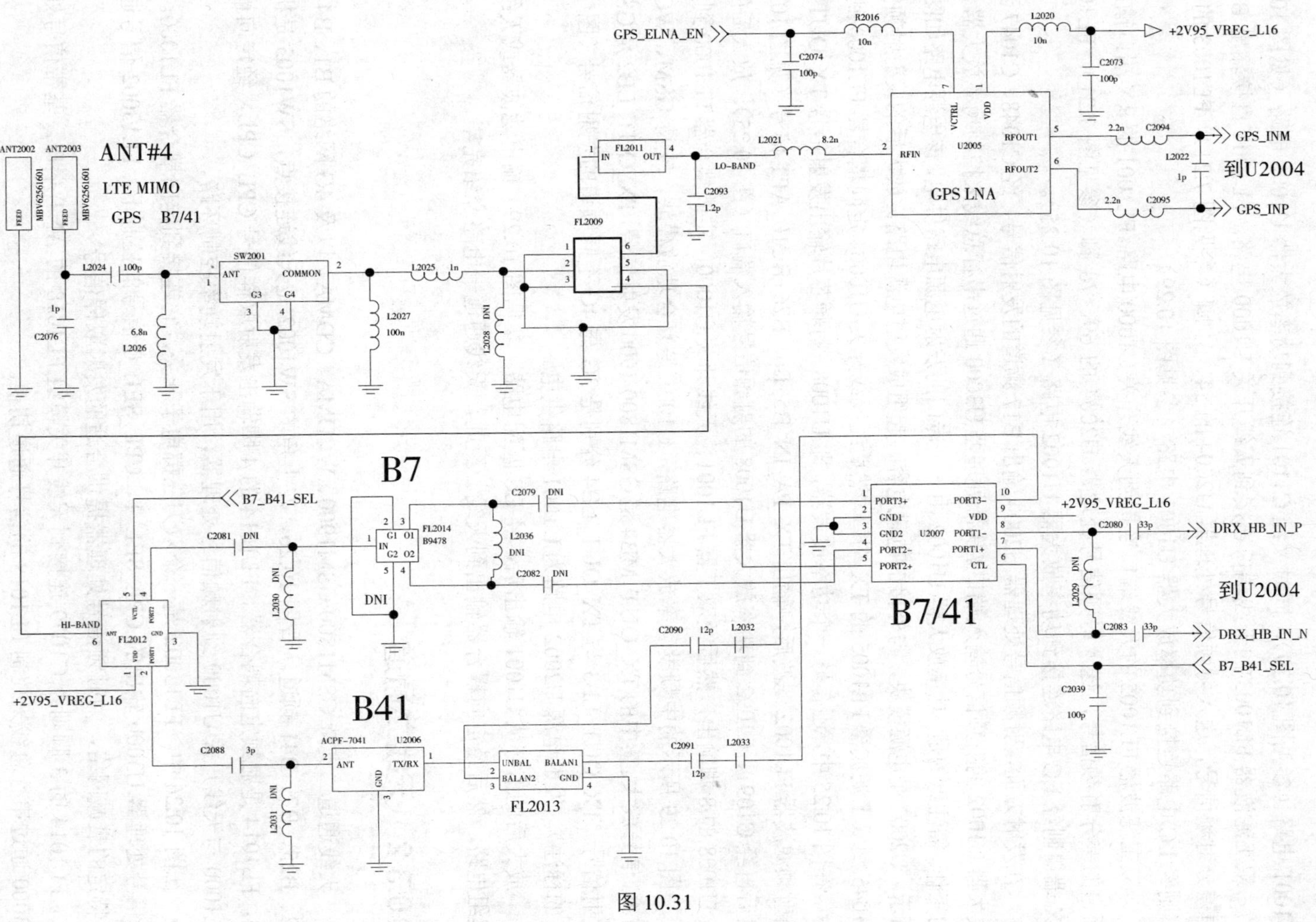

GPS_ELNA_EN
R2016
10n
L2020
10n
+2V95_VREG_L16
C2074
100p
C2073
100p
VCTRL
VDD
U2005
RFIN
RFOUT1
RFOUT2
GPS LNA
2.2n
C2094
C2095
L2022
1p
GPS_INM
GPS_INP
到U2004
ANT2002
ANT2003
MBV6256I601
FEED
ANT#4
LTE MIMO
GPS B7/41
FL2011
L2021
8.2n
LO-BAND
C2093
1.2p
FL2009
L2024
100p
1p
C2076
6.8n
L2026
SW2001
ANT
COMMON
G3
G4
L2025
1n
L2027
100n
L2028
DNI
B7
B7_B41_SEL
C2081
C2079
C2082
L2030
L2036
FL2014
B9478
IN
G1
O1
G2
O2
HI-BAND
FL2012
+2V95_VREG_L16
B41
C2088
3p
L2031
ACPF-7041
U2006
TX/RX
GND
UNBAL
BALAN1
BALAN2
FL2013
C2090
12p
L2032
C2091
12p
L2033
PORT3+
GND1
GND2
PORT2-
PORT2+
PORT3-
VDD
PORT1-
PORT1+
CTL
U2007
B7/41
C2080
33p
L2029
C2083
33p
DRX_HB_IN_P
DRX_HB_IN_N
到U2004
B7_B41_SEL
C2039
100p

图 10.31

U1001 电路（参见图 10.29），同时又经 C1101 连接到功率放大器 U1008 电路（见图 10.25）。

双工滤波器 FL1003 的天线端口连接到天线开关 U1000 电路。FL1003 直接输出 B8 频道的差分射频信号，送入射频信号处理器 U2004 的 54、61 脚（参见图 7.21）。FL1003 的 TX 端口则经 LC 电路连接到功率放大器 U1001 电路（参见图 10.29）。

双工滤波器 FL1005 的天线端口连接到天线开关 U1000 电路。FL1001 的 RX 端口输出 B17 频道的差分射频信号，送入射频信号处理器 U2004 的 69、78 脚（参见图 7.21）。FL1001 的 TX 端口则经 LC 电路连接到功率放大器 U1002 电路（参见图 10.25）。

在发射方面，射频信号处理器 U2004 输出 B17 频道的发射信号，经 C1048、C1047 到功率放大器 U1002 的射频信号输入端口。基带处理器 U3000 通过串行总线来控制功率放大器 U1002 的工作。需注意的是，功率放大器 U1002 由一个专门的发射电源电路供电，该电源电路如图 10.28 所示。U2002 是电源模块，与外接的电感电容一起组成发射电源电路。放大后的发射射频信号经 C1045 到双工滤波器 FL1005 的 TX 端口，然后经天线开关 U1000、定向耦合器 FL1000 到天线。

在图 10.25 中，还有另一个功率放大器，即 U1008。射频芯片输出发射信号 TX_OUT_LB4，经射频滤波器 FL1002 滤波后，输出 TX_PA_IN_B5+B6_ B26+BC10_APT 信号（见图 10.29），然后再经 C1091、C1092 到功率放大器 U1008 的射频信号输入端口（图 10.25）。放大后的信号从 U1008 的 8 脚输出，然后经双工器 FL1001、天线开关 U1000、定向耦合器 FL1000 到天线。

图 10.29 所示的中频段功率放大器电路，U1001 是复合功放模块，支持 GSM、WCDMA 与 4G 信号放大。其中的 TX_OUT_MB4 是 GSM1800/1900 发射信号，TX_OUT_LB2 是 GSM900 发射信号。TX_OUT_LB3 与 TX_OUT_LB4 分别是 3G 与 4G 不同频道的发射信号（图中有明显的标注）。发射电源 U2002 电路为 U1001 电路供电。

放大后的信号从 U1001 输出后，经 LC 匹配电路（参见图 10.29）输出滤波器或天线开关模组电路，然后经定向耦合器输出到天线。至此，天线通道一电路介绍完毕

10.3.2 天线二通道

天线通道二支持 GSM1800/GSM1900、WCDMA、CDMA，以及 4G 网络的 B1、B4、B3、B2、B25、B7、B41 频道。看图 10.26，左上角的 SW1002 是天线连接点，SW1003 是机械开关，FL1014 是射频定向耦合器。FL1014 的 4 脚输出发射取样信号 CPL_CPL，经定向耦合器 FL1000 与天线开关 U1000 到射频信号处理器，用于发射功率控制环路。

在图 10.26 中，FL13002 是一个双刀三掷电子开关，它连接到定向耦合器 FL1000。在基带信号处理器 U3000 输出的 CPL_SEL_1、CPL_SEL_0 信号的控制下，FL13002 信号通道指向特定的衰减网络，为射频信号处理器提供合适的发射取样信号。

FL1014 的 3 脚则经 C1079 连接到天线开关模组 FL1018 的 ANT 端口。基带信号处理器 U3000 通过串行总线来控制 FL1018 的信号通道切换。

TX_GSM_HB 是 GSM1800/1900 发射信号，来自功率放大器 U1001 电路（参见图 10.29）。

TX_B41 是 B41 频段的发射射频信号，来自功率放大器 U1004 电路（参见图 10.26 底部）。射频电源 U2002 电路为 U1004 电路供电。基带信号处理器 U3000 通过串行总线控制功放电路的工作。射频信号处理器输出 TX_OUT_HB 信号，经 C1086、C1085 到滤波分离器开关 FL1019 的天线端口（参见图 10.27）。基带处理器 U3000 输出信号通道切换控制信号 B7_B41_SEL，控制分离开关的信号通道切换。FL1019 的 2 脚输出 B41 频段的发射信号，经 C1084、C1083 到功率放大器 U1004 的 2 脚。放大后的信号从 9 脚输出，经 C1082、U1005、L1087 到天线开关 FL1018。然后由 FL1018 输出，再经定向耦合器 FL1014 输出到天线，由天线辐射出去。

TRX_B7 是 B7 频段的接收发射射频信号，到双工器 FL1015 的天线端口（见图 10.27）。双工器 FL1015 的 RX 端口输出 B7 频段接收射频信号，经 C1069、C1070 到射频开关 FL1017 电路。FL1017 的天线端口输出信号经平衡-不平衡变换器 FL1016 转化成差分射频信号，经 LC 电路到射频信号处理器 U2004 的 7、15 脚。

射频信号处理器输出 TX_OUT_HB 信号，经 C1086、C1085 到滤波分离器开关 FL1019 的天线端口（参见图 10.27）。基带处理器 U3000 输出信号通道切换控制信号 B7_B41_SEL，控制分离开关的信号通道切换。FL1019 的 4 脚输出 B7 频段的发射信号，经 C1075 到功率放大器 U1003 的 2 脚。放大后的信号从 9 脚输出，经 C1075、双工器 FL1015 到天线开关 FL1018。然后由 FL1018 输出，再经定向耦合器 FL1014 输出到天线，由天线辐射出去。基带处理器 U3000 通过串行总线控制功放 U1003 电路的工作。

RX_B41 是 B41 频段的接收射频信号，送到射频滤波器 U1007 的天线端口。接收射频信号经 C1105/U1007 到射频开关 FL1017 电路。FL1017 的天线端口输出信号经平衡-不平衡变换器 FL1016 转化成差分射频信号，经 LC 电路到射频信号处理器 U2004 的 7、15 脚。

TRX_B4 是 B4 频段的接收发射射频信号，连接到双工滤波器 FL1012 的天线端口（见图 10.28）。FL1012 的 1、8 脚输出差分射频信号，经 C1124、C1125 与射频开关 FL1020、C1061、C1056 到射频处理器 U2004 的 8、16 脚。双工器 FL1012 的 TX 端口输入 B4 频段的发射信号，发射信号来自功放 U1001（见图 10.29）。

TRX_B1 是 B1 频段的接收发射射频信号，连接到双工器 FL1007 的天线端口。FL1007 的 1、8 脚输出差分射频信号，经 C1122、C1123 与射频开关 FL1020、C1061、C1056 到射频信号处理器 U2004 的 8、16 脚。双工滤波器 FL1007 的 TX 端口输入 B1 频段的发射信号，发射信号来自功放 U1001（见图 10.29）。

TRX_B3 是 B3 频段的接收发射射频信号，连接到双工器 FL1013 的天线端口。FL1013 的 RX 端口输出接收射频信号，经一个 LC 电路分离成差分射频信号，送到射频处理器 U3000。双工滤波器 FL1013 的 TX 端口输入 B3 频段的发射信号，信号来自功率放大器 U1001 电路。

TRX_B2_B25 是 B2、B25 频段的接收发射射频信号，连接到双工器 FL1008 的天线端口。FL1008 的 RX 端口输出接收射频信号，经一个 LC 电路分离成差分射频信号，送到射频处理

器 U3000。双工滤波器 FL1008 的 TX 端口输入 B2、B25 频段的发射信号，信号来自功率放大器 U1001 电路。至此，天线通道二介绍完毕。

10.3.3 天线三通道

天线通道三支持 CDMA 与 4G 的 B1～B5、B25、B26、B17 频道，主要用于不连续接收信号（DRX）处理（参见图 7.15 所示的方框图）。在图 10.30 中，FL2004 是一个射频开关，在基带信号处理器 U3000 输出的 ANT_TUNER_12、ANT_TUNER_13 信号控制下，将合适的电感电容接入天线电路，以使天线在相应的频道上获得最大的增益。

天线经机械开关 SW2000 接入电路。FL2003 是一个多通道射频开关，基带处理器 U3000 通过串行总线来控制它的工作。

FL2003 输出的，经 FL2008、U2003、FL2005 电路（参见图 10.30）处理后的射频信号被直接送到射频信号处理器 U2004。

FL2003 输出的、经 FL2000～FL2002 处理后的射频信号被送到射频开关 U2001 电路，然后由 U2001 输出到射频信号处理器 U2004（参见图 10.30）。

10.3.4 天线四通道

天线通道四支持 GPS 与 4G 的 B7 与 B41 频段的分集接收。在图 10.31 中，SW2001 是机械开关，FL2009 是双讯器。FL2009 将 GPS 信号与 B7/B41 频段信号分离。

GPS 接收信号从 FL2009 的 6 脚输出，经 FL2011 滤波后，送入 GPS 低噪声放大器 U2005 电路。基带信号处理器 U3000 输出使能信号 GPS_ELNA_EN，控制启动 U2005 电路。U2005 电路既对 GPS 信号放大，又将射频信号分离成差分射频信号。U2005 电路输出的信号被送到射频信号处理器 U2004 的 10、18 脚。

Fl2009 输出的 B7/B41 频段接收射频信号则经 FL2012、FL2014、FL2013 电路到射频开关 U2007 电路，由 B7_B41_SEL 信号控制选择哪一路信号被送到射频信号处理器。至此，整个射频电路介绍完毕。

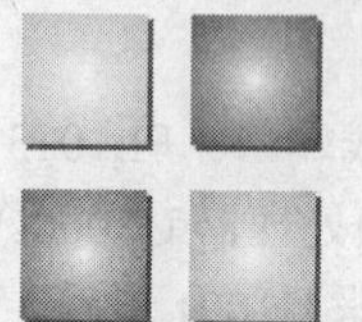

10.4 故障检修

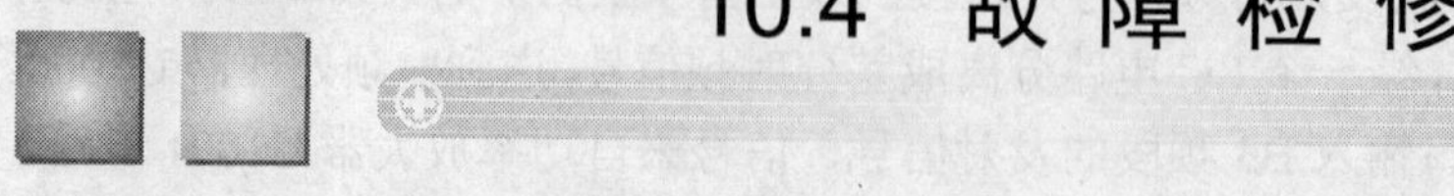

图 10.32～图 10.36 所示的是 D820 手机的 PCB 元器件布局图，在检修故障时可参考它们。

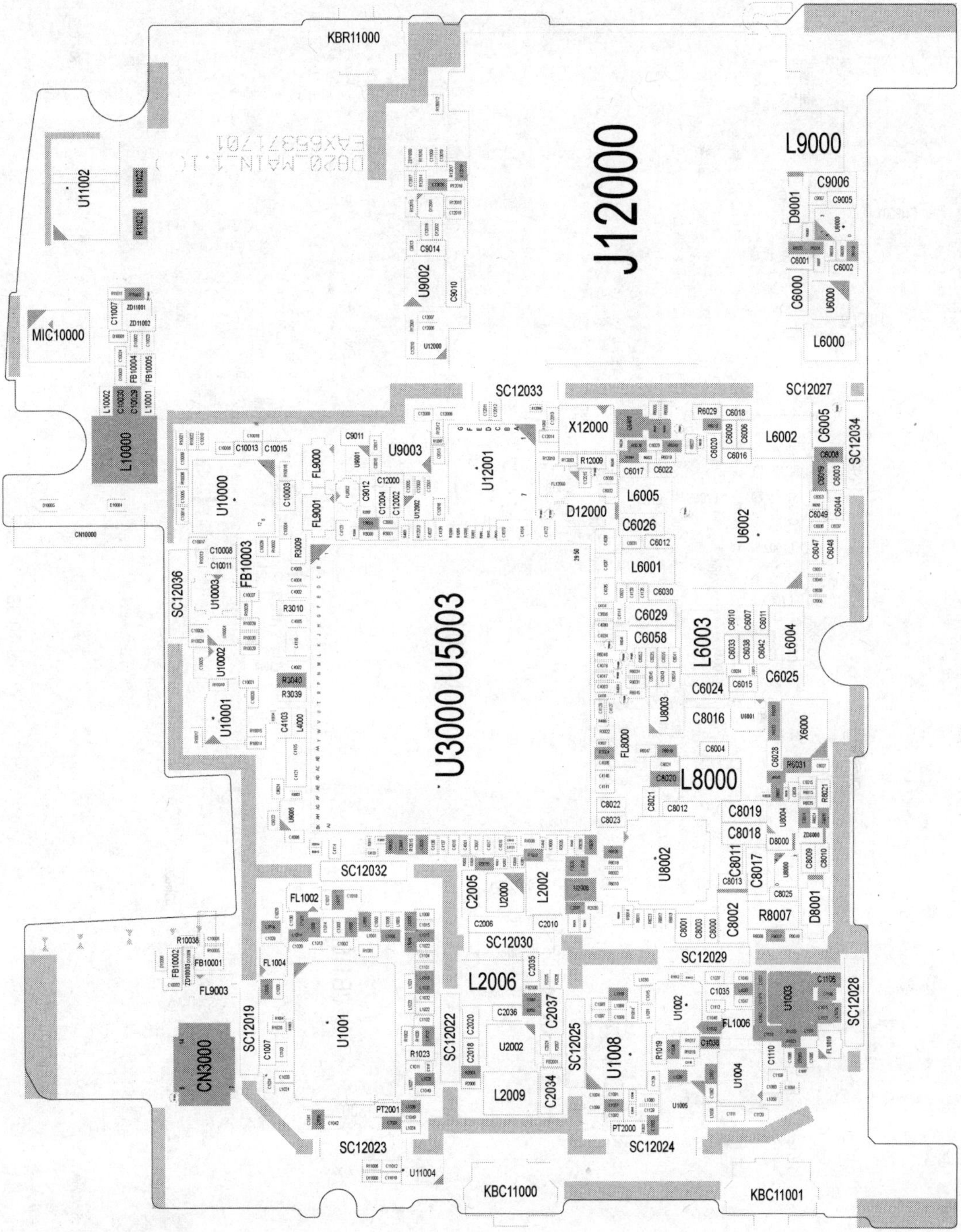
KBR11000
J12000
L9000
C9006
C9005
D9001
U9000
C6001
C6002
C6000
U6000
L6000
U11002
MIC10000
L10000
CN10000
U9002
C9014
C9010
U12000
SC12033
SC12027
X12000
R6029
C6018
L6002
C6005
SC12034
C6020
C6009
C6016
C6017
C6022
R12009
U12001
C9011
U9003
FL9000
FL9001
C12000
C12004
C12002
C9012
U10000
C10013
C10015
C10003
L6005
D12000
C6026
C6012
U6002
L6001
C6030
C6029
C6058
L6003
L6004
C6024
C6015
C6025
C6016
U8003
X6000
C6049
C6044
C6047
C6048
SC12036
C10008
C10011
FB10003
R3009
R3010
U10003
U10002
R3040
R3039
U10001
C4103
L4000
U3000 U5003
FL8000
C6004
L8000
C6020
R6031
C6028
C8021
C8022
C8023
C8012
C8019
C8018
U8004
D8000
ZD8000
R6021
C8009
C8010
C8011
C8013
C8017
U8002
C8025
D8001
R8007
C8002
C8001
C8003
C8000
SC12032
C2005
U2000
L2002
FL1002
R10038
FB10002
FB10001
FL9003
FL1004
C2006
C2010
SC12030
SC12029
L2006
C2035
C2036
C2037
C1035
U1002
C1106
U1003
SC12028
FL1006
SC12019
CN3000
C1007
U1001
SC12022
C2018
C2020
U2002
SC12025
U1008
R1019
C1036
U1004
C1110
R1023
L2009
C2034
PT2001
PT2000
U1005
SC12023
SC12024
U11004
KBC11000
KBC11001

图 10.32

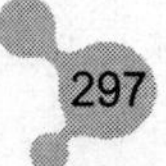

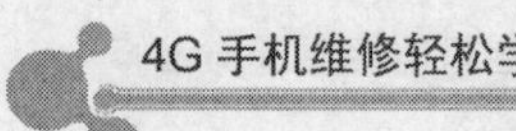

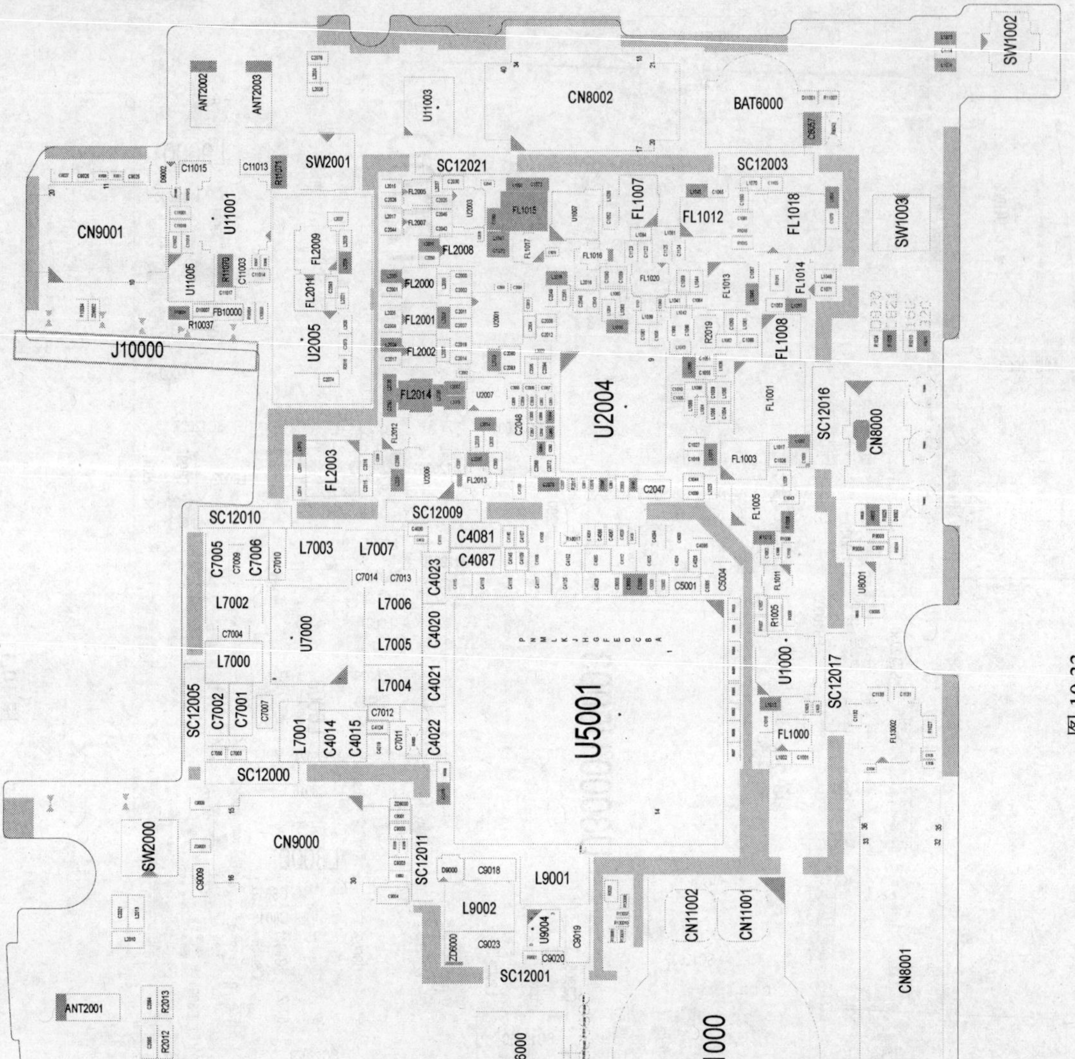
ANT2002
ANT2003
SW2001
SC12021
CN8002
BAT6000
SW1002
U11003
SC12003
CN9001
C11015
C11013
R11071
U11001
U11005
C11003
FB10000
R10037
J10000
FL2009
FL2011
U2005
FL2005
FL2007
FL2008
FL1015
FL1007
FL1012
FL1018
SW1003
FL2000
FL2001
FL2002
U2001
FL1016
FL1020
FL1013
FL1014
FL1008
R2019
FL2014
U2007
C2048
U2004
FL1001
SC12016
CN8000
FL2003
FL2012
U2006
FL2013
C2047
FL1003
FL1005
SC12010
SC12009
C4081
C4087
C7005
C7006
L7003
L7007
C7014
C7013
C4023
C5001
C5004
L7002
L7006
U8001
R1005
C7004
U7000
C4020
L7005
L7000
U1000
SC12005
C7002
C7001
C7007
L7004
C4021
U5001
SC12017
L7001
C4014
C4015
C7012
C7011
C4022
FL1000
FL13002
SC12000
CN9000
SW2000
SC12011
D9000
C9018
L9001
C9009
L9002
U9004
C9019
C9023
ZD9000
C9020
SC12001
CN11002
CN11001
CN8001
ANT2001
R2013
R2012
LD6000
VB11000
ANT2000
C2029
C2033
C2023
C2032
C2028
C2040
R2028
R2027
C13027
C13029
C13024
U13001
C13026
C11010
U11000
L13012
C13046
L13000
FL13001
U13000
L13007
SW1001
C1306
ANT13001
ANT13000
U13002
X13000
SW1000

图 10.33

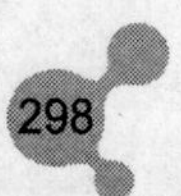

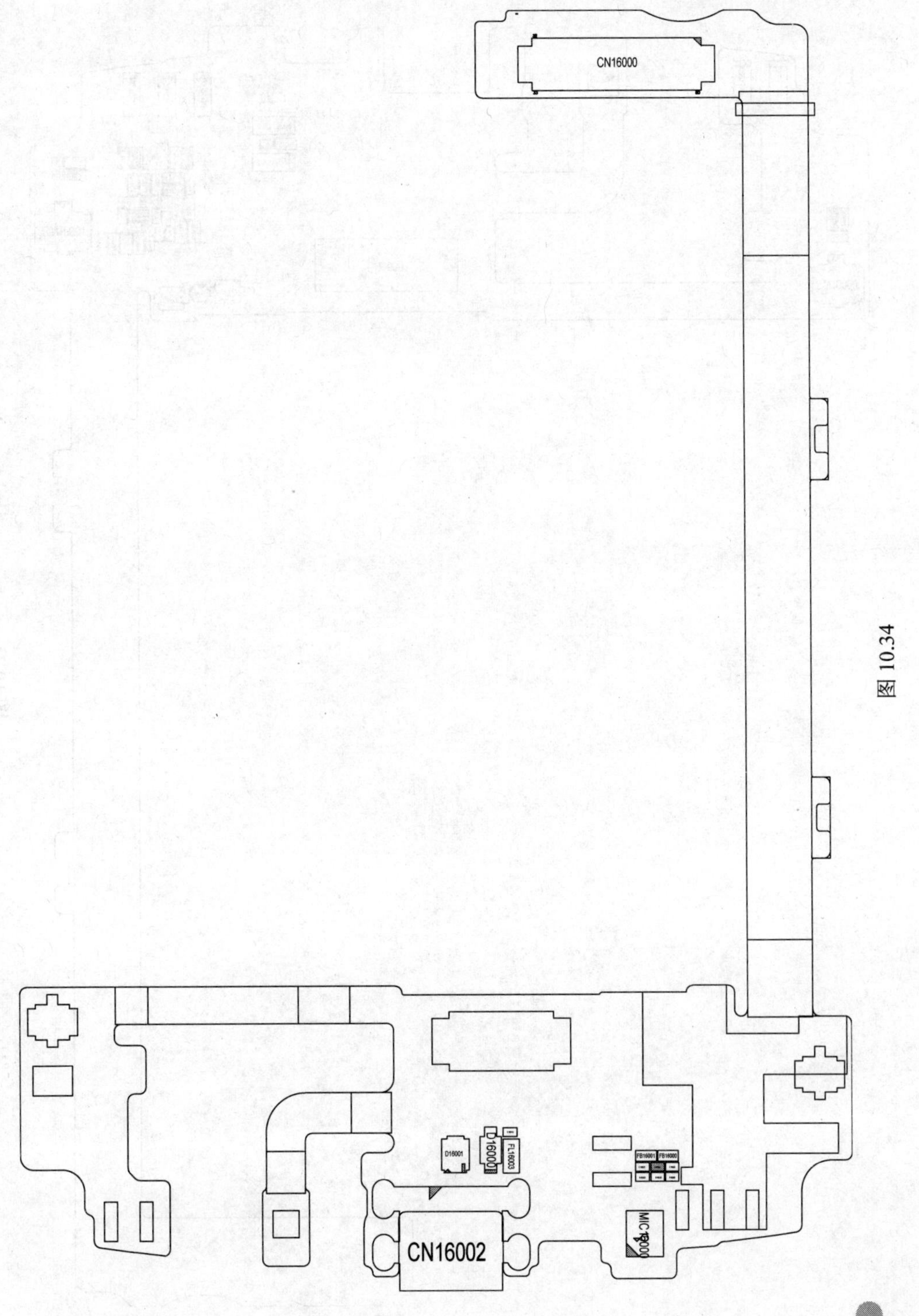
CN16000
D16001
D16000
FL16003
FB16001
FB16000
CN16002
MIC16000

图 10.34

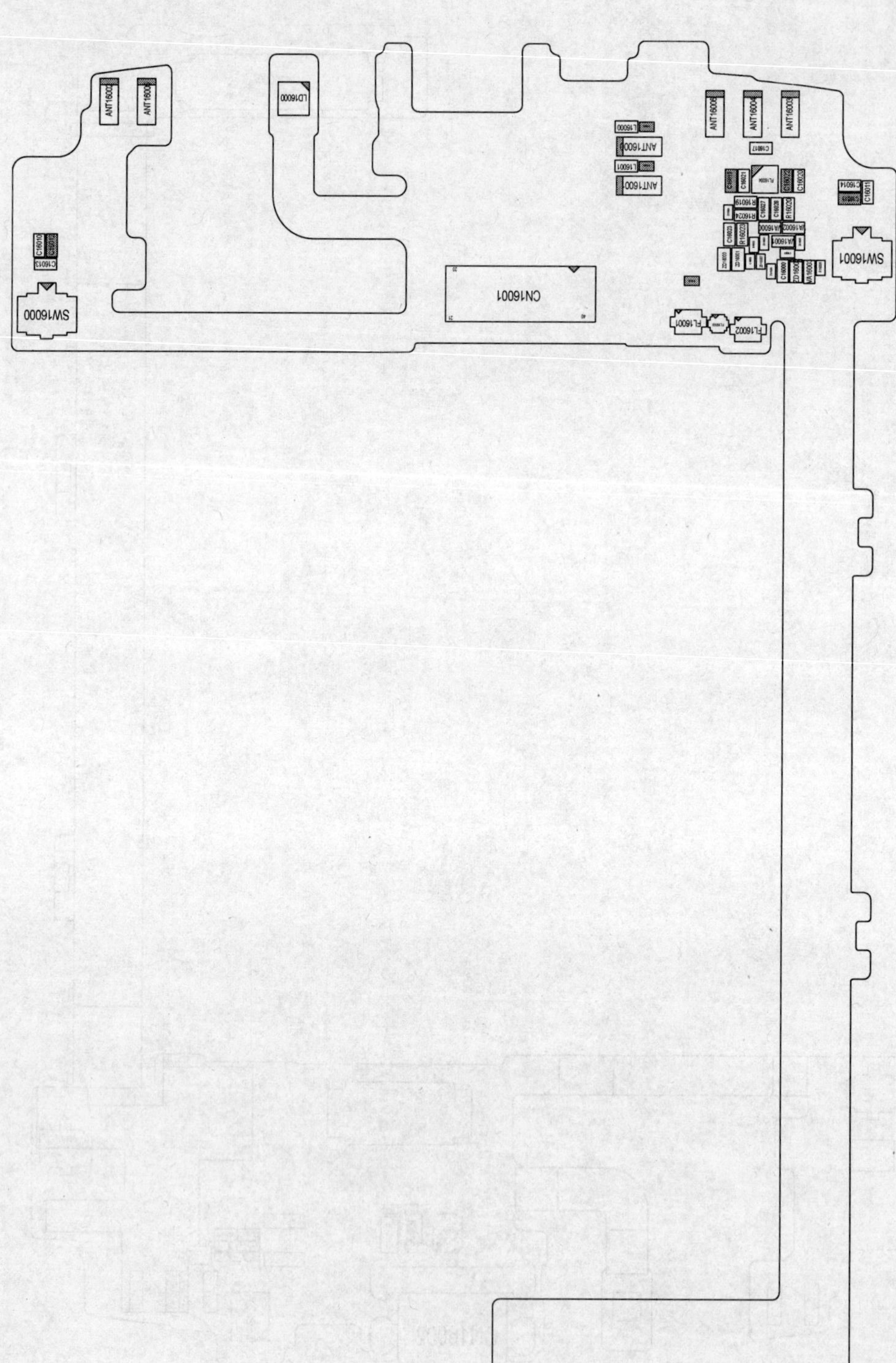
SW16000
LD16000
CN16001
ANT16004
ANT16003
ANT16000
ANT16001
FL16001
FL16002
SW16001

图 10.35

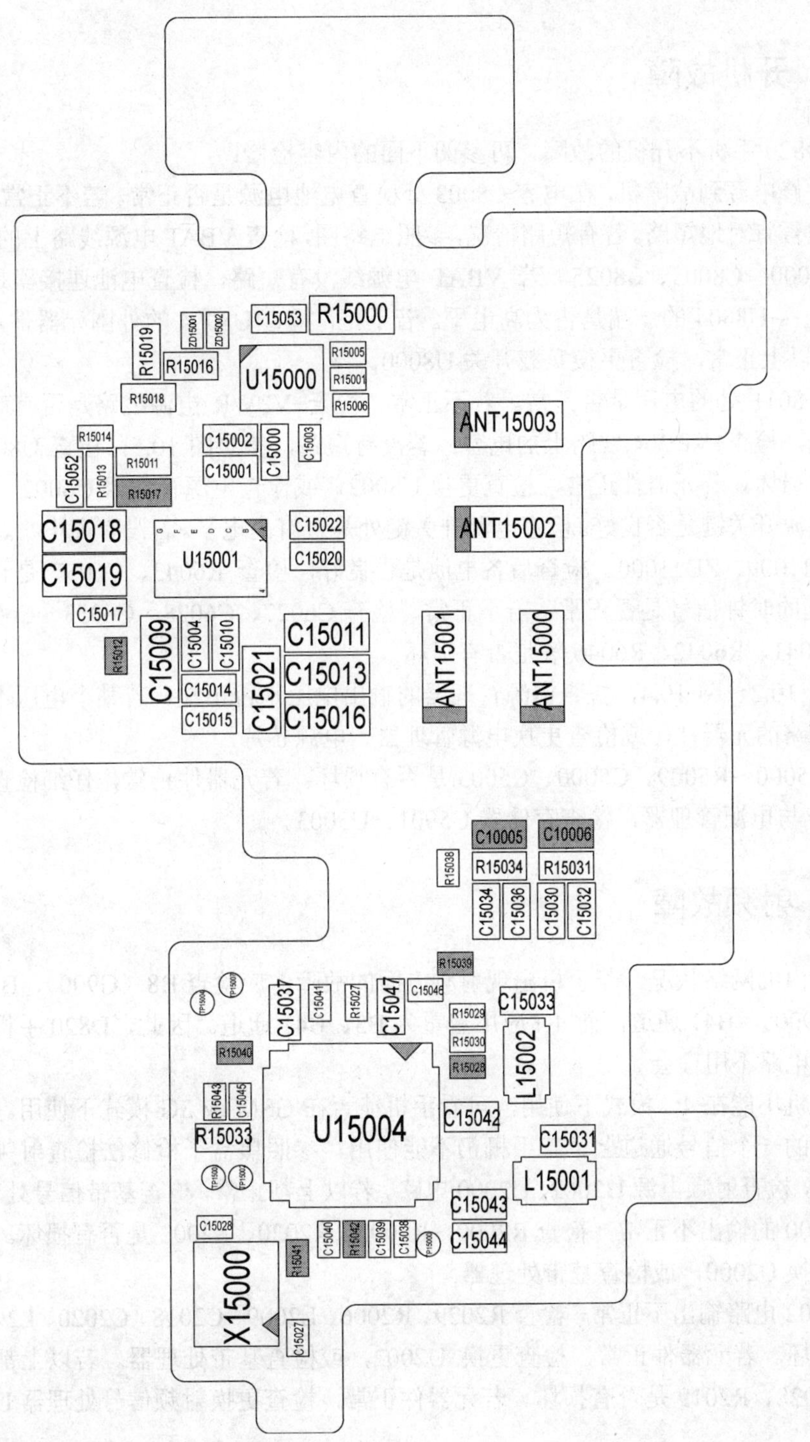
C15053
R15000
R15019
ZD15001
ZD15002
R15016
U15000
R15005
R15001
R15006
R15018
ANT15003
R15014
C15002
C15000
C15003
R15011
C15052
R15013
C15001
R15017
C15018
U15001
C15022
ANT15002
C15019
C15020
C15017
C15009
C15004
C15010
C15011
ANT15001
ANT15000
R15012
C15021
C15013
C15014
C15015
C15016
C10005
C10006
R15038
R15034
R15031
C15034
C15036
C15030
C15032
R15039
C15037
C15041
R15027
C15047
C15046
R15029
C15033
R15030
R15040
R15028
L15002
R15043
C15045
U15004
C15042
R15033
C15031
L15001
C15043
C15028
C15040
R15042
C15039
C15038
C15044
R15041
X15000
C15027

图 10.36

10.4.1 开机故障

对于 D820 手机不开机的故障，可参阅下面的内容检修：

连接维修电源到故障机，在电容 C8003 处检查电池电源是否正常。若不正常，检查 VBAT 电源线路是否有对地短路。若有短路情况，参照电路图，检查 VBAT 电源线路上的电容 C8013、C8017、C8000～C8003、C8025。若 VBAT 电源线没有短路，检查电池连接器是否良好；检查 R8035 连接 U8004 的一端是否为高电平。若不是，检查 U8004 的外围元器件，或检查更换 U8004。若以上正常，检查更换负载开关 U8000。

检查 C8011 处的电压是否正常。若不正常，检查+VPWR 电源线路是否有对地短路。若有短路情况，检查+VPWR 线路上的电容；若没有短路，参照图 10.5，检查 U8002 的外围元器件是否有损坏。若元器件正常，检查更换 U8002，或检查电源管理器 U6002。

检查电源开关键是否良好。检查电源开关键处是否有高电平。若没有高电平，检查 R8015、R11010、C11009、ZD11000。检查后备电池是否良好，检查 R6043、C6057 是否有损坏。检查 X6000 处的时钟信号是否正常。若不正常，检查 C6027、C6028、C6053～C6055、R6024、R6049、R6041、R6042、R6046 等是否有损坏。

参照图 10.2～图 10.4，检查电源管理器的输出电压是否正常。若某个电压不正常，检查相应电源线路的元器件，或检查更换电源管理器、电源芯片。

检查 R5000～R5009、C5000、C5003 是否有损坏。若元器件正常，仔细检查基带信号处理器 U3000 与电源管理器，检查存储器 U5001、U5003。

10.4.2 射频故障

根据国内的网络状况，若手机出现射频方面的故障，应检查 B8（G900）、B3（G1800）、B2（GSM1900）、B41 通道，而 4G 应用着重为 B3、B41 通道。因此，D820 手机射频部分有相当一部分电路不用理会。

如果手机不能在 4G 模式下使用，可看手机能否在 GSM 或 3G 模式下使用。若能，说明故障在单一的一个信号通道上。若手机仍不能使用，参照黑盒子检修法检查射频信号处理器 U2004 电路，检查射频电源 U2002、U2000 电路。若以上都正常，检查基带信号处理器 U3000。

若 U2000 的输出不正常，检查 R2000～R2002、R2020、L2002 是否有损坏。若元器件正常，检查更换 U2000，或检查基带处理器。

若 U2002 电路输出不正常，检查 R2029、R2006、L2009、C2018、C2020、L2006、FB2000 等是否有损坏。若元器件正常，检查更换 U2002，或检查基带处理器。若以上都正常，检查 C2027、C2028、R2019 是否有损坏。若元器件正常，检查更换射频信号处理器 U2004。

如果手机能 GSM 网络使用，应重点检查 B41、B3 信号通道。因此，可重点检修天线二通道电路。如果手机被摔过，应注意检查电路中有无元器件丢失，注意检查射频滤波与非芯片式的射频开关（天线开关）。下面以 B41 通道检修为例进行简要说明。

连接 C1114 与 C1105，看手机有无好转。若情况好转，检查 C1114、SW1003、C1071、FL114、C1105 与天线开关 FL1018。若故障依旧，检查功率放大器 U1004 电路。

参照图 10.26，检查 U1004 的外围元器件是否有损坏。连接 C1082 到 C1079，看手机有无好转，若有好转，检查 C1082、射频滤波器 U1005、C1129、C1128、L1087 与天线开关 FL1018；若故障依旧，检查 C1083～C1086 是否有损坏。若元器件正常，检查更换功率放大器 U1004。若以上都正常，检查 FL1019、C1089、C1090、L1064、L1063、U1007、FL1017、FL1016 等元器件，若元器件正常，检查射频信号处理器。

如果你能利用摩托罗拉早期手机确定你工作位置的 GSM 网络为 GSM1800，那么就更容易判定 D820 手机的射频故障。因为，如果故障机手机在你的工作位置能使用 GSM 网络，则说明手机的 B3 信号通道正常。假若故障机的顾客是移动 4G 用户，则应着重检修 B41 信号通道，因为移动不支持 B3 通道。这时可用电信或联通卡试试故障机能否使用 4G 网络，若能，可断定故障在 B41 通道；若仍不能，则问题相对复杂，你应着重检修 B3、B41 通道的公共部分。同时还应注意检查天线通道四中的 U2006、FL2013 信号通道。

10.4.3　其他故障

■　**音频故障**

若所有音频都不正常，参照图 10.15，检查语音编译码器的外围元器件是否有损坏。若元器件正常，检查更换语音编译码器 U10000，或检查基带信号处理器 U3000。

受话器无声（无接收声）：检查受话器是否良好，检查 L10002、L10001、C10029、C10030 是否有损坏。若元器件正常，检查更换 U10000。

扬声器无声：检查扬声器是否良好，检查 L16000、L16001 是否有损坏。若元器件正常，检查更换 U10000。

送话器无声：检查送话器是否良好。检查 FB16000、FB16001、C16024～C16025、D16008～D16010 是否有损坏。若元器件正常，检查更换语音编译码器 U10000。

耳机接入手机无反应：检查耳机接口，检查 R10026、R10028、R10029、R10024、R10017、R10019 等是否有损坏。若元器件正常，检查 U10001～U10003，或检查基带 U3000。

耳机无声：检查 C10000、C10001、FB10000、FB10001 是否有损坏，检查耳机接口是否良好。若以上都正常，检查 U10003、U10004，或检查 U10000。

耳机无送话：检查耳机是否良好，检查耳机插座是否良好。检查 FB10002、C10002 是否有损坏，检查 C10009、C10010 是否有损坏。若元器件正常，检查 U10000。

■ 传感器故障

压力、磁力与加速度、陀螺仪等传感器功能都不正常，检查 R11070、R11071、C11013 是否有损坏，若元器件正常，检查更换 U11001，或检查基带信号处理器 U3000。

压力传感器功能不正常：更换 U11003，或检查基带信号处理器 U3000。

磁力传感器功能不正常：检查 R11015 是否损坏。若元器件正常，检查更换 U11005，或检查基带信号处理器 U3000。

接近传感器功能不正常：检查 R11003、R11011 是否有损坏。若元器件正常，检查更换 U11002，或检查基带信号处理器 U3000。

霍尔传感器功能不正常：更换 U11004，或检查基带信号处理器 U3000。

■ 其他故障

USIM 卡故障：检查 R12016～R12018、C12018、C12019、D12001 是否有损坏若元器件正常，检查 U3000。

闪光灯故障：检查闪光灯、ZD6000 是否正常。若元器件正常，检查 U6002。

显示背景灯故障：检查 L9000、D9001、C9006、C9007 等是否有损坏。若元器件正常，检查更换 U9000，或检查基带处理器 U3000。

音量键故障：检查音量按键是否良好。检查 R11006、R11007、D11001、D11000 是否有损坏。若元器件正常，检查电源管理器 U6002。

有线充电、无线充电都不正常：参照图 10.5 所示电路，检查 U8002 的外围元器件，或检查更换充电管理器 U8002。

有线充电不正常：检查图 10.6 所示电路。

无线充电不正常：检查图 10.8 所示电路。

振动器故障：检查 C11010、R11012、C11004 是否有损坏，检查振动器是否良好。若元器件正常，检查更换 U11000，或检查 U3000。